条码技术与应用

（本科分册·第二版）

张成海　张　铎　赵守香　许国银◎编　著

清华大学出版社
北　京

内容简介

本书共分为11章，分别介绍了供应链管理与条码技术、条码概述、条码技术、GS1系统、零售业中的条码应用、储运包装商品编码与条码表示、物流条码、制造业生产线上的条码应用、供应链应用集成以及条码技术的发展。每章后均附设小结和习题，便于教师教学和学生自学。

本书作为高校教材，适用于条码相关专业的本科生和研究生，也可作为在职人员的培训教材和工具书。

图书在版编目(CIP)数据

条码技术与应用. 本科分册/张成海等编著. —2版. —北京：清华大学出版社，2018(2023.7重印)
ISBN 978-7-302-48504-9

Ⅰ. ①条…　Ⅱ. ①张…　Ⅲ. ①条码技术—高等学校—教材　Ⅳ. ①TP391.44

中国版本图书馆CIP数据核字(2017)第231273号

责任编辑：刘志彬
封面设计：汉风唐韵
责任校对：宋玉莲
责任印制：曹婉颖

出版发行：清华大学出版社
网　　址：http://www.tup.com.cn，http://www.wqbook.com
地　　址：北京清华大学学研大厦A座　　**邮　　编**：100084
社 总 机：010-83470000　　**邮　　购**：010-62786544
投稿与读者服务：010-62776969，c-service@tup.tsinghua.edu.cn
质量反馈：010-62772015，zhiliang@tup.tsinghua.edu.cn
印 装 者：涿州市般润文化传播有限公司
经　　销：全国新华书店
开　　本：185mm×230mm　　**印　　张**：24.75　　**字　　数**：527千字
版　　次：2010年2月第1版　2018年1月第2版　　**印　　次**：2023年7月第9次印刷
定　　价：49.00元

产品编号：073674-01

前　言

中国物品编码中心自2003年开展“中国条码推进工程”，实施全国高校“条码技术与应用”课程推广项目以来，在全国各高校教师的共同努力下，高校条码人才培养工作取得了优异成绩。“中国条码推进工程”促进了我国条码产业的迅速发展，一个与国际标准接轨完整、庞大而且不断发展的自动识别产业正在我国逐渐形成。产业的发展迫切需要大批的条码自动识别专业技术人才，为进一步推动条码自动识别技术在我国的普及应用，需要大规模培养我国条码自动识别产业发展进程中所需要的懂标准高素质、复合型人才。

随着条码自动识别技术产业的发展，人才市场对条码技术专业人才需求的细化，根据全国各级各类高校在“条码技术与应用”课程教学过程中的实践，特别是依据物品编码标识相关的系列国家标准，在前一版的基础上，本次作了较大的调整和修改。与2009版相比，我们主要在以下方面做了修改和完善，整合了部分内容。将原教材中第1章和第2章的内容整合到一章中(第1章)，系统介绍了条码技术的起源、条码技术的研究内容、条码技术与标准化；用整整一章的篇幅(第2章)，系统介绍了GS1标准体系的构成，便于读者理解后续各章的内容；增加了GS1标准体系与供应链管理、GS1标准体系与物联网、GS1标准体系与电子商务的相关内容(第8～10章)。结合条码技术/自动识别技术在供应链协同、物联网、电子商务中的最新应用，系统介绍GS1标准体系在这些领域的具体应用方案；完善了“条码技术的未来发展与应用趋势”一章的内容，介绍了条码技术在工业4.0中的应用前景与趋势；系统介绍了中国物品编码中心近年来基于GS1标准体系构建的各种信息平台，便于读者了解GS1标准体系在信息共享、信息追溯、全球供应链协同等领域的应用，特别是在食品安全追溯、电子商务产品质量保证中的具体应用。

本书由中国物品编码中心主任、中国自动识别技术协会理事长张成海先生，北京交通大学经济管理学院物流标准化研究所所长、21世纪中国电子商务网校校长张铎先生，北京工商大学计算机与信息工程学院信息管理系主任、中国条码技术与应用协会专家赵守香女士，南京晓庄学院许国银先生联合主编。中国物品编码中心黄泽霞、梁栋，21世纪中国电子商务网校刘娟、田金禄、张秋霞参加了本书的编写工作。本书为全国高校“条码技术与应用”课程的指定教材。

本书是依据国家标准化管理委员会近年来颁布实施的物品编码标识、条码自动识别系列国家标准，同时紧密结合教学实际进行的一次有效探索，希望本书的出版能为全国高校“条码技术与应用”课程推广，为我国条码自动识别技术人才的培养、推动以标准化促进我国条码产业的蓬勃发展贡献一份力量。由于编者水平所限,书中难免有不妥之处,敬请读者批评指正!

编　者

2017 年 6 月 8 日

第一版前言

条码人才培养是“中国条码推进工程”的重点项目之一。自 2003 年 6 月到 2009 年 6 月，我国高校条码师资培训班共举办了 15 期，全国 277 所高校的 448 名教师通过培训，取得了《中国条码技术培训教师资格证书》，遍及全国除西藏、台湾外的 30 个省市自治区。全国 200 余所本、专科院校开设了“条码技术与应用”课程，培训在校大学生五万余人，其中两万余名学生取得了“中国条码技术资格证书”。

随着条码自动识别技术产业的发展，人才市场对条码技术专业人才需求的细分，根据全国各级各类高校在“条码技术与应用”课程教学过程中的实践，参考现行修订的相关国家标准，在前两版的基础上，本次作了较大的调整和修改。

首先，将《条码技术与应用》修订为系列教材，分为本科分册和高职高专分册。

其次，本科分册从供应链管理与供应链协同应用入手，根据供应链上业务协同与信息实时共享的需要，依据 GS1 系统的编码体系，重点介绍了条码技术在整个供应链管理中的地位、作用及其应用。高职高专分册从岗位培训入手，根据不同应用领域的实际情况，重点介绍了条码技术及其产品的基本原理和实际使用。

最后，本科分册和高职高专分册将分别成为“中国条码技术资格(高级)证书”和“中国条码技术资格证书”考试培训的指定教材，也是每年举办的“全国大学生条码自动识别知识竞赛”的指定参考书。

本书编写过程中，力求通过“供应链”这条主线，把条码技术中涉及的各知识点有机地结合起来，呈现给读者一个完整的知识体系和应用体系。书中所选案例都经过企业实际应用的检验，案例尽量体现不同行业、不同业务环节的特点。

本书共 10 章，第 1 章是个引子，介绍供应链管理的基本概念、原理、应用以及条码技术在供应链管理中的作用。第 2 章介绍条码技术中涉及的基本概念、术语、应用；第 3 章介绍条码技术，包括编码、生成、印制、识读、防伪、检测技术；第 4 章介绍 GS1 系统；第 5 章介绍零售业务中条码的应用；第 6 章介绍储运包装环节条码的应用；第 7 章介绍物流业中条码的应用；第 8 章介绍企业内部生产线上的条码应用；第 9 章介绍在整个供应链中如何通过条码实现信息的共享和业务的集成，主要介绍 GS1 体系中的信息标准；第 10 章从数据自动识别技术的发展出发，介绍 GS1 系统中数据的其他载体：RFID、磁卡、IC 卡等技术。

本书由中国物品编码中心主任、中国自动识别技术协会理事长张成海先生，北京交通大学经济管理学院物流标准化研究所所长、21 世纪中国电子商务网校校长张铎先生，北京工商大学计算机与信息工程学院信息管理系主任、中国条码技术与应用协会专家赵守香女士联合主编。中国物品编码中心罗秋科、韩继明、黄燕滨、李素彩、熊立勇、王泽，21 世纪中国电子商务网校李维婷、刘娟、臧建、寇贺双、田金禄,北京工商大学杨慧盈,参加了本书的编写工作。

本书作为全国高校“条码技术与应用”课程的指定教材,也是《中国条码技术资格(高级)证书》的指定教材。同时,中国物品编码中心、中国条码技术与应用协会、中国自动识别技术协会联合授权北京网路畅想科技发展有限公司在21世纪中国电子商务网校上开设“条码技术与应用”网络课程。学习者访问21世纪中国电子商务网校网站(http://www.ec21cn.org),即可通过远程教育的方式进行深入系统的学习。通过网上考试者,亦可获得“中国条码技术资格(高级)证书”。

本书是依据中国物品编码中心重新修订的条码相关国家标准,同时紧密结合教学实际进行的一次有效探索,希望本书的出版能为全国高校“条码技术与应用”课程推广、为我国条码自动识别技术人才的培养和中国条码事业的发展贡献一份力量。由于时间仓促及编者水平所限,书中难免有不妥之处,敬请读者批评指正!

编　者

2009年9月

目　　录

第1章 条码概述

【任务1-1】 超市购物,体验结账的过程,了解条码技术在POS中的应用。

(1) 传统条码扫描,银行卡/现金结算。

(2) 闪付。

(3) 二维码支付。

(4) 自动支付。

1.1 条码技术的产生与发展

【任务1-2】 调研京东商城上销售的每一种产品,如何区分?如何管理产品的销售、入库、出库、采购?如果京东已经为每一种商品编制了唯一的代码,怎样才能快速、准确地将代码输入计算机系统中?

条码技术已广泛应用到采购、生产、流通、追溯等社会活动的方方面面。电视屏幕、杂志封面、公交车身、地铁站台、包装袋等,条码随处可见。条码技术已经深刻影响了社会,随着新技术的发展,这种影响还将继续深入。

1.1.1 条码技术产生背景

条码技术诞生于20世纪40年代,但得到实际应用和迅速发展还是在近30年间。目前,条码已经广泛应用到生产、流通、物流、零售、支付、产品追溯等各个领域。

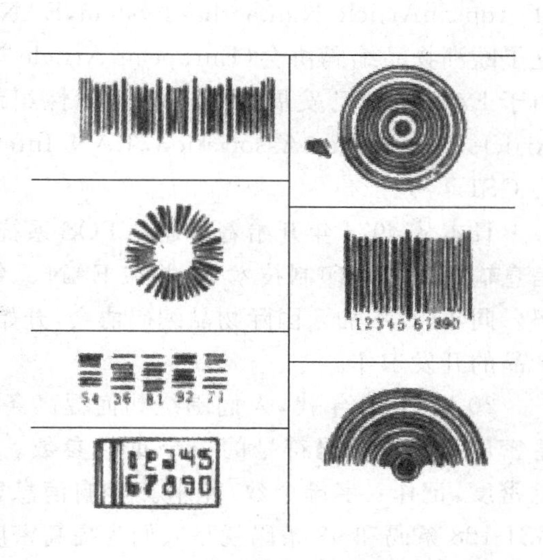

图1-1 早期条码符号

早在20世纪40年代后期,美国乔·伍德兰德(Joe Wood Land)和贝尼·西尔佛(Beny Silver)两位工程师就开始研究用条码表示食品项目以及相应的自动识别设备,并于1949年获得了美国专利。这种条码图案如图1-1右上图所示。该图案很像微型射箭靶,称作“公牛眼”条码。靶的同心环由圆条和空白绘成。在原理上,“公牛眼”条码与后来的条码符号很接近,遗憾的是当时的商品经济还不十分发达,而且工艺上也没有达到印制这种代码的水平。然而,20年后,乔·伍德兰德作为IBM公司的工程师成为北美地区的统一代码——UPC码的奠基人。吉拉德·费伊塞尔(Girad Feissel)等于1959年申请了一项专利,将0～9中的每个数字用7段平行条表示。但是这种代码机器难以阅读,人读起来也不方便。不过,这一构想促进了条码码制的产生与发展。不久,E. F. 布林克尔(E. F. Brinker)申请了将条码标识在有轨电车上的专利。20世纪60年代后期,西尔韦尼亚(Sylvania)发明了一种被北美铁路系统所采纳的条码系统。

1970年,美国超级市场AdHoc委员会制定了通用商品代码——UPC代码(universal product code),此后许多团体也提出了各种条码符号方案,如图1-1右下及左边部分所示。UPC商品条码首先在杂货零售业中试用,这为以后该码制的统一和广泛采用奠定了基础。1971年,布莱西公司研制出"布莱西码"及相应的自动识别系统,用于库存验算。这是条码技术第一次在仓库管理系统中应用。1972年,莫那奇·马金(Monarch Marking)等研制出库德巴码(Codabar),至此,美国的条码技术进入了新的发展阶段。

美国统一代码委员会(Uniform Code Council,UCC)于1973年建立了UPC商品条码应用系统。同年,食品杂货业把UPC商品条码作为该行业的通用商品标识,为条码技术在商业流通销售领域里的广泛应用,起到了积极的推动作用。1974年,Intermec公司的戴维·阿利尔(Davide Allair)博士推出39条码,很快被美国国防部所采纳,作为军用条码码制。39条码是第一个字母、数字式的条码,后来广泛应用于工业领域。

1976年,美国和加拿大在超级市场上成功地使用了UPC商品条码应用系统,这给人们以很大的鼓舞,尤其是欧洲人对此产生了很大的兴趣。1977年,欧洲共同体在12位的UPC-A商品条码的基础上,开发出与UPC-A商品条码兼容的欧洲物品编码系统(EuropeanArticle Numbering System,EAN),并签署了欧洲物品编码协议备忘录,正式成立了欧洲物品编码协会(European Article Numbering Association,EAN)。直到1981年,由于EAN组织已发展成为一个国际性组织,改称为"国际物品编码协会"(International Article Numbering Association,EAN International)。2005年更名为国际物品编码协会GS1。

日本从1974年开始着手建立POS系统(point of sale system),研究有关条码标准以及信息输入方式和印制技术等,并在EAN系统基础上,于1978年制定出日本物品编码JAN码。同年,日本加入国际物品编码协会,开始厂家登记注册,并全面转入条码技术及其系列产品的开发工作。

20世纪80年代,人们围绕如何提高条码符号的信息密度,开展了多项研究工作。信息密度是描述条码符号的一个重要参数。通常把单位长度中可能编写的字母数叫作信息密度,记作:字母个数/厘米。影响信息密度的主要因素是条空结构和窄元素的宽度。GS1-128条码和93条码就是人们为提高密度而进行的成功尝试。GS1-128条码于1981年被推荐应用;而93条码于1982年投入使用。这两种条码的符号密度均比39条码高将近

30%。随着条码技术的发展和条码码制种类不断增加,条码的标准化显得越来越重要。为此,美国曾先后制定了军用标准:交叉25条码、39条码和Codabar条码等ANSI标准。同时,一些行业也开始建立行业标准,以适应发展的需要。此后,戴维·阿利尔又研制出第一个二维条码码制——49码。这是一种非传统的条码符号,它比以往的条码符号具有更高的密度。特德·威廉姆斯(Ted Williams)于1988年推出第二个二维条码码制——16K条码,该码的结构类似于49码,是一种比较新型的码制,适用于激光系统。与此同时,相应的自动识别设备和印制技术也得到了长足的发展。

从20世纪80年代中期开始,我国的一些高等院校、科研部门及一些出口企业,把条码技术的研究和推广应用逐步提到议事日程。一些行业如图书、邮电、物资管理部门和外贸部门已开始使用条码技术。1988年12月28日,经国务院批准,国家技术监督局成立了"中国物品编码中心"。该中心的任务是研究、推广条码技术;统一组织、开发、协调、管理我国的条码工作。1991年4月,中国物品编码中心代表我国加入国际物品编码协会(EAN),为全面开展我国条码工作创造了先决条件。

在经济全球化、信息网络化、生活国际化、文化本土化的信息社会到来之时,起源于20世纪40年代、研究于60年代、应用于70年代、普及于80年代的条码与条码技术及各种应用系统,引起世界流通领域里的大变革。条码作为一种可印制的计算机语言,被未来学家称为"计算机文化"。90年代的国际流通领域将条码誉为商品进入国际计算机市场的"身份证",从而使得全世界对它刮目相看。

印刷在商品外包装上的条码,像一条条经济信息纽带将世界各地的生产制造商、出口商、批发商、零售商和顾客有机地联系在一起。这一条条纽带,一经与互联网系统相连,便形成多项、多元的信息网,各种商品的相关信息犹如投入了一个无形的永不停息的自动导向传送机构,流向世界各地,活跃在世界商品流通领域。

1.1.2 条码技术的特点

在信息采集技术中,采用的自动识别技术种类很多。条码作为一种图形识别技术,与其他识别技术相比有如下特点。

(1) 简单。条码符号制作容易,扫描操作简单易行。

(2) 信息采集速度快。普通计算机的键盘录入速度是200字符/分,而利用条码扫描录入信息的速度是键盘录入的20倍。

(3) 采集信息量大。利用条码扫描,依次可以采集几十位字符的信息,而且可以通过选择不同码制的条码增加字符密度,使录入的信息量成倍增加。

(4) 可靠性高。键盘录入数据,误码率为1/300,利用光学字符识别技术,误码率约为0.01%。而采用条码扫描录入方式,误码率仅有0.000 1%,首读率可达98%以上。

(5) 灵活、实用。条码符号作为一种识别手段可以单独使用,也可以和有关设备组成识别系统实现自动化识别,还可和其他控制设备联系起来实现整个系统的自动化管理。同时,在没有自动识别设备时,也可实现手工键盘输入。

(6) 自由度大。识别装置与条码标签相对位置的自由度要比 OCR 大得多。条码通常只在一维方向上表示信息,而同一条码符号上所表示的信息是连续的,这样即使是标签上的条码符号在条的方向上有部分残缺,仍可以从正常部分识读正确的信息。

(7) 设备结构简单、成本低。条码符号识别设备的结构简单,操作容易,无须专门训练。与其他自动化识别技术相比较,推广应用条码技术所需费用较低。

近年来,随着智能手机的广泛应用,二维条码得到了快速、广泛的应用。"手机扫一扫"已经成为人们日常生活中的习惯动作。同一维条码相比,二维条码具有更多优点。二维条码是一种高密度、高信息含量的便携式数据文件,是实现证件及卡片等大容量、高可靠性信息自动存储、携带并可用机器自动识读的理想手段。而且可以记载更复杂的数据,比如图片等。

1) 信息容量大

根据不同的条空比例每 in^2 可以容纳 250～1 100 个字符。在国际标准的证卡有效面积上(相当于信用卡面积的 2/3,约为 76 mm×25 mm),二维条码可以容纳 1848 个字母字符或 2729 个数字字符,约 500 个汉字信息。这种二维条码比普通条码信息容量高几十倍。

2) 编码范围广

二维条码可以将照片、指纹、掌纹、签字、声音、文字等凡可数字化的信息进行编码。

3) 保密、防伪性能好

二维条码具有多重防伪特性,它可以采用密码防伪、软件加密及利用所包含的信息,如指纹、照片等进行防伪,因此具有极强的保密防伪性能。

4) 译码可靠性高

普通条码的译码错误率约为 0.000 2%,而二维条码的误码率不超过 0.000 01%,译码可靠性极高。

5) 修正错误能力强

二维条码采用了世界上最先进的数学纠错理论,如果破损面积不超过 50%,条码由于沾污、破损等所丢失的信息,可以照常破译出丢失的信息。

6) 容易制作且成本很低

利用现有的点阵、激光、喷墨、热敏/热转印、制卡机等打印技术,即可在纸张、卡片、PVC,甚至金属表面上印出二维条码。由此所增加的费用仅是油墨的成本,因此人们又称二维条码是"零成本"技术。

7) 条码符号的形状可变

同样的信息量,二维条码的形状可以根据载体面积及美工设计等进行自我调整。

由于二维条码具有成本低,信息可随载体移动,不依赖于数据库和计算机网络、保密防伪性能强等优点,结合我国人口多、底子薄、计算机网络投资资金难度较大,对证件的防伪措施要求较高等特点，可以预见，二维条码在我国极有推广价值。

1.1.3　条码技术应用现状

【任务1-3】　超市中的条码应用

我们来回顾你去超市的购物过程：你走进了超市，在货架上选择你需要的商品，然后把它放进购物车中。重复这个过程，直到你的购物车装满了你选择的所有商品，然后到收款台结账。收银员一一扫描购物车中商品的条码，屏幕上自动显示出每一种商品的品名、单价、折扣、数量等信息，全部扫描完成后，收银员按“确认”键，你应该支付的总金额、节省的金额等信息已经计算完毕，你可以用现金支付，当然也可以用银行卡支付。

当你结算完成，还没有走出超市，超市的采购人员、补货人员、库存管理人员的计算机屏幕上已经显示出你刚刚购买商品的数量变动信息，其中某些商品需要往货架上补充货物，有些商品需要供应商补货，这时，一张采购订单已经生成，并通过网络传送到供应商那里。

如果超市采用了供应商管理库存(vendor managed inventory，VMI)技术，你的购买行为会被供应商实时监测，供应商自动完成商品的补货业务。

在这个过程中，信息的采集、加工、传输、使用都可以瞬间完成，几乎不需要人工干预。这就是信息技术的魅力。

条码是迄今为止最经济、实用的一种自动识别技术。条码技术是在计算机应用和实践中产生并发展起来的广泛应用于商业、邮政、图书管理、仓储、工业生产过程控制、交通等领域的一种自动识别技术，具有输入速度快、准确度高、成本低、可靠性强等优点，在当今的自动识别技术中占有重要的地位。一维条码所携带的信息量有限，如商品上的条码仅能容纳13位(EAN-13码)阿拉伯数字，更多的信息只能依赖商品数据库的支持，离开了预先建立的数据库，这种条码就没有意义了，因此在一定程度上也限制了条码的应用范围。基于这个原因，20世纪90年代发明了二维条码。

二维条码是在一维条码无法满足现代信息产业技术发展需求的前提下产生的。它解决了一直困扰人们用条码对“物品”进行描述的问题，使得条码真正成为信息存储和识别的有效工具。它除具备一维条码的优点外，同时还具有信息容量大、可靠性高、可表示图像、汉字等多种文字信息、保密防伪性强等优点。由于二维条码具有诸多的优点，使它在生产制造、金融、商业、物流配送等行业得到广泛应用。同时在交通、运输、能源、国防、邮电、医疗卫生、后勤管理及图书档案管理等诸多领域，也有着广泛的应用。在我们的日常生活中，二维条码可把照片、指纹编制于其中，可有效地解决证件的可机读和防伪问题。因此，可广泛应用于护照、身份证、行车证、军人证、健康证、保险卡等。

目前二维条码主要有PDF417码、Code 49码、Code 16K码、Data Matrix码、MaxiCode码、QR Code码等，主要分为堆积或层排式、棋盘或矩阵式两大类。

伴随着我国改革开放和经济发展的各个阶段，商品条码发挥了重要作用。

我国商品条码的应用也经历了4个阶段:

第一阶段,解决了产品的出口急需,促进了我国外贸出口。比如说,北京某知名厂家,1990年5月,在法兰克福世界博览会上,由于没有条码,导致产品放在角落里堆放,遭受外商冷遇。回国后该企业主动申请条码,成为我国第一家商品条码系统成员。

第二阶段,解决了传统零售超市统一结算的问题,变革了商品流通模式,促进了国内商品流通。商品条码在最初的推广上面临很多困难。生产企业认为自身业务不出口、商店不销售;零售商则认为应该上POS系统,但印刷了条码的商品数量极少,怎么应用……为推动条码技术的应用,中国物品编码中心在杭州解放路百货商店建立具有示范意义的全国首家POS系统,并成功使用到现在。

第三阶段,服务国民经济各个行业和领域的应用,为行业信息化、食品追溯等提供了支撑技术。新疆吐鲁番的每一个哈密瓜都贴上了食品安全追溯条码,消费者可以上网查询哈密瓜从种植、检验、运输到销售的全程信息,做到放心食用。

第四阶段,也就是现在,物联网和电子商务时代,围绕物品编码体系、食品安全追溯和物联网技术,构建了以商品条码为关键字的整个物品编码体系。编码系统和商品信息服务平台,为整个网络经济发展、电子商务提供标准化的技术支撑,开展前瞻性技术研究。

中国物品编码中心是统一组织、协调、管理我国商品条码、物品编码与自动识别技术的专门机构,隶属于国家质量监督检验检疫总局,1988年成立,1991年4月代表我国加入国际物品编码协会(GS1),负责推广国际通用的、开放的、跨行业的全球统一编码标识系统和供应链管理标准,向社会提供公共服务平台和标准化解决方案。

中国物品编码中心在全国设有47个分支机构,形成了覆盖全国的集编码管理、技术研发、标准制定、应用推广以及技术服务为一体的工作体系。物品编码与自动识别技术已广泛应用于零售、制造、物流、电子商务、移动商务、电子政务、医疗卫生、产品质量追溯、图书音像等国民经济和社会发展的诸多领域。全球统一标识系统是全球应用最为广泛的商务语言,商品条码是其基础和核心。截至目前,编码中心累计向50多万家企业提供了商品条码服务,全国有上亿种商品上印有商品条码。

物品编码与条码识别技术已经广泛应用于我国的零售、食品安全追溯、医疗卫生、物流、建材、服装、特种设备、商品信息服务、电子商务、移动商务等领域。商品条码技术为我国的产品质量安全、诚信体系建设提供了可靠的产品信息和技术保障。

1.2 条码技术的研究内容

条码技术是电子与信息科学领域的高新技术,所涉及的技术领域较广,是多项技术相结合的产物。经过多年的长期研究和应用实践,条码技术现已发展成为较成熟的实用技术。

条码技术主要研究的是如何将需要向计算机输入的信息用条码这种特殊的符号加以表

示，以及如何将条码所表示的信息转变为计算机可自动识读的数据。因此，条码技术的研究对象主要包括编码规则、符号表示技术、印刷技术、识读技术和条码应用系统设计技术五大部分。条码的应用过程如图1-2所示。

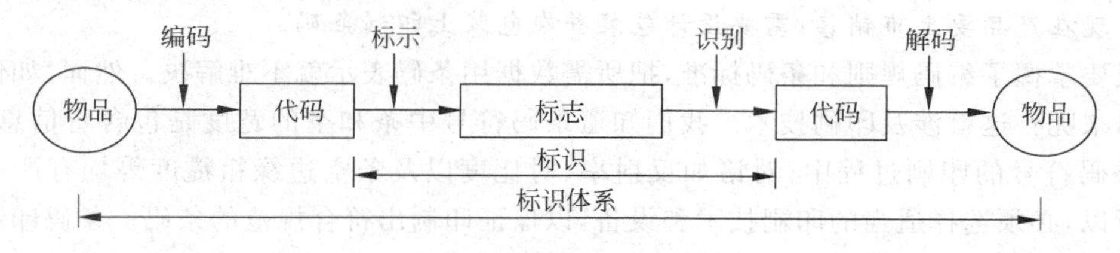

图1-2 条码的应用过程

1. 编码规则

任何一种条码，都是按照预先规定的编码规则和有关标准，由条和空组合而成的。人们将为管理对象编制的由数字、字母、数字字母组成的代码序列称为编码，编码规则主要研究编码原则、代码定义等。编码规则是条码技术的基本内容，也是制定码制标准和对条码符号进行识别的主要依据。

为了便于物品跨国家和地区流通，适应物品现代化管理的需要，以及增强条码自动识别系统的相容性，各个国家、地区和行业，都必须遵循并执行国际统一的条码标准。

2. 符号表示技术

条码是由一组按特定规则排列的条和空及相应数据字符组成的符号。条码是一种图形化的信息代码。不同的码制，条码符号的构成规则也不同。目前较常用的一维条码码制有EAN商品条码、UPC商品条码、25条码、交叉25条码、库德巴码、39条码、GS1-128条码等。符号表示技术的主要内容是研究各种码制的条码符号设计、符号表示以及符号制作。

从编码到条码的转化过程，一定要依照国家所制定的标准来自行编码，并依照国家标准编制条码，使之图形化，条码的图形化可通过自己编制软件完成，也可使用商业化的编码软件完成条码的图形化编辑。

1）依照标准自行编制

依照相关条码标准，按各种码制的编码原则、符号标准等，用户可以自己编制条码生成软件。

2）商业化的编码软件

商业化的编码软件可以让用户很方便地制作各类风格不同的证卡、表格和标签，具有强大数据库功能，能够实现图形压缩、双面排版、数据加密、数据库管理、打印预览和单个/批量制卡等功能，可以生成各种码制的条码符号。同时，可以向应用程序提供条码生成、条码设置、识读接收、图形压缩和信息加密等二次开发接口（用户自己可以替换），还可以向高级用户提供内层加密接口。

3. 印刷技术

【任务 1-4】 A企业的企业代码为69012345,根据编码原则,为新产品分配的编码是0034。现在产品要上市销售,需要设计包装并在包装上印制条码。

只要掌握了编码规则和条码标准,把所需数据用条码表示就不难解决。然而,如何把它印制出来呢?这就涉及印刷技术。我们知道条码符号中条和空的宽度是包含着信息的,因此在条码符号的印刷过程中,对诸如反射率、对比度以及条空边缘粗糙度等均有严格的要求。所以,必须选择适当的印刷技术和设备,以保证印制出符合规范的条码。条码印制技术是条码技术的主要组成部分,因为条码的印制质量直接影响识别效果和整个系统的性能。条码印制技术所研究的主要内容是:制片技术、印制技术和研制各类专用打码机、印刷系统以及如何按照条码标准和印制批量的大小,正确选用相应技术和设备等。根据不同的需要,印制设备大体可分为三种:适用于大批量印制条码符号的设备、适用于小批量印制的专用机和灵活方便的现场专用打码机等。其中既有传统的印刷技术,又有现代制片、制版技术和激光、电磁、热敏等多种技术。

4. 识读技术

条码自动识读技术可分为硬件技术和软件技术两部分。

自动识读硬件技术主要解决将条码符号所代表的数据转换为计算机可读的数据,以及与计算机之间的数据通信。硬件支持系统可以分解成光电转换技术、译码技术、通信技术以及计算机技术。光电转换系统除传统的光电技术外,目前主要采用电荷耦合器件——CCD图像感应器技术和激光技术。软件技术主要解决数据处理、数据分析、译码等问题,数据通信是通过软硬件技术的结合来实现的。

在条码自动识读设备的设计中,考虑其成本和体积,往往以硬件支持为主,所以应尽量采取可行的软件措施来实现译码及数据通信。近年来,条码技术逐步渗透到许多技术领域,人们往往把条码自动识读装置作为电子仪器、机电设备和家用电器的重要功能部件,因而减小体积、降低成本更具有现实意义。

为了阅读出条码所代表的信息,需要一套条码识别系统,它由条码扫描器、放大整形电路、译码接口电路和计算机系统等部分组成。

识读技术主要由条码扫描和译码两部分构成。扫描是利用光束扫读条码符号,并将光信号转换为电信号,这部分功能由扫描器完成。译码是将扫描器获得的电信号按一定的规则翻译成相应的数据代码,然后输入计算机(或存储器)。这个过程由译码器完成。图1-3可以简要说明扫描器的扫描译码过程。

当扫描器扫读条码符号时,光敏元件将扫描到的光信号转变为模拟电信号,模拟电信号经过放大、滤波、整形等信号处理,转变为数字信号。译码器按一定的译码逻辑对数字脉冲进行译码处理后,便可得到与条码符号相应的数字代码。识读的过程如图1-4所示。

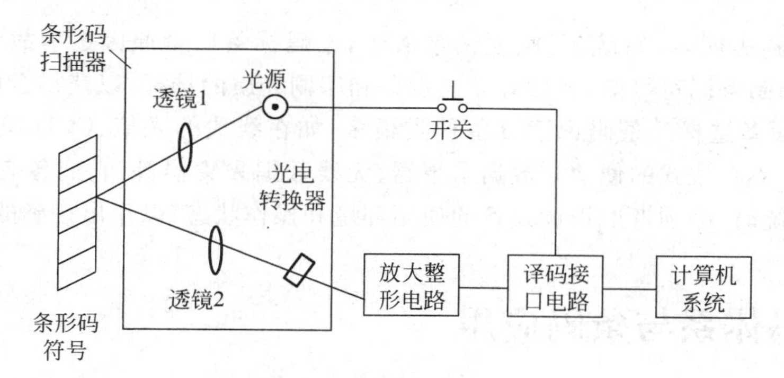

图 1-3 条码扫描译码过程示意

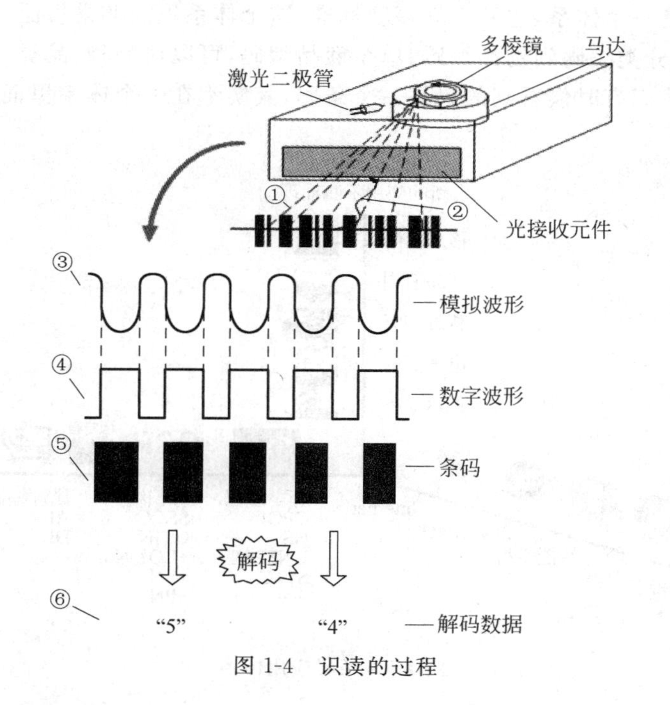

图 1-4 识读的过程

5. 条码应用系统设计技术

条码应用系统由条码、识读设备、电子计算机及通信系统组成。应用范围不同,条码应用系统的配置也不同。一般来讲,条码应用系统的应用效果主要取决于系统的设计。系统设计主要考虑以下几个因素。

(1) 条码设计。条码设计包括确定条码信息单元、选择码制和符号版面设计。

(2) 符号印制。在条码应用系统中,条码印制质量对系统能否顺利运行关系重大。如果条码本身质量高,即使性能一般的识读器也可以顺利地读取。虽然操作水平、识读器质量等因素是影响识读质量不可忽视的因素,但条码本身的质量始终是系统能否正常运行的关键。据统计资料表明,在系统拒读、误读事故中,条码标签质量原因占事故总数的50%左右。因此,在印制条码符号前,要做好印刷设备和印刷介质的选择,以获得合格的条码符号。

(3) 识读设备选择。条码识读设备种类很多,如在线式的光笔、CCD识读器、激光枪、台式扫描器等,不在线式的便携式数据采集器、无线数据采集器等,它们各有优缺点。在设计条码应用系统时,必须考虑识读设备的使用环境和操作状态,以作出正确的选择。

1.3 条码体系与条码应用

条码实际上是一个体系,它有100多项标准,这个体系里面非常广泛,经过40多年的发展,已经涵盖了从分类编码到物品编码、单个商品编码,可以对品种、品类、批次、单个产品进行编码。只不过我们有时候看到的只是一个条码,其实都在一个体系里面,如图1-5表示条码的体系结构。

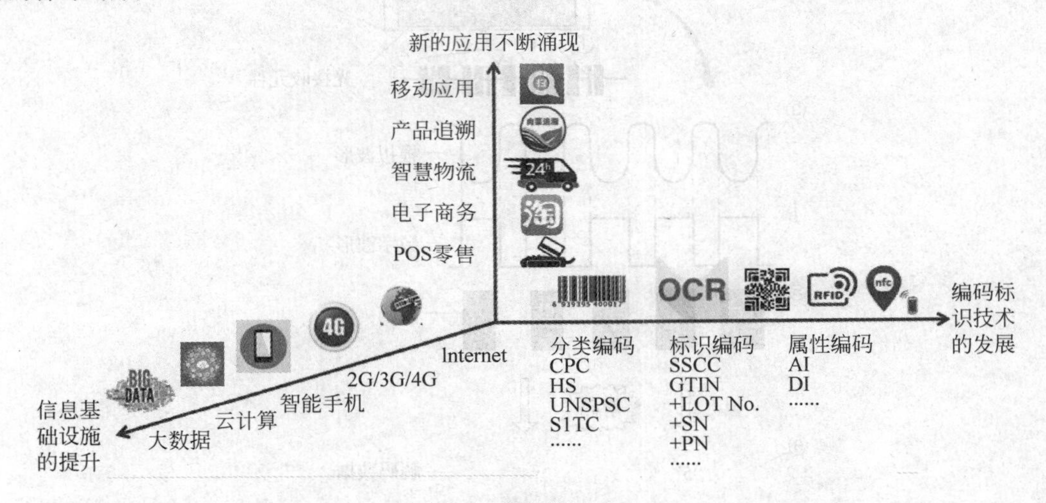

图1-5　条码应用体系

【任务1-5】　如何用条码表示数字0～9?

1.3.1 物品编码技术体系

物品编码技术体系包括以下几点。

1. 编码

编码是将事物或概念赋予一定规律性,易被人或机器识别和处理的数字、符号、文字等。

2. 物品编码

物品编码是通过编码来表示物品本身、物品状态、物品地理与逻辑位置等人类认知事物的一种方法。

3. 物品分类

物品分类就是根据物品的各种特征属性，将具有相同属性的物品归为一类。

4. 物品编码自动识别

自动识别是将信息编码装载于条码符号、射频标签等载体中，借助识读设备，实现信息的自动采集及处理的过程。

当今社会和经济的发展需要对"人""机构""物"等进行管理。对"人"的管理有"身份证"，对"机构"的管理有"组织机构代码"，对"物"的管理就是我们要谈的"物品编码"，如图1-6所示。

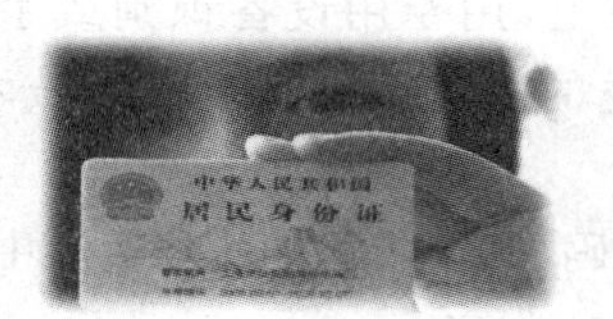

图1-6　物品编码

随着信息化的发展，计算机的出现，编码已经普及社会、经济、生活中的方方面面。通常，按编码功能、编码对象、编码应用领域以及是否具有特定含义可以划分为不同的类型。在信息化领域，对物品进行信息化管理，对物品的描述需要三方面的信息：一是物品类属的代码即物品分类代码；二是标识物品本身的代码即物品标识代码；三是物品相关属性信息的代码，如图1-7所示。

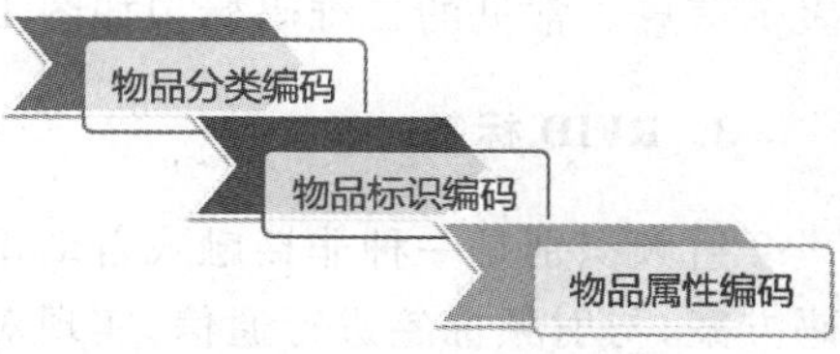

图1-7　物品编码的种类

物品分类编码就是物品分类的代码化表现方式。分类编码主要用于统计汇总，常见的分类编码有：产品总分类(CPC)；商品名称及编码协调制度(HS)；联合国标准产品与服务分类代码(UNSPSC)。

物品标识编码是物品的唯一身份ID代码，是用以标识某类、某种、某个物品本身的代码。主要目的是避免自然语言的二义性。标识代码中有用于对一种物品进行标识的物品品种代码，也对单个物品进行标识的单个物品编码。

物品属性编码是对物品属性及属性状态的唯一的、通用的代码化表示。从应用的角度看，物品属性编码包括物品固有属性编码、物品贸易属性编码和物品流通属性编码等。

从物品的分类编码到标识编码,再到属性编码,这是一个由大到小、由粗到细的过程。在实际应用环境中,需要物品分类编码、标识编码、属性编码组合在一起使用,才能完整地描述一件物品,实现电子订货或交易过程。

1.3.2 物品标识技术

将物品的代码用特定的符号表示。目前常用的有一维条码、二维条码和 RFID 标签等。

1. 一维条码

一维条码是由宽窄不同的条和空按一定的规则排列成的图形构成。通过条和空对光的反射率不同进行识别。

一般需要用一束光扫描条码的图案,我们称之为"扫描"。

扫描对条码的颜色搭配、印刷质量都有严格要求,特别是大家觉得红色条码很好看,但它却无法识读。可以把它印刷或直接蚀刻在承载的材质上,用专用设备识别或手机识别。条码必须是按一定的技术要求制作的,条空的宽度和条空的颜色反差都要满足技术要求才能识别。

较常用的一维条码有 EAN-13 码、GS1-128 码、UPC 码、39 码等,在日常生活中,随处可见。商品条码是我们最常见的条码,它们被誉为产品的"身份证"。

2. 二维条码

二维码,它在水平和垂直方向上都可以表示信息。

根据二维码的设计原理及规则形状,可分为行排式和矩阵式两种。行排式二维码是在一维码的基础上,通过两行或多行高度截短后的一维码叠加而成的。矩阵式二维码则是在形状上具有矩阵特征,用点的存在表示二进制"1",用点的不存在表示二进制"0",构成图形,表示信息。常见的二维码标识如图 1-8 所示。

3. RFID 标签

射频识别是一种非接触式自动识别技术,利用电磁耦合或感应耦合,通过各种调制和编码方案,与射频标签进行通信,实现对射频标签信息的读取,如图 1-9 所示。

RFID 标签(Tag):由耦合元件及芯片组成,每个 RFID 标签具有唯一的电子编码,附着在物体上标识图标对象。

RFID 技术多用于物流管理、高速公路收费、高端白酒防伪和门禁管理等领域,如图 1-10 所示。随着成本的降低,应用领域将越来越广阔。

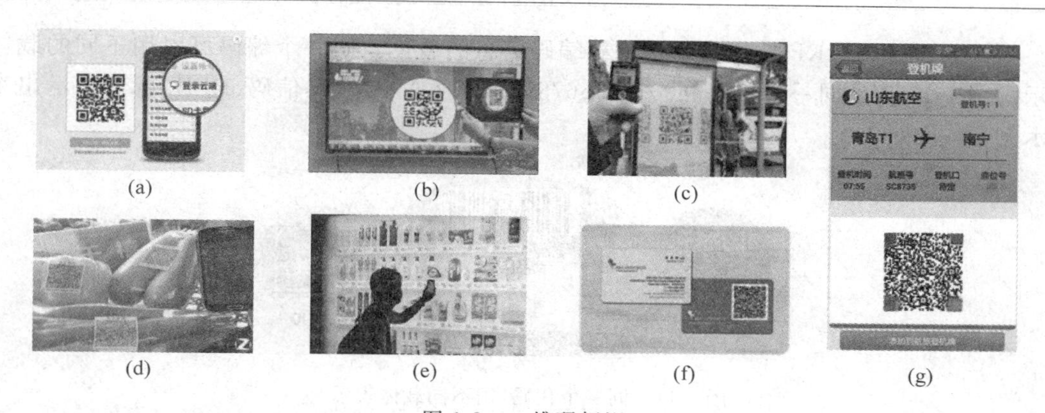

图 1-8　二维码标识

(a) 手机二维码；(b) 电视二维码；(c) 公交车二维码；(d) 超市二维码；
(e) 广告二维码；(f) 名片二维码；(g) 电子登机牌

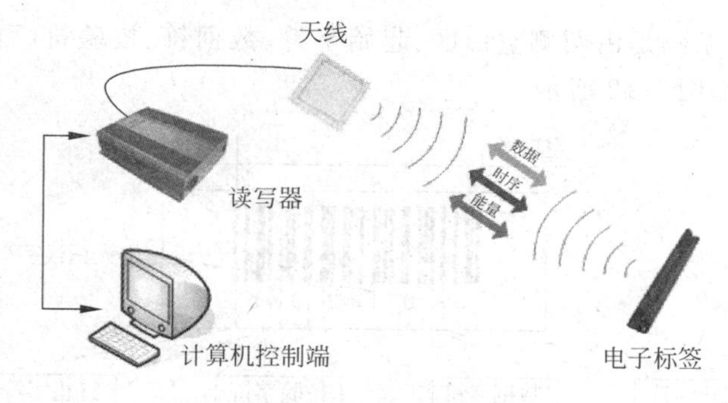

图 1-9　RFID 技术

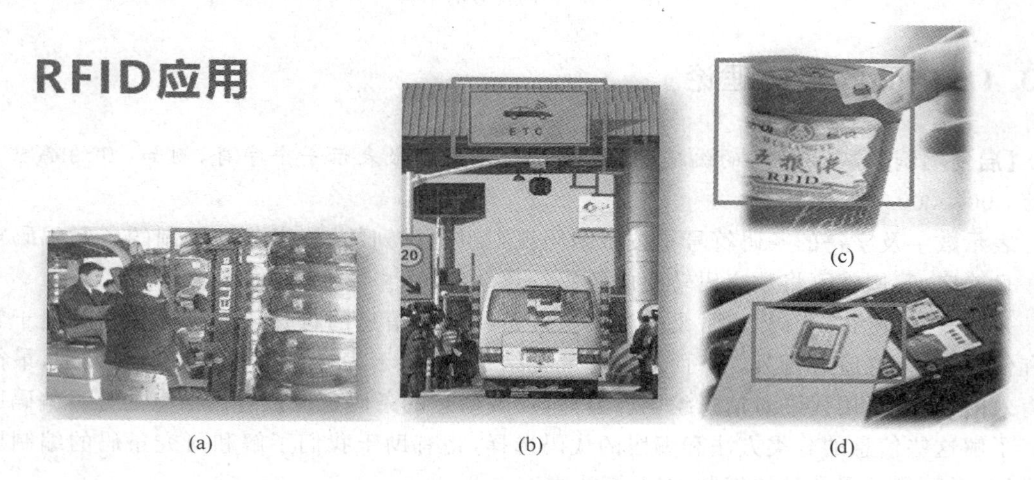

图 1-10　RFID 应用

(a) RFID 用于物流管理；(b) RFID 用于高速公路收费；(c) RFID 用于高端白酒防伪；(d) RFID 用于门禁管理

一维码、二维码、RFID标签都是承载编码信息的载体。同一个编码可以用不同的载体表示。图1-11就是同一个代码“6901234567892”,用EAN-13、汉信码、RFID标签表示出来的示例。

图1-11　同一个代码,用不同载体表示

1.3.3　条码符号的结构

一个完整的一维条码是由两侧空白区、起始字符、数据符、校验符(可选)和终止符以及供人识读字符组成,如图1-12所示。

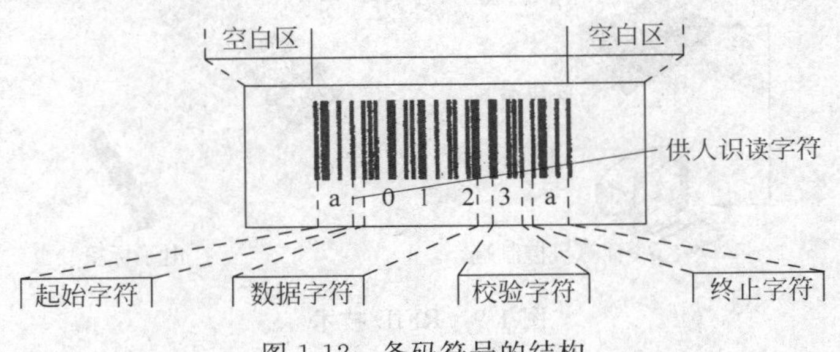

图1-12　条码符号的结构

1.3.4　条码的编码理论

【启发案例】:ASCII码的编码规则:用7位二进制数表示一个字符,例如:0的ASCII码为:0000000

表示数字及字符的条码符号是按照编码规则组合排列的,故当各种码制的条码编码规则一旦确定,我们就可将数字码转换成条码符号。

条码是一种信息代码,通常是一种用黑白条纹表示信息的特殊代码。为使信息便于管理和使用,对信息应进行分类。而为描述分类结果,并易于为计算机和人识别与处理,最简便有效的,莫过于用代码对信息编码。显然,反映信息的条码也应该遵循信息的分类编码原则。了解这些信息的分类方法和编码的代码选择,将有助于我们了解和研究条码的编制原理,以及对物品条码的具体编制方法。

1. 编码方法

条码是利用条纹和间隔或宽窄条纹(间隔)构成二进制的"0"和"1",并以它们的组合来表示某个数字或字符,反映某种信息。但不同码制的条码在编码方式上却有所不同,主要有以下两种。

1）宽度调节法

按这种方式编码时,是以窄元素(条纹或间隔)表示逻辑值"0",宽元素(条纹或间隔)表示逻辑值"1"。宽元素通常是窄元素的2～3倍。对于两个相邻的二进制数位,由条纹到间隔或由间隔到条纹,均存在着明显的印刷界限。

39条码、库德巴条码及常用的25条码、交叉25条码均属宽度调节型条码。

下面以25条码为例,简要介绍宽度调节型条码的编码方法。

25条码是一种只有条表示信息的非连续型条码。条码字符由规则排列的5个条构成,其中有两个宽单元,其余是窄单元。宽单元一般是窄单元的3倍,宽单元表示二进制的"1",窄单元表示二进制的"0"。

图1-13所示为25条码字符集中代码"1"的字符结构。

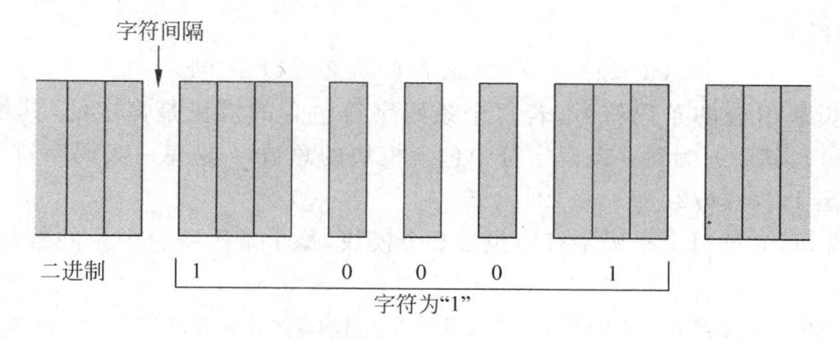

图1-13　字符为"1"的25条码结构

2）模块组合法

模块组合法是指条码符号中,条与空是由标准宽度的模块组合而成的。一个标准宽度的条模块表示二进制的"1",而一个标准宽度的空模块表示二进制的"0"。

EAN条码、UPC条码均属模块式组合型条码。商品条码模块的标准宽度是0.33 mm,它的一个字符由两个条和两个空构成,每一个条或空都由1～4个标准宽度模块组成。凡是在字符间用间隔(位空)分开的条码,称为离散码。凡是在字符间不存在间隔(位空)的条码,称为连续码。模块组合法条码字符的构成如图1-14所示。

2. 编码容量

每个码制都有一定的编码容量,这是由其编码方法决定的。编码容量限制了条码字符

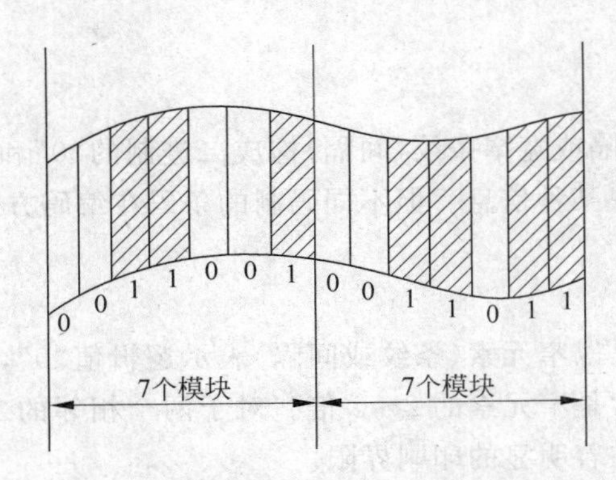

图 1-14　模块组合法条码字符的构成

集中所能包含的字符个数的最大值。

对于用宽度调节法编码的,仅有两种宽度单元的条码符号,即编码容量为:$C(n,k)$,这里,$C(n,k)=n(n-1)\cdots(n-k+1)/k!$。其中,$n$ 是每一条码字符中所包含的单元总数,k 是宽单元或窄单元的数量。

例如:39 条码,它的每个条码字符有 9 个单元组成,其中 3 个是宽单元,其余是窄单元,那么,其编码容量为:

$$C(9,3)=9\times8\times7/(3\times2\times1)=84$$

对于用模块组合的条码符号,若每个条码字符包含的模块是恒定的,其编码容量为 $C(n-1,2k-1)$,其中 n 为每一条码字符中包含模块的总数,k 是每一条码字符中条或空的数量,k 应满足 $1\leqslant k\leqslant n/2$。

例如:93 码,它的每个条码字符中包含 9 个模块,每个条码字符中条的数量为 3 个,其编码容量为:

$$C(9-1,2\times3-1)=8\times7\times6\times5\times4/(5\times4\times3\times2\times1)=56$$

3. 纠错方式

1) 一维码的编码方法和纠错

一维码的编码方法通常采用二进制算法。例如,在国标 GB 12904—2003《商品条码》标准中规定,每一条码字符由 2 个条和 2 个空构成,每一条或空由 1~4 个模块组成,每一条码字符的总模块为 7。用二进制“1”表示条的模块,用二进制“0”表示空的模块(见图 1-15)。

图 1-15　一维码的编码与纠错

一维码在纠错上主要采用校验码的方法。即从代码位置序号第二位开始,所有的偶(奇)数的数字代码求和的方法来校验条码的正确性。校验的目的是保证条空比的正确性。

2）二维码的编码方法和纠错

二维码在保障识读正确方面采用了更为复杂、技术含量更高的方法。例如,PDF417码,在纠错方法上采用所罗门算法,如图1-16所示。不同的二维条码可能采用不同的纠错算法。纠错是为了当二维条码存在一定局部破损情况下还能采用替代运算还原出正确的码词信息。我们将在第10章介绍二维码时介绍相关知识。

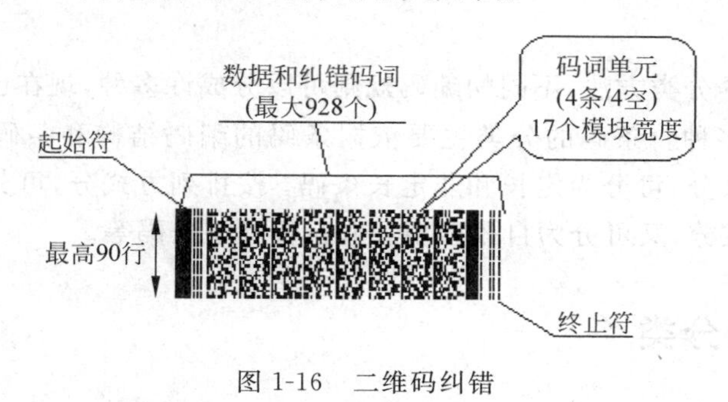

图1-16 二维码纠错

4. 条码符号集与符号密度

条码的码制,包含编制的结构形式(数字码的位数及分布)、分类原则、编码方式等,各种条码的码制除了结构形式及编码方式存在区别外,还有以下几个方面的区别。

1）条码符号集

在各种条码码制中,主要有两种符号集:一种是数字符号集,它包含数字0～9及一些特殊字符;另一种是字母数字符号集,它包含数字0～9、大写英文字母A～Z及一些特殊字符。不同符号集的条码,能够编制的信息容量是不同的。例如:交叉25码仅能对0～9十个数字符号进行编码;39码则可对全部数字符号和英文字母进行编码;而128码则可以对全部ASCII码进行编码。

2）条码符号的密度

条码符号的密度是指单位长度上所表示条码字符的个数。显然,对于任何一种码制来说,各单元的宽度越小,条码符号的密度就越高,也越节约印刷面积,但由于印刷条件及扫描条件的限制,我们很难把条码符号的密度做得太高。39条码的最高密度为:9.4个/25.4毫米(9.4个/英寸);库德巴条码的最高密度为10.0个/25.4毫米(10.0个/英寸);交叉25条码的最高密度为:17.7个/25.4毫米(17.7个/英寸)。

条码符号的密度越高,所需扫描设备的分辨率也就越高,这必然增加扫描设备对印刷缺陷的敏感性。

除了上述特性外,在码制设计及选用码制时还需要考虑的因素有以下几个。

(1) 确定条码字符宽度。
(2) 结构的简单性。
(3) 对扫描速度变化的适应性。
(4) 所有字符应有相同的条数。
(5) 尽可能大的允许误差。

1.4 条码的分类

条码按照不同的分类方法,不同的编码规则可以分成许多种,现在已知的世界上正在使用的条码就有 250 多种。条码的分类主要依据条码的编码结构和条码的性质来决定。例如:按条码的长度来分,可分为定长和非定长条码;按排列方式分,可分为连续型和非连续型条码;从校验方式分,又可分为自校验型和非自校验型条码等。

1.4.1 按码制分类

1. UPC 码

1973 年,美国率先在国内的商业系统中应用 UPC 码,之后加拿大也在商业系统中采用 UPC 码。UPC 码是一种长度固定的连续型数字式码制,其字符集为数字 0~9。它采用 4 种单元宽度,每个条或空是 1、2、3 或 4 倍单位元素宽度。UPC 码有两种类型,即 UPC-A 码和 UPC-E 码。UPC-A 码可以编码 12 位罗马数字,其中包括一位验证码。另外 UPC 后面还可以跟上二位数或者 5 位数的附加编码,用于编码价格等信息。UPC-E 可以编码 8 位数(包括一位验证码)。

2. EAN 码

1977 年,欧洲经济共同体各国按照 UPC 码的标准制定了欧洲物品编码 EAN 码,与 UPC 码兼容,而且两者具有相同的符号体系。EAN 码的字符编号结构与 UPC 码相同,也是长度固定的、连续型的数字式码制,其字符集是数字 0~9。它采用 4 种单元宽度,每个条或空是 1、2、3 或 4 倍单位元素宽度。EAN 码有两种类型,即 EAN-13 码和 EAN-8 码。

3. 25 码

25 码是一种只有条表示信息的非连续型条码。每一个条码字符都由规则排列的 5 个条组成,其中有两个条为宽单元,其余的条和空,字符间隔是窄单元,故称为“25 码”。

25 码的字符集为数字字符 0~9。如图 1-17 所示为表示“123458”的 25 码结构。

图 1-17 表示“123458”的 25 码

25 码是最简单的条码，它研制于 20 世纪 60 年代后期，1990 年由美国正式提出。这种条码只含数字 0～9，应用比较方便。当时主要用于各种类型文件处理及仓库的分类管理、标识胶卷包装及机票的连续号等。但 25 码不能有效地利用空间，人们在 25 码的启迪下，将条表示信息，扩展到用空表示信息。因此在 25 码的基础上又研制出了条、空均表示信息的交叉 25 码。

4. 交叉 25 码

交叉 25 码是一种长度可变的连续型自校验数字式码制，其字符集为数字 0～9。采用两种元素宽度，每个条和空是宽或窄元素。编码字符个数为偶数，所有奇数位置上的数据以条编码，偶数位置上的数据以空编码。如果为奇数各数据编码，则在数据前补一位“0”，以使数据为偶数个数位。

交叉 25 码是一种条、空均表示信息的连续型、非定长、具有自校验功能的双向条码。它的字符集为数字字符 0～9。图 1-18 所示为表示“3185”的交叉 25 码的结构。

从图 1-18 中可以看出，交叉 25 码由左侧空白区、起始符、数据符、终止符及右侧空白区构成。它的每一个条码数据符都由 5 个单元组成，其中 2 个是宽单元(表示二进制的“1”)，3 个是窄单元(表示二进制的“0”)。条码符号从左到右，表示奇数位数字符的条码数据符由条组成，表示偶数位数字符的条码数据符由空组成。组成条码符号的条码字符个数为偶数。当条码字符所表示的字符个数为奇数时，应在字符串左端添加“0”，如图 1-19 所示。

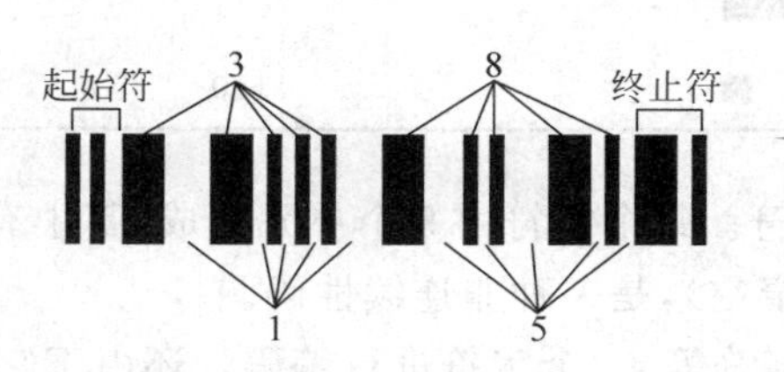

图 1-18 表示“3185”的交叉 25 条码

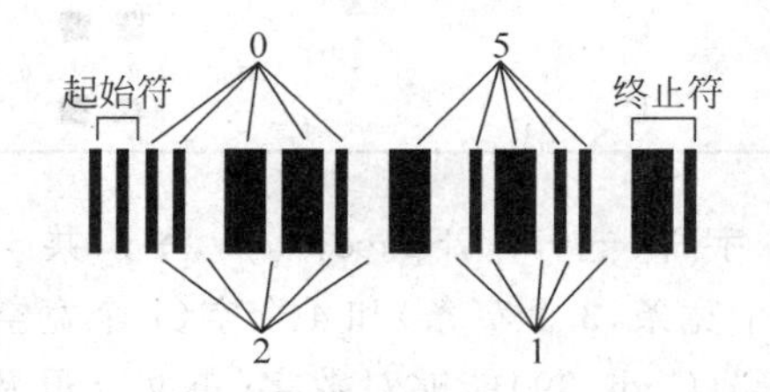

图 1-19 表示“215”的条码(字符串左端添加“0”)

起始符包括 2 个窄条和 2 个窄空，终止符包括 2 个条(1 个宽条、1 个窄条)和 1 个窄空。

5. 39 码

39 码是第一个字母数字式码制。是 1975 年由美国的 Intermec 公司研制的一种条码。它是长度可比的离散型自校验字母数字式码制。其字符集为数字 0～9，26 个大写字母和

表 1-1 库德巴条码的字符、图形表示及二进制表示

字　符	图形表示	二进制表示
0		11
1		110
2		1001
3		1100000
4		10010
5		1000010
6		100001
7		100100
8		110000
9		1001000
—		1100
$		11000
:		1000101
/		1010001
.		1010100
+		10101
A		11010
B		101001
C		1011
D		1110

7 个特殊字符（+—，。，Space，/，%，￥），共 43 个字符。每个字符由 9 个单元组成，其中有 5 个条（2 个宽条，3 个窄条）和 4 个空（1 个宽空，3 个窄空），是一种非连续性码。

39 码（Code 39）能够对数字、英文字母及其他字符等 43 个字符进行编码。还由于它具有自检验功能，使得 39 条码具有误读率低等优点，首先在美国国防部得到应用。目前广泛应用在汽车行业、材料管理、经济管理、医疗卫生和邮政、储运单元等领域。我国于 1991 年研究制定了 39 条码标准（GB/T 12908-2002），推荐在运输、仓储、工业生产线、图书情报、医疗卫生等领域应用 39 条码。

39 码是一种条、空均表示信息的非连续型、非定长、具有自校验功能的双向条码。

由图 1-20 可以看出，39 码的每一个条码字符由 9 个单元组成（5 个条单元和 4 个空单元)，其中3个单元是宽单元(用二进制的“1”表示)，其余是窄单元(用二进制的“0”表示)，故称为“39码”。

6. 库德巴码

库德巴码(Codebar)是一种长度可变的连续型自校验数字式码制。其字符集为数字0～9和6个特殊字符(，：，/，。，+，￥)，共16个字符。

库德巴条码是1972年研制出来的，它广泛应用于医疗卫生和图书馆行业，也用于邮政快件上。美国输血协会还将库德巴条码规定为血袋标识的代码，以确保操作准确，保护人类生命安全。

由图1-21可以看出，库德巴条码由左侧空白区、起始符、数据符、终止符及右侧空白区构成。它的每一个字符由7个单元组成(4个条单元和3个空单元)，其中两个或3个是宽单元(用二进制“1”表示)，其余是窄单元(用二进制“0”表示)。

图1-20　表示“B2C3”的39条码

图1-21　表示“A12345678B”的库德巴条码

库德巴条码字符集中的字母A、B、C、D只用于起始字符和终止字符，其选择可任意组合。当A、B、C、D用作终止字符时，也可分别用T、N、#、E来代替。库德巴条码的字符、条码字符及二进制表示见表1-1。

7. 128码

128码出现于1981年，是一种长度可变的连续型自校验数字式码制。它采用4种元素宽度，每个字符由3个条和3个空，共11个单元元素宽度，又称(11,3)码。它由106个不同条码字符，每个条码字符有三种含义不同的字符集，分别为A、B、C。它使用这3个交替的字符集可将128个ASCII码编码。

8. 93码

93码是一种长度可变的连续型字母数字式码制。其字符集为数字0～9，26个大写字母和7个特殊字符(，。，Space，/，+，%，￥)以及4个控制字符。每个字符由3个条和3个空，共9个元素宽度。

9. 49码

49码是一种多行的连续型、长度可变的字母数字式码制。出现于1987年，主要用于小物品标签上的符号,采用多种元素宽度。其字符集为数字0~9,26个大写字母和7个特殊字符(—,.,Space,%、/,+,%,¥)、3个功能键(F_1、F_2、F_3)和3个变换字符,共49个字符。

10. 其他码制

除上述码外,还有其他的码制,如25码出现于1977年,主要用于电子元器件标签;矩阵25码是11码的变形;Nixdorf码已被EAN码所取代,Plessey码出现于1971年5月,主要用于图书馆等。

1.4.2 按维数分类

条码可分为一维条码和二维条码。一维条码是通常我们所说的传统条码。一维条码按照应用可分为商品条码和物流条码。商品条码包括EAN码和UPC码,物流条码包括128码、ITF码、39码、库德巴(Codabar)码等。二维条码根据构成原理,结构形状的差异,可分为两大类型:一类是行排式二维条码(2D stacked bar code);另一类是矩阵式二维条码(2D matrix bar code)。

1. 普通的一维条码

普通的一维条码自从问世以来,很快得到了普及并广泛应用。但是由于一维条码的信息容量很小,如商品上的条码仅能容13位阿拉伯数字,更多的描述商品的信息只能依赖数据库的支持,离开了预先建立的数据库,这种条码就变成了无源之水,无本之木,因而条码的应用范围受到了一定的限制。

2. 二维条码

除具有普通条码的优点外,二维条码还具有信息容量大、可靠性高、保密防伪性强、易于制作、成本低等优点。

美国Symbol公司于1991年正式推出名为PDF417的二维条码,简称为PDF417条码,即"便携式数据文件"。FDF417条码是一种高密度、高信息含量的便携式数据文件,是实现证件及卡片等大容量、高可靠性信息自动存储、携带并可用机器自动识读的理想手段。

二维条码/二维码(2-dimensional bar code)是用某种特定的几何图形按一定规律在平面(二维方向上)分布的黑白相间的图形记录数据符号信息的;在代码编制上巧妙地利用构成计算机内部逻辑基础的"0""1"比特流的概念,使用若干个与二进制相对应的几何形体来表示文字数值信息,通过图像输入设备或光电扫描设备自动识读以实现信息自动处理,它具有条码技术的一些共性,每种码制有其特定的字符集,每个字符占有一定的宽度,具有一定的校验功能等。同时还具有对不同行的信息自动识别功能及处理图形旋转变化点。

二维条码/二维码可以分为堆叠式/行排式二维条码和矩阵式二维条码。堆叠式/行排式二维条码形态上是由多行短截的一维条码堆叠而成的；矩阵式二维条码以矩阵的形式组成，在矩阵相应元素位置上用“点”表示二进制“1”，用“空”表示二进制“0”，“点”和“空”的排列组成代码。二维码的原理可以从行排式二维码和矩阵式二维码的原理来讲述。

行排式二维条码，其编码原理是建立在一维条码基础之上，按需要堆积成两行或多行。它在编码设计、校验原理、识读方式等方面继承了一维条码的一些特点，识读设备和条码印刷与一维条码技术兼容。但由于行数的增加，需要对行进行判定，其译码算法与软件也不完全相同于一维条码。有代表性的行排式二维条码有：Code 16K、Code 49、PDF417、MicroPDF417 等。

矩阵式二维条码(又称棋盘式二维条码)是在一个矩形空间通过黑、白像素在矩阵中的不同分布进行编码。在矩阵相应元素位置上，用点(方点、圆点或其他形状)的出现表示二进制“1”，点的不出现表示二进制的“0”，点的排列组合确定了矩阵式二维条码所代表的意义。矩阵式二维条码是建立在计算机图像处理技术、组合编码原理等基础上的一种新型图形符号自动识读处理码制。具有代表性的矩阵式二维条码有：Code One、Maxicode、QR Code、Data Matrix、Han Xin Code、Grid Matrix 等。

常见的有 PDF417、QR Code、Data Matrix、汉信码等。二维条码的功能主要有以下几点。

(1) 信息获取(名片、地图、Wi-Fi 密码、资料)。

(2) 网站跳转(跳转到微博、手机网站、网站)。

(3) 广告推送(用户扫码，直接浏览商家推送的视频、音频广告)。

(4) 手机电商(用户扫码，手机直接购物下单)。

(5) 防伪溯源(用户扫码，即可查看生产地；同时后台可以获取最终消费地)。

(6) 优惠促销(用户扫码，下载电子优惠券，抽奖)。

(7) 会员管理(用户手机上获取电子会员信息、VIP 服务)。

(8) 手机支付(扫描商品二维码，通过银行或第三方支付提供的手机端通道完成支付)。

3. 多维条码

自 20 世纪 80 年代以来，人们围绕如何提高条码符号的信息密度，进行了研究工作。多维条码和集装箱条码成为研究与应用的方向。

信息密度是描述条码符号的一个重要参数，即单位长度中可能编写的字母个数，通常记作：字母个数/厘米。影响信息密度的主要因素是条、空结构和窄元素的宽度。

128 码和 93 码就是人们为提高信息密度而进行的成功尝试。128 码在 1981 年被推荐应用；而 93 码于 1982 年投入使用。这两种码的符号密度均比 39 码高将近 30%。

随着条码技术的发展和条码码制的种类不断增加，条码的标准化显得越来越重要。为此，曾先后制定了军用标准 1189、交叉 25 码、39 码和 Codabar 码 ANSI 标准 MH10.8M 等。同时，一些行业也开始建立行业标准，以适应发展的需要。此后，戴维·阿利尔又研制出 49 码。这是一种非传统的条码符号，它比以往的条码符号具有更高的密度。特德·威廉姆斯

(Ted Williams)在1988年推出16K码,该码的结构类似于49码,是一种比较新型的码制,适用于激光系统。

1.4.3 特殊条码

目前广泛用以标记物品的可见条码,很容易被改变或者复制,这使其长期面临假冒产品和非法使用的挑战。而隐形标记,是一个非常有前途的替代方案。遗憾的是此前技术由于多种问题还不适合大规模的标记使用,其问题包括容易破解,或者编码容量有限等。

1. 多功能覆隐条码

隐形条码能达到既不破坏包装装潢的整体效果,也不影响条码特性的目的,同样隐形条码隐形以后,一般制假者难以仿制,其防伪效果很好,并且在印刷时不存在套色问题。

隐形条码主要有以下几种形式。

1) 覆盖式隐形条码

这种隐形条码的原理是在条码印制以后,用特定的膜或涂层将其覆盖,这样处理以后的条码人眼很难识读。覆盖式隐形条码防伪效果良好,但其装潢效果不理想。

2) 光化学处理的隐形条码

用光学的方法对普通的可视条码进行处理,这样处理以后人们的眼睛很难发现痕迹,用普通波长的光和非特定光都不能对其识读,这种隐形条码是完全隐形的,装潢效果也很好,还可以设计成双重的防伪包装。

3) 隐形油墨印制的隐形条码

这种条码可以分为无色功能油墨印刷条码和有色功能油墨印刷条码,对于前者一般是用荧光油墨、热致变色油墨、磷光油墨等特种油墨来印刷的条码,这种隐形条码在印刷中必须用特定的光照,在条码识别时必须用相应的敏感光源,这种条码原先是隐形的,而对有色功能油墨印刷的条码一般是用变色油墨来印刷的。采用隐形油墨印制的隐形条码其工艺和一般印刷一样,但其抗老化的问题有待解决。

4) 纸质隐形条码

这种隐形条码隐形介质与纸张通过特殊光化学处理后融为一体,不能剥开,仅能供一次性使用,人眼不能识别,也不能用可见光照相、复印仿制,辨别时只能用发射出一定波长的扫描器识读条码内的信息,同时这种扫描器对通用的黑白条码也兼容。

2. 金属条码

图1-22 金属条码

金属条码(见图1-22)识读距离为0.3~5 m,最窄条码宽度可达0.2 mm;金属条码标签的厚度为0.06~0.20 mm,重量轻、其韧性高于纸码,而可弯曲度与纸质条码标签一样,能承受一定力的外物对它的搓揉和碰击，而不影响其识读效果。在生产时可制成连号流水码或各种不同内容的条码标签。

3. 荧光条码

荧光条码利用特殊的荧光墨汁将条码印刷成隐形条码。在紫外光(200～400 nm)照射下，能发出可见光。为了防伪只需要使用与条码所代表的物品颜色完全一致，并能为条码扫描器发出的激光所激发而传递信息的荧光墨汁即可，甚至还可使该荧光墨汁具有一定的时效性，过期自然消失，从而减少垃圾污染，省去因要撕掉条码标签而产生的工作量。

4. 基于纳米粒子的标记方法

可以在敏感类的爆炸物、固态或液态的药品中甚至墨水上做标记，这就是基于纳米粒子独特热性能的隐形条码。其在安保及防伪领域，尤其是跟踪、验证和追寻各种物品来源等方面，被看作是非常有前途的新方法。

5. 激光条码

激光条码是将激光和计算机技术有机地结合在一起，用户只要在计算机上编程，即可利用激光喷码机实现激光喷射输出的一种无法擦掉的永久性条码。它是通过激光直接在物体表面瞬间气化而成，无须借助任何辅助工具即可肉眼分辨，便于消费者识别。且无耗材，维护更方便。

水果“文身”：激光条码令顾客更方便。

据英国媒体报道，由于传统的粘贴型条码让顾客感到十分讨厌，英国超市中的水果很快将使用“文身”条码。马莎百货将成为英国商店中第一个使用最新激光技术的，预计将在未来的几周内用橙子进行试验。这项技术使用激光和有色液体直接在水果表面刻上图像和文本，但并不会破坏水果内部。这项技术甚至可以使用在柔软的水果上，如西红柿。而如果橙子的试验成功，这也将会扩展到别的食品上。

1.5　条码与信息系统

从概念上看，管理信息系统由四大部分组成，即信息源、信息处理器、信息用户和信息管理者，如图1-23所示。

条码技术应用于管理信息系统中，使信息源(条码符号)→信息处理器(条码扫描器POS终端、计算器)→信息用户(使用者)的过程自动化，不需要更多的人工介入。这将大大提高许多计算机管理信息系统的实用性。

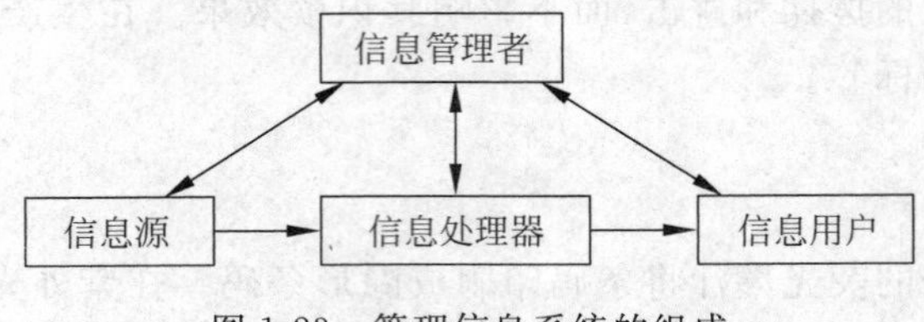

图 1-23 管理信息系统的组成

1.5.1 条码应用系统的组成与流程

1. 条码应用系统的组成

条码应用系统就是将条码技术应用于某一系统中,充分发挥条码技术的优点,使应用系统更加完善。条码应用系统一般由如图 1-24 所示的几部分组成。

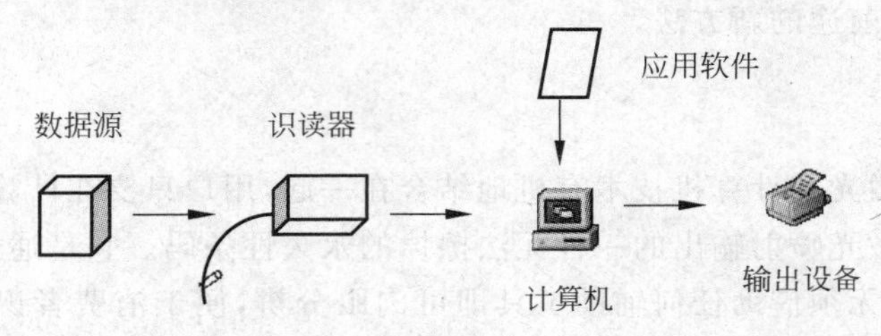

图 1-24 条码应用系统的组成

数据源标志着客观事物的符号集合,是反映客观事物原始状态的依据,其准确性直接影响着系统处理的结果。因此,完整准确的数据源是正确决策的基础。在条码应用系统中,数据源是用条码表示的,如图书管理中图书的编号、读者编号,商场管理中货物的代码,等等。目前,国际上有许多条码码制,在某一应用系统中,选择合适的码制是非常重要的。

条码识读器是条码应用系统的数据采集设备,它可以快速准确地捕捉到条码表示的数据源,并将这一数据输送给计算机处理。随着计算机技术的发展,其运算速度、存储能力有了很大提高,而计算机的数据输入却成了计算机发挥潜力的一个主要障碍。条码识读器较好地解决了计算机输入中的"瓶颈"问题,大大提高了计算机应用系统的实用性。

计算机是条码应用系统中的数据存储与处理设备。由于计算机存储容量大,运算速度快,使许多烦冗的数据处理工作变得方便、迅速、及时。计算机用于管理,可以大幅度减轻劳动者的劳动强度,提高工作效率,在某些方面还能完成手工无法完成的工作。近年来,计算机技术在我国得到了广泛应用,从单机系统到大的计算机网络,几乎普及社会的各个领域,极大地推动了现代科学技术的发展。条码技术与计算机技术的结合,使应用系统从数据采集到处理分析构成了一个强大协调的体系,为国民经济的发展起到了重要的作用。

应用软件是条码应用系统的一个组成部分,它是以系统软件为基础并为解决各类实际问题而编制的各种程序。应用程序一般是用高级语言编写的，把要被处理的数据组织在各个数据文件中，由操作系统控制各个应用程序的执行，并自动地对数据文件进行各种操作。程序设计人员不必再考虑数据在存储器中的实际位置，为程序设计带来了方便。在条码管理系统中，应用软件包括以下几个功能。

(1) 定义数据库。定义数据库包括全局逻辑数据结构定义、局部逻辑结构定义、存储结构定义及信息格式定义等。

(2) 管理数据库。管理数据库包括对整个数据库系统运行的控制、数据存取、增删、检索、修改等操作管理。

(3) 建立和维护数据库。建立和维护数据库包括数据库的建立、数据库更新、数据库再组织、数据库恢复及性能监测等。

(4) 数据通信。数据通信具备与操作系统的联系处理能力、分时处理能力及远程数据输入与处理能力。

信息输出则是把数据经过计算机处理后得到的信息以文件、表格或图形方式输出，供管理者及时、准确地掌握，制定正确的决策。

开发条码应用系统时，组成系统的每一环节都影响着系统的质量。下面针对应用系统中的各组成部分，作较详细的介绍。

2. 条码应用系统运作流程

条码应用系统一般运作流程如图1-25所示。

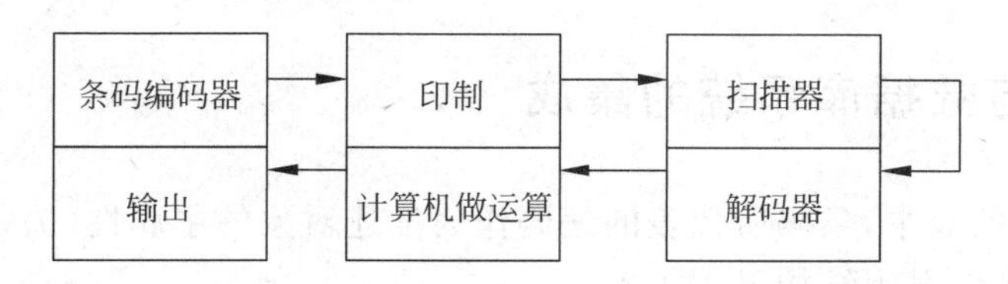

图1-25　条码系统处理流程

根据上述流程，条码系统主要由下列元素构成。

1) 条码编码方式

依不同需求选择适当的条码编码标准，如使用最普遍的EAN、UPC，或地域性的CAN、JAN等，一般以最容易与交易伙伴流通的编码方式为最佳。

2) 条码打印机

条码打印机是专门用来打印条码标签的打印机，大部分是应用在工作环境较恶劣的工厂中，而且必须能负荷长时间的工作，所以在设计时，要特别重视打印机的耐用性和稳定性，以至于其价格也比一般打印机的高。有些公司也提供各式特殊设计的纸张，可供一般的激光打印机及点阵式打印机印制条码。大多数条码打印机是属于热敏式或热转式两种。

此外,一般常用的打印机也可以打印条码,其中以激光打印机的品质最好。目前市面上彩色打印机也相当普遍,而条码在打印时颜色的选择也是十分重要的,一般是以黑色当作条色,如果无法使用黑色时,也可利用青色、蓝色或绿色系列取代。而底色最好以白色为主,如果无法使用白色时,可利用红色或黄色系列取代。

3) 条码识读器(barcode 或 scanner)

用以扫描条码,读取条码所代表字符、数值及符号周边的设备为条码识读器。其原理是由电源激发二极管发光而射出一束红外线来扫描条码,由于空白会比线条反映回来更多的光度,由这些明暗关系,让光感应接收器的反射光有着不同的类比信号,然后再经由解码器译成资料。条码识读器的类型参见第 4 章的内容。

4) 编码器及解码器

编码器(encoder)及解码器(decoder)是介于资料与条码间的转换工具,编码器可将资料编成条码。而解码器原理是由传入的类比信号分析出黑、白线条的宽度,然后根据编码原则,将条码资料解读出来,再经过电子元件的转换后,转成计算机所能接受的数位信号。

1.5.2 条码应用的局限

一维条码只能用来标识某个对象,但不能描述该对象,当我们通过条码扫描设备将条码信息输入计算机中时,该条码代表什么、它的特征信息(名称、规格、颜色、单价等)是无法直接从条码中得到的,这些信息只能借助与终端相连的后台数据库得到。

1.5.3 条码与数据库系统的集成

在关系数据库的表中,条码所代表的编码作为描述对象的主属性(关键字)存储在表中。例如,超市中的商品信息表结构见表 1-2。

表 1-2 超市中的商品信息表结构

商品编码	商品名称	规格型号	单价	折扣	……
710004358560	英汉双语词典		56.00	0.8	

在收款台,当条码扫描设备扫描该图书时,经过光电转换,读入计算机中的是该图书的编码值 710004358560,以该值作为查询关键字,可以从数据库的商品表中查询到该图书的详细信息:

SELECT * FROM 商品信息表 WHERE 商品编码="710004358560"

利用得到商品信息的单价、折扣,可以计算该图书的应付价格。

感兴趣的同学可以参考相关数据库设计与应用方面的资料。

1.6　商品条码的管理

【任务1-6】　企业新产品的条码符号应用

A公司是一家刚刚成立的罐头制造企业，它所生产的黄桃罐头准备进驻某大型超市上架销售，超市要求产品包装上必须有条码，于是，A公司向中国物品编码中心提出申请，注册属于本企业的厂商识别代码。

企业要使用条码来标识自己的产品，必须按照国家规定向国家物品编码中心申请，具体规定如下。

1. 申请条件

依法取得营业执照和相关合法经营资质证明的生产者、销售者和服务提供者，可以申请注册厂商识别代码。

2. 企业义务

(1) 一个厂商代码只给一家企业使用，企业不得转让或与其他企业共用自己的厂商代码。

(2) 为保证商品条码的唯一性，企业应将其厂商代码只用于本企业生产、经营的商品上，但接受他人委托为他人加工产品的，应当使用委托方注册的厂商识别代码及相应的商品条码。

(3) 企业使用商品条码应遵循国家标准，以保证商品流通各环节能够准确识别商品信息。

(4) 企业应该按规定缴纳有关费用。

(5) 企业应该按规定参加续展。

3. 注册程序

(1) 企业可以通过网上或编码中心各地的分支机构窗口办理注册手续，网上办理地址：http://mis.ancc.org.cn/anccoh/。

(2) 应当填写《中国商品条码系统成员注册登记表》，出示营业执照或相关合法经营资质证明并提供复印件。

(3) 企业应按照编码中心规定的收费标准缴纳有关费用。

(4) 通过注册的，编码中心向企业颁发《中国商品条码系统成员证书》。

(5) 编码中心将对企业及其注册的厂商代码予以公告。

企业注册流程如图1-26所示。

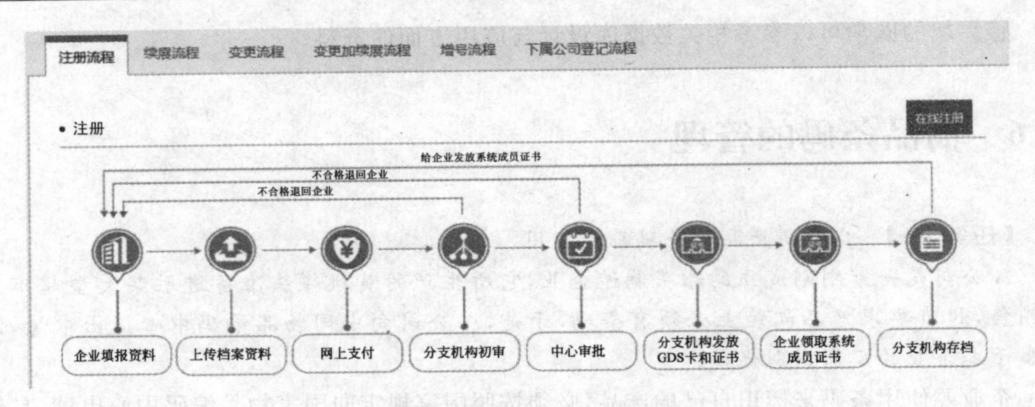

图 1-26　企业注册流程

4. 厂商代码的维护

(1) 企业如与他人合资、合并,其新企业应单独办理厂商代码注册申请手续。符合条件的,也可以办理使用权变更。

(2) 厂商代码有效期为两年,期满后应进行复审。

5. 通报编码信息

企业获得厂商识别代码后,按标准自行编制商品项目代码并通过中国商品信息服务平台通报编码信息。

6. 厂商识别代码续展

为了提升对中国商品条码系统成员的服务质量,提高系统成员续展业务的办理效率,凡具备互联网访问、网银支付等条件的系统成员,都可通过编码中心网上业务大厅在线提交厂商识别代码续展业务申请。系统成员(企业)具体操作步骤如图 1-27 所示。

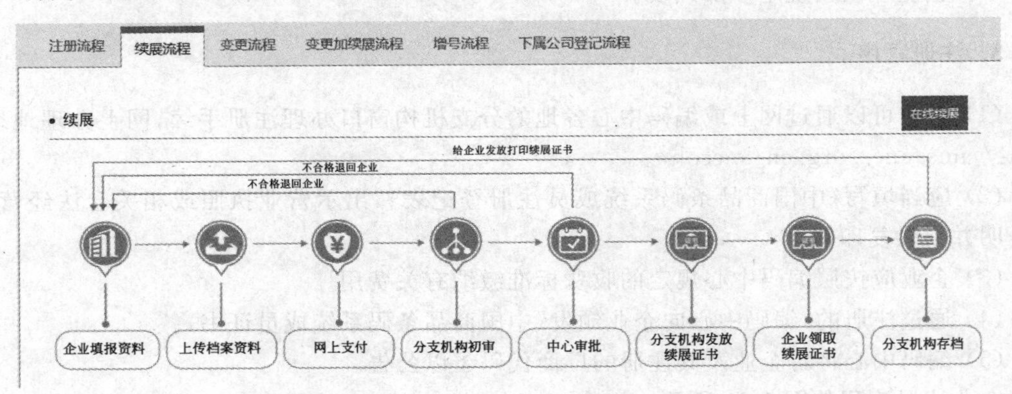

图 1-27　厂商识别代码续展流程

1.7 条码技术与标准化

理论上来讲，只要代码符号符合条码的符号集要求，就能够用条码表示。因此，我们在不同的快递公司的快递单上都能看到条码(见图 1-28)。

图 1-28 顺丰、中通、京东的物流单条码

细心的读者能够发现：它们的编码规则是不同的。每个公司都按照自己的规定来给包裹编码，也只能在自己的系统内识别和使用，无法实现信息的共享。因此，要实现跨企业信息的互联互通，必须实现条码技术的标准化。

标准作为经济社会活动的技术依据，世界的通用语言，在降低贸易成本、促进技术创新、增进沟通互信等方面发挥着不可替代的作用。

条码技术标准化工作是条码技术推广应用的基础，条码技术推广应用促进了条码技术的标准化工作。

我国正在推进实施“一带一路”，以标准化促进政策通、设施通、贸易通，支撑互联互通建设，促进投资贸易便利化，是其中重要的工作部署。在推进实施“一带一路”的过程中，广大企业要积极运用标准化手段，提升参与国际标准化活动的能力水平，以中国标准“走出去”带动中国产品、服务、装备和技术“走出去”。

标准化工作服务经济社会发展离不开高水平的人才队伍，目前我国标准化人才队伍已初具规模，标准技术专家超过 4 万名，但与标准化改革发展的要求相比，仍然存在较大差距，要努力培养一大批综合素质好、理论水平高、专业能力强的标准化人才队伍，不断推进标准化事业科学发展。

在中国企业“走出去”的过程中，相关的技术和标准也在加快“走出去”的步伐。

以开放合作、互联互通促进沿线各国共同繁荣、共享发展,是推进"一带一路"建设的应有之义。而标准是国际合作、互联互通的通用语言,是全球治理体系和经贸合作发展的重要技术基础,加快中国标准"走出去",对于推动"一带一路"建设意义重大。

与欧美发达国家相比,我国工业化起步较晚,标准化建设滞后。新世纪以来,国家大力实施标准强国战略,并提出自主创新要与自主品牌、知识产权和标准化相结合,对技术专利化、专利标准化、标准产业化、标准国际化作出明确部署,我国标准化建设进入快速发展阶段,中国标准成功走出去,在"一带一路"建设中发挥了不可或缺的作用。

【本章小结】

本章从商品的编码出发,探讨了条码的起源、条码要解决的问题、条码的符号原理以及条码的应用。条码是编码的一种表示方式,通过将编码转换为条码,可以实现编码的快速、准确的识读,提高数据的录入速度和准确率。

编码是条码应用的第一步。为描述对象编制唯一的代码,可以有不同的编码方式。如何用条、空来代表这个编码,则是条码生成要解决的问题。不同的条码有不同的原则。

【本章习题】

1. 请叙述"代码"与"条码"的区别与联系。
2. 目前常用的编码方式有哪些?
3. 简述一维条码的特点。
4. 分析一维条码与数据库之间的关系。
5. 简述二维条码的特点。
6. 举例说明二维条码在现实生活中的应用。

第2章 GS1标准体系

【任务 2-1】 “一流的企业做标准，二流的企业做品牌，三流的企业做产品”。

(1) 为什么标准那么重要？

(2) 在商务合作中，数据标准的重要性体现在哪里？

(3) 谁来制定标准？

世上本没有路，走的人多了，也便成了路。——鲁迅

2.1 GS1 概述

欧洲物品编码协会(EAN)成立于1977年，2002年与美国统一代码委员会合并，2005年更名为国际物品编码协会(GS1)，是全球性的、非营利性的国际组织，致力于以国际通用的标准为基础，建立“全球统一标识系统和通用商务标准——GS1标准体系”，通过向供应链参与方及相关用户提供增值服务，提高整个供应链的效率。其发展里程如下：

1973年：统一代码委员会(UCC)成立，成功在美国和加拿大等北美地区商品零售结算中使用商品条码。

1977年：法国、英国、德国等12国成立欧洲物品编码协会EAN，推广商品条码取得巨大成功。

2005年：随着经济全球一体化的发展，物品的全球流通需要一个通用的、统一的国际标准，EAN和UCC合并为一个组织，即国际物品编码协会GS1。

从全球来看，商品条码是一个全球统一的体系，国际上，由GS1负责。现有112个成员组织，超过250万家企业用户，服务于150多个国家和地区，25个不同应用领域。

2.1.1 GS1 简介

GS1标准体系起源于美国，由美国统一代码委员会(UCC，于2005年更名为GS1 US)于1973年创建。UCC创造性地采用12位的数字标识代码(UPC)。1974年，标识代码和条码首次在开放的贸易中得以应用。继UPC系统成功之后，欧洲物品编码协会，即早期的国际物品编码协会(EAN International，2005年更名为GS1)，于1977年成立并开发了与之兼容的系统并在北美以外的地区使用。EAN系统设计意在兼容UCC系统，主要有13位数字编码。随着条码与数据结构的确定，GS1标准体系得以快速发展。

2005 年 2 月,EAN 和 UCC 正式合并更名为 GS1。

GS1 包含了以下 5 个含义。

(1) 全球系统。

(2) 全球标准。

(3) 全球解决方案。

(4) 全球服务体系。

(5) 全球统一的商务语言。

GS1 标准体系为在全球范围内标识货物、服务、资产和位置提供了准确的编码。这些编码能够用条码符号来表示,以便进行商务流程所需的电子识读。该系统克服了厂商、组织使用自身的编码系统或部分特殊编码系统的局限性,提高了贸易的效率和对客户的反应能力。

这套标识代码也用于电子数据交换(EDI)、XML 电子报文、全球数据同步(GDSN)和 GS1 网络系统。

在提供唯一的标识代码的同时,GS1 标准体系也提供附加信息,如保质期、系列号和批号,这些都可以用条码的形式来表示。目前数据载体是条码,但 EPCglobal 正在开发的射频标签也可以作为 GS1 数据的载体。只有经过广泛的磋商才能改变数据载体,而且这需要一个很长的过渡期。

按照 GS1 标准体系的设计原则,使用者可以设计应用程序来自动处理 GS1 标准体系数据。系统的逻辑保证从 GS1 认可的条码采集的数据能生成准确的电子信息,以及对它们的处理过程可完全进行预编程。

GS1 标准体系适用于任何行业和贸易部门。对于系统的任何变动都会予以及时通告,从而不会对当前的用户有负面的影响。

2.1.2　GS1 标准体系总体框架

GS1 拥有一套全球跨行业的产品、运输单元、资产、位置和服务的标识标准体系和信息交换标准体系,使产品在全世界都能够被扫描和识读; GS1 的全球数据同步网络(GD-SN)确保全球贸易伙伴都使用正确的产品信息; GS1 通过电子产品代码(EPC)、射频识别(RFID)技术标准提供更高的供应链运营效率; GS1 可追溯解决方案,帮助企业遵守国际的有关食品安全法规,实现食品消费安全。

GS1 标准体系由三部分组成,如图 2-1 所示。

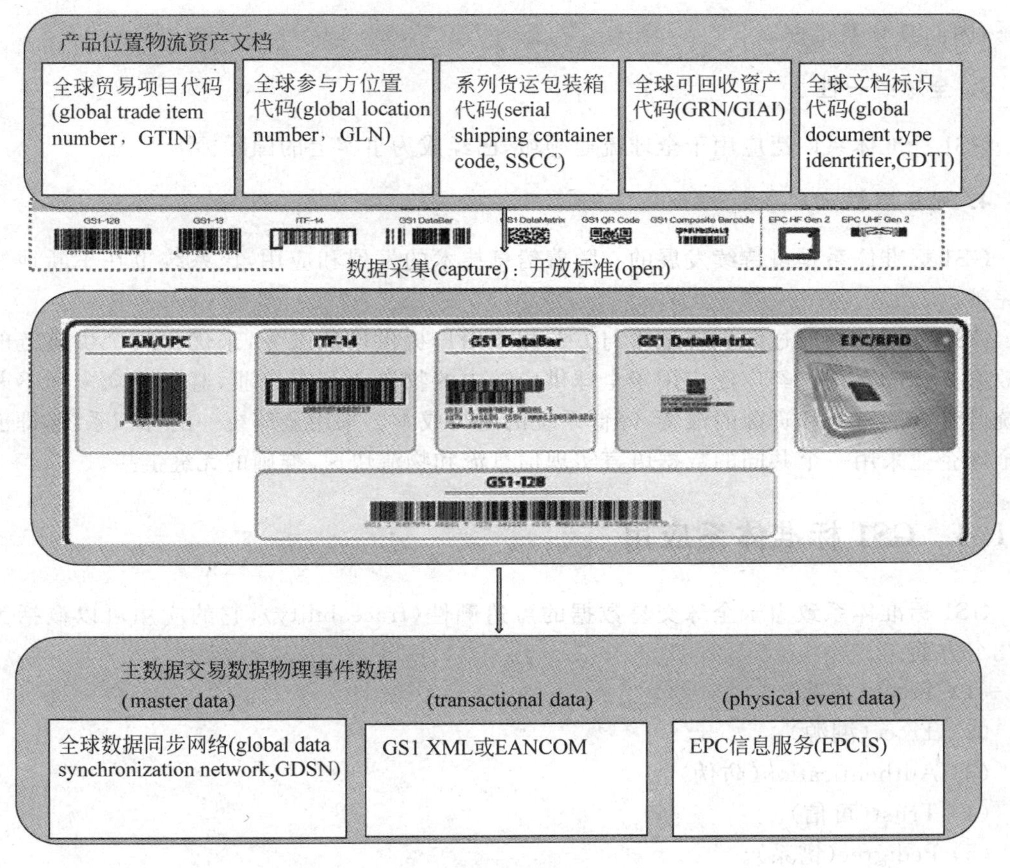

图 2-1　GS1 标准体系架构

2.1.3　GS1 标准体系的特点

作为一个全球性的标准体系，GS1 标准体系具有下列特点。

1. 系统性

GS1 标准体系拥有一套完整的编码体系，采用该系统对供应链各参与方、贸易项目、物流单元、位置、资产、服务关系等进行编码，解决了供应链上信息编码不唯一的难题。这些标识代码是计算机系统信息查询的关键字，是信息共享的重要手段。同时，也为采用高效、可靠、低成本的自动识别和数据采集技术奠定了基础。其编码体系我们在本章第 2 节详细介绍。

2. 科学性

GS1 标准体系对不同的编码对象采用不同的编码结构，并且这些编码结构间存在内在联系,因而具有整合性。

3. 全球统一性

GS1 标准体系广泛应用于全球流通领域,已经成为事实上的国际标准。

4. 可扩展性

GS1 标准体系是可持续发展的。随着信息技术的发展和应用,该系统也在不断地发展和完善。

GS1 标准体系通过向供应链参与方及相关用户提供增值服务,来优化整个供应链的管理效率。GS1 系统已经广泛应用于全球供应链中的物流业和零售业,避免了众多互不兼容系统所带来的时间和资源的浪费,降低系统的运行成本。采用全球统一的标识系统,即能保证全球企业采用一个共同的数据语言实现信息流和物流快速、准确的无缝链接。

2.1.4 GS1 标准体系应用

GS1 标准体系致力于全球交易数据的可追溯性(traceability),它的应用可以概括为以下几个方面。

(1) Track(追踪)。

(2) Trace(溯源)。

(3) Authentication(防伪)。

(4) Trust(可信)。

(5) Pedigree(谱系)。

(6) Returns(退货)。

(7) Withdraw(下架)。

(8) Recall(召回)。

下面我们分别介绍 GS1 的编码体系、数据载体体系和数据共享体系。

2.2 GS1 编码体系

编码体系是整个 GS1 标准体系的核心,是对流通领域中所有的产品与服务(包括贸易项目、物流单元、资产、位置和服务关系等)的标识代码及附加属性代码。附加属性代码不能脱离标识代码独立存在。GS1 通用说明(2016 版)共包括 11 类代码。

(1) Global trade item number (GTIN)(全球贸易项目代码)。

(2) Global location number (GLN)(全球参与方位置代码)。

(3) Serial shipping container code (SSCC)(系列包装箱代码)。

(4) Global returnable asset identifier (GRAI)(全球可回收资产代码)。

(5) Global individual asset identifier (GIAI)(全球单个资产代码)。

(6) Global service relation number (GSRN)(全球服务关系代码)。

(7) Global document type identifier (GDTI)(全球文档类型识别码)。

(8) Global shipment identification number (GSIN)(全球装运货物标识代码)。

(9) Global identification number for consignment (GINC)(全球托运货物标识代码)。

(10) Global coupon number (GCN)(全球优惠券代码)。

(11) Component / Part identifier (CPID)(组件/部件标识符)。

2.2.1 全球贸易项目代码(GTIN)

全球贸易项目代码(global trade item number,GTIN)是编码系统中应用最广泛的标识代码。贸易项目是指一项产品或服务。GTIN 是为全球贸易项目提供唯一标识的一种代码(称代码结构)。GTIN 有 4 种不同的编码结构：GTIN-13、GTIN-14、GTIN-8 和 GTIN-12，如图 2-2 所示。这 4 种结构可以对不同包装形态的商品进行唯一编码。标识代码无论应用在哪个领域的贸易项目上,每一个标识代码必须以整体方式使用。完整的标识代码可以保证在相关的应用领域内全球唯一。

对贸易项目进行编码和符号表示,能够实现商品零售(POS)、进货、存补货、销售分析及其他业务运作的自动化。

GTIN 的 4 种代码结构,如图 2-2 所示。

GTIN-14 代码结构

包装指示符	包装内含项目的GTIN(不含校验码)	校验码
N_1	N_2 N_3 N_4 N_5 N_6 N_7 N_8 N_9 N_{10} N_{11} N_{12} N_{13}	N_{14}

GTIN-13 代码结构

厂商识别代码　商品项目代码	校验码
N_1 N_2 N_3 N_4 N_5 N_6 N_7 N_8 N_9 N_{10} N_{11} N_{12}	N_{13}

GTIN-12 代码结构

厂商识别代码　商品项目代码	校验码
N_1 N_2 N_3 N_4 N_5 N_6 N_7 N_8 N_9 N_{10} N_{11}	N_{12}

GTIN-8 代码结构

商品项目识别代码	校验码
N_1 N_2 N_3 N_4 N_5 N_6 N_7	N_8

图 2-2　GTIN 的 4 种代码结构

2.2.2 系列货运包装箱代码(SSCC)

系列货运包装箱代码(serial shipping container code,SSCC)是为物流单元(运输和/或

储藏)提供唯一标识的代码,具有全球唯一性。系列货运包装箱的代码结构见表 2-1。物流单元标识代码由扩展位、厂商识别代码、系列号和校验码四部分组成,是 18 位的数字代码,它采用 GS1-128 条码符号表示。

表 2-1　SSCC 代码结构

结构种类	扩展位	厂商识别代码	系列号	校验码
结构一	N_1	$N_2N_3N_4N_5N_6N_7N_8$	$N_2N_3N_4N_5N_6N_7N_8N_9N_{10}N_{11}N_{12}N_{13}N_{14}N_{15}N_{16}N_{17}$	N_{18}
结构二	N_1	$N_2N_3N_4N_5N_6N_7N_8N_9$	$N_{10}N_{11}N_{12}N_{13}N_{14}N_{15}N_{16}N_{17}$	N_{18}
结构三	N_1	$N_2N_3N_4N_5N_6N_7N_8N_9N_{10}$	$N_{11}N_{12}N_{13}N_{14}N_{15}N_{16}N_{17}$	N_{18}
结构四	N_1	$N_2N_3N_4N_5N_6N_7N_8N_9N_{10}N_{11}$	$N_{12}N_{13}N_{14}N_{15}N_{16}N_{17}$	N_{18}

2.2.3　全球参与方位置代码(GLN)

全球参与方位置代码(global location number,GLN)是对参与供应链等活动的法律实体、功能实体和物理实体进行唯一标识的代码。参与方位置代码由厂商识别代码、位置参考代码和校验码组成,用 13 位数字表示,具体结构见表 2-2。

法律实体是指合法存在的机构,如供应商、客户、银行、承运商等。

功能实体是指法律实体内的具体的部门,如某公司的财务部。

物理实体是指具体的位置,如建筑物的某个房间、仓库或仓库的某个门、交货地等。

表 2-2　GLN 代码结构

结构种类	厂商识别代码	位置参考代码	校验码
结构一	$N_1N_2N_3N_4N_5N_6N_7$	$N_8N_9N_{10}N_{11}N_{12}$	N_{13}
结构二	$N_1N_2N_3N_4N_5N_6N_7N_8$	$N_9N_{10}N_{11}N_{12}$	N_{13}
结构三	$N_1N_2N_3N_4N_5N_6N_7N_8N_9$	$N_{10}N_{11}N_{12}$	N_{13}

2.2.4　全球可回收资产标识(GRAI)

全球可回收资产(global returnable asset identifier,GRAI)的编码由必备的 GRAI 和可选择的系列号构成,其中 GRAI 由填充位、厂商识别代码、资产类型代码、校验码组成,为 14 位数字代码,分为 4 种结构,见表 2-1。其中,填充位为 1 位数字"0"(为保证全球可回收资产代码的 14 位数据结构,在厂商识别代码前补充的一位数字);厂商识别代码由 7～10 位数字组成;资产类型代码由 2～5 位数字组成;校验位为 1 位数字。

当唯一标识特定资产类型中为单个资产时,在 GRAI 后加系列号,见表 2-3。系列号由 1～16 位可变长度的数字字母型代码构成。数字字母型代码字符集见附录。

表 2-3　全球可回收资产代码及系列号的结构

结构种类	全球可回收资产代码(GRAI)				系列号(可选择)
	填充位	厂商识别代码	资产类型代码	校验码	
结构一	0	$N_1N_2N_3N_4N_5N_6N_7$	$N_8N_9N_{10}N_{11}N_{12}$	N_{13}	$X_1 \cdots X_j\ (j \leqslant 16)$
结构二	0	$N_1N_2N_3N_4N_5N_6N_7N_8$	$N_9N_{10}N_{11}N_{12}$	N_{13}	$X_1 \cdots X_j\ (j \leqslant 16)$
结构三	0	$N_1N_2N_3N_4N_5N_6N_7N_8N_9$	$N_{10}N_{11}N_{12}$	N_{13}	$X_1 \cdots X_j\ (j \leqslant 16)$
结构四	0	$N_1N_2N_3N_4N_5N_6N_7N_8N_9N_{10}$	$N_{11}N_{12}$	N_{13}	$X_1 \cdots X_j\ (j \leqslant 16)$

2.2.5　全球服务关系代码(GSRN)

商品条码系统中,标识服务关系中服务对象的全球统一的代码(global service relation number,GSRN)。

全球服务关系代码由厂商识别代码、服务对象代码和校验码三部分组成,为 18 位数字代码,分为四种结构,见表 2-4。其中,厂商识别代码由 7～10 位数字组成;服务对象代码由 2～10 位数字组成;校验码为 1 位数字。

表 2-4　服务关系代码结构

结构种类	厂商识别代码	服务对象代码	校验码
结构一	$X_1X_2X_3X_4X_5X_6X_7$	$X_8X_9X_{10}X_{11}X_{12}X_{13}X_{14}X_{15}X_{16}X_{17}$	X_{18}
结构二	$X_1X_2X_3X_4X_5X_6X_7X_8$	$X_9X_{10}X_{11}X_{12}X_{13}X_{14}X_{15}X_{16}X_{17}$	X_{18}
结构三	$X_1X_2X_3X_4X_5X_6X_7X_8X_9$	$X_{10}X_{11}X_{12}X_{13}X_{14}X_{15}X_{16}X_{17}$	X_{18}
结构四	$X_1X_2X_3X_4X_5X_6X_7X_8X_9X_{10}$	$X_{11}X_{12}X_{13}X_{14}X_{15}X_{16}X_{17}$	X_{18}

2.2.6　全球单个资产代码(GIAI)

全球单个资产代码(global individual asset identifier,GIAI)由厂商识别代码、单个资产参考代码两部分组成,为小于等于 30 位的数字字母代码,分为 4 种结构,见表 2-5。其中,厂商识别代码由 7～10 位数字组成;单个资产参考代码由 1～23 位数字字母组成。

表 2-5　全球单个资产代码结构

结构种类	厂商识别代码	单个资产参考代码
结构一	$N_1N_2N_3N_4N_5N_6N_7$	$X_8 \cdots X_j\ (j \leqslant 30)$
结构二	$N_1N_2N_3N_4N_5N_6N_7N_8$	$X_9 \cdots X_j\ (j \leqslant 30)$
结构三	$N_1N_2N_3N_4N_5N_6N_7N_8N_9$	$X_{10} \cdots X_j\ (j \leqslant 30)$
结构四	$N_1N_2N_3N_4N_5N_6N_7N_8N_9N_{10}$	$X_{11} \cdots X_j\ (j \leqslant 30)$

2.2.7 AI十附加属性代码

商业应用中,除了表达对象本身外,还需要表达对象的某些属性信息,如生产日期、保质期、重量、单价等。为了便于数据的自动处理,允许在商品条目数据之前添加一些描述性的信息。而应用标识符(application identifier,AI),就是其具体表现形式。即在条码数据之前,加上一些标识,来对商品条目进行额外描述,比如说明某商品多重、有多少个、保质期是多长时间等。

例如:某商品的生产日期是 2016 年 8 月 10 日,用自然语言表述为“此商品的生产日期是 2016 年 8 月 10 日”,但是要用条码来表示,就不方便把这么多文字都编码成条码。

所以,GS1 标准体系规定了应用标识符来标识数据含义与格式,由 2~4 位数字组成。应用标识符定义了一些规矩,即某几个数字前缀,代表某种含义,比如,就用两位数 11 来表示生产日期,然后后面跟着 YYMMDD,即 20160810,表示生产日期是 2016 年 8 月 10 日,合起来就是 1120160810,而实际常将 AI 用括号括起来,就写成(11)20160810,这样,将对应的 1120160810 这些数字,用条码表示即可。

2.2.8 全球托运货物标识代码(GINC)

全球托运货物标识代码(global identification number for consignment,GINC)具有唯一性,它在一组物流或运输单元的生命周期内保持一致。当货运公司分配了一个 GINC 给运输商,在一年内不能重复分配。但是,现行法规或行业组织的具体规定可以延长这一期限。

应用标识符“401”指示的 GS1 应用标识符数据段的含义为全球托运货物标识代码(GINC)。此代码标识一个货物的逻辑组合(一个或多个物理实体),这组货物已交付给货运代理人并将作为一个整体运输。托运货物代码必须由货运代理人、承运人或事先与货运代理人订立协议的发货人分配。AI 401 的一个典型应用是 HWB(货运代理人运单)。

根据运输的多行业方案——MIST,货运代理人是安排货物运输的一方,包括转接服务和/或代表托运人或收货人办理相关手续。承运人是承担将货物从一点运输到另一点的一方。托运方是发送货物的一方。收货方是接收货物的一方。

GS1 公司前缀由 GS1 成员组织分配给负责分配 GINC 的公司,即承运人,使得 GS1 代码全球唯一。

托运参考代码的结构与内容由 GS1 公司前缀的所有者自行处理,用于对托运货物的唯一标识。托运参考代码结构见表 2-6。

表 2-6　全球托运货物标识代码

AI	全球货物托运标识代码(GINC)
401	GS1 公司前缀托运参考代码 N_1 … N_i　X_{i+1} … X_j ($j \leqslant 30$)

从条码识读器传输的数据表明单元数据串表示的一个 GINC 被采集。托运货物代码在适当的时候可以单独处理，或与出现在同一单元上的其他编码数据一起处理。

注：如果生成一个新的托运货物代码，在此之前的托运货物代码应从物理实体中去掉。

当在条码符号中，为该数据串标注人工可识读部分时，应使用"应用标识符目录"下的 GINC 数据名称。

2.2.9　全球装运货物标识代码(GSIN)

应用标识符"402"指示的 GS1 应用标识符数据段的含义为全球装运货物标识代码(GSIN)。

全球装运货物标识代码(GSIN)由托运人(卖方)分配。它为托运人(卖方)向收货人(买方)发送的一票运输货物提供了全球唯一的代码，标识物流单元的逻辑组合。它标识一个或多个物流单元的逻辑组合，每个物流单元分别由一个 SSCC 标识，每个物流单元包含的贸易项目作为一个特定卖方/买方关系的部分在一个发货通知单和/或提货单之内运行。它可用于运输环节的各方信息交换，如 EDI 报文中能够用于一票运输货物的参考和/或托运人的装货清单。GSIN 满足了世界海关组织(WCO)的 UCR(唯一托运代码)需求。

校验位的说明见《GS1 通用规范》2010 版第 7 章的 7.10。校验工作必须由相应的应用软件完成，以确保代码的正确组合。全球装运货物标识代码见表 2-7。

表 2-7　全球装运货物标识代码

应用标识符	装运标识代码
402	GS1 公司前缀装运参考代码校验位 N_1 N_2 N_3 N_4 N_5 N_6 N_7 N_8 N_9 N_{10} N_{11} N_{12} N_{13} N_{14} N_{15} N_{16} N_{17}

从条码识读器传输的数据表明单元数据串表示的一个 GSIN 被采集。

当在条码符号中，为该数据串标注人工可识读部分时，应使用下列数据名称：GSIN(见 3.2)。

2.2.10 特殊应用

1. 优惠券

全球优惠券代码(global coupon number,GCN)是在 POS 端可被当作一定现金或换取免费商品的一种凭证。优惠券标识是按地区管理的,因此,优惠券的数据结构是由 GS1 所在地区的编码组织负责确定的。

对优惠券的标识是为了加快在 POS 端自动处理优惠券过程的速度。此外,优惠券发行人和零售商还可以减少在优惠券分类、制造商的支付管理以及生成兑换报表方面的成本。

所有的 GS1 优惠券标准都允许"优惠券确认"(如检查顾客的订单内是否包含优惠券的项目)。

如果确认和金额检查都完成了,生产商还要提醒其分销商和零售商:优惠券即将发行,以便于零售商可以更新其数据以处理 POS 信息。

GS1 优惠券代码用于制造商和零售商促销优惠券以及具有货币价值的纪念品的编码,如礼品券、书券、食品印花、优惠购物券、就餐券、社会安全代币券等。

与 GS1 标准体系其他代码不同,只有有关的编码组织在同一货币区时,GS1 优惠券代码结构才能保证其唯一性。

2. 部件

部件(component part identifier,CPID)也是可以单独订货的实物物品。

部件用全球贸易项目代码(GTIN)进行标识。部件的 GTIN-13 标识代码可与一个相关基本物品编码一起使用,构成一个组合,该组合包含一个或多个部件。

一个部件可与一些不同的基本物品相关。

3. 已生产的实物物品的标识

在有自动化系统的环境中,需要对已生产的实物物品进行标识,并且标识要求能以机器识读方式(条码)表示。实物物品的"标识"应从供应商到客户进行传递,双方应能够使用同样的标识代码并需要为此代码保存一个记录。

对于开放系统,最适合的标识代码是 GTIN-13 标识代码。使用 GTIN-13 标识代码和条码符号对实物物品进行标识,使得客户定制物品(CSA)可以整合到系统中,该系统同时管理所有其他 GS1 标准体系标识项目。供应商在订单确认时给产品分配一个 GTIN-13 标识代码。只要分配给那些实际生产的产品即可,不必给所有可能的物品事先分配代码。

每一个不同的产品用一个唯一代码表示,这意味着一个产品的每一个不同变体需要分配一个不同的代码。如不同颜色、尺寸的衣服都有自身的标识代码。物品代码应按顺序分配。

4. 全球文档类型标识符(global document type identifier,GDTI)

词语“文档”已广泛应用,覆盖了官方或私人的用来指明权利(如所有权的证据)或职责义务(如告知或要求服兵役)的文件。通常,文档的发布者对文档包含的所有信息负有责任,包括条码的编码与人工识读字符。典型的文档需要储存适当的信息,示例如下。

(1) 土地登记文档。

(2) 催税单。

(3) 装运依据/收据。

(4) 海关的清关表。

(5) 保险单。

(6) 国内发票。

(7) 国内新闻文档。

(8) 教育文凭。

(9) 运输公司文档。

(10) 邮件公司文档。

(11) 其他。

全球文档类型标识符(GDTI)的应用标识符为 AI(253),见第 3.2GS1 应用标识符目录。

GDTI 是访问数据库信息(通常由发布组织管理)的关键字,由文档发布者分配。达到同一目的所有相同类型文档可以用相同的 GDTI。这样,GDTI 可以用来指代文档的特征,例如:

(1) 文档发布者;

(2) 文档指明的权利或义务;

(3) 文档类型(如保险单、政府文件);

(4) 不同特性的文档使用不同的 GDTI。

根据文档的特性,每个文档需要为接受者单独定制,因此除 GDTI 之外还需要一个唯一的参考代码。任一复制文档应使用与原文档相同的代码。序列号是可选的且由文档发行者分配的;在相同的 GDTI 情况下,序列文件的序号是唯一的。理想状态下,应为新建文档分配连续的序列号。

序列号用来传递准确资料与单个文档之间的信息,例如:

(1) 接受者的姓名与地址;

(2) 个人资料的前后参照。

GS1-128 条码符号用来表示需要管理的文档。条码决不能代替供人识读字符的需求。

为提高识读效率,所有的条码符号的 X 尺寸印制范围在 0.25～0.495 mm (0.009 84～0.0195in),最小高度为 13 mm (0.5 in)。

2.3 数据载体体系

数据载体是以机器可识读的形式表示数据的手段。

2.3.1 条码

条码技术是20世纪中叶发展并广泛应用的集光、机、电和计算机技术为一体的高新技术。它解决了计算机应用中数据采集的“瓶颈”,实现了信息的快速、准确获取与传输,是信息管理系统和管理自动化的基础。条码符号具有操作简单、信息采集速度快、信息采集量大、可靠性高、成本低廉等特点。以商品条码为核心的GS1标准体系已经成为事实上的服务于全球供应链管理的国际标准。

目前,主流的条码主要分为一维码和二维码两大类。

一维码是在一个方向(一般是水平方向)由一组按照一定编码规则排列,宽度不等的条(bar)和空(space)及其对应的字符组成的标识,用以表示一定信息。常用的一维码编码规则有EAN码、UPC码、128码、39码、库德巴码等。

一维码[图2-3(a)]简单直观、管理方案成熟、运用广泛。但是一维码所携带的信息量有限,如商品条码(EAN-13码)仅能容纳13位阿拉伯数字,更多的信息只能依赖商品数据库的支持,因此在一定程度上也限制了一维码的应用范围。

二维码[图2-3(b)]是在一维码的基础上发展而来的,可在水平和垂直方向的平面二维空间存储信息。相比一维码,二维码信息容量大,在一个二维码中可以存储1000个字节以上;信息密度高,同样面积大小的二维码可以是一维码信息密度的100倍以上;识别率极高,由于二维码有极强的数据纠错技术,即便存在部分破损、污损的面积也能被正确读出全部信息;编码范围广,凡是可以数字化的信息均可编码。常见的二维码编码规则有PDF417、QR Code、Data Matrix、Aztec Code等。

(a)

(b)

图2-3　一维条码和二维条码

(a)一维条码;(b)二维条码

1. EAN/UPC 条码

EAN/UPC 条码包括 EAN-13、EAN-8、UPC-A 和 UPC-E，如图 2-4 所示。通过零售渠道销售的贸易项目必须使用 EAN/UPC 条码进行标识。同时这些条码符号也可用于标识非零售的贸易项目。

1) EAN 条码

EAN 条码是长度固定的连续型条码，其字符集是数字 0～9。EAN 条码有两种类型，即 EAN-13 条码和 EAN-8 条码。

2) UPC 条码

UPC 条码是一种长度固定的连续型条码，其字符集为数字 0～9。UPC 码起源于美国，有 UPC-A 条码和 UPC-E 条码两种类型。

根据国际物品编码协会(GS1)与原美国统一代码委员会(UCC)达成的协议，自 2005 年 1 月 1 日起，北美地区也统一采用 GTIN-13 作为零售商品的标识代码。但由于部分零售商使用的数据文件仍不能与 GTIN-13 兼容，所以产品销往美国和加拿大市场的厂商可根据客户需要，向编码中心申请 UPC 条码。

EAN/UPC 商品条码示例如图 2-4 所示。

图 2-4　EAN/UPC 商品条码示例

2. ITF-14 条码

ITF-14 条码(图 2-5)只用于标识非零售的商品。ITF-14 条码对印刷精度要求不高，比较适合直接印制(热转印或喷墨)在表面不够光滑、受力后尺寸易变形的包装材料上。因为这种条码符号较适合直接印在瓦楞纸包装箱上，所以也称"箱码"。关于 ITF-14

图 2-5　ITF-14 条码示例

条码的说明,请查阅 GB/T 16830—2008《商品条码　储运包装商品编码与条码表示》国家标准。

3. GS1-128 条码

GS1-128 条码(图 3-14)由起始符号、数据字符、校验符、终止符、左、右侧空白区及供人识读的字符组成,用以表示 GS1 标准体系应用标识符字符串。GS1-128 条码可表示变长的数据,条码符号的长度依字符的数量、类型和放大系统的不同而变化,并且能将若干信息编码在一个条码符号中。该条码符号可编码的最大数据字数为 48 个,包括空白区在内的物理长度不能超过 165 mm。GS1-128 条码不用于 POS 零售结算,而用于标识物流单元。

应用标识符(AI)是一个 2～4 位的代码,用于定义其后续数据的含义和格式。使用 AI 可以将不同内容的数据表示在一个 GS1-128 条码中。不同的数据间不需要分隔,既节省了空间,又为数据的自动采集创造了条件。图 2-6GS1-128 条码符号示例中的(02)、(17)、(37)和(10)即为应用标识符。

图 2-6　GS1-128 条码示例

提示:关于 GS1-128 条码的说明,请查阅 GB/T 15425—2014《EAN·UCC 系统 128 条码》及 GB/T 16986—2009《商品条码　应用标识符》等国家标准。

4. GS1 Databar 条码

GS1 Databar 条码(原名为 RSS 条码)也是 GS1 标准体系的一种条码符号。该条码具有“尺寸更小、信息量更大”“可承载如产品有效期、系列号等商品附加信息”等优势,可满足特小型产品、不定量产品、需要安全追溯管理的食品等商品的标识需求。GS1 Databar 条码示例如表 2-8 所示。

GS1 Databar 条码符号可用于识别小件物品,比起目前的 EAN/UPC 条码可携带更多信息。GS1 Databar 把全球贸易货品编码(GTIN)译码,将使难以标记的产品,如新鲜食品和农产品,能有独特的识别。这些符号也可以携带 GS1 应用标识符,如批号和有效期、创造解决方案,以支持产品认证和跟踪变量的度量产品,如肉类、熟食、农产品等。

表 2-8　GS1 Databar 条码示例

名称	GS1 Databar 条码图样	承载数据	适用领域	备注
Databar-14		GTIN	专为零售 POS 点（全向式识读器）设计	尺寸为 EAN-13 条码尺寸小的 1/2 以下
全向层排式 Databar-14		GTIN		
扩展式 Databar		GTIN＋产品附加信息		
层排扩展式 Databar		GTIN＋产品附加信息		最多可分为 11 个层排，携带多达 74 位数字字符或 41 位字母数字字符
截短式 Databar-14		GTIN	为小型产品设计	
层排式 Databar-14		GTIN		
限定式 Databar		GTIN		

5. GS1 Datamatrix 条码

GS1 数据矩阵码(GS1 Datamatrix)是一种独立的矩阵式二维条码码制，其符号由位于符号内部的多个方形模块与分布于符号外沿的寻像图形组成。

Data Matrix 由美国国际资料公司(International Data Matrix，ID Matrix)于 1989 年发明。Data Matrix 又可分为 ECC000-140 与 ECC200 两种类型，ECC000-140 具有多种不同等级的错误纠正功能，而 ECC200 则透过 Reed-Solomon 演算法产生多项式计算出错误纠正码，其尺寸可以依需求印成不同大小，但采用的错误纠正码应与尺寸配合，由于其演算法较为容易，且尺寸较有弹性，故一般以 ECC200 较为普遍。

Data Matrix 二维条码的外观是一个由许多小方格所组成的正方形或长方形符号，其资讯的储存是以浅色与深色方格的排列组合，以二进制(binary-code)方式来编码，故计算机可直接读取其资料内容，而不需要如传统一维条码的符号对映表(character look-up table)。深色代表“1”，浅色代表“0”，再利用成串(string)的浅色与深色方格来描述特殊的字元资讯,这些字串再列成一个完整的矩阵式码,形成 Data Matrix 二维条码,再以不同的印表机印在不同材质表面上。由于 Data Matrix 二维条码只需要读取资料的 20%即可精确辨读,因此很适合应用在条码容易受损的场所,如印在暴露于高热、化学清洁剂、机械剥蚀等特殊环境的零件上。

Data Matrix 二维条码的尺寸可任意调整,最大可到 14 in^2,最小可到 0.0002 in^2,这个尺寸也是目前一维与二维条码中最小的。另外,大多数的条码的大小与编入的资料量有绝对的关系,但是 Data Matrix 二维条码的尺寸与其编入的资料量却是相互独立的,因此它的尺寸比较有弹性。此外 Data Matrix 二维条码还具有以下特性。

(1) 可编码字元集包括全部的 ASCII 字元及扩充 ASCII 字元,共 256 个字元。

(2) 条码大小(不包括空白区):10×10～144×144。

(3) 资料容量:2 235 个文数字资料,1 556 个 8 位元资料,3 116 个数字资料。

(4) 错误纠正:透过 Reed-Solomon 演算法产生多项式计算获得错误纠正码。不同尺寸宜采用不同数量的错误纠正码。

2.3.2 无线射频识别技术(RFID)

无线射频识别技术(RFID)是 20 世纪中叶进入实用阶段的一种非接触式自动识别技术。射频识别系统包括射频标签和读写器两部分。射频标签是承载识别信息的载体,读写器是获取信息的装置。射频识别的标签与读写器之间利用感应、无线电波或微波,进行双向通信,实现标签存储信息的识别和数据交换。

射频识别技术的特点如下所述。

(1) 可非接触识读(识读距离可以从几厘米至几十米)。

(2) 可识别快速运动物体。

(3) 抗恶劣环境,防水、防磁、耐高温,使用寿命长。

(4) 保密性强。

(5) 可同时识别多个识别对象等。

射频识别技术应用领域广阔。多用于移动车辆的自动收费、资产跟踪、物流、动物跟踪、生产过程控制等。由于射频标签较条码标签成本偏高,目前很少像条码那样用于消费品标识,多用于人员、车辆、物流等管理,如证件、停车场、可回收托盘、包装箱的标识。

EPC(electronic product code)标签是射频识别技术中应用于 GS1 系统 EPC 编码的电子标签,是按照 GS1 标准体系的 EPC 规则进行编码,并遵循 EPCglobal 制定的 EPC 标签与读写器的无接触空中通信规则设计的标签。EPC 标签是产品电子代码的载体,当 EPC 标签贴在物品上或内嵌在物品中时,该物品与 EPC 标签中的编号是一一对应的。

1999 年美国麻省理工学院的一位天才教授提出了 EPC 开放网络(物联网)构想,在国际物品编码组织(EAN·UCC)、宝洁公司(P&G)、吉列公司(Gillette Company)、可口可乐、沃尔玛、联邦快递、雀巢、英国电信、SAP、SUN、Philips、IBM 全球 83 跨国公司的支持下，开始了这个发展计划，并于 2003 年完成了技术体系的规模场地使用测试，于 2003 年 10 月成立 EPC globle，在全球组织推广 EPC 和物联网的应用。欧、美等发达国家也全力推动符合 EPC 技术电子标签的应用，全球最大的零售商美国沃尔玛宣布：从 2005 年 1 月开始，前 100 名供应商必须在托盘中使用 EPC 电子标签，2006 年必须在产品包装中使用 EPC 电子标签。美国国防部、美国、欧洲、日本的生产企业和零售企业都制订了在 2004—2005 年实施电子标签的方案。

EPC 编码体系是新一代的与 GTIN 兼容的编码标准，它是全球统一标识系统的延伸和拓展，是全球统一标识系统的重要组成部分，是 EPC 系统的核心与关键。

EPC 代码是由标头、厂商识别代码、对象分类代码、序列号等数据字段组成的一组数字。具体结构见表 2-9。

表 2-9　EPC 编码结构

标头	厂商识别代码	对象分类代码	序列号
8	28	24	36

当前，出于成本等因素的考虑，参与 EPC 测试所使用的编码标准采用的是 64 位数据结构，未来将采用 96 位的编码结构。

EPC 编码体系具有以下特性。

(1) 科学性。结构明确，易于使用、维护。

(2) 兼容性。EPC 编码标准与目前广泛应用的 EAN·UCC 编码标准是兼容的，GTIN 是 EPC 编码结构中的重要组成部分，目前广泛使用的 GTIN、SSCC、GLN 等都可以顺利转换到 EPC 中去。

(3) 全面性。可在生产、流通、存储、结算、跟踪、召回等供应链的各环节全面应用。

(4) 合理性。由 EPCglobal、各国 EPC 管理机构(中国的管理机构称为 EPCglobal China)、被标识物品的管理者分段管理、共同维护、统一应用，具有合理性。

(5) 国际性。不以具体国家、企业为核心，编码标准全球协商一致，具有国际性。

(6) 无歧视性。编码采用全数字形式，不受地方色彩、语言、经济水平、政治观点的限制，是无歧视性的编码。

EPC 编码体系应用优势如下所述。

(1) 开放的结构体系

EPC 系统采用全球最大公用的互联网网络系统，这就避免了系统的复杂性，同时也大大降低了系统的成本，并且还有利于系统的增值。

(2) 独立的平台与高度的互动性

EPC 系统识别的对象是一个十分广泛的实体对象，因此，不可能有哪一种技术适用于所有的识别对象。同时,不同地区、不同国家的射频识别技术标准也不相同。因此开放的结构体系必须具有独立的平台和高度的交互操作性。EPC 系统网络建立在 Internet 网络系统上,并且可以与 Internet 网络所有可能的组成部分协同工作。

(3) 灵活的可持续发展的体系

EPC 系统是一个灵活的、开放的、可持续发展的体系,可在不替换原有体系的情况下做到系统升级。

EPC 系统是一个全球的大系统,供应链的各个环节、各个节点、各个方面都可受益,但对低价值的识别对象,如食品、消费品等来说,它们对 EPC 系统引起的附加价格十分敏感。EPC 系统正在考虑通过本身技术的进步,进一步降低成本,同时通过系统的整体改进使供应链管理得到更好的应用,提高效益,以便抵销和降低附加价格。

2.4 数据共享(share)体系

信息共享是实现供应链管理的基础。供应链的协调运行建立在各个节点企业高质量的信息传递与共享的基础之上。因此,信息共享作为维持合作伙伴间合作关系的重要途径,受到了供应链上企业的广泛关注。

信息在共享时需要满足一定的条件,也就是说企业共享的信息需符合一定的标准。

1) 信息必须准确

信息必须准确是指信息本身是对客观现实的反应,信息系统遵循"垃圾进去——垃圾出来"的规则,首先要从源头保证信息的准确。其次还要确保共享信息在传递过程中的准确性,即保持共享信息的一致性,同一信息共用一个数据源,避免信息在不同节点之间传递造成的错误。

2) 信息必须及时获取

信息必须及时获取是指信息的时间价值。准确的信息常常存在,但随时间的推移,这些信息要么已经过时,要么其形式可能不适用,此时信息的价值将大大降低,因此要作出科学的决策,需要及时获取和利用信息。信息共享的时间价值取决于信息提供方处理信息的能力与信息提供方共享信息的意愿。

3) 信息必须是必需有效的

信息的有效性主要是指共享信息的可替代性与冗杂。共享信息的可替代性程度越低,冗杂度越低,节点处理共享信息的效率会更高,所需提取为自用信息的时间也相应越少。因此企业必须考虑哪些信息应该保留,以便使宝贵的资源不被浪费在收集无用的数据上,而重要的信息却被遗漏了。

GS1 标准体系为了保证供应链伙伴之间正确、及时、有效地共享信息,GS1 标准体系设计的数据交换系统有以下几点。

(1) 电子数据交换(electronic data interchange,EDI)。

(2) EANCOM是一套以EAN·UCC编码系统为基础的标准报文集。EANCOM作为UN/EDIFACT信息的子集,提供了清晰的定义及诠释,让贸易伙伴以简单、准确及具成本效益的方式交换商业文件。

(3) 可扩展标记语言XML(extensible markup language,XML)。

2.4.1 电子数据交换技术(EDI)

许多企业每天都会产生和处理大量的提供了重要信息的纸张文件,如订单、发票、产品目录、销售报告等。这些文件提供的信息随着整个贸易过程,涵盖了产品的一切相关信息。无论这些信息交换是内部的还是外部的,都应做到信息流的合理化。

电子数据交换(EDI)是商业贸易伙伴之间,按标准、协议规范化和格式化的信息通过电子方式,在计算机系统之间进行自动交换和处理。一般来讲,EDI具有以下特点:使用对象是不同的计算机系统;传送的资料是业务资料;采用共同的标准化结构数据格式;尽量避免介入人工操作;可以与用户计算机系统的数据库进行平滑链接,直接访问数据库或从数据库生成EDI报文等。

EDI的基础是信息,这些信息可以由人工输入计算机,但更好的方法是通过采用条码和射频标签快速准确地获得数据信息。

EDI是由国际标准化组织(ISO)推出使用的国际标准,它是指一种为商业或行政事务处理,按照一个公认的标准,形成结构化的事务处理或消息报文格式,从计算机到计算机的电子传输方法,也是计算机可识别的商业语言。例如,国际贸易中的采购订单、装箱单、提货单等数据的交换。

EDI的定义至今没有一个统一的标准,但是有以下几方面是相同的。

(1) 用统一的资料标准。

(2) 利用网络传递信息。

(3) 计算机系统之间的连接。

1. EDI的产生背景

在国际贸易中,由于买卖双方地处不同的国家和地区,因此在大多数情况下,不是简单的、直接的、面对面的买卖,而必须以银行进行担保,以各种纸面单证为凭证,方能达到商品与货币交换的目的。这时,纸面单证就代表了货物所有权的转移,因此从某种意义上讲"纸面单证就是外汇"。

全球贸易额的上升带来了各种贸易单证、文件数量的激增。虽然计算机及其他办公自动化设备的出现可以在一定范围内减轻人工处理纸面单证的劳动强度,但由于各种计算机系统不能完全兼容,实际上又增加了对纸张的需求,美国森林及纸张协会曾经做过统计,得出了用纸量超速增长的规律:年国民生产总值每增加10亿美元,用纸量就会增加8万吨。此外,在各类商业贸易单证中有相当大的一部分数据是重复出现的,需要反复地键入。据统计,计算机的输入平均70%来自另一台计算机的输出,且重复输入也使出差错的概率增高,同时重复录入浪费人力、浪费时间、降低效率。因此,纸面贸易文件成了阻碍贸易发展的一个比较突出的因素。

同时,市场竞争也出现了新的特征。价格因素在竞争中所占的比重逐渐减小,而服务性因素所占比重增大。销售商为了适应瞬息万变的市场行情,减少风险,要求小批量、多品种、供货快。而在整个贸易链中,绝大多数的企业既是供货商又是销售商,因此提高商业文件传递速度和处理速度成了所有贸易链中成员的共同需求。同样,现代计算机的大量普及和应用以及功能的不断提高,已使计算机应用从单机应用走向系统应用;同时通信条件和技术的完善,网络的普及又为EDI的应用提供了坚实的基础。

2. EDI的特点

1) EDI使用电子方法传递信息和处理数据

EDI一方面用电子传输的方式取代了以往纸质单证的邮寄和递送,从而提高了传输效率;另一方面通过计算机处理数据取代人工处理数据,从而减少了差错和延误。

2) EDI是采用统一标准编制数据信息的

这是EDI与电传、传真等其他传递方式的重要区别,电传、传真等并没有统一格式标准,而EDI必须有统一的标准方能运作。

3) EDI是计算机应用程序之间的连接

一般的电子通信手段是人与人之间的信息传递,传输的内容即使不完整、格式即使不规范,也能被人所理解。这些通信手段仅仅是人与人之间的信息传递工具,不能处理和返回信息。EDI实现的是计算机应用程序与计算机应用程序之间的信息传递与交换。由于计算机只能按照给定的程序识别和接受信息,所以电子单证必须符合标准格式并且内容完整准确。在电子单证符合标准且内容完整的情况下,EDI系统不但能识别、接受、存储信息,还能对单证数据信息进行处理,自动制作新的电子单据并传输到有关部门。在有关部门就自己发出的电子单证进行查询时,计算机还可以反馈有关信息的处理结果和进展状况。在收到一些重要电子邮件时,计算机还可以按程序自动产生电子收据并传回对方。

4) EDI系统采用加密防伪手段

EDI系统有相应的保密措施,EDI传输信息的保密通常是采用密码系统,各用户掌握自己的密码,可打开自己的"邮箱"取出信息,外人却不能打开这个"邮箱",有关部门和企业发给自己的电子信息均自动进入自己的"邮箱"。一些重要信息在传递时还要加密,即把信息转换成他人无法识别的代码,接收方计算机按特定程序译码后还原成可识别信息。为防止有些信息在传递过程中被篡改,或防止有人传递假信息,还可以使用证实手段,即将普通信息与转变成代码的信息同时传递给接收方，接收方把代码翻译成普通信息进行比较，如二者完全一致，可知信息未被篡改，也不是伪造的信息。

3. EDI 的优点

GS1 英国的研究显示，杂货店行业每年因使用 EDI 而节省的成本多达 6.5 亿英镑。该项研究还指出，仅仅将“提前发货通知”这项商业文件自动化，就可为杂货店行业进一步节省 2 亿英镑。光是从财政角度而言，与业务伙伴实施 EDI，有助于显著节省成本。

(1) 各项研究均显示，EDI 的成本只是纸张文件模式的 1/3。

(2) 一项报告更指出可将成本减低至 1/70。

(3) 欧盟报告指出，若处理电子发票能节省 10 min 时间，则每年每项发票能节省 120 欧元。

(4) GS1 英国发现，英国杂货商每张电子订单可节省 14 英镑。

不过，在众多 EDI 优点中，节省成本只是冰山一角。

EDI 的优点。

1) 速度及准确度高

(1) 通过纸张文件模式要花 5 天时间的交易，通过 EDI 只需不足 1 h。

(2) 研究显示，通过纸张文件模式处理发票，数据出错率可高达 5%。

(3) 提高数据准确度，可相应提高整个供应链的效率。有分析表明，EDI 可将交付时间加快 30%。

2) 提升营商效率也是主要考虑因素之一

(1) 将纸张文件工作自动化，可让员工有更多时间处理更有价值的工作，并提升他们的生产力。研究显示，使用 EDI 可节省多达 50%的人力资源。

(2) 快速、准确地处理商业文档，可减少重做订单、缺货及订单取消等问题的发生。

(3) 买家可享有更优惠的付款安排及折扣。

(4) 买家可增加现金流及缩短“订货-收回现金”周期。

(5) 缩短订单处理及交付时间，有助于企业减少库存量。研究数据显示，库存量可平均减少约 10%。

3) EDI 最大的优点在于商业运营的策略性层面

(1) 缩短改良产品或推出新产品的周期。

(2) 快速导入全球各地的业务伙伴，以拓展新领域或新市场。

(3) 取得全新层次的管理信息，以提升管理供应链及业务伙伴的表现。

(4) 把商业模式由供应主导转化为由需求主导。

(5) 以电子方式取代纸张文件流程，从而加强实践企业社会责任及可持续性，既可节省成本，又能减少碳排放。

4. 报文标准 UN / EDIFACT

联合国/行政、商业和运输电子数据交换是由联合国制定的国际标准。EDIFACT 标准提供了一套语法规则的结构、互动交流协议,并提供了一套允许多国和多行业的电子商业文件交换的标准消息。在欧洲,很多企业很早就采纳了 EDIFACT,所以应用很广泛。而在亚太地区使用基于 XML 的标准较多,但是 EDIFACT 也有应用。

2.4.2 XML 技术

在电子商务的发展过程中,传统的 EDI 作为主要的数据交换方式,对数据的标准化起到了重要的作用。但是传统的 EDI 有着相当大的局限性,比如 EDI 需要专用网络和专用程序,EDI 的数据人工难于识读等。为此人们开始使用基于 Internet 的电子数据交换技术——XML 技术。

XML 自从出现以来,以其可扩展性、自描述性等优点,被誉为信息标准化过程的有力工具,基于 XML 的标准将成为以后信息标准的主流,甚至有人提出了 eXe 的电子商务模式(e 即 enterprise,指企业,而 X 指的是 XML)。XML 的最大优势之一就在于其可扩展性,可扩展性克服了 HTML 固有的局限性,并使互联网一些新的应用成为可能。

2.4.3 全球数据同步网络(GDSN)

在商务合作过程中,一个制造企业通常需要直接把产品和价格数据发送几十,甚至成百上千的贸易合作伙伴。尽管供应商投入了大量的人力物力,但往往还不能保障数据的及时性和准确性,导致生产方和购买方在订货和运输过程中需要另外投入更多的精力来纠正已经发生的错误。企业电子信息化领域,各种新概念层出不穷,但它们对企业的商务电子化进程帮助十分有限。电子商务应该建立在准确和同步信息的基础上,这样信息流能够自动转化为物流和现金流。

随着全球数据同步(global data synchronization)的发布,供应商、零售商和分销商逐步认识到了第三方、独立的、安全的和公开的通信连接将是解决整个供应链参与者间的最终解决方案。

全球数据同步是国际物品编码协会(GS1)基于全球统一标识系统为电子商务的实施所提出的整合全球产品数据的全新理念。GDS 提供了一个全球产品数据平台,采用自愿协调一致的标准,通过遍布全球的网络系统,使贸易伙伴在供应链中连续不断地交换正确、完整、及时的高质量数据。

由中国物品编码中心建立的 GDS 中国数据池,于 2007 年通过 GS1 权威认证顺利加入全球数据同步网络(GDSN)中,为国际、国内企业间交换数据提供服务。

全球数据同步(GDS)/全球数据字典(GDD)是 GS1 系统为目前国际盛行的 ebXML 电子商务实施所提出的整合全球产品数据的全新理念。它提供了一个全球产品数据平台,通过采用自愿协调一致的标准,使贸易伙伴彼此间在供应链中连续不断地协调产品数据属性,共享主数据,保证各数据库的主数据同步及各数据库之间协调一致。GS1 编码体系的 GTIN、GLN、GDD、GPC 等标准使全球供应链中产品的标识、分类和描述一致性成为可能,而 GDS 提供了实施这一目标的最佳途径。

通过全球数据同步网络(GDSN),贸易伙伴之间能够保持信息的高度一致。企业数据库中的任何微小改动,都可以自动地发送给所有的贸易伙伴。GDSN 保证制造商和购买者能够分享最新、最准确的数据,并且传达双方合作的意愿,最终促使贸易伙伴以微小投入完成合作。

GDSN 提供了贸易伙伴间的无障碍对话平台,保证了商品数据的格式统一,确保供应商能够在正确的地方、正确的时间将正确数量的正确货物提供给正确的贸易伙伴。

2.4.4　产品电子代码信息服务(EPCIS)

EPCIS(electronic product code information service,产品电子代码信息服务),提供一套标准的 EPC 数据接口。

GS1 可视化标准——EPCIS(产品电子代码信息服务),为贸易参与者在全球供应链中实时分享基于事件的信息提供了基础,EPCIS 使企业内部和企业之间的应用系统进行 EPC 相关数据的共享。为遵守追溯法规要求,防止产品被造假,产品供应链参与者正在寻找一种在供应链中共享信息的方法,这里的信息指与产品移动和产品状态有关的信息。

EPCIS 是一个 EPCglobal 网络服务,通过该服务,能够使业务合作伙伴通过网络交换 EPC 相关数据。

EPCIS 协议框架被设计成分层的、可扩展的模块化,其多层框架如图 2-7 所示。

EPCIS 是企业实时交换 RFID 和产品数据的一个标准,最初是为具有单独序列号的跟踪项目设计,而现在更新的 EPCIS1.1 标准支持批次跟踪,可用于包括新鲜的农产品和肉类企业在内的食品行业。

除了批次跟踪之外,EPCIS 标准给那些还未追踪单个事物的企业提供了一个交换数据的机会,同时它还提供了一个追踪系列化事物更容易的转换方式。

EPCIS 标准的建立,奠定了全球供应链中实时信息流动、历史记录、货物状态的技术基础。

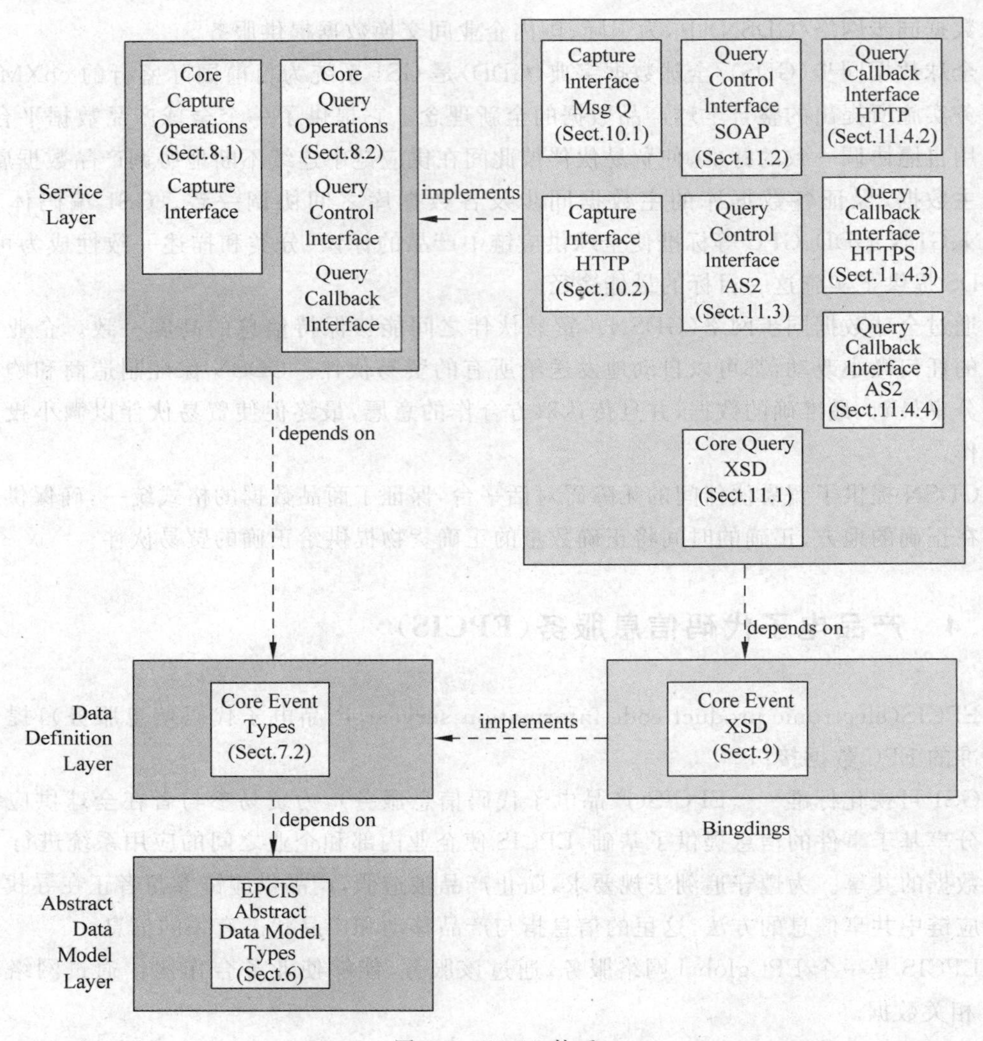

图 2-7 EPCIS 体系

2.5 中国物品编码中心

中国物品编码中心是统一组织、协调、管理我国商品条码、物品编码与自动识别技术的专门机构，隶属于国家质量监督检验检疫总局，1988 年成立，1991 年 4 月代表我国加入国际物品编码协会(GS1)，负责推广国际通用的、开放的、跨行业的全球统一编码标识系统和供应链管理标准，向社会提供公共服务平台和标准化解决方案。

中国物品编码中心在全国设有 47 个分支机构，形成了覆盖全国的集编码管理、技术研发、标准制定、应用推广以及技术服务为一体的工作体系。物品编码与自动识别技术已广泛应用于零售、制造、物流、电子商务、移动商务、电子政务、医疗卫生、产品质量追溯、图书音像等国民经济和社会发展的诸多领域。全球统一标识系统是全球应用最为广泛的商务语言，商品条码是其基础和核心。截至目前，编码中心已累计向 50 多万家企业提供了商品条码服务，全国有上亿种商品上印有商品条码。

1. 统一协调管理全国物品编码工作

负责组织、协调、管理全国商品条码、物品编码、产品电子代码(EPC)与自动识别技术工作，贯彻执行我国物品编码与自动识别技术发展的方针、政策，落实《商品条码管理办法》。对口国际物品编码协会(GS1)，推广全球统一标识系统和我国统一的物品编码标准。组织领导全国 47 个分支机构做好商品条码、物品编码的管理工作。

2. 开展物品编码与自动识别技术科研标准化工作

重点加强前瞻性、战略性、基础性、支撑性技术研究，提出并建立了国家物品编码体系，研究制定了物联网编码标识标准体系，制定和修订 70 多项物品编码与自动识别技术相关国家标准，取得了一批具有自主知识产权的科技成果，推动汉信码成为国际 ISO 标准，有力地促进了国民经济信息化的建设和发展。

3. 推动物品编码与自动识别技术广泛应用

物品编码与自动识别技术已经广泛应用于我国的零售、食品安全追溯、医疗卫生、物流、建材、服装、特种设备、商品信息服务、电子商务、移动商务等领域。商品条码技术为我国的产品质量安全、诚信体系建设提供了可靠产品信息和技术保障。目前，我国有近 8 000 万种产品包装上使用了商品条码标识；使用条码技术进行自动零售结算的商店已达上百万家。

4. 全方位提供物品编码高品质服务

完善商品条码系统成员服务，积极开展信息咨询和技术培训。通过国家条码质量监督检验中心和国家射频产品质量监督检验中心，向社会提供质量检测服务。通过中国商品信息服务平台，实现全球商品信息的互通互联，保障企业与国内外合作伙伴之间数据传递的准确、及时和高效，提高了我国现代物流、电子商务以及供应链运作的效率。

【本章小结】

本章系统介绍了国际物品编码协会 GS1 的发展历史、GS1 的组织体系。系统介绍了 GS1 的编码体系、数据载体和数据共享。本章也是理解后续各章的纲领性章节，深刻理解

GS1 的三个部分(编码、识别、共享)之间的关系是非常重要的。

【本章习题】

1. GS1 中的“1”代表什么?
2. 简述 GS1 的发展过程。
3. GS1 的编码体系有哪些?
4. GS1 支持的数据载体有哪些?
5. GS1 支持哪些数据共享标准?

第3章 编码技术

【任务3-1】 身边的那些代码

你自己的身上有哪些代码？身份证号码、护照号码、学号……

实验室里的每台设备上，是否贴有带编号、条码的标签？

你选修的每一门课程，选用的每一本教材，是否都有一个唯一的编号？

你参与的每一个项目，是否都有一个项目编号？

超市里的每一个商品，都贴有一个条码，在收款台，可以通过扫描读取信息。

……

为什么人一出生，就给他一个唯一的18位的身份证号码，而且这个号码终生不变？

本章我们就来探讨在数据采集、数据共享、数据存储中最基础的技术：编码技术。

3.1 信息编码概述

在讲编码之前，先说说什么是代码。

3.1.1 代码的定义

代码也叫信息编码，是作为事物(实体)唯一标识的、一组有序字符组合。它必须便于计算机和人识别、处理。

代码(code)是人为确定的代表客观事物(实体)名称、属性或状态的符号或者是这些符号的组合。

代码的重要性表现在以下几个方面。

(1) 可以唯一地标识一个分类对象(实体)。

(2) 加快输入，减少出错，便于存储和检索，节省存储空间。

(3) 使数据的表达标准化，简化处理程序，提高处理效率。

(4) 能够被计算机系统识别、接收和处理。

3.1.2 代码的作用

在信息系统中，代码的作用体现在以下几方面。

1. 唯一化

在现实世界中有很多东西如果我们不加标识是无法区分的，这时机器处理就十分困难。所以能否将原来不能确定的东西，唯一地加以标识是编制代码的首要任务。

最简单、最常见的例子就是职工编号。在人事档案管理中我们不难发现，人的姓名不管在一个多么小的单位里都很难避免重名。为了避免二义性，唯一地标识每一个人，因此编制了职工代码。

2. 规范化

唯一化虽是代码设计的首要任务。但如果我们仅仅为了唯一化来编制代码，那么代码编出来后可能是杂乱无章的，使人无法辨认，而且使用起来也不方便。所以我们在唯一化的前提下还要强调编码的规范化。

例如：财政部关于会计科目编码的规定，以“1”开头的表示资产类科目，“2”表示负债类科目，“3”表示权益类科目，“4”表示成本类科目等。

3. 系统化

系统所用代码应尽量标准化。在实际工作中，一般企业所用大部分编码都有国家或行业标准。

在产成品和商品中各行业都有其标准分类方法，所有企业必须执行。另外一些需要企业自行编码的内容，如生产任务码、生产工艺码、零部件码等，都应该参照其他标准化分类和编码的形式来进行。

那么，如何给对象赋予一个代码？这个工作是由编码来完成的。

3.1.3 编码的含义

编码，就是给物品赋予一个代码的过程，参见图 1-2。

信息编码(information coding)是为了方便信息的存储、检索和使用，在进行信息处理时赋予信息元素以代码的过程。即用不同的代码与各种信息中的基本单位组成部分建立一一对应的关系。信息编码必须标准、系统化，设计合理的编码系统是关系信息管理系统生命力的重要因素。

编码是一个设计过程，编码的结果是代码。

在实际应用中，我们往往不严格区分代码和编码。

3.2 代码设计的原则

【任务3-2】 一个企业中，常用的代码有哪些？这些代码在编制时有什么规律？

调研某一个企业，收集企业中的各种代码，了解企业在编码时遵循的原则和采用的标准。

图3-1所示为某一门课程的信息，其课程编码是：CIE9B3D012。为什么要这样编码？在编码时是基于什么考虑？设计编码规则时遵循的原则是什么？

课程信息采集表					
课程名称	电子商务运营管理	英文课程名称	operation management of EC	课程编码	CIE9B3D012
课程性质	专业选修课程	课程类别	理论课（含实践）	开课单位	计算机与信息工程学院
课程学分	3	课程总学时	51	实验教学学时	17

图3-1 某课程的信息表

在为对象设计编码时，应该遵守下列原则。

(1) 唯一性。代码是区别系统中每个实体或属性的唯一标识。

(2) 简单性。尽量压缩代码长度，可降低出错机会。

(3) 易识别性。为便于记忆、减少出错，代码应当逻辑性强，表意明确。

在课程编码“CIE9B3D012”中，CIE的含义是：计算机与信息工程学院，代表开设该课程的主体；B的含义是商务(business)，代表电子商务专业。

(4) 可扩充性。不需要变动原代码体系，可直接追加新代码，以适应系统发展。

课程编码“CIE9B3D012”的最后三位是顺序号，由于一个专业的开设课程门数不会超过100门，预留3位(最大是999门课程)，足以满足以后新开设课程的编码需要。

(5) 合理性。必须在逻辑上满足应用需要，在结构与处理方法上相一致。

(6) 规范性。尽可能采用现有的国标、部标编码，结构统一。

(7) 快捷性。代码有快速识别、快速输入和计算机快速处理的性能。

(8) 连续性。有的代码编制要求有连续性。

(9) 系统性。要全面、系统地考虑代码设计的体系结构，要把编码对象分成组，然后分别进行编码设计，如建立：物料编码系统、人员编码系统、产品编码系统、设备编码系统等。

(10) 可扩展性。所有代码要留有余地，以便扩展。

3.3 代码的设计方法

目前,代码最常用的分类方法概括起来有两种:一种是线分类方法;另一种是面分类方法。在实际应用中根据具体情况各有其不同的用途。

3.3.1 线分类方法

线分类方法是目前用得最多的一种方法,尤其是在手工处理的情况下它几乎成了唯一的方法。

线分类方法的主要出发点是:首先给定母项,母项下分若干子项,由对象的母项分大集合,由大集合确定小集合,最后落实到具体对象。

线分类划分时要掌握两个原则:唯一性和不交叉性。

线分类方法的特点是:

(1) 结构清晰,容易识别和记忆,容易进行有规律的查找。

(2) 与传统方法相似,对手工系统有较好的适应性。

(3) 主要缺点是结构不灵活,柔性较差。

线分类的结果造成了一层套一层的线性关系,如图 3-2 所示。

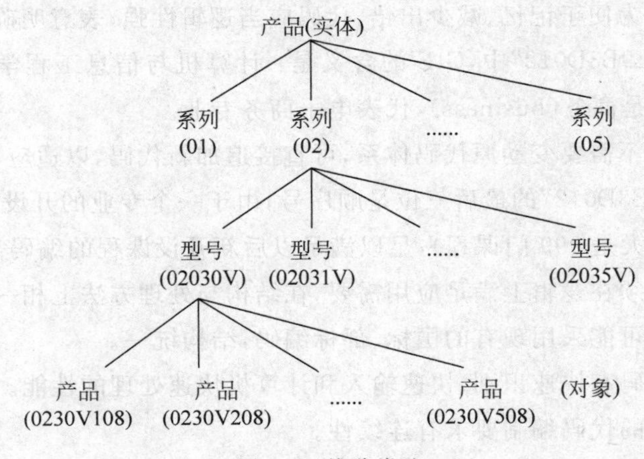

图 3-2 线分类法

3.3.2 面分类方法

与线分类方法不同,面分类方法主要从面角度来考虑分类。面分类方法的特点是:

(1) 柔性好，面的增加、删除、修改都很容易。

(2) 可实现按任意组配面的信息检索，对计算机的信息处理有良好的适应性。

(3) 缺点是不易直观识别，不便于记忆。

举例：代码 3212 表示材料为钢的 Φ1.0 mm 圆头的镀铬螺钉，如表 3-1 所示。

表 3-1 面分类法示例

材料	螺钉直径	螺钉头形状	表面处理
1-不锈钢	1-ϕ0.5	1-圈头	1-未处理
2-黄铜	2-ϕ1.0	2-平头	2-镀铬
3-钢	3-ϕ1.5	3-六角形状	3-镀锌
		4-方形头	4-上漆

一个良好的设计既要保证处理问题的需要，又要保证科学管理的需要。在实际分类时必须遵循如下几点。

(1) 必须保证有足够的容量，要足以包括规定范围内的所有对象。如果容量不够，不便于今后变化和扩充，随着环境的变化这种分类很快就失去了生命力。

(2) 按属性系统化。分类不能是无原则的，必须遵循一定的规律。根据实际情况并结合具体管理的要求来划分，是我们分类的基本方法，分类应按照处理对象的各种具体属性系统地进行。例如，在线分类方法中，哪一层次是按照什么属性来分类，哪一层次是标识一个什么类型的对象集合等都必须系统地进行，只有这样的分类才比较容易建立，比较容易为别人所接受。

(3) 分类要有一定的柔性，不至于在出现变更时破坏分类的结构。所谓柔性是指在一定情况下分类结构对于增设或变更处理对象的可容纳程度。柔性好的系统在一般的情况下增加分类不会破坏其结构。但是柔性往往还会带来别的一些问题，如冗余度大等，这都是设计分类时必须考虑的问题。

(4) 注意本分类系统与外系统、已有系统的协调。任何一项工作都是从原有的基础上发展起来的，故分类时一定要注意新老分类的协调性，以便于系统的联系、移植、协作以及新老系统的平稳过渡。

3.4 代码的种类

代码的类型是指代码符号的表示形式，进行代码设计时可选择一种或几种代码类型组合。

1. 顺序码

顺序码也称序列码，是用连续数字作为每个实体的标识。编码顺序可以是实体出现的先后,也可以是实体名的字母顺序等。其优点是简单、易处理、易扩充、用途广;缺点是没有逻辑含义、不能表示信息特征、无法插入、删除数据将造成空码。

表 3-2 是一个家具制造商如何给它的每一个订单指派一个订单号码。使用这个简单的参照号码,公司可了解处理中的订单情况。

表 3-2 顺序码示例

订单号码	产 品	顾 客
0701	摇椅/带皮垫	张三/北京
0702	餐厅椅子/有软垫	李四/天津
0703	双人沙发/有软垫	王五/北京
0704	儿童摇椅/贴花图案	孙六/山东

2. 成组码

成组码也称为块顺序码,它是最常用的一种编码。它将代码分为几段(组),每段表示一种含义,每段都由连续数字组成。其优点是简单、方便、能够反映出分类体系、易校对、易处理;缺点是位数多不便记忆,必须为每段预留编码,否则不易扩充。下面以身份证编码为例加以说明。

公民身份号码是特征组合码,由 17 位数字本体码和 1 位数字校验码组成。排列顺序从左至右依次为:6 位数字地址码,8 位数字出生日期码,3 位数字顺序码和 1 位数字校验码。可以用字母表示,如为 ABCDEFYYYYMMDDXXXR。其含义如下。

(1) 地址码(ABCDEF)。地址码表示编码对象常住户口所在县(市、旗、区)的行政区划代码,按 GB/T 2260—2007 的规定执行。

(2) 出生日期码(YYYYMMDD)。出生日期码表示编码对象出生的年、月、日,按 GB/T 7408—2005 的规定执行,年、月、日分别用 4 位、2 位(不足两位加 0)、2(同上)位数字表示,之间不用分隔符。

(3) 顺序码(XXX)。顺序码表示在同一地址码所标识的区域范围内,对同年、同月、同日出生的人编定的顺序号,顺序码的奇数分配给男性,偶数分配给女性。

(4) 校验码(R)。校验码是 1 位数字,通过前 17 位数字按照 ISO 7064:1983.MOD 11-2 校验码计算得出。

3. 表意码

表意码将表示实体特征的文字、数字或记号直接作为编码。其优点是可以直接明白编码含义、易理解、易记忆;缺点是编码长度位数可变,给分类、处理带来不便。

表 3-3 是课税减免项目的编码,该编码系统很简单:取每一类的首字母。

表3-3 课税减免项目编码

编 码	课税减免项目
I	支付利息(interest payments)
M	医药费(medical payments)
T	税(taxes)
C	捐款(contributions)
D	应付款(dues)
S	生活用品支出(supplies)

4. 专用码

专用码是具有特殊用途的编码,如汉字国标码、五笔字型编码、自然码、ASCII代码等。

5. 组合码

组合码也称为合成码、复杂码。它由若干种简单编码组合而成,使用十分普遍。其优点是容易分类,容易增加编码层次,可以从不同角度识别编码,容易实现多种分类统计;缺点是编码位数和数据项个数较多。

3.5 代码的校验

为了减少编码过程中可能出现的错误,需要使用编码校验技术。就是在原有代码的基础上,附加校验码的技术。校验码是根据事先规定好的算法构成的,将它附加到代码本体上以后,成为代码的一个组成部分。当代码输入计算机以后,系统将会按规定好的算法验证,从而检测代码的正确性。

常用的简单校验码是在原代码上增加一个校验位,并使得校验位成为代码结构中的一部分。系统可以按规定的算法对校验位进行检测,校验位正确,便认为输入代码正确。

举例:×××××——设计好的代码共5位。

××××××——增加校验位后共6位,使用时,需用6位××××××。

使用时,应录入包括校验位在内的完整代码,代码进入系统后,系统将取该代码校验位前的各位,按照确定代码校验位的算法进行计算,并与录入代码的最后一位(校验位)进行比较,如果相等,则录入代码正确,否则录入代码错误,进行重新录入。

1. 校验位的确定步骤

设有一组代码为:$C_1C_2C_3C_4\cdots C_i$。

第一步:为设计好代码的每一位 C_i 确定一个权数 P_i(权数可为算术级数、几何级数或质数)。

第二步：求代码每一位 C_i 与其对应的权数 P_i 的乘积之和 S

$$S = C_1P_1 + C_2P_2 + \cdots + C_iP_i (i = 1,2,\cdots,n)$$

$$n = \sum C_iP_i (i = 1,2,\cdots,n)$$

$$i = 1$$

第三步：确定模 M。

第四步：取余 $R = SMOD(M)$。

第五步：校验位 $C_i + 1 = R$。

最终代码为：$C_1C_2C_3C_4\cdots C_iC_i + 1$。

使用时：$C_1C_2C_3C_4\cdots C_iC_i + 1$。

2. 应用举例

原设计的一组代码为 5 位，如 32456，确定权数为 7,6,5,4,3

求代码每一位 C_i 与其对应的权数 P_i 的乘积之和 S

$$S = C_1P_1 + C_2P_2 + \cdots + C_iP_i (i = 1,2,\cdots,n)$$
$$= 3\times 7 + 2\times 6 + 4\times 5 + 5\times 4 + 6\times 3$$
$$= 21 + 12 + 20 + 20 + 18 = 91$$

确定模 M，$M = 11$

取余 R，$R = SMOD(M) = 91MOD(11) = 3$

校验位 $C_i + 1 = R = 3$

最终代码为：$C_1C_2C_3C_4\cdots C_iC_i + 1$，即 324563

使用时为：324563。

该组代码中的其他代码按此算法，分别求得校验位，构成新的代码。

3.6 我国的物品编码标准体系

物品信息与“人”(主体)、“财”信息并列为社会经济运行的三大基础信息。与“人”“财”信息相比，“物”的品种繁杂、属性多样；管理主体众多；运行过程复杂。如何真正建立起“物”的信息资源系统，实现全社会的信息交换、资源共享，一直是各界关注的焦点，也是未解的难题。

物品编码是数字化的“物”信息，是现代化、信息化的基石。近年来不断出现的物联网、云计算、智慧地球等新概念、新技术、新应用，究其根本，仍是以物品编码为前提。

所谓物品，通常是指各种有形或无形的实体，在不同领域可有不同的称谓。例如，产品、商品、物资、物料、资产等，是需要信息交换的客体。物品编码是指按一定规则对物品赋予易于计算机和人识别、处理的代码。物品编码系统是指以物品编码为关键字(或索引字)的物品数字化信息系统。物品编码标准体系是指由物品编码系统构成的相互联系的有机整体。

随着信息技术和社会经济的快速发展,各应用系统间信息交换、资源共享的需求日趋迫切。然而,由于数据结构各不相同,导致了一个个"信息孤岛",不仅严重阻碍信息有效的利用,也造成社会资源的极大浪费。如何建立统一的物品编码标准体系,实现各编码系统的有机互连,解决系统间信息的交换与共享,高效、经济、快速整合各应用信息,形成统一的、基础性、战略性信息资源,已成为目前信息化建设的当务之急。

中国物品编码中心是我国物品编码工作的专门机构,长期以来,在深入开展国家重点领域物品编码管理与推广应用工作的同时,一直致力于物品编码的基础性、前瞻性、战略性研究,国家统一物品编码标准体系的建立,既是对我国物品编码工作的全面统筹规划和统一布局,也是有效整合国内物品信息,建立国家物品基础资源系统,保证各应用系统的互联互通与信息共享的重要保障。

通过建立全国统一的物品编码标准体系,确立各信息化管理系统间物品编码的科学、有机联系,实现对全国物品编码的统一管理和维护;通过建立全国统一的物品编码标准体系,实现现有物品编码系统的兼容,保证各行业、各领域物品编码系统彼此协同、有序运行,并对新建的物品编码系统提供指导;通过建立全国统一的物品编码标准体系,统一商品流通与公共服务等公用领域的物品编码,形成统一的、通用的标准,保证贸易、流通等公共应用的高效运转。

物品编码标准体系框架由物品基础编码系统和物品应用编码系统两大部分构成。

3.6.1 物品基础编码系统

物品基础编码系统是国家物品编码标准体系的核心,由物品编码系统标识、物品信息标识和物品标识三个部分组成。

1. 物品编码系统标识编码

物品编码系统标识编码(numbering system identifier,NSI)是国家统一的、对全国各个物品编码系统进行唯一标识的代码。其功能是通过对各个物品编码系统进行唯一标识,从而保证应用过程物品代码相互独立且彼此协同,是编码系统互联的基础和中央枢纽,是各编码系统解析的依据。

物品编码系统标识编码由国家物品编码管理机构统一赋码。

2. 物品信息标识编码

物品信息标识编码是国家统一的、对物品信息交换单元进行分类管理与标识的编码系统,是各应用编码系统信息交换的公共映射基准。它包括物品分类编码、物品基准名编码以及物品属性编码三个部分。

1）物品分类编码

物品分类编码是按照物品通用功能和主要用途对物品进行聚类,形成的线性分类代码系统。该系统主要功能是明确物品相互间的逻辑关系与归属关系,有利于交易、交换过程信息的搜索,是物品信息搜索的公共引擎。

物品分类编码由国家物品编码管理机构统一管理和维护。

2）物品基准名编码

物品基准名编码是指对物品信息交换单元——物品基准名进行唯一标识的编码系统。它是对具有明确定义和描述的物品基准名的数字化表示形式,采用无含义标识代码。

在物品全生命周期具有唯一性。物品基准名编码与物品分类编码建立对应关系,从分类可以找到物品基准名。物品基准名编码与物品分类编码可以结合使用,也可以单独使用。

物品基准名编码由国家物品编码管理机构统一管理、统一赋码、统一维护。

3）物品属性编码

物品属性编码是对物品基准名确定的物品本质特征的描述及代码化表示。物品信息标识系统的物品属性具有明确的定义和描述；物品属性代码采用特征组合码,由物品的若干个基础属性以及与其相对应的属性值代码组成,结构灵活,可扩展。

物品属性编码必须于物品基准名编码结合使用,不可单独使用。

物品属性编码及属性值编码由国家物品编码管理机构统一管理、统一赋码、统一维护。

3. 物品标识编码

物品标识编码是国家统一的、对物品进行唯一标识的编码系统,标识对象涵盖了物品全生命周期的各种存在形式,包括产品(商品)编码、商品批次编码、商品单品编码、资产编码等。

物品标识编码由企业进行填报、维护,由国家物品编码管理机构统一管理。

3.6.2 物品应用编码系统

物品应用编码系统是指各个领域、各个行业针对信息化管理与应用需求建立的各类物品编码系统。物品应用编码系统包括商品流通与公共服务编码系统以及其他物品应用编码系统两大部分。

1. 商品流通与公共服务编码系统

商品流通与公共服务编码系统是指多领域、多行业、多部门、多企业共同参与应用,或为社会提供公共服务的信息化系统采用的编码系统。目前已建立或正在建立的跨行业、跨领域的各类商品流通与公共服务编码系统包括商品条码编码系统、商品电子编码系统、电子商务编码系统、物联网统一标识系统、物流供应链编码系统、产品质量诚信编码系统和产品质量追溯编码系统等。

商品流通与公共服务编码系统需根据物品基础编码系统确定的统一标准建立和实施。

2. 其他物品应用编码系统

其他物品应用编码系统是商品流通及公共服务之外的其他各行业、领域、区域、企业等，在确定应用环境中，按照其管理需求建立的各种信息化管理用物品编码系统。例如：国家进行国民经济统计的“全国主要产品分类与代码”、海关用于进出口关税管理的“中华人民共和国海关商品统计目录”、林业部门用于树木管理的“古树名木代码与条码”、广东省用于特种设备电子监管的“广东省特种设备信息分类编码”等。

其他物品应用编码系统应以物品基础编码系统为映射基准建立和实施。

物品编码体系如图 3-3 所示。

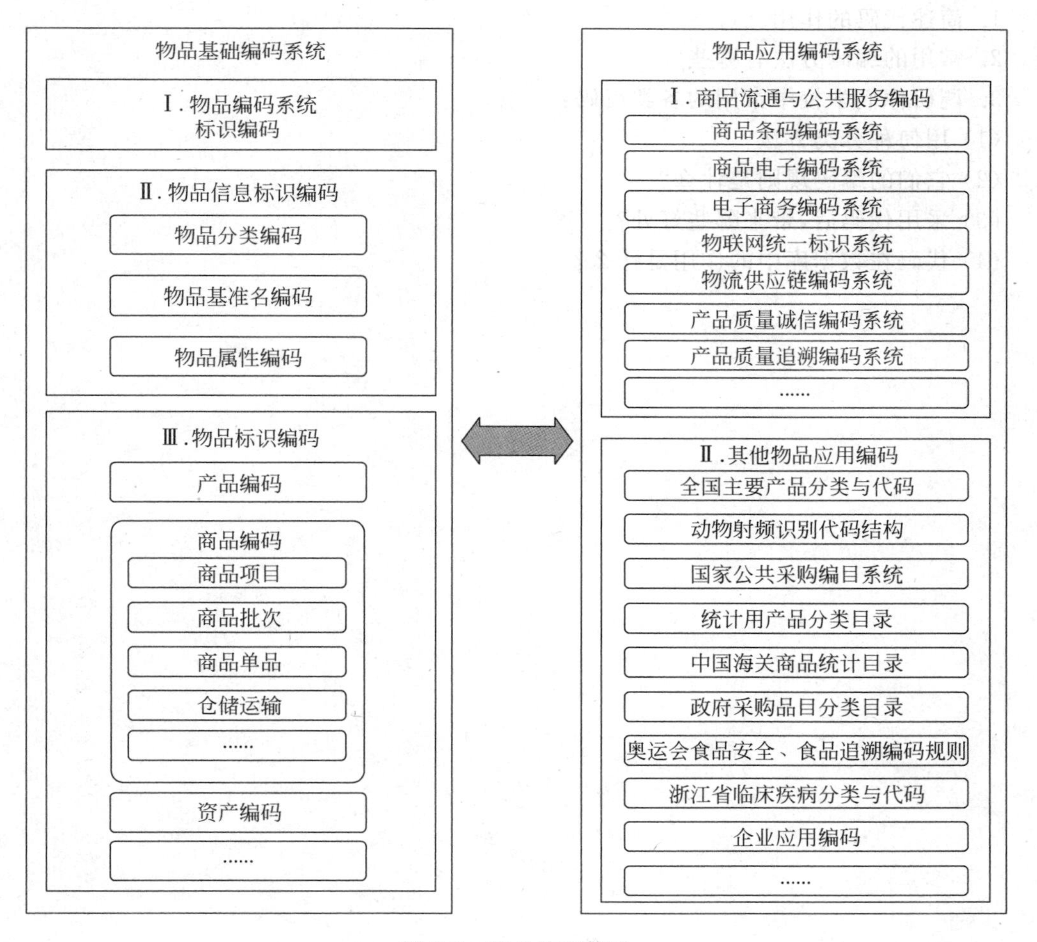

图 3-3　物品编码体系

从第 4 章开始,我们给大家介绍 GS1 标准中的编码和条码表示。

【本章小结】

本章介绍了代码、编码的概念、编码过程、编码的方法等内容,目的是要理解如何给物品赋予一个唯一的代码,并介绍了我国物品编码的体系构成。

【本章习题】

1. 简述代码的作用。
2. 常用的编码方法有哪些?
3. 调研你们学校中常用的各类编码:
(1) 用何种分类方法?
(2) 它们的编码规则是什么?
(3) 采用代码后,带来哪些好处?
(4) 代码在数据库中的作用是什么?

第4章 零售商品条码应用

【任务4-1】 新闻导读：中国物品编码中心(GS1 China)与阿里巴巴联合举办战略合作签约仪式正式启动商品源数据

2016年8月23日，在第二届全球互联网经济大会暨第七届中国电子商务博览会上，我国负责商品条码、物品编码的专门机构中国物品编码中心(GS1 China)联合全球最大的电商平台企业阿里巴巴(Alibaba Group)，成功举办了战略合作签约仪式，并正式启动商品源数据(trusted source of data)，共同促进GS1全球化标准，推动我国电子商务、商品流通信息标准化、国际化发展。

根据双方达成的共识，中国物品编码中心和阿里巴巴将在电子商务、移动端应用等领域，充分发挥各自的优势，积极拓展市场合作，双方将共同促进商品条码的使用规范，并就商品基础属性标准、推进商品"源数据"标识应用、加强产品安全追溯等方面开展积极深入的合作。

截至目前，中国物品编码中心累计为我国50多万家企业、上亿种产品赋予了全球唯一"身份证"，在促进我国商业现代化、现代物流的发展以及对外贸易等方面作出了巨大贡献。依托GS1全球统一标准，中国物品编码中心将通过与全球最大的电子商务平台阿里巴巴实现提升对全球商品条码企业的服务，未来在天猫国际上销售的产品将逐步与GS1全球数据池对接，进一步把好"源头"关，提升产品品质，降低操作门槛；同时，通过与手机淘宝运营团队合作，开展"扫条码·放心购"项目，直接打通生产与终端销售环节，实现通过"扫条码"便捷、快速、放心购物，提升消费者的网络购物体验，尤其对农村淘宝的购物体验将会有很大提升；通过商品源数据应用，帮助我国中小微型制造商优化商品数据管理，快速提升品牌影响力，不断扩大国内国际市场。

"源数据"是指以商品条码为关键字，由产品生产厂商自主提供的商品生产源头的数据，具有来源可靠、真实可信、质量高等特点。利用基于GS1标准的"源数据"，能够实现商品的全球唯一标识，更好地打通线上线下全渠道，提高商品流通效率，大大降低社会共享成本。中国物品编码中心与阿里巴巴集团携手共同举办战略合作签约仪式，共同启动我国商品源数据的应用，有着非凡的影响和意义。这不仅是我国商品数据标准化工作发展的重要里程碑，也是我国电商引领全球化规范化发展的有力举措[①]。

【任务4-2】 新闻导读：开启我国B2C电子商务平台全球数据标准化新纪元——中国物品编码中心携手京东集团实现GS1全球标准接轨

---

① 中国物品编码中心官网(http://www.ancc.org.cn/)。

2016年6月28日,我国商品条码的专门机构中国物品编码中心(GS1 China)与我国领先的自营式电商企业京东(www.JD.com)在北京京东集团总部正式签署了战略合作协议,共同促进GS1全球化标准,推动我国电子商务、商品流通信息标准化、国际化发展。

根据双方达成的共识,中国物品编码中心和京东将在电子商务、移动端应用等领域,充分发挥各自的优势,积极拓展市场合作,双方将共同促进商品条码的使用规范,并就商品基础属性标准、推进"可信数据源"标识应用、加强产品安全追溯等方面开展积极深入的合作。

自1988年成立以来,中国物品编码中心一直致力于推广GS1全球统一编码标识系统在我国的广泛应用。商品条码是这套GS1全球技术体系的基础和核心,相当于商品在全球流通的"身份证"和"通行证",不仅能够查验商品信息,识别生产厂商的合法身份,还能连接商品整个生命周期,建立商品从生产到全渠道销售全供应链的通路。依托GS1全球统一标准,中国物品编码中心将通过京东这个国内领先的优秀电子商务平台,强化对注册商品条码企业的服务;同时,通过京东的强大技术体系,结合用户购物习惯优化扫码购物等上层应用,实现通过"扫码"准确、便捷地获取商品信息,不断提升消费者的网络购物体验;通过源数据应用,推动"中国制造"向"中国质造"转变,快速提升品牌影响力,不断扩大国内国际市场。特别是,中国物品编码中心将充分发挥我国作为国际编码组织最高决策管理层的优势,帮助我国优秀电商企业更好地利用国际组织资源实现基础数据规范化,商品供应链条可视化,快速将全球优质品牌引进中国,高效推动"中国质造"高品质产品销往全球。

京东集团表示,统一编码可以有效地降低成本、提升效率,完善企业供应链,不管是对企业效率和社会效率都是极大的提升。京东一直在积极推进商品编码标准化、规范化的工作。

时值"十三五"开局之年,"互联网+"已经渗透我国社会民生经济各个层面。中国物品编码中心携手京东集团共同举办战略合作签约仪式,具有深刻的时代意义,是我国商品条码在电子商务领域深度应用的良好开端,成功开启了我国电商企业标准化、国际化的历史新纪元①。

【任务4-3】 零售途径

目前,消费者购买商品的途径有超市、百货店、网店、手机客户端、电话等多途径销售,如何保证企业及时获取销售信息?

4.1 零售商品编码

在"拉"式供应链中,客户是主体,制造商根据消费者的需求来按"订单"生产。为了能够在整个供应链中共享需求信息,必须对商品进行统一编码。GS1标准体系提供了零售商品的编码体系、条码符号表示及应用。

---

① 国家物品编码中心官网(http://www.ancc.org.cn/)。

4.1.1　相关术语和定义

GB/T 12904—2009《商品条码　零售商品编码与条码表示》中对零售商品的内涵做了明确的定义。

1. 零售商品(retail commodity)

零售业中,根据预先定义的特征而进行定价、订购或交易结算的任意一项产品或服务。

2. 零售商品代码(identification code for retail commodity)

零售业中,标识商品身份的唯一代码,具有全球唯一性。

3. 前缀码(GS1 prefix)

商品代码的前2或前3位数字,由国际物品编码协会(GS1)统一分配。

4.1.2　零售商品代码的编制原则

零售商品代码是一个统一的整体,在商品流通过程中应整体应用。编制零售商品代码时,应遵守以下几个基本原则。

1. 唯一性原则

相同的商品分配相同的商品代码,基本特征相同的商品视为相同的商品。

不同的商品应分配不同的商品代码,基本特征不同的商品视为不同的商品。

通常情况下,商品的基本特征包括商品名称、商标、种类、规格、数量、包装类型等产品特性。企业可根据所在行业的产品特征以及自身的产品管理需求为产品分配唯一的商品代码。

2. 无含义性原则

零售商品代码中的商品项目代码不表示与商品有关的特定信息。

3. 稳定性原则

零售商品代码一旦分配,若商品的基本特征没有发生变化,就应保持不变。

4.1.3　代码结构

GS1标准体系中,定义了3种代码结构:13位、12位和8位,分别适应不同的情形。

1. 13 位代码结构

由厂商识别代码、商品项目代码、校验码三部分组成的 13 位数字代码,分为 4 种结构,其结构见表 4-1。

表 4-1　13 位代码结构

结构种类	厂商识别代码	商品项目代码	校验码
结构一	$X_{13}X_{12}X_{11}X_{10}X_9X_8X_7$	$X_6X_5X_4X_3X_2$	X_1
结构二	$X_{13}X_{12}X_{11}X_{10}X_9X_8X_7X_6$	$X_5X_4X_3X_2$	X_1
结构三	$X_{13}X_{12}X_{11}X_{10}X_9X_8X_7X_6X_5$	$X_4X_3X_2$	X_1
结构四	$X_{13}X_{12}X_{11}X_{10}X_9X_8X_7X_6X_5X_4$	X_3X_2	X_1

1)厂商识别代码

厂商识别代码由 7～10 位数字组成,中国物品编码中心负责分配和管理。

厂商识别代码的前 3 位代码为前缀码,国际物品编码协会已分配给中国物品编码中心的前缀码为 690～699。国际物品编码协会已分配给国家(或地区)编码组织的前缀码见表 4-2(截至 2008 年)。

表 4-2　GS1 已分配给国家(地区)编码组织的前缀码

前缀码	编码组织	管理的国家(地区)	前缀码	编码组织	管理的国家(地区)
000～019			477	GS1 Lithuania	立陶宛
030～039	GS1 US	美国	478	GS1 Uzbekistan	乌兹别克斯坦
060～139			479	GS1 Sri Lanka	斯里兰卡
300～379	GS1 France	法国	480	GS1 Philippines	菲律宾
380	GS1 Bulgaria	保加利亚	481	GS1 Belarus	白俄罗斯
383	GS1 Slovenija	斯洛文尼亚	482	GS1 Ukraine	乌克兰
385	GS1 Croatia	克罗地亚	484	GS1 Moldova	摩尔多瓦
387	GS1 BIH (Bosnia-Herzegovina)	波斯尼亚-黑塞哥维那	485	GS1 Armenia	亚美尼亚
			486	GS1 Georgia	佐治亚
400～440	GS1 Germany	德国	487	GS1 Kazakhstan	哈萨克斯坦
450～459	GS1 Japan	日本	489	GS1 Hong Kong	中国香港
490～499			500～509	GS1 UK	英国
460～469	GS1 Russia	俄罗斯	520	GS1 Greece	希腊
470	GS1 Kyrgyzstan	吉尔吉斯斯坦	528	GS1 Lebanon	黎巴嫩
471	GS1 Taiwan	中国台湾	529	GS1 Cyprus	塞浦路斯
474	GS1 Estonia	爱沙尼亚	530	GS1 Albania	阿尔巴尼亚
475	GS1 Latvia	拉脱维亚	531	GS1 MAC (FYR Macedonia)	马其顿
476	GS1 Azerbaijan	阿塞拜疆			

续表

前缀码	编码组织	管理的国家（地区）	前缀码	编码组织	管理的国家（地区）
535	GS1 Malta	马耳他	750	GS1 Mexico	墨西哥
539	GS1 Ireland	爱尔兰	754～755	GS1 Canada	加拿大
540～549	GS1 Belgium & Luxembourg	比利时、卢森堡	759	GS1 Venezuela	委内瑞拉
560	GS1 Portugal	葡萄牙	760～769	GS1 Schweiz, Suisse, Svizzera	瑞士
569	GS1 Iceland	冰岛	770	GS1 Colombia	哥伦比亚
570～579	GS1 Denmark	丹麦	773	GS1 Uruguay	乌拉圭
590	GS1 Poland	波兰	775	GS1 Peru	秘鲁
594	GS1 Romania	罗马尼亚	777	GS1 Bolivia	玻利维亚
599	GS1 Hungary	匈牙利	779	GS1 Argentina	阿根廷
600～601	GS1 South Africa	南非	780	GS1 Chile	智利
603	GS1 Ghana	加纳	784	GS1 Paraguay	巴拉圭
608	GS1 Bahrain	巴林	786	GS1 Ecuador	厄瓜多尔
609	GS1 Mauritius	毛里求斯	789～790	GS1 Brazil	巴西
611	GS1 Morocco	摩洛哥	800～839	GS1 Italy	意大利
613	GS1 Algeria	阿尔及利亚	840～849	GS1 Spain	西班牙
616	GS1 Kenya	肯尼亚	850	GS1 Cuba	古巴
618	GS1 Ivory Coast	科特迪瓦	858	GS1 Slovakia	斯洛伐克
619	GS1 Tunisia	突尼斯	859	GS1 Czech	捷克
621	GS1 Syria	叙利亚	860	GS1 YU (Serbia & Montenegro)	塞尔维亚和黑山国
622	GS1 Egypt	埃及			
624	GS1 Libya	利比亚	865	GS1 Mongolia	蒙古
625	GS1 Jordan	约旦	867	GS1 North Korea	朝鲜
626	GS1 Iran	伊朗	869	GS1 Turkey	土耳其
627	GS1 Kuwait	科威特	870～879	GS1 Netherlands	荷兰
628	GS1 Saudi Arabia	沙特阿拉伯	880	GS1 South Korea	韩国
629	GS1 Emirates	阿拉伯酋长国	884	GS1 Cambodia	柬埔寨
640～649	GS1 Finland	芬兰	885	GS1 Thailand	泰国
690～699	GS1 China	中国	888	GS1 Singapore	新加坡
700～709	GS1 Norway	挪威	890	GS1 India	印度
729	GS1 Israel	以色列	893	GS1 Vietnam	越南
730～739	GS1 Sweden	瑞典	899	GS1 Indonesia	印尼
740	GS1 Guatemala	危地马拉	900～919	GS1 Austria	奥地利
741	GS1 El Salvador	萨尔瓦多	930～939	GS1 Australia	澳大利亚
742	GS1 Honduras	洪都拉斯	940～949	GS1 New Zealand	新西兰
743	GS1 Nicaragua	尼加拉瓜	950	GS1 Head Office	国际物品编码协会总部
744	GS1 Costa Rica	哥斯达黎加			
745	GS1 Panama	巴拿马	955	GS1 Malaysia	马来西亚
746	GS1 Republica Dominicana	多米尼加	958	GS1 Macau	中国澳门

2）商品项目代码

商品项目代码由 2～5 位数字组成，一般由厂商编制，也可由中国物品编码中心负责编制。

3）校验码

校验码为 1 位数字，用于检验整个编码的正误。校验码的计算方法是：

首先，确定代码位置序号。代码位置序号是指包括校验码在内的，由右至左的顺序号（校验码的代码位置序号为 1）。

校验码的计算步骤如下：

(1) 从代码位置序号(2)开始，所有偶数位的数字代码求和。

(2) 将步骤(1)的和乘以 3。

(3) 从代码位置序号 3 开始，所有奇数位的数字代码求和。

(4) 将步骤(2)与步骤(3)的结果相加。

(5) 用 10 减去步骤(4)所得结果的个位数作为校验码（个位数为 0，校验码为 0）。

用大于或等于步骤(4)所得结果且为 10 的整数倍的最小数减去步骤(4)所得结果，其差即为所求校验码的值。

例 4-1：13 位代码 690123456789X_1 校验码的计算见表 4-3。

表 4-3　13 位代码校验码的计算方法示例

步　骤	举例说明	
自右向左顺序编号	位置序号：13 12 11 10 9 8 7 6 5 4 3 2 1 代　码：6 9 0 1 2 3 4 5 6 7 8 9 X_1	
(1) 从序号 2 开始求出偶数位上数字之和①	9＋7＋5＋3＋1＋9＝34	①
(2) ①×3＝②	34×3＝102	②
(3) 从序号 3 开始求出奇数位上数字之和③	8＋6＋4＋2＋0＋6＝26	③
(4) ②＋③＝④	102＋26＝128	④
(5) 用大于或等于结果④且为 10 整数倍的最小数减去④，其差即为所求校验码的值	130－128＝2 校验码 X_1＝2	

2. 8 位代码结构

8 位代码由前缀码、商品项目代码和校验码三部分组成，其结构见表 4-4。

表 4-4 8位代码结构

前缀码	商品项目代码	校验码
$X_8X_7X_6$	$X_5X_4X_3X_2$	X_1

1）前缀码

$X_8X_7X_6$ 是前缀码，国际物品编码协会已分配给中国物品编码中心的前缀码为690～699。

2）商品项目代码

$X_5X_4X_3X_2$ 是商品项目代码，由4位数字组成，中国物品编码中心负责分配和管理。

3）校验码

X_1 是校验码，为1位数字，用于检验整个编码的正误。校验码的计算方法同13位代码。

例 4-2：8位代码 6901234X_1 校验码的计算见表 4-5。

表 4-5 8位代码校验码的计算方法示例

步　骤	举例说明	
自右向左顺序编号	位置序号：8 7 6 5 4 3 2 1 代码：6 9 0 1 2 3 4 X_1	
(1) 从序号(2)开始求出偶数位上数字之和①	4＋2＋0＋6＝12	①
(2) ①×3＝②	12×3＝36	②
(3) 从序号(3)开始求出奇数位上数字之和③	3＋1＋9＝13	③
(4) ②＋③＝④	36＋13＝49	④
(5) 用大于或等于结果④且为10的整数倍的最小数减去④，其差即为所求校验码的值	50－49＝1 校验码 X_1＝1	

3. 12位代码结构

根据客户要求，出口到北美地区的零售商品可采用12位的代码。

其代码由厂商识别代码、商品项目代码和校验码组成的12位数字组成，其结构如图4-1所示。

1）厂商识别代码

厂商识别代码是统一代码委员会（GS1 US）分配给厂商的代码，由左起6～10位数字组

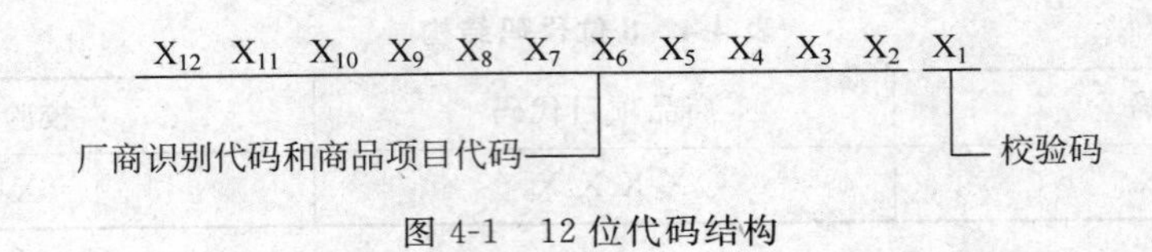

图 4-1 12 位代码结构

成。X_{12} 为系统字符,其应用规则见表 4-6。

表 4-6 系统字符应用规则

系统字符	应用范围	系统字符	应用范围
0,6,7	一般商品	4	零售商店内码
2	商品变量单元	5	代金券
3	药品及医疗用品	1,8,9	保留

2) 商品项目代码

商品项目代码由厂商编码,由 1~5 位数字组成。

3) 校验码

校验码为 1 位数字,计算方法见附录 B 校验码计算(见《GS1 通用规范》7.10)。

4) 消零压缩代码结构

消零压缩代码是将系统字符为 0 的 12 位代码进行消零压缩所得的 8 位数字($X_8X_7X_6X_5X_4X_3X_2X_1$)代码,消零压缩方法见表 C.2。其中,$X_8X_7X_6X_5X_4X_3X_2$ 为商品项目识别代码;X_8 为系统字符,取值为 0;X_1 为校验码,校验码为消零压缩前 12 位代码的校验码。

4.1.4 零售商品代码的编制

为零售商品赋予代码时,要考虑下列几种情形。

1. 独立包装的单个零售商品代码的编制

独立包装的单个零售商品是指单独的、不可再分的独立包装的零售商品。其商品代码的编制通常采用 13 位代码结构。当商品的包装很小,符合以下 3 种情况任意之一时,可申请采用 8 位代码结构:

(1) 13 位代码的条码符号的印刷面积超过商品标签最大面积的 1/4 或全部可印刷面积的 1/8 时。

(2) 商品标签的最大面积小于 40 cm^2 或全部可印刷面积小于 80 cm^2 时。

(3) 产品本身是直径小于 3 cm 的圆柱体时。

2. 组合包装的零售商品代码的编制

1）标准组合包装的零售商品代码的编制

标准组合包装的零售商品是指由多个相同的单个商品组成的标准的、稳定的组合包装的商品。其商品代码的编制通常采用 13 位代码结构，但不应与包装内所含单个商品的代码相同。

2）混合组合包装的零售商品代码的编制

混合组合包装的零售商品是指由多个不同的单个商品组成的标准的、稳定的组合包装的商品。其商品代码的编制通常采用 13 位代码结构，但不应与包装内所含商品的代码相同。

3. 变量零售商品代码的编制

变量零售商品（variable measure retail commodity）是指在零售贸易过程中，无法预先确定销售单元，按基本计量单位进行定价、销售的商品（商品条码店内码 GB/T 18283—2008）。

变量零售商品的代码用于商店内部或封闭系统中的商品消费单元。其商品代码的选择将在 4.3 节详细介绍。

4.2　零售商品代码的条码表示

零售商品代码的条码表示采用 ISO/IEC 15420 中定义的 EAN/UPC 条码码制。EAN/UPC 条码共有 EAN-13、EAN-8、UPC-A、UPC-E 4 种结构。

1. 13 位编码的条码选用

13 位编码的条码表示采用 EAN-13 条码符号。

2. 8 位编码的条码选用

8 位编码的条码表示采用 EAN-8 条码符号。

3. 12 位编码的条码选用

12 位编码的条码表示采用 UPC-A 条码符号。
在下面的几节中，我们分别来介绍。

4.2.1 EAN-13 条码

1. EAN-13 条码的符号结构

EAN-13 条码由左侧空白区、起始符、左侧数据符、中间分隔符、右侧数据符、校验符、终止符、右侧空白区及供人识别字符组成。如图 4-2 和图 4-3 所示。

图 4-2 EAN-13 条码的符号结构

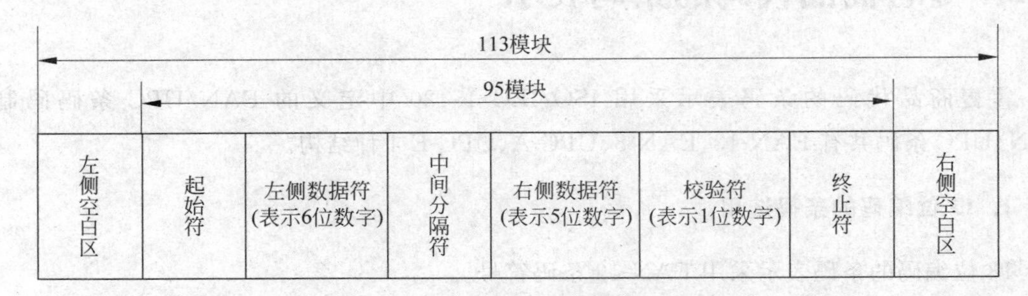

图 4-3 EAN-13 条码符号构成示意图

1）左侧空白区

左侧空白区位于条码符号最左侧与空的反射率相同的区域，其最小宽度为 11 个模块宽。

2）起始符

起始符位于条码符号左侧空白区的右侧，表示信息开始的特殊符号，由 3 个模块组成。

3）左侧数据符

左侧数据符位于起始符右侧，表示6位数字信息的一组条码字符，由42个模块组成。

4）中间分隔符

中间分隔符位于左侧数据符的右侧，是平分条码字符的特殊符号，由5个模块组成。

5）右侧数据符

右侧数据符位于中间分隔符右侧，表示5位数字信息的一组条码字符，由35个模块组成。

6）校验符

校验符位于右侧数据符的右侧，表示校验码的条码字符，由7个模块组成。

7）终止符

终止符位于条码符号校验符的右侧，表示信息结束的特殊符号，由3个模块组成。

8）右侧空白区

右侧空白区位于条码符号最右侧的与空的反射率相同的区域，其最小宽度为7个模块宽。为确保右侧空白区的宽度，可在条码符号右下角加"＞"符号，"＞"符号的位置如图4-4所示。

图4-4　EAN-13条码符号右侧空白区中"＞"的位置

9）供人识别字符

供人识别字符位于条码符号的下方，与条码相对应的13位数字。供人识别字符优先选用GB/T 12508—1990中规定的OCR-B字符集；字符顶部和条码字符底部的最小距离为0.5个模块宽。

2. EAN-13条码的二进制表示

1）EAN/UPC条码字符集的二进制表示

EAN/UPC条码字符集包括A子集、B子集和C子集。每个条码字符由两个"条"和两个"空"构成。每个"条"或"空"由1～4个模块组成，每个条码字符的总模块数为7。用二进制"1"表示"条"的模块，用二进制"0"表示"空"的模块。条码字符集可表示0～9共10个数字字符。EAN/UPC条码字符集的二进制表示见表4-7和图4-5。

表 4-7　EAN/UPC 条码字符集的二进制表示

数字字符	A 子集	B 子集	C 子集
0	0001101	0100111	1110010
1	0011001	0110011	1100110
2	0010011	0011011	1101100
3	0111101	0100001	1000010
4	0100011	0011101	1011100
5	0110001	0111001	1001110
6	0101111	0000101	1010000
7	0111011	0010001	1000100
8	0110111	0001001	1001000
9	0001011	0010111	1110100

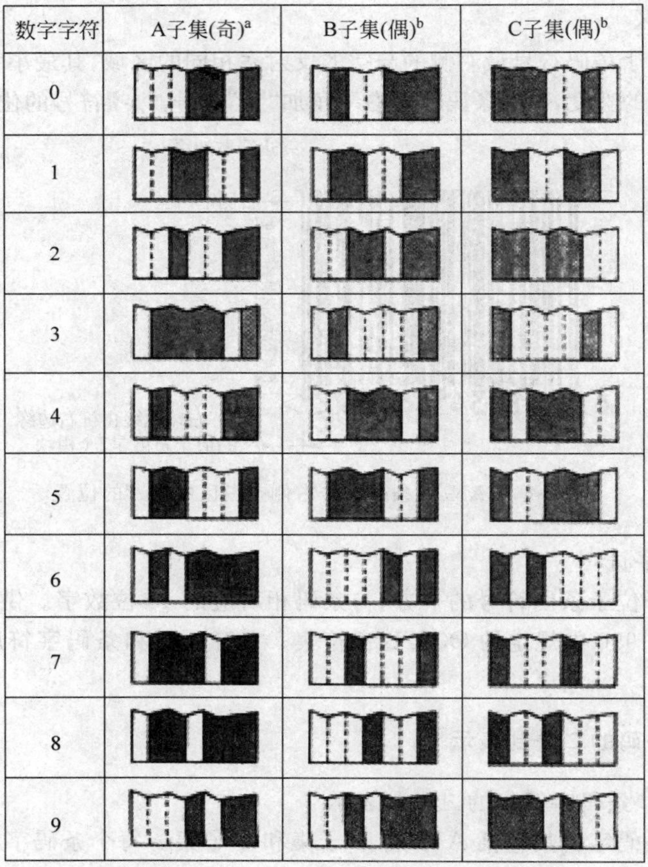

数字字符	A子集(奇)[a]	B子集(偶)[b]	C子集(偶)[b]
0			
1			
2			
3			
4			
5			
6			
7			
8			
9			

图 4-5　EAN/UPC 条码字符集示意图

a A 子集中条码字符所包含“条”的模块个数为奇数，称为奇排列。

b B、C 子集中条码字符所包含“条”的模块个数为偶数，称为偶排列。

2）起始符、终止符

起始符、终止符的二进制表示都为“101”，如图 4-6(a)所示。

3）中间分隔符

中间分隔符的二进制表示为“01010”，如图 4-6(b)所示。

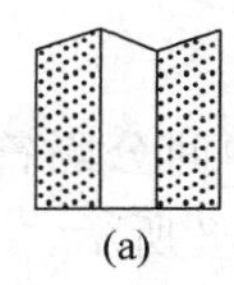
(a)

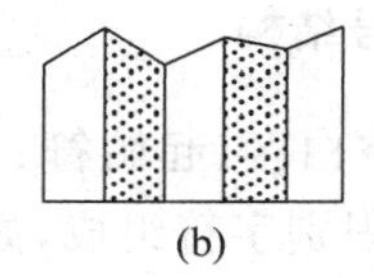
(b)

图 4-6　EAN/UPC 条码起始符、终止符、中间分隔符示意图

(a) 起始符、终止符；(b) 中间分隔符

4）EAN-13 条码的数据符及校验符

13 代码中左侧的第一位数字为前置码。左侧数据符根据前置码的数值选用 A、B 子集，见表 4-8。

表 4-8　左侧数据符 EAN/UPC 条码字符集的选用规则

前置码数值	EAN-13 左侧数据符商品条码字符集					
	代码位置序号					
	12	11	10	9	8	7
0	A	A	A	A	A	A
1	A	A	B	A	B	B
2	A	A	B	B	A	B
3	A	A	B	B	B	A
4	A	B	A	A	B	B
5	A	B	B	A	A	B
6	A	B	B	B	A	A
7	A	B	A	B	A	B
8	A	B	A	B	B	A
9	A	B	B	A	B	A

示例：确定一个 13 位代码 6901234567892 的左侧数据符的二进制表示。

(1) 根据表 4-8 可查得：前置码为“6”的左侧数据符所选用的商品条码字符集依次排列为 ABBBAA。

(2) 根据表 4-7 可查得：左侧数据符“901234”的二进制表示，见表 4-9。

表 4-9　前置码为“6”时左侧数据符“901234”的二进制表示示例

左侧数据符	9	0	1	2	3	4
条码字符集	A	B	B	B	A	A
二进制表示	0001011	0100111	0110011	0011011	0111101	0100011

右侧数据符及校验符均用 C 子集表示。

4.2.2 EAN-8 条码

1. EAN-8 条码的符号结构

EAN-8 条码由左侧空白区、起始符、左侧数据符、中间分隔符、右侧数据符、校验符、终止符、右侧空白区及供人识别字符组成,如图 4-7 和图 4-8 所示。

图 4-7 EAN-8 条码符号结构

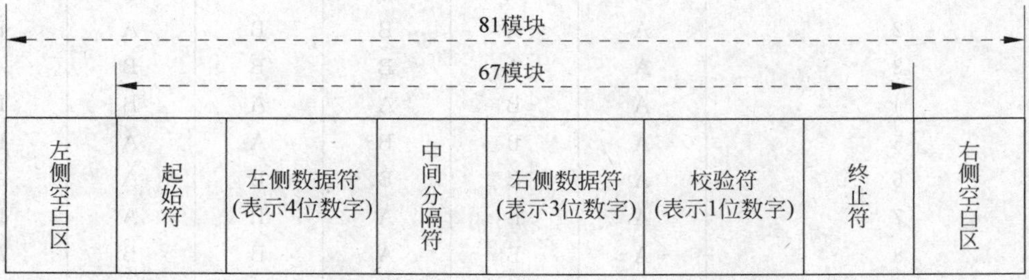

81模块

67模块

左侧空白区	起始符	左侧数据符(表示4位数字)	中间分隔符	右侧数据符(表示3位数字)	校验符(表示1位数字)	终止符	右侧空白区

图 4-8 EAN-8 品条码符号构成示意图

EAN-8 条码的起始符、中间分隔符、校验符、终止符的结构同 EAN-13 条码。

EAN-8 条码的左侧空白区与右侧空白区的最小宽度均为 7 个模块宽。为确保左右侧空白区的宽度,可在条码符号左下角加“＜”符号,在条码符号右下角加“＞”符号,“＜”和“＞”符号的位置如图 4-9 所示。

左侧数据符表示 4 位数字信息,由 28 个模块组成。

右侧数据符表示 3 位数字信息,由 21 个模块组成。

供人识别字符与条码相对应的 8 位数字,位于条码符号的下方。

图 4-9　EAN-8 条码符号空白区中"＜""＞"的位置

2. EAN-8 条码的数据符及校验符

左侧数据符用 A 子集表示；右侧数据符和校验符用 C 子集表示。

3. EAN-8 条码的符号尺寸

当放大系数为 1.00 时，EAN-8 条码的尺寸如图 4-10 所示。

图 4-10　EAN-8 条码符号尺寸示意图(单位：mm)

EAN/UPC 条码的放大系数为 0.80～2.00，条码符号随放大系数的变化而放大或缩小。由于条高的截短会影响条码符号的识读，因此不宜随意截短条高。

4.2.3　UPC-A 条码

根据客户要求，出口到北美地区的零售商品可采用 12 位的代码。

1. 条码符号结构

UPC-A 条码左、右侧空白区最小宽度均为 9 个模块宽，其他结构与 EAN-13 商品条码相同。如图 4-11 所示。

图 4-11　UPC-A 条码的符号结构

2. 条码符号的二进制表示

UPC-A 条码的二进制表示同前置码为 0 的 EAN-13 条码的二进制表示。

3. 符号尺寸

1) 空白区宽度尺寸

当放大系数为 1.00 时，UPC-A 商品条码的左右侧空白区最小宽度尺寸均为 2.97 mm。

2) 起始符、终止符、中间分隔符的尺寸

当放大系数为 1.00 时，EAN 条码起始符、中间分隔符、终止符的尺寸如图 4-12 所示。

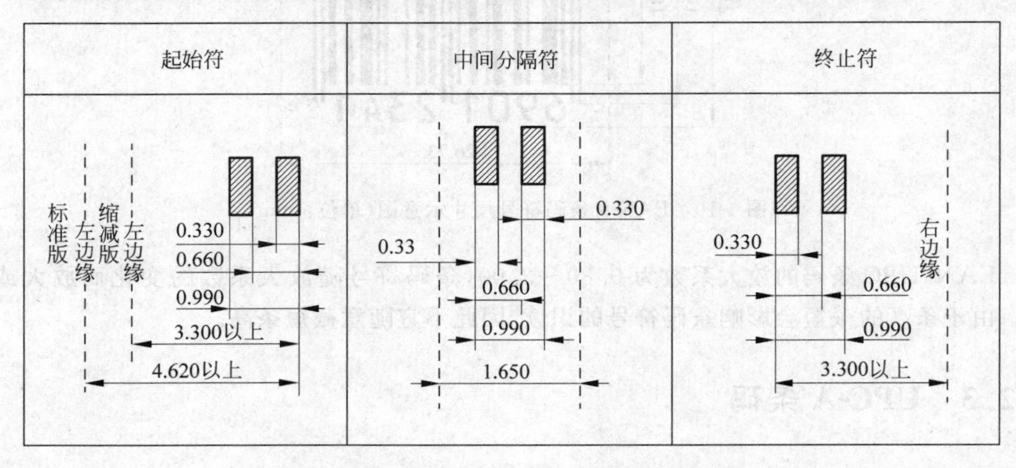

图 4-12　起始符、中间分隔符、终止符的尺寸(单位：mm)

3）当放大系数为 1.00 时，UPC-E 条码终止符的尺寸如图 4-13 所示。

4）UPC-A 条码的尺寸

当放大系数为 1.00 时，UPC-A 条码的主要尺寸如图 4-14 所示。

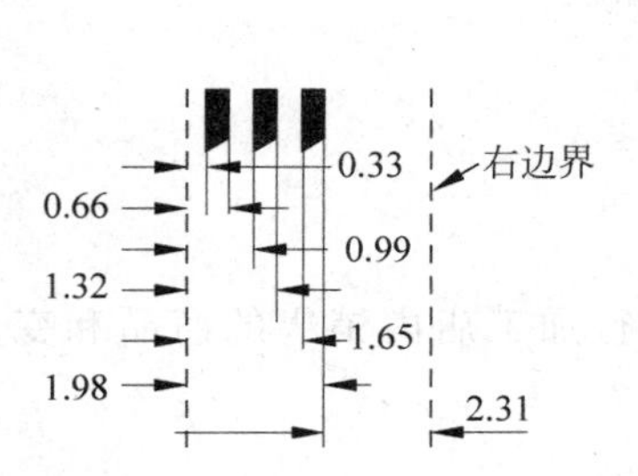

图 4-13　UPC-E 条码终止符尺寸（单位：mm）

图 4-14　UPC-A 商品条码尺寸示意图（单位：mm）

5）符号尺寸与放大系数

不同的放大系数所对应的 UPC-A 条码的主要尺寸同 EAN-13 条码，见表 4-10。

表 4-10　放大系数与 UPC-E 条码符号主要尺寸对照表（单位：mm）

放大系数	UPC-E 条码符号的主要尺寸		
	条码符号长度	条高	条码符号高度
0.80	17.69	18.28	20.74
0.85	18.79	19.42	22.04
0.90	19.90	20.57	23.34
1.00	22.11	22.85	25.93
1.10	24.32	25.14	28.52
1.20	26.53	27.42	31.12
1.30	28.74	29.71	33.71
1.40	30.95	31.99	36.30
1.50	33.17	34.28	38.90
1.60	35.38	36.56	41.49
1.70	37.59	38.85	44.08
1.80	39.80	41.13	46.67
1.90	42.01	43.42	49.27
2.00	44.22	45.70	51.86

4.3　变量贸易项目代码

【启发案例】　当你去超市购买水果、生鲜食品时，超市的称重台会打印一张不干胶条码标签。请收集几张这样的条码标签，分析：

(1) 条码由几位组成?

(2) 各个数字的含义是什么?

(3) 为什么收款台可以直接扫描条码就能确定价格?

4.3.1 基本概念

1. 店内条码(bar code in-store)

前缀码为 20～24 的商品条码,用于标识商店自行加工店内销售的商品和变量零售商品。

8 位店内条码的前缀码为 2。

2. 变量零售商品(variable measure retail commodity)

在零售贸易过程中,无法预先确定销售单元,按基本计量单位进行定价、销售的商品。

4.3.2 编码结构

1. 不包含价格等信息的 13 位代码

不包含价格等信息的 13 位代码由前缀码、商品项目代码和校验码组成,其结构见表 4-11。

表 4-11 不包含价格等信息的 13 位代码结构

前缀码	商品项目代码	校验码
$X_{13}X_{12}$	$X_{11}X_{10}X_9X_8X_7X_6X_5X_4X_3X_2$	X_1

1) 前缀码

$X_{13}X_{12}$ 为前缀码,其值为 20～24。

2) 商品项目代码

$X_{11}\cdots X_2$ 为商品项目代码,由 10 位数字组成,由商店自行编制。

3) 校验码

X_1 为校验码,为 1 位数字,根据前 12 位计算而成,用于检验整个代码的正误。计算方法同 EAN-13。

2. 包含价格等信息的 13 位代码

包含价格等信息的 13 位代码由前缀码、商品种类代码、价格或度量值的校验码、价格或度量值代码和检验码 5 部分组成。其中，价格或度量值的校验码可以缺省。包含价格等信息的 13 位代码共分 4 种结构，见表 4-12。

表 4-12　包含价格等信息的 13 位代码结构

结构种类	前缀码	商品种类代码	价格或度量值的校验码	价格或度量值代码	校验码
结构一	$X_{13}X_{12}$	$X_{11}X_{10}X_9X_8X_7X_6$	无	$X_5X_4X_3X_2$	X_1
结构二	$X_{13}X_{12}$	$X_{11}X_{10}X_9X_8X_7$	无	$X_6X_5X_4X_3X_2$	X_1
结构三	$X_{13}X_{12}$	$X_{11}X_{10}X_9X_8X_7$	X_6	$X_5X_4X_3X_2$	X_1
结构四	$X_{13}X_{12}$	$X_{11}X_{10}X_9X_8$	X_7	$X_6X_5X_4X_3X_2$	X_1

1）前缀码

$X_{13}X_{12}$是前缀码，其值为 20～24。

2）商品种类代码

由 4～6 位数字组成，用于标识不同种类的零售商品，由商店自行编制。

3）价格或度量值代码

由 4～5 位数字组成，用于表示某一具体零售商品的价格或度量值信息。

4）价格或度量值的校验码

结构三和结构四包含价格或度量值的校验码，为 1 位数字，根据价格或度量值代码的各位数字计算而成，用于检验整个价格或度量值代码的正误。计算方法如下：

(1) 加权积。在价格或度量值的校验码计算过程中，要对价格或度量值代码中每个代码位置分配一个特定的运算规则，即加权因子，包括 2－、3、5＋、5－ 4 种。根据相应的加权因子，对价格或度量值代码中的数值进行数学运算得出的结果称为加权积。

表 4-13～表 4-16 分别给出了数值 0～9 依照加权因子 2－、3、5＋、5－运算得出的加权积。

表 4-13　加权因子 2－对应的加权积

代码数值	0	1	2	3	4	5	6	7	8	9
加权积	0	2	4	6	8	9	1	3	5	7

表 4-14　加权因子 3 对应的加权积

代码数值	0	1	2	3	4	5	6	7	8	9
加权积	0	3	6	9	2	5	8	1	4	7

表 4-15　加权因子 5＋对应的加权积

代码数值	0	1	2	3	4	5	6	7	8	9
加权积	0	5	1	6	2	7	3	8	4	9

表 4-16　加权因子 5－对应的加权积

代码数值	0	1	2	3	4	5	6	7	8	9
加权积	0	5	9	4	8	3	7	2	6	1

(2) 4 位数字的价格或度量值代码的校验码计算(价格或度量值代码位置序号从左至右顺序排列)。

第一步　表 4-17 给出了每个代码位置应采用的加权因子。对照表 4-13、表 4-14 和表 4-17 得出各代码位置的数值所对应的加权积。

表 4-17　4 位数字的价格或度量值代码的加权因子分配规则

代码位置序号	1	2	3	4
	X_5	X_4	X_3	X_2
加权因子	2－	2－	3	5－

第二步　将第一步的结果相加求和。

第三步　将第二步的结果乘以 3,所得结果的个位数字即为校验码的值。

应用举例:价格代码 2875(即 28.75 元)校验码的计算示例。

代码位置序号	1		2		3		4		
加权因子	2－		2－		3		5－		
价格代码	2		8		7		5		
(1) 根据表 4-13、表 4-14 和表 4-17 得加权积;	4		5		1		3		
(2) 求和;	4	＋	5	＋	1	＋	3	＝	13
(3) 用 3 乘以第二步的结果								＝	39

取乘积的个位数字 9 为所求价格校验码

(3) 5 位数字的价格或度量值代码的校验码计算(价格或度量值代码位置序号从左至右顺序排列)。

第一步　表 4-18 给出了每个代码位置应采用的加权因子。对照表 4-13、表 4-16 和表 4-17 得出各代码位置的数值所对应的加权积。

表 4-18　位数字价格或度量值代码加权因子的分配规则

代码位置序号	1	2	3	4	5
	X_6	X_5	X_4	X_3	X_2
加权因子	5＋	2－	5－	5＋	2－

第二步　将第一步的结果,即各加权积,相加求和。

第三步　用大于或等于第二步所得结果且为 10 的最小整数倍的数,减去第二步所得结果。

第四步　在表 4-17 中查找与第三步所得结果数值相同的加权积,该加权积所对应的代码数值即为校验码的值。

应用举例：价格代码 14685(即 146.85 元)校验码的计算。

代码位置序号	1		2		3		4		5		
加权因子	5+		2−		5−		5+		2−		
价格代码	1		4		6		8		5		
(1) 根据表 4-13、表 4-14 和表 4-17 得加权积;	5		8		7		4		9		
(2) 求和;	5	+	8	+	7	+	4	+	9	=	33
(3) 用大于或等于第二步所得结果且为 10 的最小整数倍的数减去第二步所得结果							40	−	33	=	7
(4) 查表 4-17 得加权积 7 所对应的代码数值为 6,即 6 为所求校验码											

5) 校验码

X_1 为校验码,为 1 位数字,根据前 12 位计算而成,用于检验整个代码的正误。计算方法同 EAN-13。

3. 8 位代码

8 位代码由前缀码、商品项目代码和校验码组成,其结构见表 4-19。

表 4-19　店内条码的 8 位代码结构

前缀码	商品项目代码	校验码
2	$X_7X_6X_5X_4X_3X_2$	X_1

1) 前缀码

由 1 位数字组成,其值为 2。

2) 商品项目代码

$X_7 \cdots X_2$ 是商品项目代码,由 6 位数字组成,由商店自行编制。

3) 校验码

X_1 为校验码,为 1 位数字,根据前 7 位计算而成,用于检验整个代码的正误。

4.3.3 条码选择

1. 13 位代码的条码

用 EAN-13 条码。

2. 8 位代码的条码

用 EAN-8 条码。

4.4 特殊情况下的编码

4.4.1 产品变体的编码

“产品变体”是指制造商在产品使用期内对产品进行的任何变更。如果制造商决定产品的变体(如含不同的有效成分)与标准产品同时存在,那么就必须另分配一个单独且唯一的商品标识代码。

产品只做较小的改变或改进,不需要分配不同的商品标识代码。比如,标签图形进行重新设计,产品说明有小部分修改,但内容物不变或成分只有微小的变化。

当产品的变化影响到产品的重量、尺寸、包装类型、产品名称、商标或产品说明时,必须另行分配一个商品标识代码。

产品的包装说明有可能使用不同的语言,如果想通过商品标识代码加以区分,则一种说明语言对应一个商品标识代码,也可以用相同的商品标识代码对其进行标识,但这种情况下,制造商有责任将贴着不同语言标签的产品包装区分开来。

4.4.2 组合包装的编码

如果商品是一个稳定的组合单元,其中每一部分都有其相应的商品标识代码。一旦任意一个组合单元的商品标识代码发生变化,或者组合单元的组合有所变化,都必须分配一个新的商品标识代码。

如果组合单元变化微小,其商品标识代码一般不变,但如果需要对商品实施有效的订货、营销或跟踪,那么就必须对其进行分类标识,另行分配商品标识代码。例如,针对某一特定地理区域的促销品,某一特定时期的促销品,或用不同语言进行包装的促销品。

某一产品的新变体取代原产品,消费者已从变化中认为两者截然不同,这时就必须给新产品分配一个不同于原产品的商品标识代码。

4.4.3 促销品的编码

此处所讲的“促销品”是商品的一种暂时性的变动,并且商品的外观有明显的改变。这种变化是由供应商决定的,商品的最终用户从中获益。通常促销变体和它的标准产品在市场中共同存在。

商品的促销变体如果影响产品的尺寸或重量,必须另行分配一个不同的、唯一的商品标识代码。例如,加量不加价的商品,或附赠品的包装形态。

包装上明显地注明了减价的促销品，必须另行分配一个唯一的商品标识代码。例如，包装上有“省 2.5 元”的字样。

针对时令的促销品要另行分配一个唯一的商品标识代码。例如，春节才有的糖果包装。其他的促销变体就不必另行分配商品标识代码。

4.4.4 商品标识代码的重新启用

厂商在重新启用商品标识代码时，应主要考虑以下两个因素。

1）合理预测商品在供应链中流通的期限

根据 EAN · UCC 规范，按照国际惯例，一般来讲，不再生产的产品自厂商将最后一批商品发送之日起，至少 4 年内不能重新分配给其他商品项目。对于服装类商品，最低期限可为两年半。

2）合理预测商品历史资料的保存期

即使商品已不在供应链中流通，由于要保存历史资料，需要在数据库中较长时期地保留它的商品标识代码，因此，在重新启用商品标识代码时，还需考虑此因素。

4.4.5 应用举例

例 4-3：如图 4-15 所示，假设分配给 A 厂的厂商识别代码为 6901234，而 B 厂商生产的 750 mL K 牌啤酒的厂商识别代码为 6901005，商品项目代码为 99999。A 厂生产的 M 牌蘑

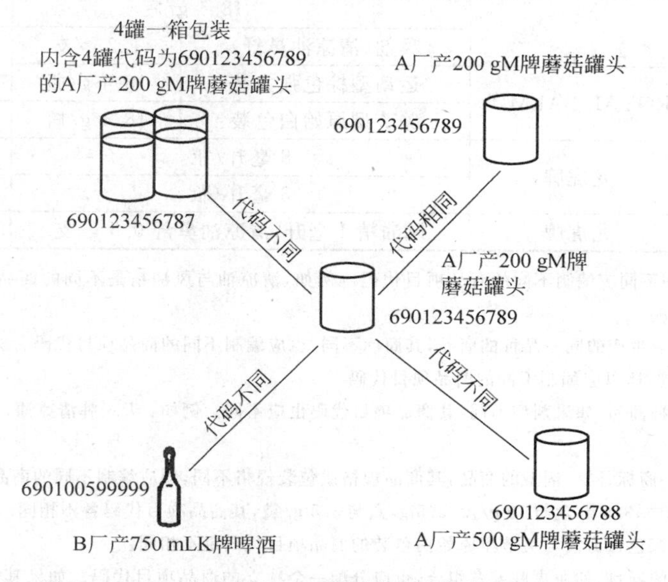

图 4-15 A 厂生产的 M 牌蘑菇罐头的商品项目代码标识

菇罐头,对于规格分别为 200 g 和 500 g 的罐头,其商品项目代码不同,分别为 56789 和 56788;对于规格同为 200 g,但大包装为 4 罐、小包装为 1 罐的不同包装形式也应以不同商品项目代码标识,分别为 56787 和 56789。

例 4-4:假设分配给某药厂的厂商识别代码为 6901234。表 4-20 给出了其部分产品的编码方案。

表 4-20　某药厂部分产品的编码方案

<table>
<tr><th>产品种类</th><th>商标</th><th colspan="4">剂型、规格与包装规格</th><th>商品标识代码</th></tr>
<tr><td rowspan="17">清凉油</td><td rowspan="8">天坛牌</td><td rowspan="7">擦剂</td><td rowspan="4">固体</td><td rowspan="3">棕色</td><td>3.5 g/盒</td><td>6901234 00000 9</td></tr>
<tr><td>3.5 g/袋</td><td>6901234 00001 6</td></tr>
<tr><td>19 g/盒</td><td>6901234 00002 3</td></tr>
<tr><td>白色</td><td>19 g/盒</td><td>6901234 00003 0</td></tr>
<tr><td rowspan="3">液体</td><td colspan="2">3 毫升/瓶</td><td>6901234 00004 7</td></tr>
<tr><td colspan="2">8 毫升/瓶</td><td>6901234 00005 4</td></tr>
<tr><td colspan="2">18 毫升/瓶</td><td>6901234 00006 1</td></tr>
<tr><td colspan="3">吸剂(清凉油鼻舒)</td><td>1.2 g/支</td><td>6901234 00007 8</td></tr>
<tr><td rowspan="7">龙虎牌</td><td rowspan="2">黄色</td><td colspan="3">3.0 g/盒</td><td>6901234 00008 5</td></tr>
<tr><td colspan="3">10 g/盒</td><td>6901234 00009 2</td></tr>
<tr><td rowspan="2">白色</td><td colspan="3">10 g/盒</td><td>6901234 00010 8</td></tr>
<tr><td colspan="3">18.4 g/瓶</td><td>6901234 00011 5</td></tr>
<tr><td rowspan="2">棕色</td><td colspan="3">10 g/盒</td><td>6901234 00012 2</td></tr>
<tr><td colspan="3">18.4 g/瓶</td><td>6901234 00013 9</td></tr>
<tr><td colspan="3">吸剂(清凉油鼻舒)</td><td>1.2 g/支</td><td>6901234 00014 6</td></tr>
<tr><td rowspan="2">ROYAL BALM™</td><td colspan="3">运动型棕色强力装</td><td>18.4 g/瓶</td><td>6901234 00015 3</td></tr>
<tr><td colspan="3">关节型原始白色装</td><td>18.4 g/瓶</td><td>6901234 00016 0</td></tr>
<tr><td rowspan="2">风油精</td><td rowspan="2">龙虎牌</td><td colspan="4">8 毫升/瓶</td><td>6901234 00017 7</td></tr>
<tr><td colspan="4">3 毫升/瓶</td><td>6901234 00018 8</td></tr>
<tr><td>家友(组合包装)</td><td>龙虎牌</td><td colspan="4">风油精 1 毫升,清凉油鼻舒 0.5 g/支</td><td>6901234 00019 1</td></tr>
</table>

注:(1) 商品品种不同应编制不同的商品项目代码。例如,清凉油与风油精是不同的商品,所以其商品项目代码不同。

(2) 即使是同一企业生产的同一品种的商品,其商标不同,也应编制不同的商品项目代码。例如,天坛牌风油精与龙虎牌风油精,其商标不同,所以应编制不同的商品项目代码。

(3) 同种商标的同种商品,如果剂型不同,其商品项目代码也应不同。例如:天坛牌清凉油,搽剂与吸剂的商品项目代码不同。

(4) 同一种类、同一商标、同一剂型的商品,其商品规格或包装规格不同,均应编制不同的商品项目代码。例如,天坛牌清凉油棕色固体搽剂中,3.5 g/盒与 19 g/盒、3.5 g/盒与 3.5 g/袋,其商品项目代码各不相同。ROYAL BALM™清凉油,18.4 g/瓶的运动型棕色强力装与关节型原始白色装的商品项目代码也不相同。

(5) 对于组合包装的项目,如龙虎牌家友组合,也应分配一个独立的商品项目代码。如果其包装内的风油精与清凉油鼻舒也有单卖的产品,则风油精、清凉油鼻舒以及二者组合包装后的产品应分别编制不同的商品项目代码。

4.5 条码符号的放置原则

4.5.1 零售商品条码符号的放置

1. 首选位置

首选的条码符号位置在商品包装背面的右侧下半区域内。

注：本规则不适用于不规则包装商品、连续出版物和部分透明塑料包装的商品。

2. 其他位置

商品包装背面不适宜放置条码符号时，可选择商品包装另一个适合的面的右侧下半区域放置条码符号。但是对于体积大的或笨重的商品，条码符号不应放置在商品包装的底面。

3. 边缘间距

条码符号与商品包装邻近边缘的间距不应小于 8 mm 或大于 100 mm。

4.5.2 常见类型包装上条码符号的放置

常见类型包装上条码符号的放置有以下几种形式。

1. 箱型包装

对箱型包装，条码符号宜印在包装背面的右侧下半区域，靠近边缘处，如图 4-16(a)所示。包装背面不适合印条码符号时，可印在正面的右侧下半区域，如图 4-16(b)所示。与边缘的间距应符合 5.3 的规定。

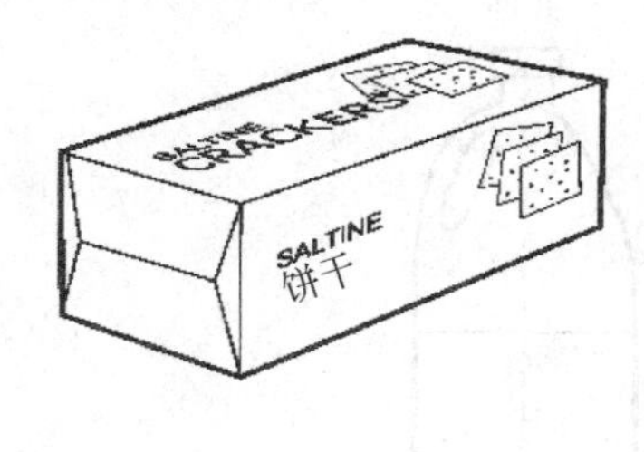

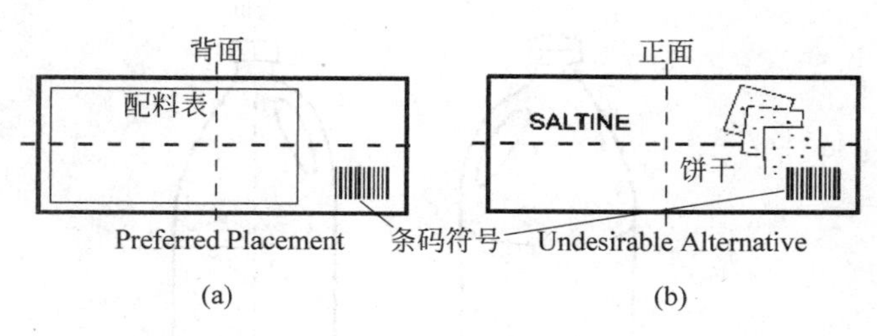

图 4-16　箱型包装示例
(a) 首选；(b) 可选

2. 瓶型和壶型包装

对瓶型和壶型包装，条码符号宜印在包装背面或正面的右侧下半区域，如图 4-17 所示。

不应把条码符号放置在瓶颈、壶颈处。条码符号的条平行于曲面的母线放置时,参见附录A选择适当的放大系数和 X 尺寸。

注:对于(n,k)型即模块组配型商品条码,X 尺寸即模块宽度。

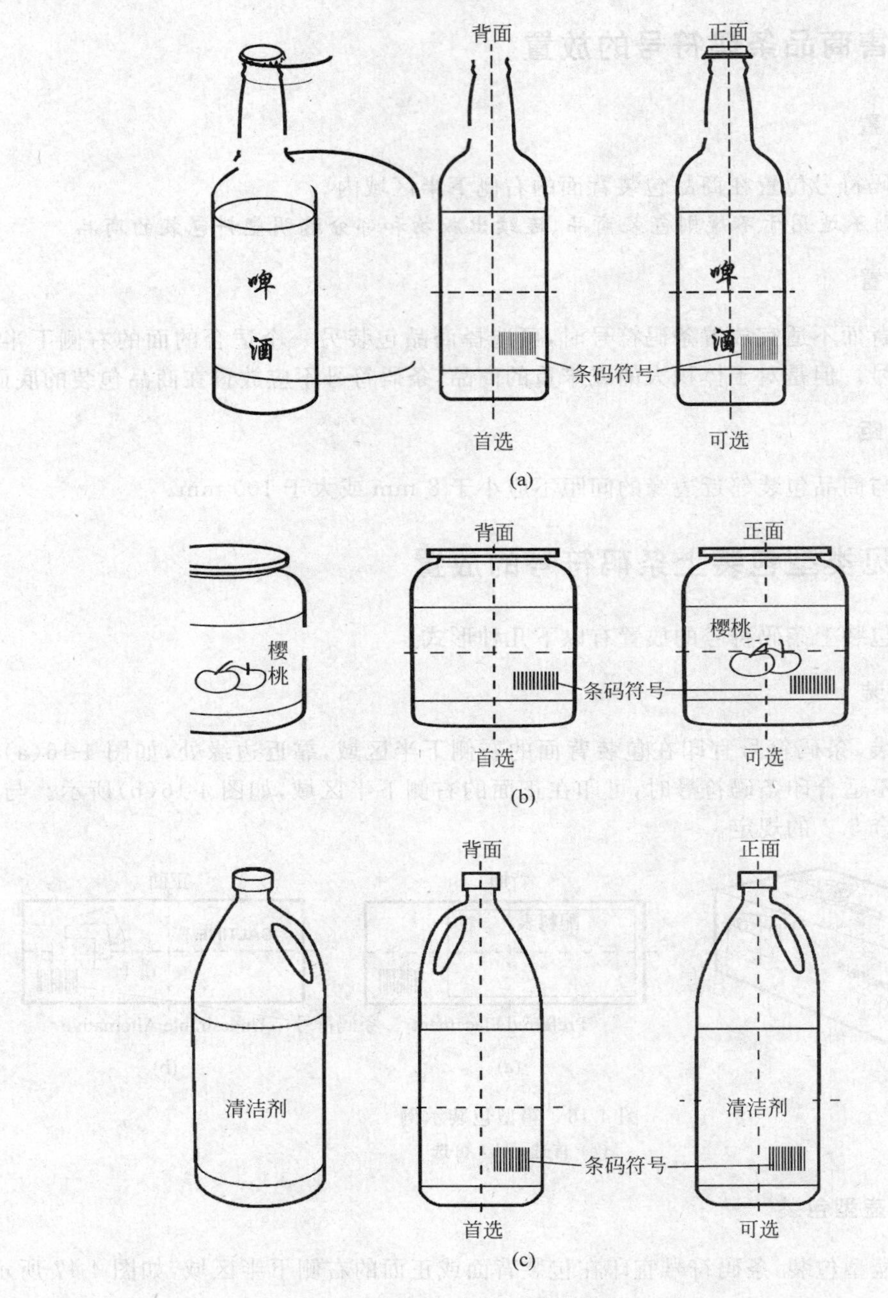

图 4-17　瓶型和壶型包装示例

3. 罐型和筒型包装

对罐型和筒型包装，条码符号宜放置在包装背面或正面的右侧下半区域，如图 4-18 所示。不应把条码符号放置在有轧波纹、接缝和隆起线的地方。条码符号的条平行于曲面的母线放置时，参见附录 A 选择适当的放大系数和 X 尺寸。

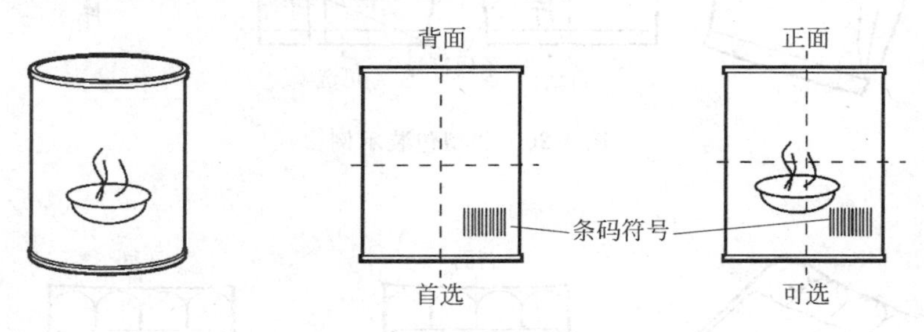

图 4-18　罐型和筒型包装示例

4. 桶型和盆型包装

对桶型和盆型包装，条码符号宜放置在包装背面或正面的右侧下半区域，如图 4-19(a)和图 4-19(b)所示。背面、正面及侧面不宜放置时，条码符号可放置在包装的盖子上，但盖子的深度(h)应不大于 12 mm，如图 4-19(c)所示。

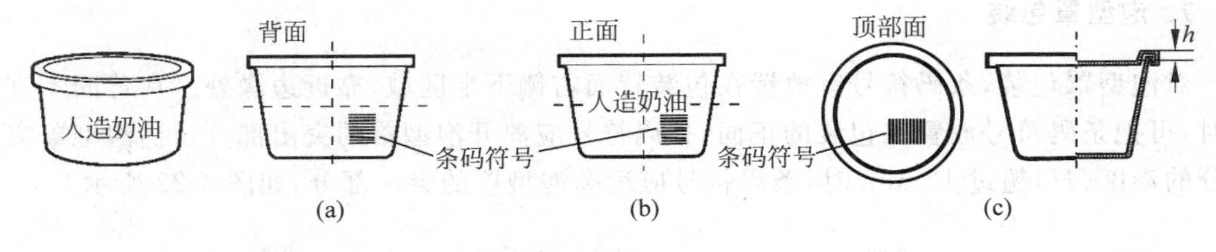

图 4-19　桶型和盆型包装示例

(a) 首选；(b) 可选；(c) 可选($h \leqslant 12$ mm)

5. 袋型包装

对袋型包装，条码符号宜放置在包装背面或正面的右侧下半区域，尽可能靠近袋子中间的地方，或放置在填充内容物后袋子平坦、不起皱折处，如图 4-20 所示。不应把条码符号放在接缝处或折边的下面。

6. 收缩膜和真空成型包装

对收缩膜和真空成型包装，条码符号宜放置在包装的较为平整的表面上，不应把条码符号放置在有皱折和扭曲变形的地方，如图 4-21 所示。

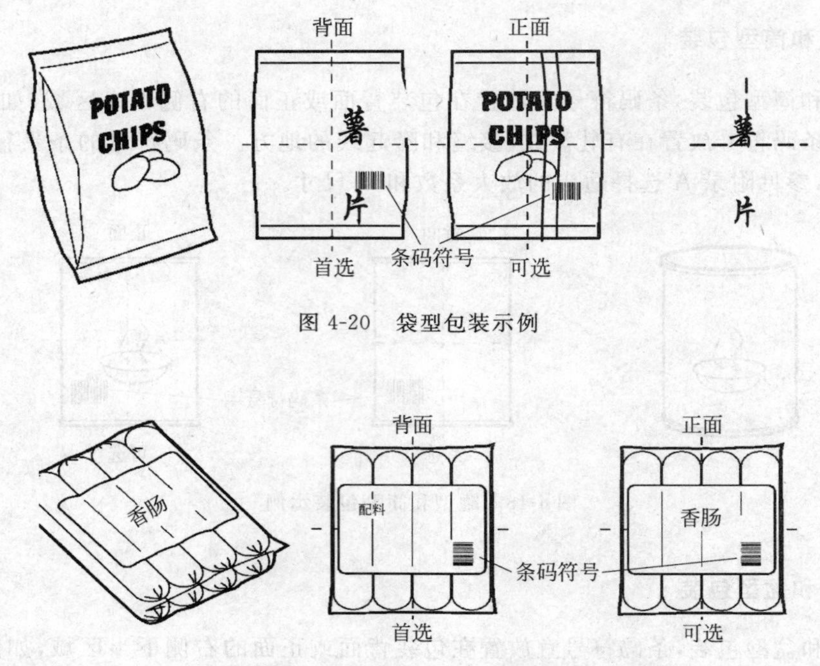

图 4-20　袋型包装示例

图 4-21　收缩膜和真空成型包装示例

7. 泡型罩包装

对泡型罩包装,条码符号宜放置在包装背面右侧下半区域,靠近边缘处。在背面不宜放置时,可把条码符号放置在包装的正面,条码符号应离开泡型罩的突出部分。当泡型罩突出部分的高度(H)超过 12 mm 时,条码符号应远离泡型罩的突出部分,如图 4-22 所示。

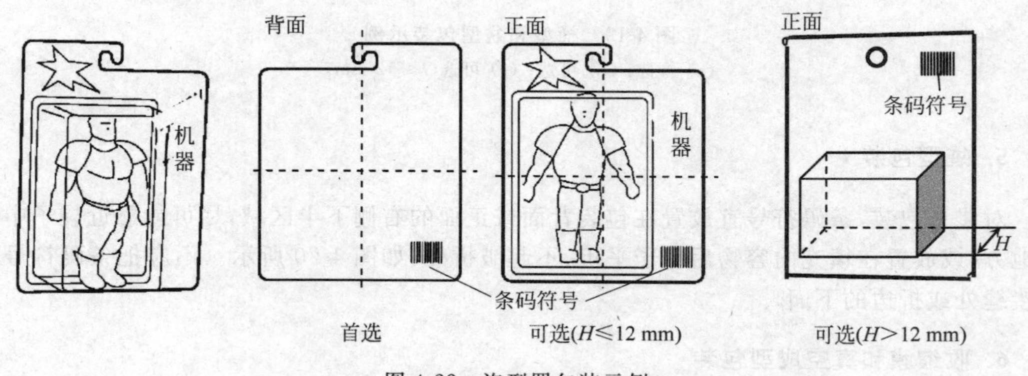

图 4-22　泡型罩包装示例

H—泡型罩突出部分的高度

8. 卡片式包装

对卡片式包装，条码符号宜放置在包装背面的右侧下半区域，靠近边缘处。在背面不宜放置时，可把条码符号放置在包装正面，条码符号应离开产品放置，避免条码符号被遮挡，如图 4-23 所示。

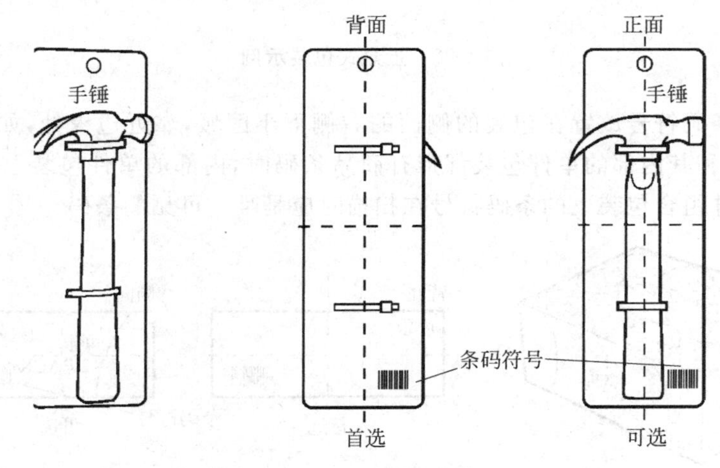

图 4-23　卡片式包装示例

9. 盘式包装

对盘式包装，条码符号宜放置在包装顶部面的右侧下半区域，靠近边缘处，如图 4-24 所示。

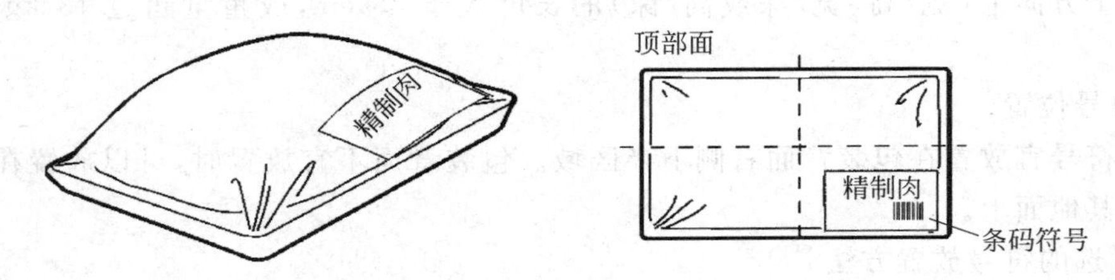

图 4-24　盘式包装示例

10. 蛋盒式包装

对蛋盒式包装，条码符号宜放置在盒盖与盒身有连接边的一面、连接边以上盒盖右侧的区域内，此处不宜放置时，条码符号可放置在顶部面的右侧下半区域，如图 4-25 所示。

11. 多件组合包装

对多件组合包装，条码符号宜放置在包装背面的右侧下半区域，靠近边缘处。在背面不

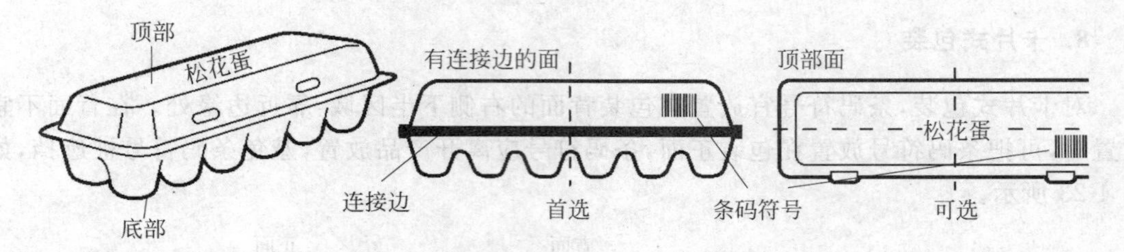

图 4-25　蛋盒式包装示例

宜放置时,可把条码符号放置在包装的侧面的右侧下半区域,靠近边缘处,如图 4-26 所示。当多件组合包装和其内部的单件包装都带有商品条码时,内部的单件包装上的条码符号应被完全遮盖,多件组合包装上的条码符号在扫描时应是唯一可见的条码。

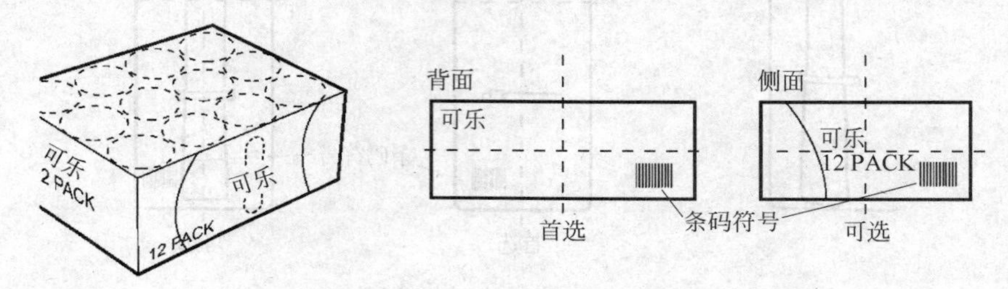

图 4-26　多件组合包装示例

12. 体积大或笨重的商品包装

1）包装特征

有两个方向上(宽/高、宽/深或高/深)的长度大于 45 cm,或重量超过 13 kg 的商品包装。

2）符号位置

条码符号宜放置在包装背面右侧下半区域。包装背面不宜放置时,可以放置在包装除底面外的其他面上。

3）可选的符号放置方法

(1) 两面放置条码符号。对于体积大或笨重的袋型商品包装,每个商品上可以使用两个同样的、标识该商品的商品条码符号,一个放置在包装背面的右下部分,另一个放置在包装正面的右上部分,如图 4-27 所示。

(2) 加大供人识别字符。对于体积大或笨重的商品包装,可将其商品条码符号的供人识别字符高度放大至 16 mm 以上,印在条码符号的附近。

(3) 采用双重条码符号标签。对体积大或笨重的商品包装,可采用图 4-28 所示的双重条码符号标签。标签的 A、B 部分上的条码符号完全相同,是标记该商品的商品条码符号。标签的 A、C 部分应牢固地附着在商品包装上,B 部分与商品包装不粘连。在扫描结算时,

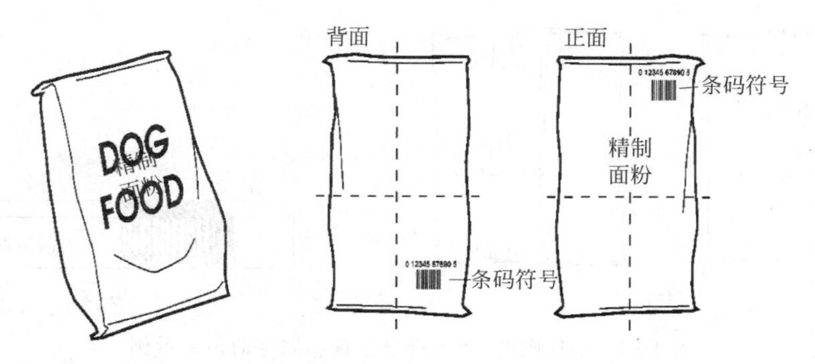

图 4-27　体积大或笨重的袋型包装两面放置条码符号示例

撕下标签的 B 部分，由商店营业员扫描该部分上面的条码进行结算，然后将该部分销毁。标签的 A 部分保留在商品包装上供查验。粘贴双重条码符号标签的包装不作为商品运输过程的外包装时，双重条码符号标签的 C 部分（辅助贴条）可以省去。

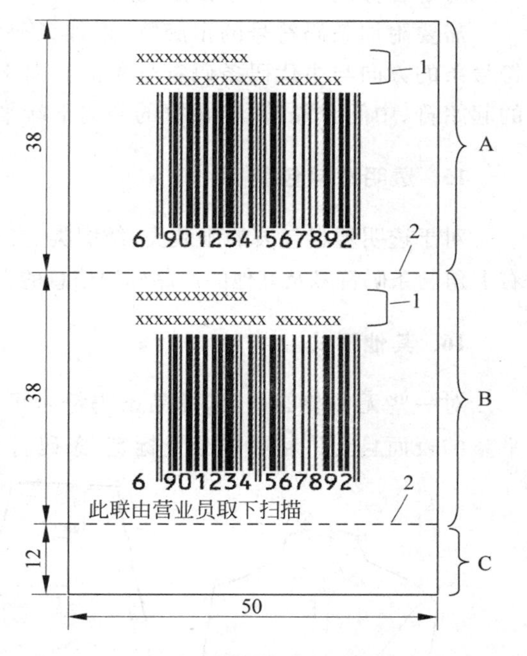

图 4-28　双重条码符号标签示例（单位：mm）

1——销售商的货号和商品项目说明

2——穿孔线

A——标签的 A 部分

B——标签的 B 部分

C——标签的 C 部分（辅助贴条）

注：图中所标尺寸为最小尺寸。

13. 不规则包装

对不规则包装，宜首选规则的、条码符号位置固定的包装方法。如果必须使用不规则的、条码符号位置不固定的包装方法，可以在包装材料上以足够的重复频率印刷条码符号，以便一个完整的条码符号能印刷在包装的一个面上。重复印刷的条码符号之间的距离应不大于 150 mm，以避免重复识读，示例如图 4-29(a)所示。也可以把条码符号的条加长印在包装材料上，以保证一个足够高的条码符号出现在包装的一个面上，示例如图 4-29(b)所示。

14. 出版物

出版物上条码符号的放置依出版物的类型而定。

书籍上条码符号的首选位置在书的封底的右下角。对于非纸面的精装书，条码符号宜印在书的封二的左上角或书的其他显著位置。

对于连续出版物（如期刊），条码符号的首选位置在封面的左下角。

图 4-29　不规则的、条码符号位置不固定的包装示例

对于音像制品和电子出版物,条码符号宜印在外包装背面便于识读的位置。

需要附加条码符号的出版物,附加条码符号应放在主代码条码符号的右侧;附加条码符号条的方向与主代码条码符号条的方向平行;附加条码符号条的下端与主代码条码符号的起始符、中间分隔符、终止符的条的下端平齐。

15. 透明塑料包装

对于透明塑料包装的服装类、纺织类、文教类等商品,条码符号的首选位置是包装正面的右上角。条码符号及其他的产品标识信息的方向应与塑料包装上的图形或描述数据协调一致。

16. 其他形式

对一些无包装的商品,商品条码符号可以印在挂签上,如图 4-30 所示。如果商品有较平整的表面且允许粘贴或缝上标签,条码符号可以印在标签上,如图 4-31 所示。

图 4-30　条码符号挂签示例

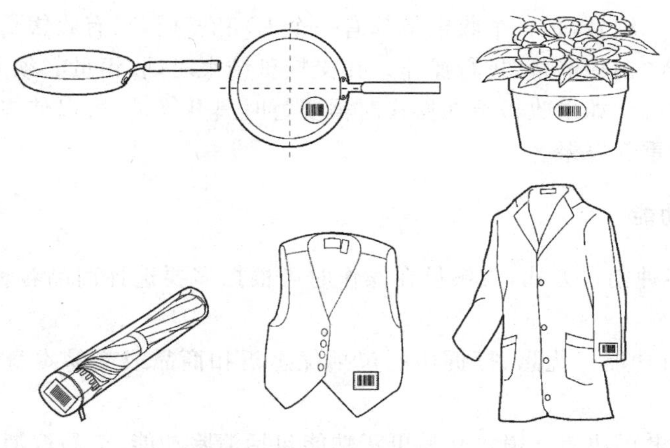

图 4-31 条码符号标签示例

4.6 零售端条码应用

零售是商品条码应用最为广泛的领域之一，接近100%的零售产品都使用了商品条码，涉及食品、饮料、日化等领域。商品条码在零售领域的普及，使收款员仅需扫描条码就实现了商品的结算，大大提升了结算效率，减少了顾客的等待时间，避免了人为的差错造成的经济损失和管理上的混乱。

此外，通过使用商品条码，零售门店可以定时将消费信息传递给总部，使总部及时掌握各门店库存产品状态，从而制订相应的补货、配送、调货计划。同时，生产企业也可以通过相关信息制订相应的生产计划，实现供应商管理库存。

销售点系统(point of sale，POS)是指通过自动读取设备(如收银机)在销售商品时直接读取商品销售信息(如商品名、单价、销售数量、销售时间、销售店铺、购买顾客等)，并通过通信网络和计算机系统传送至有关部门进行分析加工以提高经营效率的系统。POS系统最早应用于零售业，以后逐渐扩展至其他如金融、旅馆等服务行业，利用POS系统的范围也从企业内部扩展到整个供应链。

4.6.1 POS 系统的主要功能

一般地，POS系统的主要功能有以下几点。

1. 收银员识别功能

收银员识别功能是指，收银员必须在工作前登录才能进行终端操作，即门店中每个系统的收银员都实行统一编号,每一个收银员都有一个 ID 和密码,只有收银员输入了正确的 ID 和密码后,才能进入"销售屏幕"进行操作。在交接班结束时,收银员必须退出系统以便让其他收银员使用该终端。如果收银员在操作时需要暂时离开终端,可以使终端处于"登出或关闭"状态,在返回时重新登录。

2. 多种销售功能

POS 系统有多种销售方式,收银员在操作时可根据需要选择商品各种销售方式的如下特殊功能。

(1) 优惠、打折功能。优惠、打折功能包括优惠折扣商品或交易本身特价许可等,应进行权限检查。

(2) 销售交易更正功能。销售交易更正功能包括清除功能、交易取消功能。

(3) 退货功能。通常收银员无该种商品交易的权限,需管理人员来完成。

(4) 挂账功能。挂账功能是指在当前交易未结束的状态下保留交易数据,再进行下一笔交易的收银操作。

3. 多种方式的付款功能

付款方式主要有:现金、支票、信用卡等。随着二维码支付、近场支付(NF)技术的广泛使用,POS 系统具备多种付款方式的设置功能。

4. 其他功能

(1) 票据查询功能。查询范围可以是某时间段内的全部交易,也可以是某时间点的交易情况。

(2) 报表查询。根据收银机本身的销售数据制作出一些简单的报表,并在收银机的打印机上打印出来。报表包括结款表、柜组对账表等。

(3) 前台盘点。盘点的过程主要是清查库存商品数量。前台盘点的实质是将要盘点商品的信息像销售商品一样手工输入或用条码扫描仪录入收银机中,作为后台的数据来源。

(4) 工作状态检查功能。工作状态检查功能是指对有关收银机、收银员的各种状态进行检查。其包括一般状态、交易状态、网络状态、外设状态等。

4.6.2 条码应用与经营管理模式

条码技术在商品流通管理中的应用不仅可以避免差错和提高工作效率,而且可以提高经营管理水平。条码技术不仅可用于商品销售,而且可用于库存管理和柜存管理。利用便携式数据采集器,通过条码阅读器扫描,可快速、准确地进行库存和柜存盘点,然后送入 POS 系统,与 POS 系统中的数据进行比较后产生盘盈、盘亏表。如果采用手工进行库存和柜存的盘点，不仅费工、费时，而且不易盘准，容易产生差错。因此，使用条码进行柜存和库存管理是实现仓库现代化管理的重要手段。

条码技术在商品扫描销售中的应用还促进了销售管理模式的改变，如上海的美美百货、时代广场等中外合资的商厦，摒弃了由顾客到收款台付款的传统管理模式，改由营业员代顾客到收款台付款，营业员或凭商品，或凭条码标签到收款台去扫描条码，收款员同时扫描营业员的工号条码。这样就废除了营业员开小票、收款员需输入营业员工号等烦琐做法，使顾客真正体会到自己是“皇上”。

商品编码也会影响商品的销售。扫条码网购已经在淘系平台上成为现实。

4.6.3　条码与产品质量保证

中国物品编码中心已经向国内 50 多万家企业、上亿种产品赋予了全球通用的商品身份证。

更为惊人的是其增速。平均每天的数据增量能够保持在 4 万～5 万条。近几年的年度增长能够达到 1 000 多万条。

这样爆发式增长形成规模后，可以想象，消费者扫码识别商品来源、生产厂商等各类信息将成为举手之劳，无码商品、伪劣商品未来生存会被无限挤压。

4.6.4　终端扫描设备

要实现条码扫描，除了生产厂家需要在商品的外包装上印刷条码外，还需要条码的扫描设备，如各种手持式、台式扫描设备、远距离扫描设备等。这些设备可以直接和计算机连接，也可以在扫描设备中加上存储功能，将多次扫描结果保存后集中传送到计算机设备中。和计算机连接运用时，与其他外部设备类似（如鼠标），也可能需要硬件驱动程序。

条码应用实际上是解决了计算机应用中的数据采集的问题，也就是代替了从键盘输入信息的工作，从这个意义上讲，也就是增加了一种输入手段（超市商场中的应用就可以看出来）。

条码识别设备由条码扫描和译码两部分组成。现在绝大部分条码识读器都将扫描器和译码器集成为一体。人们根据不同的用途和需要设计了各种类型的扫描器。

条码识读设备从操作方式上可分为手持式和固定式两种条码扫描器。

1. 手持式条码扫描器

手持式条码扫描器（见图 4-32）应用于许多领域，这类条码扫描器特别适用于条码尺寸多样、识读场合复杂、条码形状不规整的应用场合。在这类扫描器中有光笔、激光枪、手持式全向扫描器、手持式 CCD 扫描器和手持式图像扫描器。

2. 固定式条码扫描器

固定式条码扫描器(见图 4-33)扫描识读不用人手把持,适用于省力、人手劳动强度大(如超市的扫描结算台)或无人操作的自动识别应用。固定式条码扫描器有卡槽式扫描器、固定式单线、单方向多线式(栅栏式)扫描器、固定式全向扫描器和固定式 CCD 扫描器。

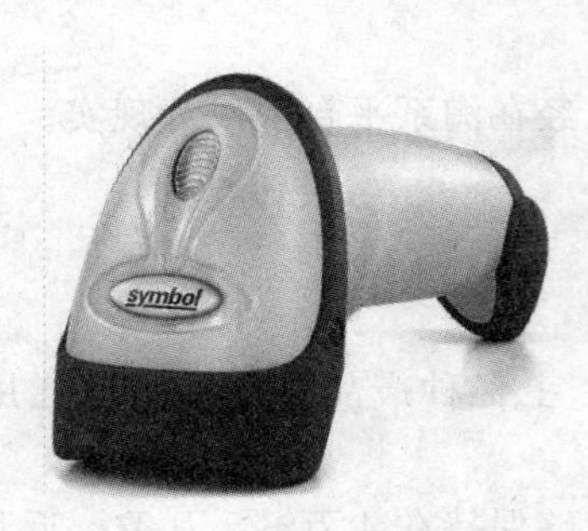

图 4-32　手持式条码扫描器

图 4-33　固定式条码扫描器

3. 图像式条码识读器

图像式条码识读器可以识读常用的一维条码,还能识读行排式和矩阵式的二维条码。

图像式阅读器首先拍摄下条码的数码影像,然后再通过图形软件加以分析。图像式条码识读器的特点如下。

1) 图像科技更节约成本而且物超所值

通过比较图像设备与激光设备的总体成本,你会惊奇地发现,图像引擎不像激光引擎那样含有脆弱的、容易被维修或更换的运动部件。

2) 图像设备能够在极端的光线条件下工作

在强烈的阳光下,激光阅读器的扫描线很难被看见,因此激光阅读器不能在强烈的阳光下阅读条码。而图像式阅读器可以在各种光线条件下工作。

3) 图像设备读取速度更快

图像式阅读器扫描和译码的速率比普通 CCD 和激光阅读器更快。激光阅读器因受到机械振镜的制约,扫描速度被限制在 25～40 次。相比之下,图像阅读器扫描速度可以达到 270 次/秒。

4) 图像阅读器更加结实耐用

因为没有运动部件,图像式阅读器具有极高的耐用性,可以承受各种工业应用下无可避免会出现的恶劣的作业环境以及粗暴的使用方式。

5) 图像阅读器更加安全

许多使用者对激光的照射非常敏感,即使激光阅读器会带有一个警示标签以表明其安全性。而图像阅读器则不需要这样的警告。

6）图像设备阅读污损条码表现更佳

基于最底层的光学原理，高分辨率图像阅读器识读损坏和弄脏的条码的能力优于任何激光阅读器。一支带有图像拍摄功能的阅读器通过其独特的光学系统，为每一个条码提供光栅式译码，并提高带有划痕和脱墨的条码的可用性。

7）图像科技能够识读所有的一维码和二维码

图像科技不仅能阅读常见的一维条码，而且能识读二维条码和 OCR 字符，还可以拍摄图像和签名。

8）全向扫描

图像系统可以进行全向扫描，所以使用者能从各个方向扫描条码，节省了时间，提高了阅读的方便性。

9）图像科技具备最佳一维码扫描能力

结合了图像科技的先进性与功能强大的微处理器及更加成熟的图像算法，令图像式阅读器在读取 Code 39 和 EAN-13 码等常用的一维条码时具有比激光阅读器更佳的性能表现。

10）图像设备耗电更低

图像设备的低耗电量使电池的寿命更长，能支持一整个班次的工作量。

【本章小结】

本章从零售业条码应用的需求出发，讲述了零售商品的编码策略、条码方案、条码印制、条码识读设备以及条码系统的设计。零售商品的编码可以选择 13 位、12 位和 8 位编码，根据零售商品的特点来决定。目前广泛采用的编码是 EAN-13 位编码。最常用的条码是 EAN-13 条码。对于变量贸易单元，可以采用“店内码”。

【本章习题】

1. 什么是商品标识代码？表示这些代码可采用哪些条码符号？
2. 试说明“690”“692”的含义。
3. EAN/UCC-13 代码有三种结构，试分析厂家选择某种编码结构的原则。
4. 在零售商品上印制条码时，为了便于识读，应该注意哪些问题？
5. 试计算 692900013579C 的校验码值。

第5章　储运包装条码应用

【任务5-1】　伊利利乐枕包装的牛奶有几种包装单位？

使用POS端结账时如何操作？

比较一袋、一箱(12包)、一箱(24包)上面的编码和条码是否相同？

如果不同，它们的编码规则有何区别？

5.1　储运包装环节的相关概念

大家都熟知美国著名的零售企业沃尔玛。沃尔玛在中国有4种业态，分别是购物广场、山姆会员店、社区卖场店、惠选折扣店。惠选折扣店是沃尔玛在中国的第4种业态，现在还处于试验性阶段。

沃尔玛的购物广场(大卖场)一般是占地1万多m^2的大型卖场，经营理念为“天天平价，始终如一”，通过采购优势控制成本，向顾客提供价廉物美的商品和独特的购物体验。

惠选的定位为：立足于社区，为顾客提供优质、便利的服务，秉承“顾客至上”宗旨，为顾客提供优质、实惠的商品。商品结构以所在社区的不同目标消费群为参考，因地制宜，灵活调整，以满足惠选所在社区顾客的需求。惠选折扣店的策略显然是想结合大卖场的价格优势和便利店的商品精选优势，与社区超市、便利店争夺市场份额。

山姆会员店是高端仓储式会员制商店。以会费为支柱，没有花哨的门店装饰，通过沃尔玛全球供应链以大规模采购、大包装商品和简约的货架陈列降低采购和运营成本，从而为会员提供全球高品质、与众不同和极具性价比的商品。

(1) 购物环境宽敞舒适。

(2) 利用全球采购资源，为顾客提供国内外畅销商品。

(3) 交通便捷，超大停车场。

(4) 商品大包装及复合型包装，节省购物时间。

(5) 努力贴近本土会员的消费习惯。如：增加生鲜食品在商品中的比例。

(6) 会员制，同时面向商业会员与个人会员，会员卡全球通用。

(7) 帮助企业会员建立有效的廉政采购系统。

【任务5-2】　去山姆会员店或麦德龙体验仓储式商店的货物包装、货架、结算。

1. 储运包装商品(dispatch commodity)

由一个或若干个零售商品组成的用于订货、批发、配送及仓储等活动的各种包装的商品。

2. 定量零售商品(fixed measure retail commodity)

按相同规格(类型、大小、重量、容量等)生产和销售的零售商品。

3. 变量零售商品(variable measure retail commodity)

在零售过程中,无法预先确定销售单元,按基本计量单位计价销售的零售商品。

4. 定量储运包装商品(fixed measure dispatch commodity)

由定量零售商品组成的稳定的储运包装商品。

5. 变量储运包装商品(variable measure dispatch commodity)

由变量零售商品组成的储运包装商品。

5.2 储运包装商品的编码

储运包装商品的编码采用13位或14位数字代码结构。

13位储运包装商品的代码结构与13位零售商品的代码结构相同,见本书4.1节。

5.2.1 14位代码结构

储运包装商品14位代码结构见表5-1。

表5-1 储运包装商品14位代码结构

储运包装商品包装指示符	内部所含零售商品代码前12位	校验码
V	$X_{12}X_{11}X_{10}X_9X_8X_7X_6X_5X_4X_3X_2X_1$	C

1. 储运包装商品包装指示符

储运包装商品14位代码中的第1位数字为包装指示符,用于指示储运包装商品的不同包装级别,取值范围为:1,2,…,8,9。其中:1~8用于定量储运包装商品,9用于变量储运包装商品。

2. 内部所含零售商品代码前12位

储运包装商品14位代码中的第2～13位数字为内部所含零售商品代码前12位,是指包含在储运包装商品内的零售商品代码去掉校验码后的12位数字。

3. 校验码

储运包装商品14位代码中的最后一位为校验码,计算方法如下。

代码位置序号是指包括检验码在内的,由右至左的顺序号(校验码的代码位置序号为1)。

校验码的计算步骤如下:

(1) 从代码位置序号2开始,所有偶数位的数字代码求和。

(2) 将步骤(1)的和乘以3。

(3) 从代码位置序号3开始,所有奇数位的数字代码求和。

(4) 将步骤(2)与步骤(3)的结果相加。

(5) 用10减去步骤(4)所得结果的个位数作为校验码(个位数为0,校验码为0)。

示例:代码0690123456789C的校验码C计算见表5-2。

表5-2 14位代码的校验码计算方法

<table>
<tr><th>步　骤</th><th>举例说明</th></tr>
<tr><td>(1) 自右向左顺序编号</td><td><table><tr><td>位置序号</td><td>14</td><td>13</td><td>12</td><td>11</td><td>10</td><td>9</td><td>8</td><td>7</td><td>6</td><td>5</td><td>4</td><td>3</td><td>2</td><td>1</td></tr><tr><td>代码</td><td>0</td><td>6</td><td>9</td><td>0</td><td>1</td><td>2</td><td>3</td><td>4</td><td>5</td><td>6</td><td>7</td><td>8</td><td>9</td><td>C</td></tr></table></td></tr>
<tr><td>(2) 从序号2开始求出偶数上数字之和①</td><td>9+7+5+3+1+9=34　①</td></tr>
<tr><td>(3) ①×3=②</td><td>34×3=102　②</td></tr>
<tr><td>(4) 从序号3开始求出奇数位上数字之和③</td><td>8+6+4+2+0+6=26　③</td></tr>
<tr><td>(5) ②+③=④</td><td>102+26=128　④</td></tr>
<tr><td>(6) 用10减去结果④所得结果的个位数作为校验码(个位数为0,校验码为0)</td><td>130－128=2
校验码C=2</td></tr>
</table>

5.2.2 代码编制

不同的包装组合,可以采用不同的编码方式。

1. 定量非零售商品

1）单个包装的非零售商品

单个包装的非零售商品是指独立包装但又不适合通过零售端POS扫描结算的商品项目，如独立包装的冰箱、洗衣机等。其标识代码可以采用GTIN-13、GTIN-14代码结构。

2）含有多个相同包装等级的非零售商品

如果要标识的货物内由多个相同零售商品组成不同的包装等级，如装有24条香烟的一整箱烟，或装有6箱烟的托盘等。其标识代码可以选用GTIN-14或GTIN-13。采用GTIN-13时，与零售贸易项目的标识方法相同。采用GTIN-14时，就是在原有的GTIN-13代码（不含校验位）前添加包装指示符，并生成新的校验位。包装指示符的取值范围为1～8。

举例：多级包装的洗发水，其标识代码选择方案如图5-1所示。

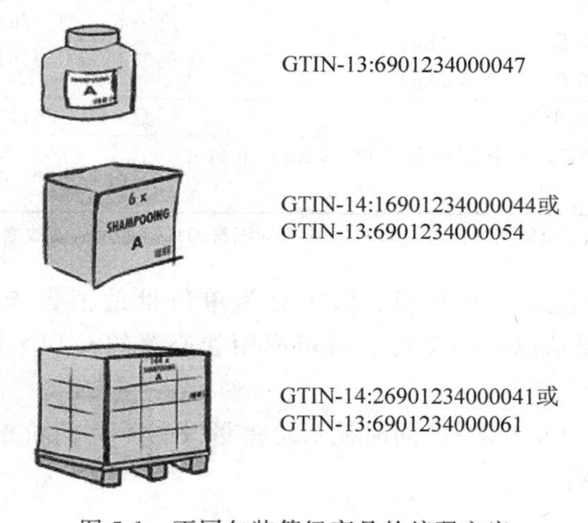

图5-1 不同包装等级商品的编码方案

3）含有多个不同包装等级的非零售商品

如果要标识的货物内由多个不同零售商品组成标准的组合包装商品，这些不同零售商品的代码各不相同。可采用与其所含各零售商品的代码均不相同的13位代码，与零售贸易项目的标识方法相同。

2. 变量非零售商品

变量非零售商品是指其内所含物品是以基本计量单位计价，数量随机的包装形式。例如，待分割的猪肉。变量非零售商品的标识代码采用GTIN-14结构，见表5-3。

表 5-3 GTIN-14 结构

指示符	厂商识别代码 项目代码	校验位
9	N_2 N_3 N_4 N_5 N_6 N_7 N_8 N_9 N_{10} N_{11} N_{12} N_{13}	N_{14}

指示符 9：表示此代码是对变量贸易项目的标识。

厂商识别代码、项目代码和校验码与零售商品相同。

示例：本示例说明进行批量贸易的贸易项目的订购和交货，见表 5-4。

表 5-4 批量贸易的贸易项目的订购和交货

过程	描　述	所用的单元数据串/项目的符号标志
供应商的目录	以千克为单位批量销售未包装的卷心菜	GTIN：97612345000049
订单	100 kg 的卷心菜	100 kg：97612345000049
交货	两个贸易项目 第一箱：重量＝ 42.7 (kg) 第二箱：重量＝ 57.6 (kg)	第一箱：01 97612345000049 3101 000427 第二箱：01 97612345000049 3101 000576
	如果以托盘形式交货	托盘：00 376123450000010107
发票	项目的 GTIN 和全部重量(100.3 kg) ＋每 kg 的价格	97612345000049 100.3 kg×价格/kg

注：应用标识符(01)表示后面数据为商品的 GTIN，应用标识符(3101)表示后面数据为商品重量。

供应商的产品目录包含一个项目：以千克为单位批量销售未包装的卷心菜。订购 100 kg 卷心菜的订单，要求以两箱交付。每箱都用卷心菜的 GTIN 标识，其后是所包含的项目的实际重量。

发票涉及交货的 GTIN 及数量，同时显示总重量及每千克的价格。可以核实交付的重量是否与订购的数量相符。

3. 非零售商品附加属性信息的编码

当非零售商品在流通过程中需要标识附加信息时，如生产日期、有效期、批号及数量等，可采用应用标识符(AI)。部分应用标识符的含义、组成及格式见图 4-13。

1) 标准组合式储运包装商品

标准组合式储运包装商品是多个相同零售商品组成标准的组合包装商品。标准组合式储运包装商品的编码可以采用与其所含零售商品的代码不同的 13 位代码，也可以采用 14 位的代码(包装指示符为 1～8)。

2) 混合组合式储运包装商品

混合组合式储运包装商品是多个不同零售商品组成标准的组合包装商品，这些不同的零售商品的代码各不相同。混合组合式储运包装商品可采用与其所含各零售商品的代码均不相同的 13 位代码。

3）变量储运包装商品

变量储运包装商品采用 14 位的代码(包装指示符为 9)。

4）同时又是零售商品的储运包装商品

按 13 位的零售商品代码进行编码。

5.3　储运包装商品的条码选择

【启发案例】　买矿泉水的尴尬

瓶装矿泉水是很多人，尤其是年轻人去超市采购的最频繁的商品之一。现在超市中的瓶装矿泉水可以按瓶买，也可以按包买，一包有 9、12、15 等不同规格。但是，你曾经有过这样的经历吗？你要整包(整箱)购买瓶装矿泉水，但收银台的收银员还是要求你拿一瓶散的矿泉水，仅仅是扫条码用！

1. 13 位代码的条码表示

采用 EAN/UPC、ITF-14 或 GS1-128 条码表示。

(1) 当储运包装商品不是零售商品时，应在 13 位代码前补“0”变成 14 位代码，采用 ITF-14 或 GS1-128 条码表示。GS1-128 条码见 6.3 节。本章主要为大家介绍 ITF-14 条码，如图 5-2～图 5-4 所示。

图 5-2　表示 13 位数字代码的 EAN-13 条码示例

06901234000043

图 5-3　表示 13 位数字代码的 ITF-14 条码示例

图 5-4　表示 13 位数字代码的 GS1-128 条码示例

(2) 当储运包装商品同时是零售商品时，应采用 EAN/UPC 条码表示。

2. 14 位代码的条码表示

采用 ITF-14 条码或 GS1-128 条码表示，如图 5-5 和图 5-6 所示。

图 5-5　包装指示符为“2”的 ITF-14 条码示例

图 5-6　包装指示符为“1”的 GS1-128 条码示例

3. 属性信息的条码表示

如需标识储运包装商品的属性信息(如所含零售商品的数量、重量、长度等),可在 13 位或 14 位代码的基础上增加属性信息(应用标识符)。有关应用标识符的详细内容,我们将在第 6 章中详细介绍。

属性信息用 GS1-128 条码表示,如图 5-7 和图 5-8 所示。

图 5-7 含批号“123”的 GS1-128 条码示例

图 5-8 重量是 84.4 kg 的变量储运包装商品的 GS1-128 条码示例

5.4 ITF-14 条码

ITF-14 条码是连续型,定长,具有自校验功能,且条、空都表示信息的双向条码。它的条码字符集、条码字符的组成与交叉 25 条码相同。我们先来了解交叉 25 条码的基本原理。

5.4.1 25 条码

25 条码是一种只有条表示信息的非连续型条码。每一个条码字符由规则排列的 5 个条组成,其中有两个条为宽单元,其余的条和空,字符间隔是窄单元,故称为“25 条码”。

25 条码的字符集为数字字符 0~9。图 5-9 所示为表示“123458”的 25 条码结构。

图 5-9 表示“123458”的 25 条码

25 条码是最简单的条码,它研制于 20 世纪 60 年代后期,1990 年由美国正式提出。这种条码只含数字 0~9,应用比较方便。当时主要用于各种类型文件处理及仓库的分类管理、标识胶卷包装及机票的连续号等。但 25 条码不能有效地利用空间,人们在 25 条码的启迪下,将条表示信息,扩展到也用空表示信息。因此在 25 条码的基础上又研制出了条、空均表示信息的交叉 25 条码。

5.4.2　交叉25条码

交叉25条码是一种条、空均表示信息的连续型、非定长、具有自校验功能的双向条码。它的字符集为数字字符0～9。图5-10所示为表示"3185"的交叉25条码的结构。

从图5-10中可以看出,交叉25条码由左侧空白区、起始符、数据符、终止符及右侧空白区构成。它的每一个条码数据符由5个单元组成,其中两个是宽单元(表示二进制的"1"),3个窄单元(表示二进制的"0")。条码符号从左到右,表示奇数位数字符的条码数据符由条组成,表示偶数位数字符的条码数据符由空组成。组成条码符号的条码字符个数为偶数。当条码字符所表示的字符个数为奇数时,应在字符串左端添加"0",如图5-11所示。

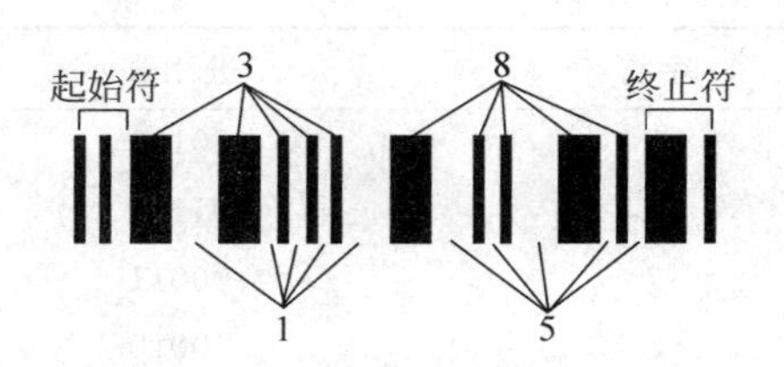

图5-10　表示"3185"的交叉25条码

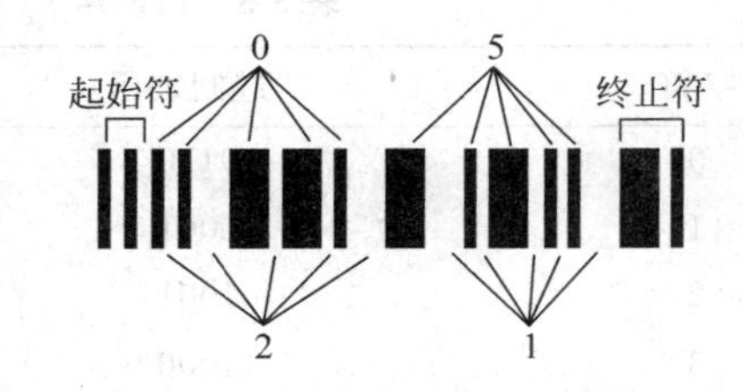

图5-11　表示"215"的条码(字符串左端添加"0")

起始符包括两个窄条和两个窄空,终止符包括两个条(一个宽条、一个窄条)和一个窄空。

5.4.3　ITF-14条码

ITF-14条码只用于标识非零售的商品。ITF-14条码对印刷精度要求不高,比较适合直接印刷(热转换或喷墨)于表面不够光滑、受力后尺寸易变形的包装材料,如瓦楞纸或纤维板上。

1. ITF-14的条码结构

ITF-14条码由矩形保护框、左侧空白区、条码字符、右侧空白区组成,如图5-12所示。

只在ITF-14中使用指示符。指示符的赋值区间为1～9,其中1～8用于定量贸易项目;9用于变量贸易项目。最简单的编码方法是从小到大依次分配指示符的数字,即将1,2,3,…分配给贸易单元的每个组合。

2. ITF的条码符号

ITF-14的字符集为0～9,字符的二进制表示见表5-5。

图 5-12　ITF-14 条码符号(单位：mm)

表 5-5　ITF-14 的字符集及二进制表示

字符	二进制表示	字符	二进制表示
0	00110	5	10100
1	10001	6	01100
2	01001	7	00011
3	11000	8	10010
4	00101	9	01010

3. 放大系数与符号尺寸

ITF-14 条码符号的放大系数范围为 0.625～1.200,条码符号的大小随放大系数的变化而变化。当放大系数为 1.000 时,ITF-14 条码符号各个部分的尺寸如图 5-13 所示。条码符号四周应设置保护框。保护框的线宽为 4.8 mm,线宽不受放大系数的影响。

ITF-14 条码符号(见图 4-13)在第 4 章的 4.2 小节商品条码的符号表示中的 5 已有介绍,下面主要介绍它的尺寸指标。

图 5-13　ITF-14 条码符号尺寸(单位：mm)

下面给出的尺寸不包括保护框。

最小尺寸(50%)：71.40 mm×12.70 mm。

最大尺寸(100%)：142.75 mm×32.00 mm。

名义尺寸：142.75 mm×32.00 mm。

名义尺寸的 X 尺寸：1.016 mm。

印刷 ITF-14 条码符号，以名义尺寸为基准，其放大系数可在 0.25～1.20 选择。为确保 ITF-14 条码在各种扫描环境中的有效识读(包括传送带扫描)，所使用的放大系数不应小于 0.50。

5.4.4 ITF-14 条码符号技术要求

1. 尺寸

1) X 尺寸

X 尺寸范围为 0.495～1.016 mm。

2) 宽窄比(N)

N 的设计值为 2.5，N 的测量值范围为 $2.25 \leqslant N \leqslant 3$。

3) 条高

ITF-14 条码符号的最小条高是 32 mm。

4) 空白区

条码符号的左右空白区最小宽度是 10 个 X 尺寸。

2. 保护框

1) 保护框线宽的设计尺寸是 4.8 mm。保护框应容纳完整的条码符号(包括空白区)，保护框的水平线条应紧接条码符号条的上部和下部，如图 5-13 所示。

2) 对于不使用制版印刷方法印制的条码符号，保护框的宽度应该至少是窄条宽度的 2 倍，保护框的垂直线条可以默认，如图 5-14 所示。

图 5-14　ITF-14 条码符号(默认保护框的垂直线条)

3. 供人识别字符

一般情况下，供人识别字符(包括条码校验字符在内)的数据字符应与条码符号一起，按条码符号的比例，清晰印刷。起始符和终止符没有供人识别字符。对供人识别字符的尺寸和字体不做规定。在空白区不被破坏的前提下，供人识别字符可放在条码符号周围的任何地方。

5.5　储运包装商品上条码符号的放置

条码的位置对条码的正确识读有非常重要的影响。条码符号的放置主要考虑下列几个因素。

1. 确定符号尺寸

ITF-14 条码符号的放大系数范围为 0.625～1.200,条码符号的大小随放大系数的变化而变化。当放大系数为 1.00 时,ITF-14 条码符号各个部分的尺寸如图 5-15 所示。条码符号四周应设置保护框。保护框的线宽为 4.8 mm,线宽不受放大系数的影响。

图 5-15　条码符号尺寸(放大系数为 1.00,单位: mm)

2. 条空颜色搭配

条空颜色搭配是指条码符号中条和空的颜色组合搭配。条码是使用专用识读设备依靠分辨条空的边界和宽窄来实现的。商品条码扫描识读设备通常采用红光作为扫描光,因此在设计条/空颜色时,应选对红光反射率低的颜色作条色,选对红光反射率高的颜色作空色。所以,条与空的颜色反差(反射率)越大越好。条空颜色搭配应符合 GB 12904—2008《商品条码　零售商品编码与条码表示》国家标准的相关要求。

由于黑色可吸收各种波长的可见光,白色能反射各种波长的可见光,因此,黑条白空是最理想的颜色搭配。

3. 符号位置

每个完整的非零售商品包装上至少应有一个条码符号,该条码符号到任何一个直立边的间距应不小于 50 mm。物流过程中的包装项目上最好使用两个条码符号,分别放置在相邻的两个面上(即边缘线较短的面和边缘线较长的面)的右侧,在物流仓储时可以保证包装转动时,总能看到其中的一个条码符号。

ITF-14 条码的符号位置如图 5-16 所示。条码符号下边缘距印制面下边缘的最小距离为 32 mm，条码符号的第一个和最后一个条的外边缘距印制面垂直边的最小距离为34 mm，保护框外边缘距垂直边的最小距离为 19 mm。

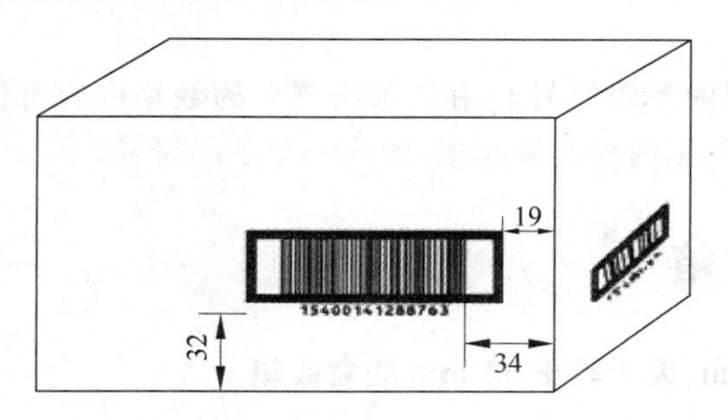

图 5-16　ITF-14 条码符号位置示例(单位：mm)

下面我们分别介绍不同的包装情况下对条码放置的不同要求。

5.5.1 包装箱

1. 符号位置

可以把表示同一商品代码的条码符号放置在储运包装商品箱式外包装的所有 4 个直立面上，也可以放置在相邻 2 个直立面上。如果仅能放置一个条码符号，则应根据配送、批发、存储等的约束条件和需求选择放置面，以保证在存储、配送及批发过程中条码符号便于识读。

2. 符号方向

条码符号应横向放置，使条码符号的条垂直于所在直立面的下边缘。

3. 边缘间距

条码符号下边缘到所在直立面下边缘的距离不小于 32 mm、推荐值为 32 mm；条码符号到包装垂直边的距离不小于 19 mm，如图 5-17 所示。

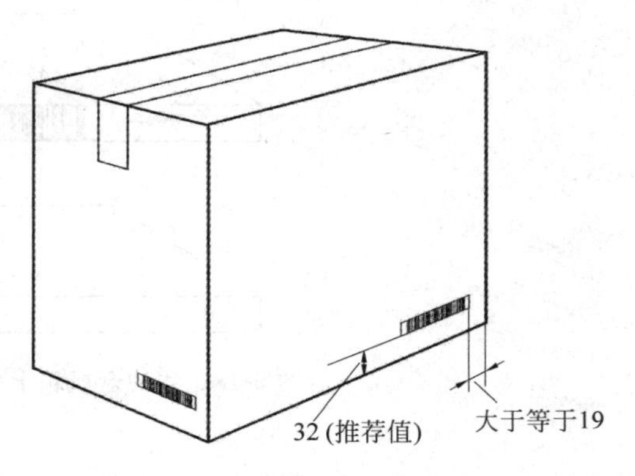

图 5-17　边缘间距(单位：mm)

4. 附加的条码符号

商品项目已经放置了表示商品代码的条码符号，还需放置表示商品附加信息(如贸易量、批号、保质期等)的附加条码符号时，放置的附加符号不应遮挡已有的条码符号;附加符号的首选位置在已有条码符号的右侧,并与已有的条码符号保持一致的水平位置。应保证已有的条码符号和附加条码符号都有足够的空白区。

如果表示商品代码的条码符号和附加条码符号的数据内容都能用 GS1-128 条码符号来标识,则宜把两部分数据内容连接起来,做成一个条码符号。

5.5.2 浅的盒或箱

1. 高度小于 50 mm、大于等于 32 mm 的盒或箱

当包装盒或包装箱的高度小于 50 mm,但大于或等于 32 mm 时,供人识别字符可以放置在条码符号的左侧,并保证符号有足够宽的空白区。条码符号(包括空白区)到单元直立边的间距应不小于 19 mm。示例如图 5-17 所示。有时在变量单元上使用主符号和附加符号两个条码符号。如果必须把条码符号下面的供人识别字符移动位置,则主符号的供人识别字符应放在主符号的左侧;附加符号的供人识别字符应放在附加符号的右侧。

2. 高度小于 32 mm 的盒或箱

当包装盒或包装箱的高度小于 32 mm 时,可以把条码符号放在包装的顶部,并使符号的条垂直于包装顶部面的短边。条码符号到邻近边的间距应不小于 19 mm,示例如图 5-18 所示。

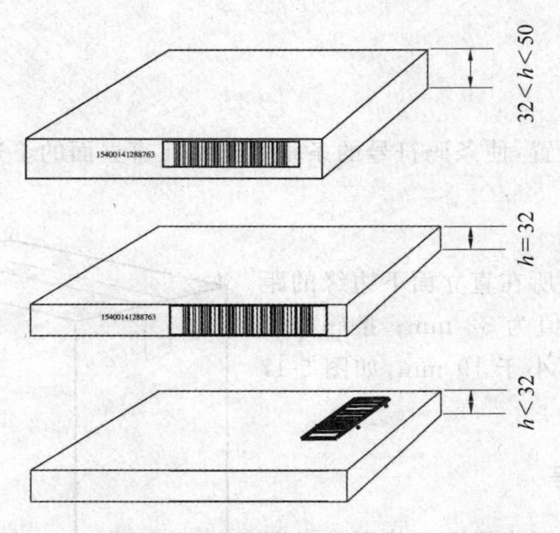

图 5-18 浅的盒或箱上条码符号的放置(单位:mm)

5.6 条码技术在仓库管理中的应用

条码仓库管理是条码技术广泛应用和比较成熟的传统领域,不仅适用于商业商品库存管理,而且同样适用于工厂产品和原料库存管理。只有仓库管理(盘存)电子化的实现,才能使产品、原料信息资源得到充分利用。仓库管理是动态变化的,通过仓库管理(盘存)电子化系统的建立,管理者可以随时了解每种产品或原料当前在货架上和仓库中的数量及其动态变化,并且定量地分析出各种产品或原料库存、销售、生产情况等信息。管理者通过它,可及时决策进货数量、调整生产,以保持最优库存量,改善库存结构,加速资金周转,实现产品和原料的全面控制和管理。

5.6.1 条码仓库管理的特点

条码仓库管理的特点如下。

1. 实时数据

数据采集系统采用条码自动识别技术作为数据输入手段,在进行每一项产品或原料操作(如到货清点、入库、盘点)的同时,系统自动对相关数据进行处理,并为下一次操作(如财务管理、出库)做好数据准备,无须停顿运行。

2. "零"差错

由于系统几乎免除了物流过程中数据的人工键盘输入,大大减少了库存管理过程中数据输入差错的可能性。

3. 省人力,高效率

高速信息流的数据实时性以及科学的决策,为了保证供应的巨大备用库存可以大幅度地减少或者成为不必要,即可实现低成本、低库存、高资金周转率、高效益。

立体仓库是现代工业生产中的一个重要组成部分,利用条码技术,可以完成仓库货物的导向、定位、人格操作,提高识别速度,减少人为差错,从而提高仓库管理水平。仓库条码的应用如图 5-19 所示。

图 5-19 仓库条码的应用

5.6.2　条码在仓库管理系统中的应用

利用条码技术,对企业的物流信息进行采集跟踪的管理信息系统。通过针对生产制造业的物流跟踪,满足企业针对仓储运输等信息管理需求。条码的编码和识别技术的应用解决了仓库信息管理中录入和采集数据的“瓶颈”问题,为仓库信息管理系统的应用提供了有力的技术支持。

1. 货物库存管理

仓库管理系统根据货物的品名、型号、规格、产地、品牌、包装等划分货物品种,并且分配唯一的编码,也就是“货号”。分货号管理货物库存和管理货号的单件集合,并且应用于仓库的各种操作。

2. 仓库库位管理

仓库分为若干个库房;每一库房分若干个库位。库房是仓库中独立和封闭存货空间,库房内空间细划为库位,细分能够更加明确定义存货空间。仓库管理系统是按仓库的库位记录仓库货物库存,在产品入库时将库位条码号与产品条码号一一对应,在出库时按照库位货物的库存时间可以实现先进先出或批次管理的信息。

3. 货物单件管理

采用产品标识条码记录单件产品所经过的状态产品的跟踪管理。

4. 仓库业务管理

仓库业务管理包括出库、入库、盘库、月盘库、移库,不同业务以各自的方式进行,完成仓库的进、销、存管理。

5. 更加准确完成仓库出入库

仓库利用条码采集货物单件信息,处理采集数据,建立仓库的入库、出库、移库、盘库数据。这样,使仓库操作完成更加准确。它能够根据货物单件库存为仓库货物出库提供库位信息,使仓库货物库存更加准确。

5.6.3　条码在仓储作业中的应用

条码应用几乎出现在整个仓储配送作业流程中的所有环节,它的应用有利于实现库存管理自动化,合理控制库存量,实现仓库的进货、发货、运输中的装卸自动化管理。条码作为数据、信息输入的重要手段，具有输入准确、速度快、信息量大的特点。下面我们简要阐述一下条码在仓储配送管理中的应用情况。

1. 订货

无论是企业向供应商订货，还是销售商向企业订货，都可以根据订货簿或货架牌进行订货。不管采用哪种订货方式，都可以用条码扫描设备将订货簿或货架上的条码输入。这种条码包含了商品品名、品牌、产地、规格等信息。然后通过主机，利用网络通知供货商或配送中心自己订货的品种、数量。这种订货方式比传统的手工订货效率高出数倍。

2. 收货

当配送中心收到从供应商处发来的商品时，接货员就会在商品包装箱上贴一个条码，作为该种商品对应仓库内相应货架的记录。同时，对商品外包装上的条码进行扫描，将信息传到后台管理系统中，并使包装箱条码与商品条码形成一一对应。

3. 入库

应用条码进行入库管理，商品到货后，通过条码输入设备将商品基本信息输入计算机，告诉计算机系统哪种商品要入库，要入多少。计算机系统根据预先确定的入库原则、商品库存数量，确定该种商品的存放位置。然后根据商品的数量发出条码标签，这种条码标签包含着该种商品的存放位置信息。然后在货箱上贴上标签，并将其放到输送机上。输送机识别货箱上的条码后，将货箱放在指定的库位区。

4. 摆货

在人工摆货时，搬运工要把收到的货品摆放到仓库的货架上，在搬运商品之前，首先扫描包装箱上的条码，计算机就会提示工人将商品放到事先分配的货位，搬运工将商品运到指定的货位后，再扫描货位条码，以确认所找到的货位是否正确。这样，在商品从入库到搬运至货位存放整个过程中，条码起到了相当重要的作用。商品以托盘为单位入库时，把到货清单输入计算机，就会得到按照托盘数发出的条码标签。将条码贴于托盘面向叉车的一侧，叉车前面安装有激光扫描器，叉车将托盘提起，并将其放置于计算机所指引的位置上。在各个托盘货位上装有传感器和发射显示装置、红外线发光装置和表明货区的发光图形牌。叉车驾驶员将托盘放置好后，通过叉车上装有的终端装置，将作业完成的信息传送到主计算机。这样，商品的货址就存入计算机中了。

5. 补货

查找商品的库存，确定是否需要进货或者货品是否占用太多库存，同样需要利用条码来实现管理。另外由于商品条码和货架是一一对应的，也可通过检查货架达到补货的目的。

条码不仅仅在配送中心业务处理中发挥作用,配送中心的数据采集、经营管理同样离不开条码。通过计算机对条码的管理,对商品运营、库存数据的采集,可及时了解货架上商品的存量,从而进行合理的库存控制,将商品的库存量降到最低点;也可以做到及时补货,减少由于缺货造成的分店补货不及时,发生销售损失。

由于条码和计算机技术的应用,大大提高了信息的传递速度和数据的准确性,从而可以做到实时物流跟踪,整个配送中心的运营状况、商品的库存量也会通过计算机及时反映到管理层和决策层。这样就可以进行有效的控制库存,缩短商品的流转周期。另外,由于采用条码扫描代替原有的人工操作,避免了人为的错误,提高了数据的准确性,减少配送中心由于管理不善而造成的损失。

【本章小结】

本章探讨了储运环节涉及的商品代码编码原则和条码选择。储运环节可以选用的代码有:13位、14位和有附加信息的代码,用来表示代码的条码符号可以是EAN-13、ITF-14和EAN-128码。在实际应用过程中,可以根据实际需要来选择编码位数,而编码位数决定了选用的条码符号。

【本章习题】

1. 简述在14位代码中,包装指示符的含义。
2. 试分析在什么情况下选择13、14、128位编码?
3. 简述ITF-14条码的特点,并说明适合在何种场合使用?
4. 试分析储运条码的印制位置与包装物的关系。

第6章　物流单元条码应用

【任务6-1】　在京东商城上订购几种不同的商品，收集包装箱/袋上的标签，分析标签上的内容，识别条码符号。图6-1所示为顺丰快递包裹上的条码应用。

图6-1　顺丰快递包裹上的条码符号

6.1　物流单元化与物流单元

为了便于在供应链上不同伙伴之间运输物料和产品，需要把零散的、单件的商品打包，以便于运输、仓储、搬运，从而降低物流成本。

按照什么规则打包？如何标识打包的单元？本节就来探讨这个问题。

6.1.1　物流单元的含义

物流单元(logistics units)是指在供应链过程中为运输、仓储、配送等建立的包装单元。需要通过供应链进行管理的运输和(或)仓储而设立的任何组成单元。一箱有不同颜色和尺寸的12件裙子和20件夹克的组合包装，一个含有40箱饮料的托盘(每箱12盒装)都可以视为一个物流单元。

物流单元是为了便于运输和仓储而建立的任何组合包装单元。在供应链中需要对其进行个体的跟踪与管理。

6.1.2　物流单元化技术

1. 单元化技术

单元化的概念包含两个方面：

一是对物品进行单元化的包装(即标准的单元化物流容器的概念)，将单件或散装物品，通过一定的技术手段，组合成尺寸规格相同，重量相近的标准“单元”。而这些标准“单元”作为一个基础单位，又能组合成更大的集装单元。

二是围绕这些已经单元化的物流容器，它们的周边设备包括工厂的工位器具的应用和制造也有一个单元化技术的含义在里面，包括规格尺寸的标准化，模块化的制造技术和柔性化的应用技术。

从包装的角度来看，单元化是按照按一定单元将杂散物品组合包装的形态。由于杂、散货物难以像大型的单件货物那样进行处理，而且体积、重量都不大，需要进行一定程度的组合，有利于物流活动的开展。

从运输角度来看，单元化集装所组合的组合体往往又正好是一个装卸运输单位，非常便利运输和装卸。比如，托盘或其他集装方式。

2. 单元化的方式和种类

单元化有若干种典型的方式，一般可分为三大类，即集装箱系列、托盘系列和周转箱系列。各种典型的单元化方式和它们之间的变形方式如图 6-2～图 6-4 所示。

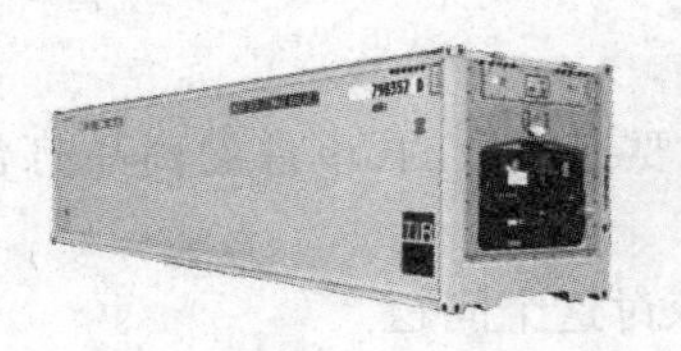

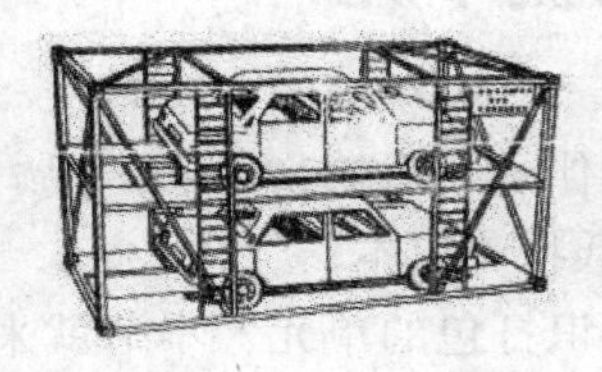

图 6-2　集装箱系列

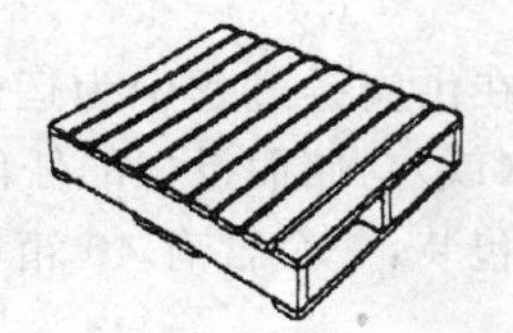

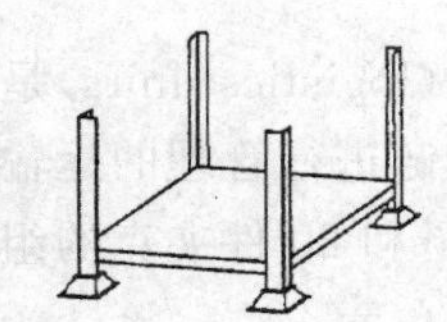

图 6-3　托盘系列

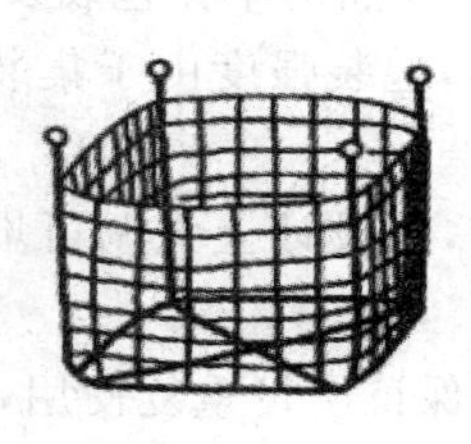
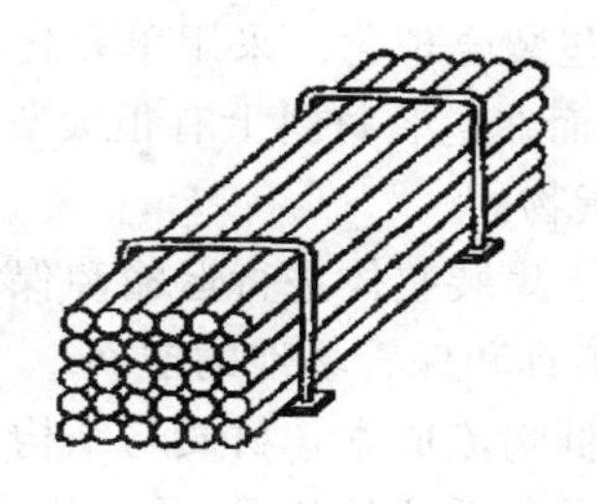

图 6-4　周转箱系列

托盘系列。托盘系列中最典型的是平托盘，包括塑料平托盘、木托盘等。其变形体有柱式托盘、架式托盘（集装架）、笼式托盘（仓库笼）、箱式托盘、可折叠式托盘、仓库笼等。

周转箱系列。周转箱系列与托盘配合的周转箱有可插式和可折叠式以及直壁式等。

集装箱系列。集装箱系列最典型的是标准运输用集装箱。

这样从周转箱到托盘、车、再到集装箱，形成了整个物流系统中的单元器具链。当然，每个行业都有不同的应用范围。

3. 单元化技术的系统性

单元化技术首先是一种包装方式，必须达到包装的基本要求，即能有效保护物料，节省空间，便于搬运等，但又远远超出包装的范畴，如单元化容器的尺寸链必须配合汽车的尺寸、托盘的尺寸，甚至滚道的宽度尺寸、货架的尺寸，以及其自身互相组合的尺寸等。

单元化技术能有效地将分散的物流各项活动联结成一个整体，是物流系统化中的核心内容和基础内容。在单元化系统中，首要的问题是将货物形成集装状态，即形成一定大小和重量的组合体，这是集零为整的方式。将零散货物集中成一个较大的单元，称为单元组合，又称集装。单元化器具也称为集装器具。

4. 单元化技术的特点与效果

单元化的特点就是将形状、尺寸各异的物料集中成为一个个标准的货物单元。这种集小为大是按物流的标准化、通用化要求而进行的，这就使中、小件散杂货的搬运效率大大提高。单元化的效果实际上是这种优势的结果。主要优点体现在以下几方面。

1）促使装卸合理化。有些人认为，这是单元化的最大效果。和单个物品的逐一装卸处理比较，这一效果主要表现在如下几方面。

第一，大大缩短装卸时间，这是由于多次装卸转为集装一次装卸而带来的效果。

第二，使装卸作业劳动强度降低，将工人从繁重的体力劳动中解放出来。过去，中、小件大数量物料装卸，工人劳动强度极大，工作时极易出差错，造成货物损坏。采用单元化后不但减轻了装卸劳动强度，而且单元化货物的保护作用，可以更有效防止装卸时的碰撞损坏及散失丢失。

2）使包装合理化。采用单元化后，物品的单体包装及小包装要求可降低甚至可以去掉小包装，从而在包装材料上有很大节约，包装强度由于集装的大型化和防护能力有增强，有利于保护货物。

3）由于集装整体进行运输和保管，在设计上强调可堆垛性与合理的尺寸链，就能充分利用运输工具和保管场地的空间。

4）降低物流成本。材质与结构上保证了可重复使用，从长期来说可以降低物流成本。

5）单元化系统的效果，是将原来分立的物流各环节可以有效地联合为一个整体，使整个物流系统实现合理化成为可能。可以说单元化是物流现代化的基础。

6）现代单元化技术，使单元集装器具成为物流和信息流的节点。在现代物料搬运系统中，单元器具不仅是物料的载体（如说一托盘多少件物料），而且成为信息流的载体。在使用条码的系统中，通常箱子上的条码或看板就载有该物料的相关信息，该物料被取走后，则相应的信息就会更新。

6.1.3 物流标准化

物流标准化是指在运输、配送、包装、装卸、保管、流通加工、资源回收及信息管理等环节中，对重复性事物和概念通过制定发布和实施各类标准，达到协调统一，以获得最佳秩序和社会效益。物流标准化包括以下三个方面的含义。

(1) 从物流系统的整体出发，制定其各子系统的设施、设备、专用工具等的技术标准，以及业务工作标准。

(2) 研究各子系统技术标准和业务工作标准的配合性，按配合性要求，统一整个物流系统的标准。

(3) 研究物流系统与相关其他系统的配合性，谋求物流大系统的标准统一。

以上三个方面是分别从不同的物流层次上考虑将物流实现标准化。要实现物流系统与其他相关系统的沟通和交流，在物流系统和其他系统之间建立通用的标准，首先要在物流系统内部建立物流系统自身的标准，而整个物流系统标准的建立又必然包括物流各个子系统的标准。因此，物流要实现最终的标准化必然要实现以上三个方面的标准化。

物流标准化的内容包括以下几点：

(1) 物流设施标准化。物流设施标准化包括托盘标准化、集装箱标准化等。

(2) 物流作业标准化。物流作业标准化包括包装标准化、装卸/搬运标准化、运输作业标准化、存储标准化等。例如：GB/T 15233—2008《包装单元货物尺寸》，GB/T 191—2008《包装储运图示标志》等。

(3) 物流信息标准化。物流信息标准化包括 EDI/XML 标准电子报文标准化、物流单元编码标准化、物流节点编码标准化、物流单证编码标准化、物流设施与装备编码标准化、物流作业编码标准、物流单元编码标准。例如：GB/T 18127—2009《商品条码　物流单元编码与条码表示》。

6.2　物流单元的编码

物流单元的编码就是给每一个物流单元赋予一个唯一的代码的过程。GB/T 18127—2009《商品条码物流单元编码与条码表示》中明确规定了物流单元的编码规则。

GS1 标准体系的一个重要应用是跟踪和追溯供应链中的物流单元。扫描每个物流单元标识代码，通过物流与相关的信息流链接，可跟踪并追溯每个物流单元的实物移动，并为在更大范围内应用创造了机会，例如直接转用、运输路线安排、自动收货。

6.2.1　物流单元的代码结构

物流单元使用 GS1 标识代码 SSCC 进行标识。SSCC 保证了物流单元标识的全球唯一性。

属性信息如货物托运代码 AI(401)作为可选项，可以采用国际通用的数据结构和条码符号，以实现准确的解释。

系列货运包装箱代码(SSCC)是为物流单元(运输和/或储藏)提供唯一标识的代码。

不管物流单元本身是否标准，所包含的贸易项目是否相同，SSCC 都可标识所有的物流单元。厂商如果希望在 SSCC 数据中区分不同的生产厂(或生产车间)，可以通过分配每个生产厂(或生产车间)SSCC 区段来实现。SSCC 在发货通知、交货通知和运输报文中公布。

物流单元标识代码是标识物流单元身份的唯一代码，具有全球唯一性。物流单元标识代码采用 SSCC(serial shipping container code，系列货运包装箱代码)表示，由扩展位、厂商识别代码、系列号和校验码 4 个部分组成，是 18 位的数字代码，分为 4 种结构，见表 6-1。其中，扩展位由 1 位数字组成，取值 0～9；厂商识别代码由 7～10 位数字组成；系列号由 9～6 位数字组成；校验码为 1 位数字。

表 6-1　SSCC 结构

结构种类	扩展位	厂商识别代码	系列号	校验码
结构一	N_1	$N_2 N_3 N_4 N_5 N_6 N_7 N_8$	$N_9 N_{10} N_{11} N_{12} N_{13} N_{14} N_{15} N_{16} N_{17}$	N_{18}
结构二	N_1	$N_2 N_3 N_4 N_5 N_6 N_7 N_8 N_9$	$N_{10} N_{11} N_{12} N_{13} N_{14} N_{15} N_{16} N_{17}$	N_{18}
结构三	N_1	$N_2 N_3 N_4 N_5 N_6 N_7 N_8 N_9 N_{10}$	$N_{11} N_{12} N_{13} N_{14} N_{15} N_{16} N_{17}$	N_{18}
结构四	N_1	$N_2 N_3 N_4 N_5 N_6 N_7 N_8 N_9 N_{10} N_{11}$	$N_{12} N_{13} N_{14} N_{15} N_{16} N_{17}$	N_{18}

6.2.2 附加信息代码的结构

附加信息代码是标识物流单元相关信息[如物流单元内贸易项目的 GTIN(global trade item number,全球贸易项目代码)、贸易与物流量度、物流单元内贸易项目的数量等信息]的代码,由应用标识符 AI(application identifier,应用标识符)和编码数据组成。如果使用物流单元附加信息代码,则需与 SSCC 一并处理。常用的附加信息代码见表 6-2,数据格式见 GB/T 16986—2009。

表 6-2 常用的附加信息代码结构

AI	编码数据名称	编码数据含义	格式
02	CONTENT	物流单元内贸易项目的 GTIN	n2+n14
33nn,34nn,35nn,36nn	GROSS WEIGHT,LENGTH 等[a]	物流量度	n4+n6
37	COUNT	物流单元内贸易项目的数量	n2+n…8
401	CONSIGNMENT	货物托运代码	n3+an…30
402	SHIPMENGT NO.	装运标识代码	n3+n17
403	ROUTE	路径代码	n3+an…30
410	SHIP TO LOC	交货地全球位置码	n3+n13
413	SHIP FOR LOC	货物最终目的地全球位置码的标识符	n3+n13
420	SHIP TO POST	同一邮政区域内交货地的邮政编码	n3+an…20
421	SHIP TO POST	具有 3 位 ISO 国家(地区)代码的交货地邮政编码	n3+ n3+an…9

1. 物流单元内贸易项目的应用标识符 AI(02)

应用标识符"02"对应的编码数据的含义为物流单元内贸易项目的 GTIN,此时应用标识符"02"应与同一物流单元上的应用标识符"37"及其编码数据一起使用。

当 N_1 为 0,1,2,…,8 时,物流单元内的贸易项目为定量贸易项目,当 $N_1=9$ 时,物流单元内的贸易项目为变量贸易项目。当物流单元内的贸易项目为变量贸易项目时,应对有效的贸易计量标识。

应用标识符及其对应的编码数据格式见表 6-3。

表 6-3　AI(02)及其编码数据格式

应用标识符	物流单元内贸易项目的 GTIN	校验码
02	N_1 N_2 N_3 N_4 N_5 N_6 N_7 N_8 N_9 N_{10} N_{11} N_{12} N_{13}	N_{14}

物流单元内贸易项目的 GTIN：表示在物流单元内包含贸易项目的最高级别的标识代码。

校验码：校验码的计算见表 6-4。

表 6-4　校验码的计算

	数 字 位 置																	
EAN/ UCC-8											N_1	N_2	N_3	N_4	N_5	N_6	N_7	N_8
UCC-12							N_1	N_2	N_3	N_4	N_5	N_6	N_7	N_8	N_9	N_{10}	N_{11}	N_{12}
EAN/ UCC-13						N_1	N_2	N_3	N_4	N_5	N_6	N_7	N_8	N_9	N_{10}	N_{11}	N_{12}	N_{13}
EAN/UCC-14					N_1	N_2	N_3	N_4	N_5	N_6	N_7	N_8	N_9	N_{10}	N_{11}	N_{12}	N_{13}	N_{14}
18 位	N_1	N_2	N_3	N_4	N_5	N_6	N_7	N_8	N_9	N_{10}	N_{11}	N_{12}	N_{13}	N_{14}	N_{15}	N_{16}	N_{17}	N_{18}
	每个位置乘以相应的数值																	
	×3	×1	×3	×1	×3	×1	×3	×1	×3	×1	×3	×1	×3	×1	×3	×1	×3	
	乘积结果求和																	
	以大于或等于求和结果数值 10 的整数倍数字减去求和结果，所得的值为校验码数值																	

数据格式见 GB/T 16986—2009《商品条码　应用标识符》。

2. 物流量度应用标识符 AI(33nn),AI(34nn),AI(35nn),AI(36nn)

应用标识符“33nn,34nn,35nn,36nn”对应的编码数据的含义为物流单元的量度和计量单位。物流单元的计量可以采用国际计量单位，也可以采用其他单位计量。通常一个给定物流单元的计量单位只应采用一个量度单位。然而，相同属性的多个计量单位的应用不妨碍数据传输的正确处理。

物流量度编码数据格式见表 6-5。

表 6-5　AI(33nn),AI(34nn),AI(35nn),AI(36nn)及其编码数据格式

应用标识符	量度值
$A_1A_2A_3A_4$	$N_1N_2N_3N_4N_5N_6$

应用标识符 $A_1A_2A_3A_4$，其中，$A_1A_2A_3$ 表示一个物流单元的计量单位，见表 6-6 和表 6-7。

应用标识符 A_4 表示小数点的位置，例如，A4 为 0 表示没有小数点，A4 为 1 表示小数点在 N_5 和 N_6 之间。

表 6-6 物流单元的计量单位应用标识符(公制物流计量单位)

AI	编码数据含义(格式 n6)	单位名称	单位符号	编码数据名称
330n	毛重	千克(公斤)	kg	GROSS WEIGHT
331n	长度或第一尺寸	米	m	LENGTH
332n	宽度、直径或第二尺寸	米	m	WIDTH
333n	深度、厚度、高度或第三尺寸	米	m	HEIGHT
334n	面积	平方米	m^2	AREA
335n	毛体积、毛容积	升	l	NET VOLUME
336n	毛体积、毛容积	立方米	m^3	NET VOLUME

表 6-7 物流单元的计量单位应用标识符(非公制物流计量单位)

AI	编码数据含义(格式 n6)	单位名称	单位符号	编码数据名称
340n	毛重	磅	lb	GROSS WEIGHT
341n	长度或第一尺寸	英寸	in	LENGTH
342n	长度或第一尺寸	英尺	ft	LENGTH
343n	长度或第一尺寸	码	yd	LENGTH
344n	宽度、直径或第二尺寸	英寸	in	WIDTH
345n	宽度、直径或第二尺寸	英尺	ft	WIDTH
346n	宽度、直径或第二尺寸	码	yd	WIDTH
347n	深度、厚度、高度或第三尺寸	英寸	in	HEIGHT
348n	深度、厚度、高度或第三尺寸	英尺	ft	HEIGHT
349n	深度、厚度、高度或第三尺寸	码	yd	HEIGHT
353n	面积	平方英寸	in^2	AREA
354n	面积	平方英尺	ft^2	AREA
355n	面积	平方码	yd^2	AREA
362n	毛体积、毛容积	夸脱	qt	VOLUME
363n	毛体积、毛容积	加仑	gal、(U.S.)	VOLUME
367n	毛体积、毛容积	立方英寸	in^3	VOLUME
368n	毛体积、毛容积	立方英尺	ft^3	VOLUME
369n	毛体积、毛容积	立方码	yd^3	VOLUME

量度值：对应的编码数据为物流单元的量度值。

物流量度应与同一单元上的标识代码 SSCC 或变量贸易项目的 GTIN 一起使用。

3. 物流单元内贸易项目数量应用标识符 AI(37)

应用标识符"37"对应的编码数据的含义为物流单元内贸易项目的数量，应与 AI(02)一起使用。

AI(37)及其编码数据格式见表 6-8。

表 6-8 AI(37)及其编码数据格式

AI	贸易项目数量
37	$N_1 \cdots N_j$ ($j \leqslant 8$)

贸易项目数量：物流单元中贸易项目的数量。

4. 货物托运代码应用标识符 AI(401)

应用标识符“401”对应的编码数据的含义为货物托运代码，用来标识一个需整体运输的货物的逻辑组合（内含一个或多个物理实体）。具体规则如下：

(1) 发货人、货运代理人或承运人可能会将多个物流单元一起作为一个整体进行托运/装运，这样，托运货物/装运货物可能包含一个或多个物理实体，不需要在物理上将其附在一起，而是采用货物托运代码 AI(401)和装运标识代码 AI(402)来标识一个需整体运输的货物逻辑组合。当一个物理实体上标识的货物托运代码 AI(401)或装运标识代码 AI(402)被识读之后，即表明此物理实体应和其他标有相同货物托运代码 AI(401)或装运标识代码 AI(402)的物理实体联系起来综合处理。

(2) 作为一个整体进行运输的货物逻辑组合内的任何单个物理实体应分配一个独立的 SSCC，并符合代码结构的规定。

(3) 货物托运代码由货运代理人、承运人或事先与货运代理人订立协议的发货人编制。AI(401)及其对应的编码数据格式见 GB/T 16986—2009。其条码符号应放置在承运商区段。

(4) 装运标识代码（提货单）AI(402)由发货人编制。AI(402)及其对应的编码数据格式见 GB/T 16986—2009。其条码符号应放置在承运商区段。

货物托运代码由货运代理人、承运人或事先与货运代理人订立协议的发货人分配。货物托运代码由货物运输方的厂商识别代码和实际委托信息组成。

AI(401)及其编码数据格式见表 6-9。

表 6-9 AI(401)及其编码数据格式

AI	货物托运代码
	厂商识别代码 委托信息
401	$N_1 \cdots N_i$ $X_{i+1} \cdots X_j$ ($j \leqslant 30$)

厂商识别代码：见 GB 12904—2008。

货物托运代码为字母数字字符，包含 GB/T 1988—1998 表 2 中的所有字符，见 GB/T 16986—2009 附录 D。委托信息的结构由该标识符的使用者确定。

货物托运代码在适当的时候可以作为单独的信息处理，或与出现在相同单元上的其他标识数据一起处理。

数据名称为 CONSIGNMENT。

注：如果生成一个新的货物托运代码，在此之前的货物托运代码应从物理单元中去掉。

5. 装运标识代码应用标识符 AI(402)

应用标识符“402”对应的编码数据的含义为装运标识代码，用来标识一个需整体装运的货物的逻辑组合(内含一个或多个物理实体，见附录 A)。装运标识代码(提货单)由发货人分配。装运标识代码由发货方的厂商识别代码和发货方参考代码组成。

如果一个装运单元包含多个物流单元，应采用 AI(402)表示一个整体运输的货物的逻辑组合(内含一个或多个物理实体)。它为一票运输货载提供了全球唯一的代码，还可以作为一个交流的参考代码为运输环节中的各方使用，如 EDI 报文中能够用于一票运输货载的代码和/或发货人的装货清单。

AI(402)及其编码数据格式见表 6-10。

表 6-10　AI(402)及其编码数据格式

应用标识符	装运标识代码
402	厂商识别代码发货方参考代码校验码 N_1 N_2 N_3 N_4 N_5 N_6 N_7 N_8 N_9 N_{10} N_{11} N_{12} N_{13} N_{14} N_{15} N_{16} N_{17}

厂商识别代码为发货方的厂商识别代码，见 GB 12904—2008。

发货方参考代码由发货方分配。

校验码：校验码的计算参见 GB/T 16986—2009 附录 B。

装运标识代码在适当的时候可以作为单独的信息处理，或与出现在相同单元上的其他标识数据一起处理。

数据名称为 SHIPMENT NO.。

注：建议按顺序分配代码。

6. 路径代码应用标识符 AI(403)

应用标识符“403”对应的编码数据的含义为路径代码。路径代码由承运人分配，目的是提供一个已经定义的国际多式联运方案的移动路径。路径代码为字母数字字符，其内容与结构由分配代码的运输商确定。

AI(403)及其编码数据格式见表 6-11。

表 6-11　AI(403)及其编码数据格式

AI	路径代码
403	$X_1 \cdots X_j$ ($j \leqslant 30$)

路径代码由承运人分配，提供一个已经定义的国际多式联运方案的移动路径。

路径代码为字母数字字符，包含 GB/T 1988—1998 表 2 中的所有字符，见附录 D。其内容与结构由分配代码的运输商确定。如果运输商希望与其他运输商达成合作协议，则需要一个多方认可的指示符指示路径代码的结构。

路径代码应与相同单元的 SSCC 一起使用。

数据名称为 ROUTE。

7. 交货地全球位置码应用标识符 AI(410)

应用标识符"410"对应的编码数据的含义为交货地位置码。该单元数据串用于通过位置码 GLN 实现对物流单元的自动分类。交货地位置码由收件人的公司分配，由厂商识别代码、位置参考代码和校验码构成。

AI(410)及其编码数据格式见表 6-12。

表 6-12　AI(410)及其编码数据格式

AI	厂商识别代码位置参考代码校验码 ——————→ ←——————
410	N_1 N_2 N_3 N_4 N_5 N_6 N_7 N_8 N_9 N_{10} N_{11} N_{12} N_{13}

厂商识别代码：见 GB 12904—2008。

位置参考代码由收件人的公司分配。

检验码：检验码的计算参见 GB/T 16986—2009 附录 B。

交货地全球位置码可以单独使用，或与相关的标识数据一起使用。

数据名称 SHIP TO LOC。

8. 货物最终目的地全球位置码 AI(413)

应用标识符"413"对应的编码数据的含义为货物最终目的地全球位置码。用于标识物理位置或法律实体。由厂商识别代码、位置参考代码和校验码构成。

AI(413)及其编码数据格式见表 6-13。

表 6-13　AI(413)及其编码数据格式

AI	厂商识别[illegible]验码
413	N_1 N_2 [illegible] N_{12} N_{13}

厂商识别代码：见 GB 12904—20[illegible]

位置参考代码由最终收受人的[illegible]

校验码参见 GB/T 16986[illegible]

货物最终目的地全球位置码可以单独使用,或与相关的标识数据一起使用。

数据名称 SHIP FOR LOC。

注: 货物最终目的地全球位置码是收货方内部使用,承运商不使用。

9. 同一邮政区域内交货地的邮政编码应用标识符 AI(420)

应用标识符"420"对应编码数据的含义为交货地地址的邮政编码(国内格式)。该单元数据串是为了在同一邮政区域内使用邮政编码对物流单元进行自动分类。

AI(420)及其编码数据格式见表 6-14。

表 6-14 AI(420)及其编码数据格式

AI	邮政编码
420	$X_1 \cdots X_j\ (j \leqslant 20)$

邮政编码:由邮政部门定义的收件人的邮政编码。

同一邮政区域内交货地的邮政编码通常单独使用。

数据名称为 SHIP TO POST。

10. 具有 ISO 国家(或地区)代码的交货地邮政编码应用标识符 AI(421)

应用标识符"421"对应的编码数据的含义为交货地地址的邮政编码(国际格式)。该单元数据串用于利用邮政编码对物流单元自动分类。由于邮政编码是以 ISO 国家代码为前缀码,故在国际范围内通用。

AI(421)及其编码数据格式见表 6-15。

表 6-15 AI(421)及其编码数据格式

AI	ISO 国家(或地区)代码	邮政编码
421	$N_1\ N_2\ N_3$	$X_4 \cdots X_j\ (j \leqslant 12)$

ISO 国家(或地区)代码 $N_1\ N_2\ N_3$ 为 GB/T 2659—2000 中的国家和地区名称代码。

邮政编码:由邮政部门定义的收件人的邮政编码。

具有 3 位 ISO 国家(或地区)代码的交货地邮政编码通常单独使用。

数据名称为 SHIP TO POST。

6.2.3 物流单元标识代码的编制规则

1. 基本原则

1) 唯一性

每个物流 SSCC,并在供应链过程中及整个生命周期内保持唯一不变。

2）稳定性原则

一个SSCC分配以后，从货物起运日期起的一年内，不应重新分配给新的物流单元。有行业惯例或其他规定的可延长期限。

2. 扩展位

SSCC的扩展位用于增加编码容量，由厂商自行编制。

3. 厂商识别代码

厂商识别代码的编制规则见GB 12904—2008。由中国物品编码中心统一分配。

4. 系列号

系列号由获得厂商识别代码的厂商自行编制。

5. 校验码

校验码根据SSCC的前17位数字计算得出，计算方法见GB/T 16986—2009附录B的校验码计算方法。

6. 附加信息代码的编制规则

附加信息代码由用户根据实际需求按照4.1.2的规定编制。

6.3 应用标识符

应用标识符（application identifier，AI）是用来标识数据含义与格式的字符，由2～4位数字组成。

6.3.1 应用标识符及其对应数据的编码结构

应用标识符及其对应的数据编码共同完成特定信息的标识。

应用标识符对应的编码数据可以是数字字符、字母字符或数字字母字符，数据结构与长度取决于对应的应用标识符。

应用标识符及其对应数据编码的含义、格式和数据名称见表6-16～表6-18。

1. 所有应用标识表(表 6-16)

表 6-16 所有应用标识符

AI	含 义	格 式	数据名称
00	系列货运包装箱代码	n2+n18	SSCC
01	全球贸易项目代码	n2+n14	GTIN
02	物流单元内贸易项目的 GTIN	n2+n14	CONTENT
10	批号	n2+an…20	BATCH/LOT
11	生产日期(YYMMDD)	n2+n6	PROD DATE
12	付款截止日期(YYMMDD)	n2+n6	DUE DATE
13	包装日期(YYMMDD)	n2+n6	PACK DATE
15	保质期(YYMMDD)	n2+n6	BEST BEFORE 或 SELL BY
17	有效期(YYMMDD)	n2+n6	USE BY 或 EXPIRY
20	产品变体	n2+n2	VARIANT
21	系列号	n2+an…20	SERIAL
22	医疗卫生行业产品二级数据	n2+an…29	QTY/DATE/BATCH
240	附加产品标识	n3+an…30	ADDITIONAL ID
241	客户方代码	n3+an…30	CUST. PART NO.
242	定制产品代码	n3+n…6	MTO VARIAT
250	二级系列号	n3+an…30	SECONDARY SERIAL
251	源实体参考代码	n3+an…30	REF. TO SOURCE
253	全球文件/单证类型代码	n3+n13+n…17	DOC. ID
254	GLN 扩展部分代码	n3+an…20	GLN EXTENSION
30	可变数量	n2+n…8	VAR. COUNT
310n-369n	贸易与物流量度	n4+n6	
337n	kg/m^2	n4+n6	KG per m^2
37	物流单元内贸易项目的数量	n2+n…8	COUNT
390n	单一货币区内的应付款金额	n4+n…15	AMOUNT
391n	具有 ISO 货币代码的应付款金额	n4+n3+n…15	AMOUNT
392n	单一货币区内变量贸易项目的应付款金额	n4+n…15	PRICE
393n	具有 ISO 货币代码变量贸易项目的应付款金额	n4+n3+n…15	PRICE
400	客户订购单代码	n3+an…30	ORDER NUMBER
401	货物托运代码	n3+an…30	CONSIGNMENT
402	装运标识代码	n3+n17	SHIPMENT NO.
403	路径代码	n3+an…30	ROUTE
410	交货地全球位置码	n3+n13	SHIP TO LOC
411	受票方全球位置码	n3+n13	BILL TO

续表

AI	含　义	格　式	数据名称
412	供货方全球位置码	n3+n13	PURCHASE FROM
413	最终收货方全球位置码	n3+n13	SHIP FOR LOC
414	标识物理位置的全球位置码	n3+n13	LOC NO
415	开票方全球位置码	n3+n13	PAY TO
420	同一邮政区域内交货地的邮政编码	n3+an…20	SHIP TO POST
421	具有 3 位 ISO 国家(或地区)代码的交货地邮政编码	n3+n3+an…9	SHIP TO POST
422	贸易项目的原产国(或地区)	n3+n3	ORIGN
423	贸易项目初始加工的国家(或地区)	n3+n3+n…12	COUNTRY-INITIAL PROCESS
424	贸易项目加工的国家(或地区)	n3+ n3	COUNTRY-PROCESS
425	贸易项目拆分的国家(或地区)	n3+ n3	COUNTRY-DISASSEMBLY
426	全程加工贸易项目的国家(或地区)	n3+ n3	COUNTRY-FULL PROCESS
7001	北约物资代码	n4+ n13	NSN
7002	UN/ECE 胴体肉与分割产品分类	n4+an…30	MEAT CUT
7003	产品的有效日期和时间	n4+n8+n…2	EXPI TIME
703s	具有 3 位 ISO 国家(或地区)代码的加工者核准号码	n4+ n3+an…27	PROCESSOR＃S
8001	卷状产品	n4+n14	DIMENSIONS
8002	蜂窝移动电话标识符	n4+an…20	CMT NO
8003	全球可回收资产标识符	n4+n14+an…16	GRAI
8004	全球单个资产标识符	n4+an…30	GIAI
8005	单价	n4+n6	PRICE PER UNIT
8006	贸易项目组件的标识	n4+n14+n2+n2	GCTIN
8007	国际银行账号代码	n4+an…30	IBAN
8008	产品生产的日期与时间	n4+n8+n…4	PROD TIME
8018	全球服务关系代码	n4+n18	GSRN
8020	付款单代码	n4+an…25	REF NO
8100	GS1-128 优惠券扩展代码-NSC+Offer Code	n4+n1+n5	
8101	GS1-128 优惠券扩展代码-NSC+Offer Code+end of offer code	n4+n1+n5+n4	
8102	GS1-128 优惠券扩展代码-NSC	n4+n1+n1	
90	贸易伙伴之间相互约定的信息	n2+an…30	INTERNAL
91-99	公司内部信息	n2+an…30	INTERNAL

2. 国际单位制贸易计量单位(表 6-17)

表 6-17　国际单位制贸易计量单位

AI	含义(格式 n6)	单位名称	单位符号	数据名称
310n	净重	千克	kg	NET WEIGHT
311n	长度或第一尺寸	米	m	LENGTH
312n	宽度、直径或第二尺寸	米	m	WIDTH
313n	深度、厚度、高度或第三尺寸	米	m	HEIGHT
314n	面积	平方米	m^2	AREA
315n	净体积、净容积	升	l	NET VOLUME
316n	净体积、净容积	立方米	m^3	NET VOLUME

3. 非国际单位制贸易计量单位(表 6-18)

表 6-18　非国际单位制贸易计量单位

AI	含义(格式 n6)	单位名称	单位符号	数据名称
320n	净重	磅	lb	NET WEIGHT
321n	长度或第一尺寸	英寸	in	LENGTH
322n	长度或第一尺寸	英尺	ft	LENGTH
323n	长度或第一尺寸	码	yd	LENGTH
324n	宽度、直径或第二尺寸	英寸	in	WIDTH
325n	宽度、直径或第二尺寸	英尺	ft	WIDTH
326n	宽度、直径或第二尺寸	码	yd	WIDTH
327n	深度、厚度、高度或第三尺寸	英寸	in	HEIGHT
328n	深度、厚度、高度或第三尺寸	英尺	ft	HEIGHT
329n	深度、厚度、高度或第三尺寸	码	yd	HEIGHT
350n	面积	平方英寸	in^2	AREA
351n	面积	平方英尺	ft^2	AREA
352n	面积	平方码	yd^2	AREA
356n	净重	英两	oz(UK)	NET WEIGHT
357n	净体积、净容积(或净重)	盎司	oz(US)	NET VOLUME
360n	净体积、净容积	夸脱	qt	NET VOLUME
361n	净体积、净容积	加仑	gal(US)	NET VOLUME
364n	净体积、净容积	立方英寸	in^3	NET VOLUME
365n	净体积、净容积	立方英尺	ft^3	NET VOLUME
366n	净体积、净容积	立方码	yd^3	NET VOLUME

6.3.2　表示法

a：字母字符。

n：数字字符。

N：数字字符。

X：字母、数字字符。

i：表示字符个数。

j：表示字符个数。

ai：定长，表示 i 个字母字符。

ni：定长，表示 i 个数字字符。

ani：定长，表示 i 个字母、数字字符。

a…i：表示最多 i 个字母字符。

n…i：表示最多 i 个数字字符。

X…i：表示最多 i 个字母、数字字符。

6.3.3　应用标识符及其对应数据编码的条码表示

应用标识符及其对应数据编码的符号采用 GS1-128 条码符号表示，见 6.4 节。

6.3.4　应用标识符的应用规则

1. 标识贸易项目的应用标识符

1）定量贸易项目应用标识符 AI(01)

应用标识符“01”对应的编码数据的含义为全球贸易项目代码(global trade item number，GTIN)。定量贸易项目的 GTIN 包括 GTIN-12、GTIN-13 或 GTIN-14 标识代码。编码数据格式见表 6-19。

表 6-19　定量贸易项目应用标识符 AI(01)编码数据格式

标识代码	AI	GTIN	
		厂商识别代码项目代码 →←	校验码
GTIN-12	01	0 0 N_1 N_2 N_3 N_4 N_5 N_6 N_7 N_8 N_9 N_{10} N_{11}	N_{12}
GTIN-13	01	0 N_1 N_2 N_3 N_4 N_5 N_6 N_7 N_8 N_9 N_{10} N_{11} N_{12}	N_{13}
GTIN-14	01	N_1 N_2 N_3 N_4 N_5 N_6 N_7 N_8 N_9 N_{10} N_{11} N_{12} N_{13}	N_{14}

2）变量贸易项目应用标识符 AI(01)

变量贸易项目编码数据是 GTIN-14 数据结构的一个特殊应用，N_1 为 9 时，表示贸易项目为变量的贸易项目(当 N_1 为 0～8 时，表示贸易项目为定量贸易项目)。编码数据格式见表 6-20。

表 6-20 AI(01)变量贸易项目应用标识符编码数据格式

AI	GTIN	
	厂商识别代码项目代码 → ←	校验码
01	N_1 N_2 N_3 N_4 N_5 N_6 N_7 N_8 N_9 N_{10} N_{11} N_{12} N_{13}	N_{14}

厂商识别代码：见 GB 12904-2008。

项目代码：由厂商分配的项目号。

校验码：校验码的计算参见附录 B。

为了完整标识贸易项目，应同时标识变量贸易项目的变量信息。

数据名称为 GTIN。

注：对于 UPC 码 $N_2=0$。

3）物流单元内定量贸易项目的应用标识符 AI(02)

应用标识符"02"对应的编码数据的含义为物流单元内贸易项目的 GTIN，当 N_1 为 0～8 时，物流单元内的贸易项目为定量贸易项目，编码数据格式见表 6-21。

表 6-21 AI(02)定量贸易项目的应用标识符编码数据格式

AI	物流单元内贸易项目的 GTIN	
	厂商识别代码项目代码 → ←	校验码
02	N_1 N_2 N_3 N_4 N_5 N_6 N_7 N_8 N_9 N_{10} N_{11} N_{12} N_{13}	N_{14}

物流单元内贸易项目的 GTIN：表示在物流单元内包含贸易项目的最大包装级别的标识代码。

物流单元内贸易项目的标识代码应与同一物流单元上的 AI(37)及其对应的编码数据一起使用。

数据名称为 CONTENT。

注：物流单元内贸易项目的标识只用于本身不是贸易项目的物流单元，并且所有处于相同包装级别的贸易项目具有相同的 GTIN。

4）物流单元内变量贸易项目的应用标识符 AI(02)

应用标识符"02"对应的编码数据的含义为物流单元内贸易项目的 GTIN，N_1 为 9 时，表示贸易项目为变量的贸易项目，编码数据格式见表 6-22。

表 6-22　AI(02)变量贸易项目的应用标识符编码数据格式

AI	物流单元内贸易项目的 GTIN	
	厂商识别代码项目代码	校验码
02	N_1 N_2 N_3 N_4 N_5 N_6 N_7 N_8 N_9 N_{10} N_{11} N_{12} N_{13}	N_{14}

物流单元内贸易项目的 GTIN：表示在物流单元内包含贸易项目的最大包装级别的标识代码。

物流单元内贸易项目的标识代码应与同一物流单元的 AI(37)及其对应的编码数据一起使用。当物流单元内的贸易项目为变量贸易项目时，应对有效的贸易计量标识。

数据名称为 CONTENT。

注：物流单元内贸易项目的标识只用于本身不是贸易项目的物流单元，并且所有处于相同包装级别的贸易项目具有相同的 GTIN。如果贸易项目为变量贸易项目，则所包含的贸易项目上不出现项目数量。

5）物流单元内贸易项目数量应用标识符 AI(37)

应用标识符"37"对应的编码数据的含义为物流单元内贸易项目的数量，应与 AI (02)一起使用。编码数据格式见表 6-23。

表 6-23　AI(37)编码数据格式

AI	贸易项目的数量
37	$N_1 \cdots N_j\ (j \leqslant 8)$

贸易项目数量：物流单元中贸易项目的数量，由数字字符表示，长度可变，最长 8 位。

数据名称为 COUNT。

6）变量贸易项目中项目数量的应用标识符 AI(30)

应用标识符"30"对应的编码数据的含义为变量贸易项目中项目的数量，不能单独使用。编码数据格式见表 6-24。

表 6-24　AI(30)编码数据格式

AI	项目数量
30	$N_1 \cdots N_j\ (j \leqslant 8)$

项目数量：变量贸易项目中项目的数量，由数字字符表示，长度可变，最长 8 位。

变量贸易项目数量应与贸易项目的 GTIN 一起使用。

数据名称为 VAR. COUNT。

注：AI(30)不用于标识一个定量贸易项目包含的数量。如果 AI(30)错误地出现在一个定量贸易项目上，并不表示它是无效项目标识，只作为多余数据处理。

7) 变量贸易项目量度应用标识符 AI(31nn,32nn,35nn,36nn)

应用标识符"31nn,32nn,35nn,36nn"对应的编码数据的含义为变量贸易项目的量度和量度单位。变量贸易项目量度用于变量贸易项目的标识,包括贸易单元的重量、尺寸、体积、直径等信息。变量贸易项目量度不能单独使用,编码数据格式见表 6-25。

表 6-25　AI(31nn,32nn,35nn,36nn)编码数据格式

AI	量度值
A_1 A_2 A_3 A_4	N_1 N_2 N_3 N_4 N_5 N_6

应用标识符数字 A_1 到 A_3:指示变量贸易项目量度的单位。

应用标识符数字 A_4:指示量度值中小数点右起的位置。例如,数字 0 表示没有小数点,数字 1 表示小数点在 N_5 和 N_6 之间。

量度值:对应的编码数据为贸易项目上的变量量度值。

变量贸易项目量度应与贸易项目的 GTIN 一起使用。

8) 单价应用标识符 AI(8005)

应用标识符"8005"对应的编码数据的含义为变量贸易项目的单价,编码数据格式见表 6-26。

表 6-26　AI(8005)编码数据格式

AI	单价
8005	N_1 N_2 N_3 N_4 N_5 N_6

单价用于指示在变量贸易项目的商品上标记单位量度的价格,以区别相同项目的不同价格。单价是贸易项目的一个属性,但不作为标识的一部分。

单价编码数据的内容和结构由贸易伙伴决定。

单价应与贸易项目的 GTIN 一起译码和处理。

数据名称为 PRICE PER UNIT。

9) 单一货币区内变量贸易项目应付款金额应用标识符 AI(392n)

应用标识符"392n"对应的编码数据的含义为单一货币区内变量贸易项目的应付款金额,编码数据格式见表 6-27。

表 6-27　AI(392n)编码数据格式

AI	应付款金额
392n	$N_1 \cdots N_j$ ($j \leqslant 15$)

应用标识符数字 n：指示应付款金额中小数点右起的位置。示例见表6-27。

$N_1 \cdots N_{15}$：变量贸易项目应付款金额的总额，由数字字符表示，长度可变，最长15位。

单一货币区内变量贸易项目应付款金额应与变量贸易项目的 GTIN 一起使用。

数据名称为 PRICE。

10）具有 ISO 货币代码的变量贸易项目应付款金额应用标识符 AI(393n)

应用标识符"393n"对应的编码数据的含义为具有 ISO 货币代码的变量贸易项目的应付款金额，编码数据格式见表6-28。

表6-28　AI(393n)编码数据格式

AI	ISO 货币代码	应付款金额
393n	N_1 N_2 N_3	$N_4 \cdots N_j$ ($j \leqslant 18$)

应用标识符数字 n：指示应付款金额中小数点右起的位置。示例见表6-28。

N_1 N_2 N_3：指示 GB/T 12406—2008 中的货币代码。

$N_4 \cdots N_{18}$：付款单中应付款金额的总额，由数字字符表示，长度可变，最长18位。

具有 ISO 货币代码的变量贸易项目应付款金额应与变量贸易项目的 GTIN 一起使用。

数据名称为 PRICE。

11）贸易项目组件应用标识符 AI(8006)

应用标识符"8006"对应的编码数据的含义为贸易项目及其组件标识代码，编码数据格式见表6-29。

表6-29　AI(8006)编码数据格式

AI	GTIN	组件代码	组件总数
8006	N_1 N_2 $N_3 \cdots N_{12}$ N_{13} N_{14}	N_{15} N_{16}	N_{17} N_{18}

组件代码：贸易项目组合内组件的连续代码。某个给定贸易项目的一个组件对各个贸易项目应是相同的。

组件总数：贸易项目组件的总数。

贸易项目组件的标识可以根据特定应用需求处理。

数据名称为 GCTIN。

12）定制产品代码应用标识符 AI(242)

应用标识符"242"对应的编码数据的含义为定制产品代码，编码数据格式见表6-30。定制产品代码为数字字符，长度可变，最长6位。

表6-30　AI(242)编码数据格式

AI	定制产品代码
242	$N_1 \cdots N_j$ ($j \leqslant 6$)

AI(242)不单独使用,只能与第一位数字为9的GTIN-14相关的应用标识符AI(01)或AI(02)一起使用,唯一标识一个定制的贸易项目。

第一位数字为9的GTIN-14与定制产品代码仅批准用于MRO供应行业(MRO是英文maintenance、repair and operations三个词的缩写,指企业用于设施和设备保养、维修的备品备件等物料,或保证企业正常运行的相关设备、耗材等物资)。

数据名称为MTO Variant。

13) 产品变体应用标识符AI(20)

如果贸易项目的某些改变不足以需要重新分配一个GTIN,或如果此变化仅仅与品牌所有者和代表品牌所有者的第三方有关,产品变体应用标识编码数据用于辨别标准贸易项目的变体。

产品变体仅限于品牌所有者和代表品牌所有者的第三方使用,并且不与任何贸易伙伴进行交易。如果需要根据GTIN的分配规则为产品变体分配一个新的GTIN,将不能使用产品变体。

应用标识符"20"对应的编码数据的含义为贸易项目的变体号,编码数据格式见表6-31。

表6-31 AI(20)编码数据格式

AI	变体号
20	N_1 N_2

变体号:贸易项目之外的补充代码。一个特定的贸易项目只允许产生100个变体。产品变体应与同一项目的GTIN一起译码与处理。

数据名称为VARIANT。

2. 标识物流单元的应用标识符AI(00)

应用标识符"00"对应的编码数据的含义为系列货运包装箱代码(serial shipping container code,SSCC),编码数据格式见表6-32。

表6-32 AI(00)编码数据格式

AI	SSCC		
	扩展位	厂商识别代码系列代码	校验码
00	N_1	N_2 N_3 N_4 N_5 N_6 N_7 N_8 N_9 N_{10} N_{11} N_{12} N_{13} N_{14} N_{15} N_{16} N_{17}	N_{18}

扩展位:用于增加SSCC内系列代码的容量。由编制SSCC的公司自行分配。

厂商识别代码:见GB 12904—2008。

系列代码:由厂商分配的系列号。

校验码：校验码的计算参见附录 B。

数据名称为 SSCC。

注：对于 UPC 码 $N_2=0$。

3. 标识资产的应用标识符

1）全球可回收资产应用标识符(global returnable asset identifier，GRAI) AI(8003)

应用标识符“8003”对应的编码数据的含义为全球可回收资产代码，编码数据格式见表 6-33。

表 6-33　AI(8003)编码数据格式

AI	GRAI	系列代码(可选项)
8003	厂商识别代码资产类型代码校验码 $0\ N_1\ N_2\ N_3\ N_4\ N_5\ N_6\ N_7\ N_8\ N_9\ N_{10}\ N_{11}\ N_{12}\ N_{13}$	$X_1 \cdots X_j\ (j \leqslant 16)$

厂商识别代码：资产的所有者的厂商识别代码，见第 4 章。

资产类型：由资产的所有者分配的代码，唯一标识可回收资产的类型。

校验码：计算方法如图 6-5 和图 6-6 所示。

	数字位置																	
EAN/UCC-8											N_1	N_2	N_3	N_4	N_5	N_6	N_7	N_8
UCC-12							N_1	N_2	N_3	N_4	N_5	N_6	N_7	N_8	N_9	N_{10}	N_{11}	N_{12}
EAN/UCC-13						N_1	N_2	N_3	N_4	N_5	N_6	N_7	N_8	N_9	N_{10}	N_{11}	N_{12}	N_{13}
EAN/UCC-14					N_1	N_2	N_3	N_4	N_5	N_6	N_7	N_8	N_9	N_{10}	N_{11}	N_{12}	N_{13}	N_{14}
18位	N_1	N_2	N_3	N_4	N_5	N_6	N_7	N_8	N_9	N_{10}	N_{11}	N_{12}	N_{13}	N_{14}	N_{15}	N_{16}	N_{17}	N_{18}
	每个位置乘以相应的数值																	
	×3	×1	×3	×1	×3	×1	×3	×1	×3	×1	×3	×1	×3	×1	×3	×1	×3	
	乘积结果求和																	
	以大于或等于求和结果数值10的整数倍数字减去求和结果，所得的值为校验码数值																	

图 6-5　GS1 数据结构标准校验码的计算

系列代码为可选项，由资产的所有者分配。用于唯一标识特定资产类型中的单个资产。应用标识符对应的编码数据是字母数字字符，长度可变，最长 16 位。包括 GB/T 1988—1998 表 2 中的所有字符。

全球可回收资产标识代码可以根据特定应用需求进行处理。

数据名称为 GRAI。

18位编码数据校验码的计算实例																		
位置	N_1	N_2	N_3	N_4	N_5	N_6	N_7	N_8	N_9	N_{10}	N_{11}	N_{12}	N_{13}	N_{14}	N_{15}	N_{16}	N_{17}	N_{18}
没有校验码的数据	3	7	6	1	0	4	2	5	0	0	2	1	2	3	4	5	6	
步骤1乘以权数	× 3	× 1	× 3	× 1	× 3	× 1	× 3	× 1	× 3	× 1	× 3	× 1	× 3	× 1	× 3	× 1	× 3	
步骤2乘积结果求和	= 9	= 7	= 18	= 1	= 0	= 4	= 6	= 5	= 0	= 0	= 6	= 1	= 6	= 3	= 12	= 5	= 18	=101
步骤3以大于步骤2结果10的整数倍数字110减去步骤2的结果为校验码数值9																		
带有校验码的数据	3	7	6	1	0	4	2	5	0	0	2	1	2	3	4	5	6	9

图 6-6 18 位编码校验码的计算实例

注:对于 UPC 码 $N_1=0$。

2) 全球单个资产应用标识符(global individual asset indentifier,GIAI) AI (8004)

应用标识符“8004”对应的编码数据的含义为全球单个资产代码,用于唯一标识单个资产,编码数据格式见表 6-34。

表 6-34 AI(8004)编码数据格式

AI	GIAI	
	厂商识别代码	单个资产项目代码
8004	N_1 … N_i	X_{i+1} … X_j ($j \leqslant 30$)

厂商识别代码:资产的所有者的厂商识别代码。

单个资产项目代码由分配资产项目号码公司的厂商识别代码和单个资产项目代码组成。单个资产项目代码的结构与编码由厂商识别代码的所有者决定,其对应的编码数据是字母数字字符,长度可变,最长 30 位。包括 GB/T 1988—1998 表 2 中的所有字符。

全球单个资产标识代码可以根据特定应用需求进行处理。

数据名称 GIAI。

注 1:全球单个资产标识代码不用于标识贸易项目或物流单元,不能用于订购资产。全球单个资产标识代码可用于各参与方对资产的跟踪。

注 2:对于 UPC 码 $N_1=0$。

4. 标识位置与路径信息的应用标识符

1) 标识物理位置的全球位置码应用标识符 AI(414)

应用标识符“414”对应的编码数据的含义为标识物理位置的全球位置码,编码数据格式见表 6-35。

表 6-35　AI(414)编码数据格式

AI	厂商识别代码位置参考代码校验码
414	N_1 N_2 N_3 N_4 N_5 N_6 N_7 N_8 N_9 N_{10} N_{11} N_{12} N_{13}

厂商识别代码：见 GB 12904—2008。

位置参考代码由物理位置的所有者或使用者分配。

校验码：校验码的计算参见附录 B。

标识物理位置的全球位置码可以单独处理，或者与相关的标识数据一起处理。

数据名称 LOC NO.。

2）交货地全球位置码应用标识符 AI(410)

应用标识符“410”对应的编码数据的含义为交货地全球位置码，用于标识交货地的物理位置或法律实体，编码数据格式见表 6-36。

表 6-36　AI(410)编码数据格式

AI	厂商识别代码位置参考代码校验码
410	N_1 N_2 N_3 N_4 N_5 N_6 N_7 N_8 N_9 N_{10} N_{11} N_{12} N_{13}

厂商识别代码：见 GB 12904—2008。

位置参考代码由收件人的公司分配。

检验码：检验码的计算参见附录 B。

交货地全球位置码可以单独使用，或与相关的标识数据一起使用。

数据名称 SHIP TO LOC。

3）受票方全球位置码应用标识符 AI(411)

应用标识符“411”对应的编码数据的含义为受票方全球位置码，用于标识发票接收方的物理位置或法律实体，编码数据格式见表 6-37。

表 6-37　AI(411)编码数据格式

AI	厂商识别代码位置参考代码校验码
411	N_1 N_2 N_3 N_4 N_5 N_6 N_7 N_8 N_9 N_{10} N_{11} N_{12} N_{13}

厂商识别代码：见 GB 12904—2008。

位置参考代码由受票方分配。

检验码：检验码的计算参见附录 B。

受票方全球位置码可以单独使用，或与相关的标识数据一起使用。

数据名称 BILL TO。

4) 供货方全球位置码应用标识符 AI(412)

应用标识符“412”对应的编码数据的含义为供货方全球位置码,用于标识供货方的物理位置或法律实体,编码数据格式见表 6-38。

表 6-38　AI(412)编码数据格式

AI	厂商识别代码位置参考代码校验码
412	N_1 N_2 N_3 N_4 N_5 N_6 N_7 N_8 N_9 N_{10} N_{11} N_{12} N_{13}

厂商识别代码:见 GB 12904—2008。

位置参考代码由贸易项目的供货方分配。

检验码:检验码的计算参见附录 B。

供货方全球位置码可以单独使用,或与相关的标识数据一起使用。

数据名称 PURCHASE FROM。

5) 货物最终目的地全球位置码的标识符 AI(413)

应用标识符“413”对应的编码数据的含义为货物最终目的地全球位置码,用于标识货物最终目的地的物理位置或法律实体,编码数据格式见表 6-39。

表 6-39　AI(413)编码数据格式

AI	厂商识别代码位置参考代码校验码
413	N_1 N_2 N_3 N_4 N_5 N_6 N_7 N_8 N_9 N_{10} N_{11} N_{12} N_{13}

厂商识别代码:见 GB 12904—2008。

位置参考代码由货物的最终接收方分配。

校验码参见附录 B。

货物最终目的地全球位置码可以单独使用,或与相关的标识数据一起使用。

数据名称 SHIP FOR LOC。

注:货物最终目的地全球位置码是收货方内部使用,承运商不使用。

6) 同一邮政行政区域内交货地邮政编码应用标识符 AI(420)

应用标识符“420”对应的编码数据的含义为交货地地址的邮政编码(国内格式),编码数据格式见表 6-40。

表 6-40　AI(420)编码数据格式

AI	邮政编码
420	$X_1 \cdots X_j$ ($j \leqslant 20$)

邮政编码：由邮政部门定义的收件人的邮政编码。

同一邮政区域内交货地的邮政编码通常单独使用。

数据名称为 SHIP TO POST。

7）具有 3 位 ISO 国家（或地区）代码的交货地邮政编码应用标识符 AI(421)

应用标识符“421”对应的编码数据的含义为交货地地址的邮政编码（国际格式），编码数据格式见表 6-41。

表 6-41　AI(421)编码数据格式

AI	ISO 国家（或地区）代码	邮政编码
421	N_1 N_2 N_3	$X_4 \cdots X_j$ ($j \leqslant 12$)

ISO 国家（或地区）代码 N_1 N_2 N_3 为 GB/T 2659—2000 中的国家和地区名称代码。

邮政编码：由邮政部门定义的收件人的邮政编码。

具有 3 位 ISO 国家（或地区）代码的交货地邮政编码通常单独使用。

数据名称为 SHIP TO POST。

8）全球位置码(GLN)扩展部分应用标识符 AI(254)

应用标识符“254”对应的编码数据的含义为全球位置码的扩展部分代码。AI(254)为可选择项，但是如果选择使用，则应与 AI(414)一起使用。编码数据格式见表 6-42。

表 6-42　AI(254)编码数据格式

AI	GLN 扩展部分
254	$X_1 \cdots X_j$ ($j \leqslant 20$)

GLN 扩展部分代码由与之一起使用的全球位置码的厂商识别代码的所有者分配。GLN 扩展部分代码一经确定，在 GLN 的生命周期内不得改变。GLN 扩展部分代码是 GLN 的一个属性，因此不应单独使用。

GLN 扩展部分代码为字母数字字符，长度可变，最长 20 位。

数据名称为 GLN EXTENSION。

9）路径代码应用标识符 AI(403)

应用标识符“403”对应的编码数据的含义为路径代码，编码数据格式见表 6-43。

表 6-43　AI(403)编码数据格式

AI	路径代码
403	$X_1 \cdots X_j$ ($j \leqslant 30$)

路径代码由承运人分配，提供一个已经定义的国际多式联运方案的移动路径。

路径代码为字母数字字符，长度可变，最长 30 位。包含 GB/T 1988—1998 表 2 中的所有字符,见附录 D。其内容与结构由分配代码的运输商确定。如果运输商希望与其他运输商达成合作协议,则需要一个多方认可的指示符指示路径代码的结构。

路径代码应与同一单元的 SSCC 一起使用。

数据名称为 ROUTE。

5. 标识服务关系的应用标识符

全球服务关系代码(global service relation number,GSRN)的应用标识符 AI(8018)

全球服务关系代码用于标识服务关系中服务的接受方。

应用标识符"8018"对应的编码数据的含义为全球服务关系代码,编码数据格式见表 6-44。

表 6-44 AI(8018)编码数据格式

AI	GSRN
	厂商识别代码服务项目代码校验码
8018	N_1 N_2 N_3 N_4 N_5 N_6 N_7 N_8 N_9 N_{10} N_{11} N_{12} N_{13} N_{14} N_{15} N_{16} N_{17} N_{18}

厂商识别代码:见 GB 12904—2008。

服务项目代码:由服务的提供方分配,其结构和内容由具体服务的提供方决定。

校验码参见附录 B。

服务关系代码可以根据特定应用需求处理。

数据名称为 GSRN。

6. 用于可追溯性的应用标识符

1) 批号应用标识符 AI(10)

批号是与贸易项目相关的数据信息,用于产品追溯。批号数据信息可涉及贸易项目本身或其所包含的项目,如一个产品的组号、班次号、机器号、时间或内部的产品代码等。

应用标识符"10"对应的编码数据的含义为贸易项目的批号代码,编码数据格式见表 6-45。

表 6-45 AI(10)编码数据格式

AI	批号
10	$X_1 \cdots X_j$ ($j \leqslant 20$)

批号为字母数字字符,长度可变,最长 20 位。包含 GB/T 1988—1998 表 2 中的所有字符,参见附录 D。

批号应与贸易项目的 GTIN 一起使用。

数据名称为 BATCH/LOT。

2）系列号应用标识符 AI(21)

系列号是分配给一个实体永久性的系列代码，与 GTIN 结合唯一标识每个单独的项目。

应用标识符“21”对应的编码数据的含义为贸易项目的系列号，应用标识编码数据格式见表 6-46。

表 6-46　AI(21)编码数据格式

AI	系列号
21	$X_1 \cdots X_j$ ($j \leqslant 20$)

系列号由制造商分配，为字母数字字符，长度可变，最长 20 位。包含 GB/T 1988—1998 表 2 中的所有字符，见附录 D。

系列号应与贸易项目的 GTIN 一起使用。

数据名称为 SERIAL。

3）二级系列号应用标识符 AI(250)

当 AI(21)及其编码数据标识贸易项目的系列号时，AI(250)标识一个贸易项目的某个部件的二级系列号码。AI(250)应与 AI(01)、AI(21)一起使用。一个特定的 GTIN 只允许包含一个 AI(250)编码数据。例如：

AI(01)表示贸易项目的 GTIN。

AI(21)表示贸易项目的系列号。

AI(250)表示贸易项目中一个部件的系列号。

应用标识符“250”对应的编码数据的含义为贸易项目的二级系列号，编码数据格式见表 6-47。

表 6-47　AI(250)编码数据格式

AI	二级系列号
250	$X_1 \cdots X_j$ ($j \leqslant 30$)

二级系列号编码数据为字母数字字符，长度可变，最长 30 位。包含 GB/T 1988—1998 表 2 中的所有字符，见附录 D。

数据名称为 SECONDARY SERIAL。

4）源实体参考代码应用标识符 AI(251)

源实体参考代码是贸易项目的一个属性，用于追溯贸易项目的初始来源。例如，源自某个牛胴体的各种产品，其源头是一只活牛。采用此应用标识编码数据能够对源自该活牛的产品溯源，一旦发现它受到污染，所有来自该牛身上的其他产品都要被隔离。

应用标识符"251"对应的编码数据的含义为贸易项目的源实体参考代码,编码数据格式见表 6-48。

表 6-48 AI(251)编码数据格式

AI	源实体参考代码
251	$X_1 \cdots X_j$ ($j \leqslant 30$)

源实体参考代码为数字字符,长度可变,最长 30 位。包含 GB/T 1988—1998 表 2 中的所有字符,见附录 D。

源实体参考代码应与贸易项目的 GTIN 一起使用。

数据名称为 REF. TO SOURCE。

7. 标识日期的应用标识符

1) 生产日期应用标识符 AI(11)

生产日期是指生产、加工或组装的日期,由制造商确定。

应用标识符"11"对应的编码数据的含义为贸易项目的生产日期,编码数据格式见表 6-49。

表 6-49 AI(11)编码数据格式

AI	生产日期		
	年	月	日
11	$N_1 N_2$	$N_3 N_4$	$N_5 N_6$

年:以两位数字表示,不可省略。如 2009 年为 09。

月:以两位数字表示,不可省略。如 1 月为 01。

日:以两位数字表示,如某月的 2 日为 02。如果无须表示具体日子,填写 00。

生产日期应与贸易项目的 GTIN 一起使用。

数据名称为 PROD DATE。

注:生产日期的范围为过去的 49 年和未来的 50 年。

2) 产品生产的日期与时间的应用标识符 AI(8008)

产品生产和组装的日期和时间由制造商确定。

应用标识符"8008"对应的编码数据的含义为产品生产的日期与时间,编码数据格式见表 6-50。

表 6-50 AI(8008)编码数据格式

AI	产品生产的日期与时间					
	年	月	日	时	分	秒
8008	$N_1 N_2$	$N_3 N_4$	N_5 N_6	N_7 N_8	N_9 N_{10}	N_{11} N_{12}

年：以两位数字表示，不可省略。如 2003 年为 03。

月：以两位数字表示，不可省略。如 1 月为 01。

日：以两位数字表示，不可省略。如某月的 2 日为 02。

时：以两位数字表示当地时间的小时数，不可省略，如下午 2 点为 14。

分：以两位数字表示的分钟数，可以省略。

秒：以两位数字表示的秒数，可以省略。

产品生产的日期和时间应与贸易项目的 GTIN 一起使用。

数据名称为 PROD TIME。

注：此应用标识符的应用范围为过去 49 年和未来 50 年。

3）包装日期应用标识符 AI(13)

应用标识符“13”对应的编码数据的含义为贸易项目的包装日期，编码数据格式见表 6-51。

表 6-51　AI(13)编码数据格式

AI	包装日期		
13	年	月	日
	N_1N_2	N_3N_4	N_5N_6

年月日的表示方法如前所述。

包装日期应与贸易项目的 GTIN 一起使用。

数据名称为 PACK DATE。

注：包装日期的范围为过去的 49 年和未来的 50 年。

4）保质期应用标识符 AI(15)

应用标识符“15”对应的编码数据的含义为贸易项目的保质期，编码数据格式见表 6-52。

表 6-52　AI(15)编码数据格式

AI	保质期		
15	年	月	日
	N_1N_2	N_3N_4	N_5N_6

年月日的表示方法如前所述。

保质期应与贸易项目的 GTIN 一起使用。

数据名称为 BEST BEFORE 或 SELL BY。

注：保质期的范围为过去的 49 年和未来的 50 年。

5）有效期应用标识符 AI(17)

应用标识符“17”对应的编码数据的含义为贸易项目的有效期，编码数据格式见

表 6-53。

表 6-53　AI(17)编码数据格式

AI	有效期		
17	年	月	日
	N_1N_2	N_3N_4	N_5N_6

年月日的表示方法见 6.3.4.7.1。

有效期应与贸易项目的 GTIN 一起使用。

数据名称为 USE BY 或 EXPIRY。

注：有效期的范围为过去的 49 年和未来的 50 年。

8. 标识量度的应用标识符

1) 物流量度应用标识符 AI(33nn,34nn,35nn,36nn)

应用标识符“33nn,34nn,35nn,36nn”对应的编码数据的含义为物流单元或变量贸易项目的量度和计量单位。商品条码体系为物流量度提供国际单位制和其他量度单位的标准。原则上一个给定的物流单元只应采用一个物流量度单位。物流量度编码数据格式见表 6-54。

表 6-54　AI(33nn,34nn,35nn,36nn)编码数据格式

AI	量度值
$A_1\ A_2\ A_3\ A_4$	$N_1\ N_2\ N_3\ N_4\ N_5\ N_6$

应用标识符数字 $A_1A_2A_3$：指示物流量度的单位。

应用标识符数字 A_4：指示量度值中小数点右起的位置。示例见 6.3.4.7.1。

量度值：对应的编码数据为物流单元的量度值。

物流量度应与同一单元上的标识代码 SSCC 或变量贸易项目的 GTIN 一起使用。

2) kg/m^2 应用标识符 AI(337n)

应用标识符“337n”对应的编码数据的含义为贸易项目的 kg/m^2，编码数据格式见表 6-55。

表 6-55　AI(337n)编码数据格式

AI	kg/m^2
337n	$N_1\ N_2\ N_3\ N_4\ N_5\ N_6$

应用标识符数字 n：指示 kg/m^2 中小数点右起的位置。示例见 6.3.4.7.1。

kg/m^2 应与贸易项目的 GTIN 一起使用。

数据名称为 KG per m^2。

9. 标识各种参考代码的应用标识符

1）客户订购单代码应用标识符 AI(400)

应用标识符"400"对应的编码数据的含义为客户订购单代码，限于两个贸易伙伴之间使用，编码数据格式见表 6-56。

表 6-56　AI(400)编码数据格式

AI	客户订购单代码
400	$X_1 \cdots X_j$ ($j \leqslant 30$)

客户订购单代码：由发出订单的公司分配。客户订购单代码的结构与内容由客户决定。客户订购单代码为数字字母字符，长度可变，最长 30 位，包含 GB/T 1988—1998 表 2 中的所有字符，见附录 D。例如，订购单代码可以包括发布号与行号。

客户订购单代码在适当的时候可单独处理，或与同一单元的编码数据一起处理。

数据名称为 ORDER NUMBER。

注：此单元离开客户场所之前，客户订购单代码应从单元中删除。

2）附加产品标识的应用标识符 AI(240)

附加产品标识代码由制造商分配。例如，企业内部使用的产品标识代码，应适时地转换到 GTIN 标识。AI(240)是一个过渡用的应用标识符，不可以替代 GTIN。

应用标识符"240"对应的编码数据的含义为贸易项目的附加产品标识代码，编码数据格式见表 6-57。

表 6-57　AI(240)编码数据格式

AI	附加产品标识代码
240	$X_1 \cdots X_j$ ($j \leqslant 30$)

附加产品标识代码为字母数字字符，长度可变，最长 30 位，包含 GB/T 1988—1998 表 2 中的所有字符，见附录 D。附加产品标识代码的内容与结构由采用附加产品标识代码的公司确定。

数据名称为 ADDITIONAL ID。

3）客户方代码应用标识符 AI(241)

客户方代码由客户方分配，只限于贸易伙伴之间采用客户方代码订货时使用，并且贸易伙伴双方对转换到采用 GTIN 的时间达成共识。在转换过程中，贸易项目上 GTIN 与 AI(241)的应用是过渡性的。客户方代码不可以替代 GTIN。

应用标识符"241"对应的编码数据的含义为客户方代码，编码数据格式见表 6-58。

表 6-58 AI(241)编码数据格式

AI	客户方代码
241	$X_1 \cdots X_j$ ($j \leqslant 30$)

客户方代码为字母数字字符,长度可变,最长 30 位,包含 GB/T 1988—1998 表 2 中的所有字符,见附录 D。

数据名称为 CUST. PART NO.。

4) 货物托运代码应用标识符 AI(401)

货物托运代码标识一个货物的逻辑组合(一个或多个物理实体)。货物托运代码由货运代理人、承运人或事先与货运代理人订立协议的发货人分配。货物托运代码由货物运输方的厂商识别代码和实际委托信息组成。

应用标识符“401”对应的编码数据的含义为货物托运代码,编码数据格式见表 6-59。

表 6-59 AI(401)编码数据格式

AI	货物托运代码	
	厂商识别代码	委托信息
401	$N_1 \cdots N_i$	$X_{i+1} \cdots X_j$ ($j \leqslant 30$)

厂商识别代码:见 GB 12904—2008。

货物托运代码为字母数字字符,长度可变,最长 30 位,包含 GB/T 1988—1998 表 2 中的所有字符,见附录 D。委托信息的结构由货物托运代码的使用者确定。

货物托运代码在适当的时候可以单独处理,或与出现在同一单元上的其他编码数据一起处理。

数据名称为 CONSIGNMENT。

注: 如果生成一个新的货物托运代码,在此之前的货物托运代码应从物理单元中去掉。

5) 装运标识代码应用标识符 AI(402)

装运标识代码(提货单)由发货人分配。它为一票运输货载提供了全球唯一的代码,标识物理实体的逻辑组合。它可为运输环节中的各方信息交换时使用,如 EDI 报文中能够用于一票运输货载的代码和/或发货人的装货清单。

应用标识符“402”对应的编码数据的含义为装运标识代码,编码数据格式见表 6-60。

表 6-60 AI(402)编码数据格式

应用标识符	装运标识代码		
	厂商识别代码	发货方参考代码	校验码
402	$N_1\ N_2\ N_3\ N_4\ N_5\ N_6\ N_7\ N_8$	$N_9\ N_{10}\ N_{11}\ N_{12}\ N_{13}\ N_{14}\ N_{15}\ N_{16}$	N_{17}

厂商识别代码为发货方的厂商识别代码，见 GB 12904—2008。

发货方参考代码由发货方分配。

检验码：检验码的计算参见附录 B。

装运标识代码在适当的时候可以单独处理，或与出现在同一单元上的其他编码数据一起处理。

数据名称为 SHIPMENT NO.。

注：建议按顺序分配代码。

6）贸易项目原产国（或地区）应用标识符 AI(422)

应用标识符“422”对应的编码数据的含义为贸易项目原产国（或地区）ISO 代码，编码数据格式见表 6-61。

表 6-61　AI(422)编码数据格式

AI	ISO 国家（或地区）代码
422	N_1　N_2　N_3

ISO 国家（或地区）代码见 GB/T 2659—2000。

数据名称为 ORIGIN。

注：贸易项目原产国（或地区）通常是指贸易项目的生产或制造的国家（或地区）。

7）贸易项目初始加工国家（或地区）应用标识符 AI(423)

应用标识符“423”对应的编码数据的含义为贸易项目初始加工的国家（或地区）ISO 代码，编码数据格式见表 6-62。

表 6-62　AI(423)编码数据格式

AI	ISO 国家（或地区）代码
423	N_1 N_2 $N_3 \cdots N_{15}$

ISO 国家（或地区）代码见 GB/T 2659—2000。

数据名称为 COUNTRY-INITIAL PROCESS。

注：贸易项目的初始加工国（或地区）通常是指贸易项目的生产或制造的国家（或地区）。然而，在某些应用中，如家畜饲养，最初的处理贸易项目的国家（或地区）可以最多包括 5 个不同国家（或地区），所有国家（或地区）都应指出。

8）贸易项目加工国（或地区）应用标识符 AI(424)

应用标识符“424”对应的编码数据的含义为贸易项目加工的国家（或地区）ISO 代码，编码数据格式见表 6-63。

表 6-63 AI(424)编码数据格式

AI	ISO 国家(或地区)代码
424	N_1 N_2 N_3

ISO 国家(或地区)代码见 GB/T 2659—2000。

数据名称为 COUNTRY-PROCESS。

9) 贸易项目拆分国(或地区)应用标识符 AI(425)

应用标识符"425"对应的编码数据的含义为拆分贸易项目的国家(或地区)ISO 代码,编码数据格式见表 6-64。

表 6-64 AI(425)编码数据格式

AI	ISO 国家(或地区)代码
425	N_1 N_2 N_3

ISO 国家(或地区)代码见 GB/T 2659—2000。

数据名称为 COUNTRY-DISASSEMBLY。

注: 贸易项目的拆分方负责提供正确的 ISO 国家(或地区)代码。

10) 全程加工贸易项目的国家(或地区)标识符 AI(426)

应用标识符"426"对应的编码数据的含义为全程加工贸易项目的国家(或地区)ISO 代码,编码数据格式见表 6-65。

表 6-65 AI(426)编码数据格式

AI	ISO 国家(或地区)代码
426	N_1 N_2 N_3

ISO 国家(或地区)代码见 GB/T 2659—2000。

数据名称为 COUNTRY-FULLPROCESS。

注: 如果此应用标识编码数据用于全程加工一个贸易项目,加工工作应发生在同一国家(或地区)内。这点在确定的应用中特别重要,如家禽牲畜(包括出生、饲养和屠宰等),这些加工过程如果发生在不同的国家(或地区),就不能采用 AI (426)。贸易项目的供应者负责分配正确的 ISO 国家(或地区)代码。

10. 标识特殊应用的应用标识符

1) 全球文件/单证类型应用标识符(global document type identifier,GDTI)AI(253)

应用标识符"253"对应的编码数据的含义为全球文件/单证类型代码,编码数据格式见表 6-66。

表 6-66 AI(253)编码数据格式

AI	GDTI	系列组件代码(可选项)
	厂商识别代码文件/单证类型校验码	
253	N_1 N_2 N_3 N_4 N_5 N_6 N_7 N_8 N_9 N_{10} N_{11} N_{12} N_{13}	$N_1 \cdots N_j$ ($j \leqslant 17$)

厂商识别代码：见 GB 12904—2008。

文件类型：由文件/单证的颁布者分配。

校验码：见附录 B。

系列组件代码为可选项，是分配给单个文件/单证的永久代码，由文件/单证的颁布者分配，唯一标识一个单个的文件/单证。系列组件编码数据是数字字符，长度可变，最长 17 位。

数据名称为 DOC. ID。

注：对于 UPC 码 $N_1=0$。

2) 卷状产品应用标识符 AI(8001)

由于生产方式的缘故，有些卷状产品不能按照已有的标准计数。因此，卷状产品按变量项目处理。在这种情况下，卷状产品的标识由 GTIN 标识代码和可变的属性编码数据组成。卷状产品(如一种类型的纸)由 GTIN-14 标识，可变属性包括特定项目的特殊信息。

应用标识符“8001”对应的编码数据的含义为卷状产品的量值，编码数据格式见表 6-67。

表 6-67 AI(8001)编码数据格式

AI	卷状产品的变量值				
8001	N_1 N_2 N_3 N_4	N_5 N_6 N_7 N_8 N_9	N_{10} N_{11} N_{12}	N_{13}	N_{14}

卷状产品 $N_1 \cdots N_{14}$ 的变化值由下列数字组成：

$N_1 \sim N_4$ 以毫米计量的卷宽。

$N_5 \sim N_9$ 以米计量的实际长度。

$N_{10} \sim N_{12}$ 以毫米计量的内径。

N_{13} 缠绕方向(面朝外为 0，面朝里为 1，未确定为 9)。

N_{14} 拼接数(0～8 为实际数，9 为未知数)。

卷状产品的可变属性应与贸易项目的 GTIN 一起使用。

数据名称为 DIMENSIONS。

3) 蜂窝移动电话应用标识符 AI(8002)

应用标识符“8002”对应的编码数据的含义为蜂窝移动电话的系列号码，编码数据格式见表 6-68。

表 6-68 AI(8002)编码数据格式

AI	系列号码
8002	$X_1 \cdots X_j$ ($j \leqslant 20$)

系列号码是数字字母字符,长度可变,最长 20 位,包括 GB/T 1988—1998 表 2 中所含全部字符。参见附录 D。系列号码通常由一个或多个国家的权威部门分配。系列代码是在给定的职权范围内,为特定的控制目的而对每个移动电话进行的唯一标识。系列号码不作为贸易项目的标识属性。

蜂窝移动电话系列号码可以根据特定的应用需求进行处理。

数据名称为 CMT NO。

4) 付款单-开票方全球位置码应用标识符 AI(415)

应用标识符"415"对应的编码数据的含义为开票方的全球位置码,编码数据格式见表 6-69。

表 6-69 AI(415)编码数据格式

AI	厂商识别代码位置参考代码校验码
415	N_1 N_2 N_3 N_4 N_5 N_6 N_7 N_8 N_9 N_{10} N_{11} N_{12} N_{13}

厂商识别代码:见 GB 12904—2008。

位置参考代码由开票方分配。

检验码:检验码的计算参见附录 B。

开票方全球位置码应与同一付款单上的付款单代码 AI(8020)一起使用。

数据名称为 PAY TO。

注: 开票方全球位置码是付款单上的必备要素,与付款单代码一起唯一标识付款单。

5) 付款单-国际银行账号代码(international bank account number,IBAN)应用标识符 AI(8007)

应用标识符"8007"对应的编码数据的含义为国际银行账号代码,编码数据格式见表 6-70。

表 6-70 AI(8007)编码数据格式

AI	国际银行账户代码
8007	$X_1 \cdots X_j$ ($j \leqslant 30$)

国际银行账号代码定义见 ISO 13616,表示付款单应传送的账号。开票方决定相应的银行账号号码。国际银行账号代码是字母数字字符,长度可变,最长 30 位,包括 GB/T 1988—1998 表 2 中的所有字符,见附录 D。

国际银行账号代码应与付款单代码和从同一付款单上得到的开票方的全球位置码一起使用。

数据名称为 IBAN。

6）付款单代码应用标识符 AI(8020)

应用标识符"8020"对应的编码数据的含义为付款单代码，编码数据格式见表 6-71。

表 6-71　AI(8020)编码数据格式

AI	付款单代码
8020	$X_1 \cdots X_j$ ($j \leqslant 25$)

付款单代码由开票方分配，与开票方的全球位置码一起唯一标识一个付款单。付款单代码是字母数字字符，长度可变，最长 25 位，包括 GB/T 1988—1998 表 2 中的所有字符，见附录 D。

付款单代码应与同一付款单上的开票方全球位置码一起使用。

数据名称为 REF NO.。

7）付款单-单一货币区内应付款金额应用标识符 AI(390n)

应用标识符"390n"对应的编码数据的含义为单一货币区内应付款金额，编码数据格式见表 6-72。

表 6-72　AI(390n)编码数据格式

AI	应付款金额
390n	$N_1 \cdots N_j$ ($j \leqslant 15$)

应用标识符数字 n：指示小数点位置。示例见 6.3.4.7.1。

应付款金额：付款单中应付款的总额。应付款金额为数字字符，长度可变，最长 15 位。

单一货币区内应付款金额应与付款单代码和开票方全球位置码一起使用。

数据名称为 AMOUNT。

注：为有助于准确处理，建议采用 AI 391n 表示应付款金额。

8）付款单-具有 ISO 货币代码的应付款金额应用标识符 AI(391n)

应用标识符"391n"对应的编码数据的含义为具有 ISO 货币代码的应付款金额，编码数据格式见表 6-73。

表 6-73　AI(391n)编码数据格式

AI	ISO 货币代码	应付款金额
391n	N_1 N_2 N_3	$N_4 \cdots N_j$ ($j \leqslant 18$)

应用标识符数字 n：指示小数点在应付款金额编码数据中的位置。示例见 6.3.4.7.1。

N_1 N_2 N_3：指示 GB/T 12406—2008 中的货币代码。

N_4… N_{18}：付款单中应付款金额的总额。应付款金额为数字字符，长度可变，最长 18 位。

具有 ISO 货币代码的应付款金额应与付款单代码和开票方全球位置码一起使用。

数据名称为 AMOUNT。

9）付款单-付款截止日期标识符 AI(12)

应用标识符"12"对应的编码数据的含义为贸易项目的付款截止日期，编码数据格式见表 6-74。

表 6-74　AI(12)编码数据格式

AI	付款截止日期		
12	年	月	日
	N_1N_2	N_3N_4	N_5N_6

年月日的表示方法见 6.3.4.7.1。

付款截止日期应与付款单代码和开票方全球位置码一起使用。

数据名称为 DUE DATE。

注：付款截止日期的范围为过去的 49 年和未来的 50 年。

11．标识 GS1 美国优惠券的应用标识符

GS1-128 优惠券扩展代码标识符 AI(8100-8102)

应用标识符"8100-8102"对应的编码数据的含义为 GS1 的美国优惠券扩展代码，编码数据格式见表 6-75。

表 6-75　AI(8100-8102)编码数据格式

AI	填充位	UCC 前缀	出价代码	终止日期(月＋年)
8100		N_1	N_2 N_3 N_4 N_5 N_6	
8101		N_1	N_2 N_3 N_4 N_5 N_6	N_7 N_8 N_9 N_{10}
8102	0	N_2		

填充位"0"在 AI(8102)的应用中，使其对应的编码数据为偶数。

UCC 前缀：由一个前缀"0"和随后的公司代码组成。

出价代码：由发行者分配，用于一个特定促销的识别。

终止日期：表示优惠券兑换截止日期。

12. 医疗卫生行业产品二级数据标识符 AI(22)

应用标识符“22”对应的编码数据的含义为医疗卫生行业产品的二级数据，如数量、有效期和批号，应用标识符及其对应的编码数据格式见表 6-76。

表 6-76　AI(22)编码数据格式

AI	医疗卫生行业产品二级数据
22	$X_1 \cdots X_j$ ($j \leqslant 29$)

数据名称为 QTY/DATE/BATCH。

13. 标识区域应用的应用标识符

70 系列应用标识符是用于标识区域应用的应用标识符，它不能同时应用于多个部门并仅限于一个国家或地区的应用。

1) 北约物资代码(NSN)标识符 AI(7001)

北约物资代码是为在北约联盟内供应的任何项目分配的代码。项目制造或项目设计的国家负责分配代码。

应用标识符“7001”对应的数据编码的含义为北约物资代码，应用标识符及其对应的编码数据格式见表 6-77。

表 6-77　AI(7001)编码数据格式

AI	北约供应分类分配国连续号
7001	$N_1\ N_2\ N_3\ N_4$ → $N_5\ N_6$ → $N_7\ N_8\ N_9\ N_{10}\ N_{11}\ N_{12}\ N_{13}$ →

北约物资代码应与贸易项目的 GTIN 一起使用。

数据名称为 NSN。

注：AI(7001)仅限于北约联盟供应范围内使用，并且要遵循北约联盟 135 委员会(AC/135)“北约集团法典”的规定。

2) 联合国/欧洲经济委员会(UN/ECE)胴体肉与分割产品分类应用标识符 AI(7002)

应用标识符“7002”对应的编码数据的含义为 UN/ECE 胴体肉及其分割产品分类代码，编码数据格式见表 6-78。

表 6-78　AI(7002)编码数据格式

AI	UN/ECE 产品分类
7002	$X_1 \cdots X_j$ ($j \leqslant 30$)

UN/ECE 胴体肉及其分割产品代码是 GTIN 的一个属性，为数字字母字符，长度可变，最长 30 位。

UN/ECE 胴体肉及其分割产品分类应与贸易项目的 GTIN 一起使用。

数据名称为 MEAT CUT。

3) 产品的有效日期和时间 AI(7003)

应用标识符“7003”对应的编码数据的含义为产品的有效日期和时间，编码数据格式见表 6-79。

表 6-79　AI(7003)编码数据格式

AI	产品有效日期和时间				
	年	月	日	时	分
7003	N_1 N_2	N_3 N_4	N_5 N_6	N_7 N_8	N_9 N_{10}

产品的有效日期和时间由制造商确定，仅与短期和无须远距离运送的不超过规定时间范围的项目有关。AI(7003)的典型应用是在医院或药店，针对“生命期”短于一个单日专用的、定制的产品。生命期依据治疗药物的实质而变化。产品准确的有效日期和时间在制作加工结束时确定，并能够以产品 GTIN 的属性信息在产品标签上用条码表示出来。当商业上无须表示有效期至小时，甚至分钟时，应采用有效期的应用标识符 AI(17)。结构为：

年：以两位数字表示，不可省略。如 2007 年为 07。

月：以两位数字表示，不可省略。如 1 月份为 01。

日：以两位数字表示，不可省略。如某月的 2 日为 02。

时：以两位数字表示当地时间的小时数，不可省略。如，下午 2 点为 14。

分：以两位数字表示的分钟数，可以省略。如，15 分钟为 15。如果没有必要规定分钟，填写 00。如，14 点整为 14：00。

产品有效期和时间应与贸易项目的 GTIN 一起使用。

数据名称为 EXPI TIME。

注：此应用标识符的应用范围为过去的 49 年和未来的 50 年。

4) 加工者批准号码应用标识符 AI(703s)

应用标识符“703s”对应的编码数据的含义为具有 3 位 ISO 国家(或地区)代码的加工者核准号码，编码数据格式见表 6-80。

表 6-80　AI(703s)编码数据格式

AI	ISO 国家(或地区)代码	加工者核准号码
703s	N_1 N_2 N_3	$X_4 \cdots X_j$ ($j \leqslant 30$)

应用标识符的第 4 位 s 指示加工者的顺序。例如，肉类供应链的顺序如下：

(1) 7030：屠宰场。

(2) 7031：第一加工/分割场。

(3) 7032～7039：第二～第九加工场/分割场。

ISO 国家(或地区)代码表示加工者的国家(或地区)代码，见 GB/T 2659—2009。

加工者核准号码是 GTIN 的一个属性，通常由一个国家或多个国家的权威部门分配，表示从事加工公司的批准号码。加工者核准号码为字母数字字符，长度可变，最长 30 位。

AI 703s 应与贸易项目的 GTIN 一起使用。

数据名称为 PROCESSOR＃S。

14. 标识内部应用的应用标识符

1) 贸易伙伴之间相互约定的信息应用标识符 AI(90)

应用标识符“90”对应的编码数据的含义为贸易伙伴之间相互约定的信息，编码数据格式见表 6-81。

表 6-81　AI(90)编码数据格式

AI	编码数据
90	$X_1 \cdots X_j$ ($j \leqslant 30$)

编码数据：表示两个贸易伙伴之间达成一致的信息。编码数据为字母数字字符，长度可变，最长 30 位。包括 GB/T 1988—1998 表 2 中的所有字符，见附录 D。

由于编码数据可以包含任何信息，应依据贸易伙伴预先达成的协议处理。

数据名称为 INTERNAL。

重要提示：带有此应用标识编码数据的条码应从贸易伙伴权限之外的任何项目上删除。

注：数据名称可由数据的发布者规定。

2) 公司内部信息应用标识符 AI(91～99)

应用标识符“91～99”对应的编码数据的含义为公司内部信息，编码数据格式见表 6-82。

表 6-82　AI(91～99)编码数据格式

AI	编码数据
A_1 A_2	$X_1 \cdots X_j$ ($j \leqslant 30$)

应用标识符数据 A_1 A_2 为 91～99。

编码数据可以包括公司的任何内部信息。编码数据为字母数字字符，长度可变，最长 30 位。包括 GB/T 1988—1998 表 2 中的所有字符，见附录 D。

数据名称为 INTERNAL。

重要提示:非公司内部信息不应使用 AI 91～99。

注:数据名称可由数据的发布者规定。

6.4 参与方位置编码(global location number)

对参与供应链等活动的法律实体、功能实体和物理实体进行唯一标识的代码。

(1) 法律实体是指合法存在的机构,如供应商、客户、银行、承运商等。

(2) 功能实体是指法律实体内的具体的部门,如某公司的财务部。

(3) 物理实体是指具体的位置,如建筑物的某个房间、仓库或仓库的某个门、交货地等。

6.4.1 代码结构

参与方位置编码由厂商识别代码、位置参考代码和校验码组成,用 13 位数字表示,具体结构见表 6-83。

表 6-83 参与方位置编码结构

结构种类	厂商识别代码	位置参考代码	校验码
结构一	$X_{13}\,X_{12}\,X_{11}\,X_{10}\,X_9\,X_8\,X_7$	$X_6\,X_5\,X_4\,X_3\,X_2$	X_1
结构二	$X_{13}\,X_{12}\,X_{11}\,X_{10}\,X_9\,X_8\,X_7\,X_6$	$X_5\,X_4\,X_3\,X_2$	X_1
结构三	$X_{13}\,X_{12}\,X_{11}\,X_{10}\,X_9\,X_8\,X_7\,X_6\,X_5$	$X_4\,X_3\,X_2$	X_1

其中:

1) 厂商识别代码

厂商识别代码由 7～9 位数字组成,具体结构见 GB 12904—2008。

2) 位置参考代码

位置参考代码由 3～5 位数字组成。

3) 校验码

校验码为 1 位数字,计算方法如下:

校验码以 10 为模数,3、1 为权重因子,按下列步骤计算:

第一步:将 13 位数字(包括校验码)自右向左顺序编号,由 1 开始。

第二步:将所有序号为偶数的位置上的数值相加。

第三步:用数值 3 乘第二步的结果。

第四步:从序号 3 开始,将所有序号为奇数的位置上的数值相加。

第五步:将第三步的结果与第四步的结果相加。

第六步：用一个不小于第五步的结果且为 10 的最小整数倍的数减去第五步的结果，其差即为所求的校验码的值。

例：计算 690123456789C 的校验码 C 的值。

第一步：

序号	13	12	11	10	9	8	7	6	5	4	3	2	1
代码	6	9	0	1	2	3	4	5	6	7	8	9	C

第二步：9＋7＋5＋3＋1＋9＝34。

第三步：34×3＝102。

第四步：8＋6＋4＋2＋0＋6＝26。

第五步：102＋26＝128。

第六步：130－128＝2。

校验码 C 的值为 2。

6.4.2　条码符号表示与应用

当用条码符号表示参与方位置编码时，应与参与方位置编码应用标识符（GB/T 16986—2009)一起使用。条码符号采用 GS1-128 条码(GB/T 15425—2014)。参与方位置编码应用标识符见表 6-84，条码符号表示示例如图 6-7 所示。

表 6-84　参与方位置编码应用标识符

参与方位置编码应用标识符	表示形式	含　义
410	410＋参与方位置编码	交货地
411	411＋参与方位置编码	受票方
412	412＋参与方位置编码	供货方
413	413＋参与方位置编码	货物最终目的地
414	414＋参与方位置编码	物理位置
415	415＋参与方位置编码	开票方

图 6-7　条码符号表示示例

6.5 SSCC 的条码表示 GS1-128 码

GS1 标准体系单个物流单元的强制性数据载体是 GS1-128 条码符号。

SSCC 与应用标识符 AI(00)一起使用,采用 GS1-128 条码符号表示;附加信息代码与相应的应用标识符 AI 一起使用,采用 GS1-128 条码表示。

下面我们详细介绍 GS1-128 码的结构。

6.5.1 GS1-128 条码的符号结构

GS1-128 条码符号的组成和基本格式,由左至右如图 6-8 所示。

(1) 左侧空白区。

(2) 双字符起始符。双字符起始符包括一个起始符(Start A,Start B 或 Start C)和 FNC1 字符。

(3) 数据字符。数据字符表示数据和特殊字符的一个或多个条码字符(包括应用标识符)。

(4) 校验符。

(5) 终止符。

(6) 右侧空白区。

条码符号所表示的数据字符,以可供人识别的字符表示在符号的下方或上方。

图 6-8 GS1-128 条码符号的基本格式

6.5.2 GS1-128 条码编码字符集

1. 条码编码字符集表

GS1-128 条码编码字符集见表 6-85,其中单元宽度列中的数值表示模块的数目。

表 6-85　GS1-128 条码编码字符集 A、B、C

符号字符值	字符集 A	ASCII 值字符集 A	字符集 B	ASCII 值字符集 B	字符集 C	单元宽度（模块数）						条、空排列										
						B	S	B	S	B	S	1	2	3	4	5	6	7	8	9	10	11
0	space	32	space	32	00	2	1	2	2	2	2											
1	!	33	!	33	01	2	2	2	1	2	2											
2	"	34	"	34	02	2	2	2	2	2	1											
3	#	35	#	35	03	1	2	1	2	2	3											
4	$	36	$	36	04	1	2	1	3	2	2											
5	%	37	%	37	05	1	3	1	2	2	2											
6	&	38	&	38	06	1	2	2	2	1	3											
7	…	39	…	39	07	1	2	2	3	1	2											
8	(	40	(	40	08	1	3	2	2	1	2											
9	)	41	)	41	09	2	2	1	2	1	3											
10	*	42	*	42	10	2	2	1	3	1	2											
11	+	43	+	43	11	2	3	1	2	1	2											
12	,	44	,	44	12	1	1	2	2	3	2											
13	—	45	—	45	13	1	2	2	1	3	2											
14	。	46	。	46	14	1	2	2	2	3	1											
15	/	47	/	47	15	1	1	3	2	2	2											
16	0	48	0	48	16	1	2	3	1	2	2											
17	1	49	1	49	17	1	2	3	2	2	1											
18	2	50	2	50	18	2	2	3	2	1	1											
19	3	51	3	51	19	2	2	1	1	3	2											
20	4	52	4	52	20	2	2	1	2	3	1											
21	5	53	5	53	21	2	1	3	2	1	2											
22	6	54	6	54	22	2	2	3	1	1	2											
23	7	55	7	55	23	3	1	2	1	3	1											
24	8	56	8	56	24	3	1	1	2	2	2											
25	9	57	9	57	25	3	2	1	1	2	2											
26	:	58	:	58	26	3	2	1	2	2	1											
27	;	59	;	59	27	3	1	2	2	1	2											
28	<	60	<	60	28	3	2	2	1	1	2											
29	=	61	=	61	29	3	2	2	2	1	1											
30	>	62	>	62	30	2	1	2	1	2	3											
31	?	63	?	63	31	2	1	2	3	2	1											
32	@	64	@	64	32	2	3	2	1	2	1											
33	A	65	A	65	33	1	1	1	3	2	3											
34	B	66	B	66	34	1	3	1	1	2	3											
35	C	67	C	67	35	1	3	1	3	2	1											
36	D	68	D	68	36	1	1	2	3	1	3											

续表

符号字符值	字符集 A	ASCII 值字符集 A	字符集 B	ASCII 值字符集 B	字符集 C	单元宽度(模块数)						条、空排列										
						B	S	B	S	B	S	1	2	3	4	5	6	7	8	9	10	11
37	E	69	E	69	37	1	3	2	1	1	3											
38	F	70	F	70	38	1	3	2	3	1	1											
39	G	71	G	71	39	2	1	1	3	1	3											
40	H	72	H	72	40	2	3	1	1	1	3											
41	I	73	I	73	41	2	3	1	3	1	1											
42	J	74	J	74	42	1	1	2	1	3	3											
43	K	75	K	75	43	1	1	2	3	3	1											
44	L	76	L	76	44	1	3	2	1	3	1											
45	M	77	M	77	45	1	1	3	1	2	3											
46	N	78	N	78	46	1	1	3	3	2	1											
47	O	79	O	79	47	1	3	3	1	2	1											
48	P	80	P	80	48	3	1	3	1	2	1											
49	Q	81	Q	81	49	2	1	1	3	3	1											
50	R	82	R	82	50	2	3	1	1	3	1											
51	S	83	S	83	51	2	1	3	1	1	3											
52	T	84	T	84	52	2	1	3	3	1	1											
53	U	85	U	85	53	2	1	3	1	3	1											
54	V	86	V	86	54	3	1	1	1	2	3											
55	W	87	W	87	55	3	1	1	3	2	1											
56	X	88	X	88	56	3	3	1	1	2	1											
57	Y	89	Y	89	57	3	1	2	1	1	3											
58	Z	90	Z	90	58	3	1	2	3	1	1											
59	[	91	[	91	59	3	3	2	1	1	1											
60	\	92	\	92	60	3	1	4	1	1	1											
61	]	93	]	93	61	2	2	1	4	1	1											
62	^	94	^	94	62	4	3	1	1	1	1											
63	_	95	_	95	63	1	1	1	2	2	4											
64	NUL	00	’	96	64	1	1	1	4	2	2											
65	SOH	01	a	97	65	1	2	1	1	2	4											
66	STX	02	b	98	66	1	2	1	4	2	1											
67	ETX	03	c	99	67	1	4	1	1	2	2											
68	EOT	04	d	100	68	1	4	1	2	2	1											
69	ENQ	05	e	101	69	1	1	2	2	1	4											
70	ACK	06	f	102	70	1	1	2	4	1	2											
71	BEL	07	g	103	71	1	2	2	1	1	4											
72	BS	08	h	104	72	1	2	2	4	1	1											
73	HT	09	i	105	73	1	4	2	1	1	2											

续表

符号字符值	字符集 A	ASCII 值字符集 A	字符集 B	ASCII 值字符集 B	字符集 C	单元宽度（模块数）						条、空排列										
						B	S	B	S	B	S	1	2	3	4	5	6	7	8	9	10	11
74	LF	10	j	106	74	1	4	2	2	1	1											
75	VT	11	k	107	75	2	4	1	2	1	1											
76	FF	12	l	108	76	2	2	1	1	1	4											
77	CR	13	m	109	77	4	1	3	1	1	1											
78	SO	14	n	110	78	2	4	1	1	1	2											
79	SI	15	o	111	79	1	3	4	1	1	1											
80	DLE	16	p	112	80	1	1	1	2	4	2											
81	DC1	17	q	113	81	1	2	1	1	4	2											
82	DC2	18	r	114	82	1	2	1	2	4	1											
83	DC3	19	s	115	83	1	1	4	2	1	2											
84	DC4	20	t	116	84	1	2	4	1	1	2											
85	NAK	21	u	117	85	1	2	4	2	1	1											
86	SYN	22	v	118	86	4	1	1	2	1	2											
87	ETB	23	w	119	87	4	2	1	1	1	2											
88	CAN	24	x	120	88	4	2	1	2	1	1											
89	EM	25	y	121	89	2	1	2	1	4	1											
90	SUB	26	z	122	90	2	1	4	1	2	1											
91	ESC	27	{	123	91	4	1	2	1	2	1											
92	FS	28	|	124	92	1	1	1	1	4	3											
93	GS	29	}	125	93	1	1	1	3	4	1											
94	RS	30	～	126	94	1	3	1	1	4	1											
95	US	31	DEL	127	95	1	1	4	1	1	3											
96	FNC3		FNC3		96	1	1	4	3	1	1											
97	FNC2		FNC2		97	4	1	1	1	1	3											
98	SHIFT		SHIFT		98	4	1	1	3	1	1											
99	CODE C		CODE C		99	1	1	3	1	4	1											
100	CODE B		FNC4		CODE B	1	1	4	1	3	1											
101	FNC4		CODE A		CODE A	3	1	1	1	4	1											
102	FNC1		FNC1		FNC1	4	1	1	1	3	1											
103	Start A					2	1	1	4	1	2											
104	Start B					2	1	1	2	1	4											
105	Start C					2	1	1	2	3	2											

注：终止字符由 4 个条和 3 个空，共 13 个模块组成。单元宽度列表中用 BS 表示条码符号中的条空组合，B 表示条，S 表示空。

2. 条码字符结构

每个条码字符(终止符除外)由 6 个单元 11 个模块组成,包括 3 个条、3 个空,每个条或空的宽度为 1～4 个模块。终止符由 4 个条、3 个空共 7 个单元 13 个模块组成。

在条码字符中条的模块数为偶数,空的模块数为奇数,这一奇偶特性使每个条码字符都具有自校验功能。

起始符 A 的符号表示如图 6-9 所示。

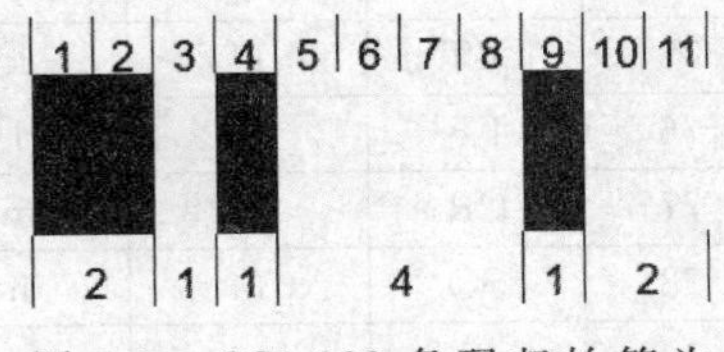

图 6-9　GS1-128 条码起始符为"Start A"的结构

条码字符值为 35 的符号表示如图 6-10 所示。35 在字符集 A 或 B 中为"C",在字符集 C 中为两位数字"35"。

终止符的符号表示如图 6-11 所示。

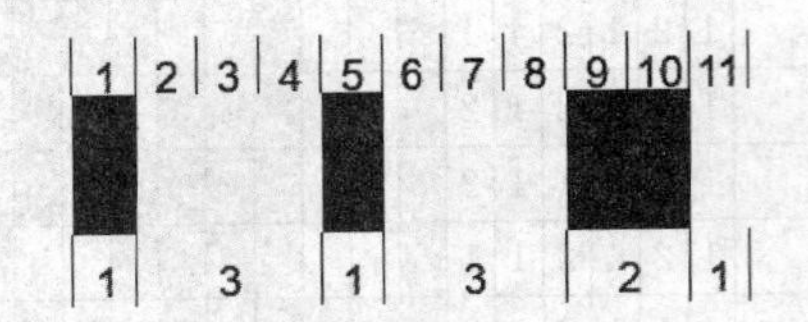

图 6-10　GS1-128 条码字符值为 35 的结构

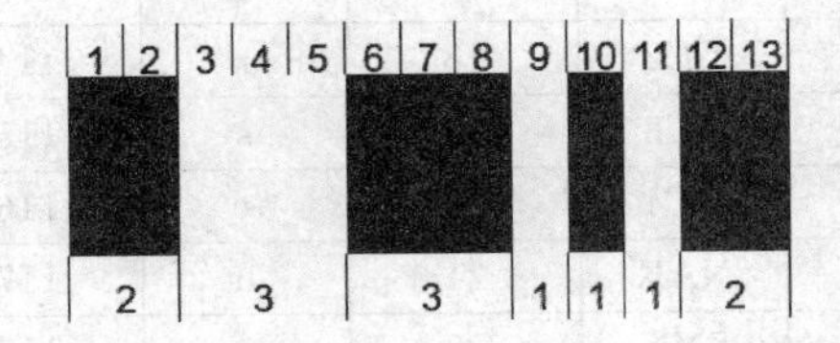

图 6-11　GS1-128 条码符号的终止符结构

3. 数据字符编码

GS1-128 条码的 3 个字符集 A、B、C 见表 6-85。其字符集与 GB/T 18347—2001 所示字符集相同。

字符集 A、B 和 C 给出了数据字符的条、空组合方式,字符集的选择依赖于起始符 Start A(Start B 或 Start C)、切换字符 CODE A(B 或 C)或转换字符(Shift)的使用。如果条码符号以起始符 Start A 开始,则最先确定了字符集 A；如果条码符号以起始符 Start B 开始,则最先确定了字符集 B；如果条码符号以起始符 Start C 开始,则最先确定了字符集 C。通过使用切换字符 CODE A(B 或 C)或转换字符(Shift)可以在符号中重新确定字符集(这些特殊字符的使用见下面叙述)。

通过使用不同的起始符、切换字符和转换字符,同一数据可表示为不同的 GS1-128 条码符号。具体应用中无须规定所要使用的字符集。附录 A 给出了使任何给定数据的符号长度最小的规则及示例。译码器应能够通过与附录 A 中说明的起始符、切换和转换字符不同的有效组合来对符号进行译码。

每个条码字符对应一个数值,见表 6-83。该数值用于计算符号校验字符的值,同时也可用于与 ASCII 值之间的转换(参见附录 B)。

4. 字符集

1) 字符集 A

字符集 A 包括所有标准的大写英文字母、数字字符 0～9、标点字符、控制字符(ASCII 值为 00～95 的字符)和 7 个特殊字符。

2) 字符集 B

字符集 B 包括所有标准的大写英文字母、数字字符 0～9、标点字符、小写英文字母字符(ASCII 值为 32～127 的字符)和 7 个特殊字符。

3) 字符集 C

字符集 C 包括 100 个两位数字 00～99 和 3 个特殊字符。采用字符集 C 时,每个条码字符表示两位数字。

5. 特殊字符

字符集 A 和字符集 B 的最后 7 个字符(字符值为 96～102)和字符集 C 的最后 3 个字符(字符值为 100～102)是特殊的非数字字符,没有对应的 ASCII 字符,它们对识读设备有特殊的意义。

1) 切换字符(CODE)和转换字符(Shift)

在一个 GS1-128 条码符号中,切换字符和转换字符用于将一个字符集转换到另一个字符集,其中:

(1) 切换字符。切换字符 CODE A(CODE B 或 CODE C)将先前确定的字符集转换到切换字符所制定的新的字符集 A(字符集 B 或字符集 C)。这种转换适用于切换字符后面的所有字符,直至符号结束或遇到另一个切换字符或转换字符。

(2) 转换字符。转换字符 SHIFT 将转换字符之后的一个字符从字符集 A 转换到字符集 B 或从字符集 B 转换到字符集 A。在被转换字符后面的字符将自动恢复到转换字符前定义的字符集 A 或字符集 B。

2) 功能字符(FNC)

功能字符用于向条码识读设备指示所允许的特殊操作或应用,其中:

(1) 起始符 Start A(Start B 或 Start C)后面的 FNC1 是专门保留,用于标识 GS1 标准体系的。FNC1 可以作为校验符。

(2) FNC2(信息添加)用于指示条码识读设备,将包含 FNC2 字符的信息临时储存起来,作为下一个符号内容的前缀传送。在传送前,有可能要链接几个符号。该字符可以出现在符号的任何位置。如果数据的顺序是有意义的,则需要确定符号按正确的顺序识读。

(3) FNC3(初始化)用于指示条码识读设备,将包含 FNC3 字符的符号中的数据作为初始化指示或对条码识读器的重新编程。该字符可以出现在符号中的任何位置上。

(4) FNC4 不在 GS1 标准体系中使用。

3）起始符和终止符

起始符 Start A(Start B 或 Start C)定义了符号开始时使用的字符集。所有字符集的终止符 Stop 都是相同的。

6. 校验符

校验符是条码符号终止符前面的最后一个字符,其计算方法见附录 C。在供人识别的字符中不标识校验符。

7. GS1-128 条码起始符

GS1-128 条码采用双字符起始符,其结构为：Start A(Start B 或 Start C)＋ FNC1。

这一双字符起始符号能够区分 GS1-128 条码和 Code-128 条码。

如果一个 128 条码以此双字符起始符号开始,则一定是一个 GS1-128 条码符号,反之,则一定不是 GS1-128 条码符号。

FNC1 可以作为符号校验字符(可能性小于 1%)。当把多个应用标识符及其数据域放在一个条码符号中时,FNC1 作为分隔符使用。

Start A 使用 GS1-128 条码以字符集 A 开始。

Start B 使用 GS1-128 条码以字符集 B 开始。

Start C 使用 GS1-128 条码以字符集 C 开始。Start C 通常用于包括应用标识符在内的以 4 个或 4 个以上的数字开始的数据。

6.5.3 GS1-128 条码的尺寸要求

1. 最小模块宽度(X)

最小模块宽度由具体应用的规范确定,并根据产品及识读设备的实用性决定,还要遵守应用的一般要求。在 GS1 应用环境中,最小的 X 尺寸为 0.250 mm(0.009 84 in),最大的 X 尺寸为 1.016 mm(0.040 in)。每个应用都应说明一个 X 尺寸的标准值和范围。

在一个给定的系统中 X 尺寸应为一个始终不变的定值。

2. 空白区

GS1-128 条码左右侧空白区的最小宽度为 $10X$。

6.5.4 参考译码算法

条码识读系统是为在实际算法允许范围内可以识读有缺陷的条码符号而设计的。在本节所描述的参考译码算法中,可译码度的值的计算见表 6-83。

对每个条码字符译码的步骤如下：

(1) 计算 8 个尺寸的宽度 $p,e_1,e_2,e_3,e_4,b_1,b_2$ 以及 b_3(见图 6-12)。

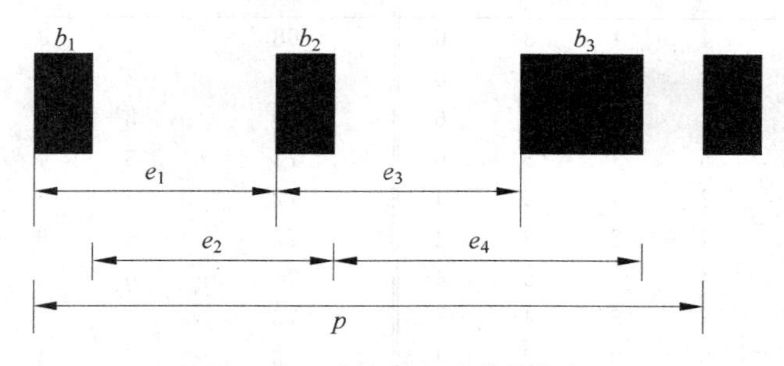

图 6-12　计算 8 个尺寸的宽度

(2) 将 e_1,e_2,e_3 和 e_4 转换为一般尺寸值 E_1,E_2,E_3 和 E_4，表示为模块宽度(X)的整数倍。第 i 个值的计算方法如下：

如果 $1.5p/11 \leqslant e_i < 2.5p/11$，则 $E_i = 2$。

如果 $2.5p/11 \leqslant e_i < 3.5p/11$，则 $E_i = 3$。

如果 $3.5p/11 \leqslant e_i < 4.5p/11$，则 $E_i = 4$。

如果 $4.5p/11 \leqslant e_i < 5.5p/11$，则 $E_i = 5$。

如果 $5.5p/11 \leqslant e_i < 6.5p/11$，则 $E_i = 6$。

如果 $6.5p/11 \leqslant e_i < 7.5p/11$，则 $E_i = 7$。

否则条码字符是错误的。

(3) 以 4 个值 E_1,E_2,E_3 和 E_4 为关键字在译码表中查找字符(见表 6-86)。

表 6-86　对 128 条码译码时的边缘误差

字符值	E_1	E_2	E_3	E_4	V	字符值	E_1	E_2	E_3	E_4	V
00	3	3	4	4	6	15	2	4	5	4	6
01	4	4	3	3	6	16	3	5	4	3	6
03	3	3	3	4	4	17	3	5	5	4	6
04	3	3	4	5	4	18	4	5	5	3	6
05	4	4	3	4	4	19	4	3	2	4	6
06	3	4	4	3	4	20	4	3	3	5	6
07	3	4	5	4	4	21	3	4	5	3	6
08	4	5	4	3	4	22	4	5	4	2	6
09	4	3	3	3	4	23	4	3	3	4	8
10	4	3	4	4	4	24	4	2	3	4	6
11	5	4	3	3	4	25	5	3	2	3	6
12	2	3	4	5	6	26	5	3	3	4	6
13	3	4	3	4	6	27	4	3	4	3	6
14	3	4	4	5	6	28	5	4	3	2	6

续表

字符值	E_1	E_2	E_3	E_4	V	字符值	E_1	E_2	E_3	E_4	V
29	5	4	4	3	6	68	2	3	4	3	4
30	3	3	3	3	6	69	2	3	6	5	4
31	3	3	5	5	6	70	3	4	3	2	4
32	5	5	3	3	6	71	3	4	6	5	4
33	2	2	4	5	4	72	5	6	3	2	4
34	4	4	2	3	4	73	5	6	4	3	4
35	4	4	4	5	4	74	6	5	3	3	4
36	2	3	5	4	4	75	4	3	2	2	4
37	4	5	3	2	4	76	5	4	4	2	8
38	4	5	5	4	4	77	6	5	2	2	4
39	3	2	4	4	4	78	4	7	5	2	6
40	5	4	2	2	4	79	2	2	3	6	6
41	5	4	4	4	4	80	3	3	2	5	6
42	2	3	3	4	6	81	3	3	3	6	6
43	2	3	5	6	6	82	2	5	6	3	6
44	4	5	3	4	6	83	3	6	5	2	6
45	2	4	4	3	6	84	3	6	6	3	6
46	2	4	6	5	6	85	5	2	3	3	6
47	4	6	4	3	6	86	6	3	2	2	6
48	4	4	4	3	8	87	6	3	3	3	6
49	3	2	4	6	6	88	3	3	3	5	8
50	5	4	2	4	6	89	3	5	5	3	8
51	3	4	4	2	6	90	5	3	3	3	8
52	3	4	6	4	6	91	2	2	2	5	6
53	3	4	4	4	8	92	2	2	4	7	6
54	4	2	2	3	6	93	4	4	2	5	6
55	4	2	4	5	6	94	2	5	5	2	6
56	4	3	3	2	6	95	2	5	7	4	6
57	4	3	5	4	6	96	5	2	2	2	6
58	6	5	3	2	6	97	5	2	4	4	6
59	4	5	5	2	8	98	2	4	4	5	8
60	4	3	5	5	4	99	2	5	5	4	8
61	7	4	2	2	6	100	4	2	2	5	8
62	2	2	3	4	4	101	5	2	2	4	8
63	2	2	5	6	4	102	3	2	5	5	4
64	3	3	2	3	4	103	3	2	3	3	4
65	3	3	5	6	4	104	3	2	3	5	6
66	5	5	2	3	4	$Stop_A$	5	6	4	2	6
67	5	5	3	4	4	$Stop_B$	3	2	2	4	6

注：$Stop_A$ 用于从左向右方向的译码。当从右向左反方向译码时，$Stop_B$ 为终止符从最右边开始的前 6 个单元。

（4）在表中找到该字符的自校验值 V，V 的值应与该字符定义的条的模块数相等。

（5）核对下式：

$$(V-1.75)p/11<(b_1+b_2+b_3)<(V+1.75)p/11$$

如果不成立则字符是错误的。

该算法间接地用条码字符的奇偶性来发现非系统性的单个模块边缘的错误。

用以上 5 个步骤对第一个字符译码，如果第一个条码字符为起始符，则按从左至右的方向译码，如果第一个条码字符不是起始符而是终止符，则将所有的条码字符序列按相反的方向译码。

当所有的条码字符都被译码之后，要确保一个有效的起始符、一个有效的终止符和一个正确的符号校验字符。

根据条码符号中使用的起始符、切换字符和转换字符，从字符集 A、B 或 C 中将符号的字符翻译为适当的数据字符。

注：在本符号算法中，运用从一个边缘到相似边缘的尺寸(e)和一个附加尺寸，即三个条宽的总和。

6.5.5　符号质量

1. 一般说明

条码符号检测和分级应按照 GB/T 18348—2008 的规定进行。

2. 可译码度(V)

可译码度是测量译码算法测量值与符号理论值的接近程度。

可译码度值的计算，采用下列方法。

可译码度通用公式：$V_C=K/(S/2n)$。

用 V_1 代替公式中的 V_C：$V_1=K/(S/2n)$。

式中：K——测量值与参考阈值之间的最小差异；

n——11(每个字符的模块数)；

S——字符的总宽度。

计算 V_2：

$$V_2=\frac{1.75-\left\{\mathrm{ABC}\left[\left(W_b\times\frac{11}{S}\right)-M\right]\right\}}{1.75}$$

式中：M——字符中条的模块数；

S——字符的总宽度；

W_b——字符中条(深色条)的宽度总和；

ABS——表示取后面括号中数的绝对值。

V_C 取 V_1 和 V_2 中的较小者。

注：终止符包括一个附加的终止条，为了测量其可译码度，终止符需要检测两次，第一次使用从左至右的6个单元，第二次使用从右至左的6个单元。对于一个标准的条码字符来说，两种6个单元的组合的宽度是相同的。

3. 空白区

根据GB/T 18348—2008，GS1-128条码中指定的实测最小空白区尺寸为10Z，左、右侧空白区的每次扫描的评级应按如下规则：

空白区≥10Z　4级(A)。

空白区<10Z　0级(F)。

6.5.6 GS1-128条码的应用参数

GS1-128条码的应用参数有如下几个。

1. 符号高度

GS1-128条码符号的条高通常为32 mm(1.25 in)。实际的符号高度应根据具体的应用要求确定。

2. 符号长度

GS1-128条码符号的长度取决于编码的字符个数：

1个起始符	11个模块
FNC1	11个模块
1个符号校验字符	11个模块
1个终止符	13个模块
N个条码字符	N×11个模块
共计：	(11N+46)个模块

其中，N为符号中条码字符的个数，包括含在数据中的辅助字符(切换字符和转换字符)。

一个模块等于符号中的X尺寸。

字符集C允许在一个条码字符中表示两位数字，因此，使用字符集C对数字进行编码，是表示其他字符密度的两倍。

符号两侧的空白区是必须的，其最小宽度均为10X。

包括空白区在内的符号的总长度为：(11N+66)X。

3. 最大符号长度

决定 GS1-128 条码的符号长度的参数有两个：物理长度取决于所编码的字符数和所使用的模块宽度（X 的尺寸），字符数包括辅助字符。

GS1-128 条码符号最大长度须符合以下两个要求：

(1) 包括空白区在内，最大物理长度不能超过 165 mm(6.5 in)。

(2) 可编码的最大数据字符数为 48，其中包括应用标识符和作为分隔符适用的 FNC1 字符，但不包括辅助字符和校验符。

4. 供人识别字符

与条码对应的供人识别字符通常放在条码符号的下部或上部。校验符不是数据的一部分，不在供人识别字符的格式中显示。

在 GS1-128 条码符号中没有说明供人识别字符的确切位置和表示它们所使用的字体，但推荐选用 GB/T 12508—1990 中规定的 OCR-B 字符集，字符应清晰易读，与条码有明确的联系，且不能占用空白区。

应将供人识别字符中的应用标识符用圆括号括起来，以明显区别于其他数据。

注：圆括号不是数据的一部分，且不在条码符号中编码。

5. 符号等级要求

用符号等级的形式评价符号质量，其参数的定义按照 GB/T 18348—2008 的规定。该等级包括等级水平、测量孔径以及用于测量的光的波长。GS1-128 条码符号等级要求见表 6-87。

表 6-87　GS1-128 条码符号等级要求

条码类型	符号等级
GS1-128 条码($X<0.495$ mm)	≥1.5/06/670
GS1-128 条码($X\geqslant0.495$ mm)	≥1.5/10/670

注：在不知道 X 尺寸的情况下，用 Z 尺寸代替 X 尺寸，Z 尺寸为符号中模块实测宽度的平均值

其中：1.5——整个符号质量等级；06 和 10——测量孔径参考号；670——以纳米为单位的测量光波长。

6. 传送数据(FNC1)

GS1-128 条码符号被识读，识读器中应设定以“FNC1”为前缀码的数据。从被识译码的 GS1-128 条码符号传递的数据反为数字字符的字节值。如果使用了符号标识符，应以其为前缀。起始符、终止符、功能字符、切换字符和转换字符以及校验符不包括在传送的数据中。

GS1-128 条码符号在传送数据时按以下描述进行，参见 GB/T 18347－2001 附录 B。

FNC1 字符出现在第 3 个或后面的其他字符位置时,传送为 ASCII 字符 29(GS)。

当 FNC1 字符出现在第 1 位置时,指示在码制标识符中的变数值 1,但不在传送的信息中表示。

6.5.7 GS1-128 条码字符串编码/译码规则

1. 使用应用标识符和链接的 GS1-128 条码基本结构

1) GS1-128 条码符号的基本结构(不包括空白区)

所有使用 GS1 应用标识符的 GS1 条码都拥有特定的符号字符,以表示该条码是按照 GS1 应用标识规则进行编码的。GS1-128 条码在紧跟起始符后的位置上使用 FNC1 字符,在全球范围内这一双字符起始图形仅供 GS1 标准体系使用。这样可以将 GS1-128 条码与 Code128 条码区分开来。GS1-128 条码符号结构如图 6-13 所示。

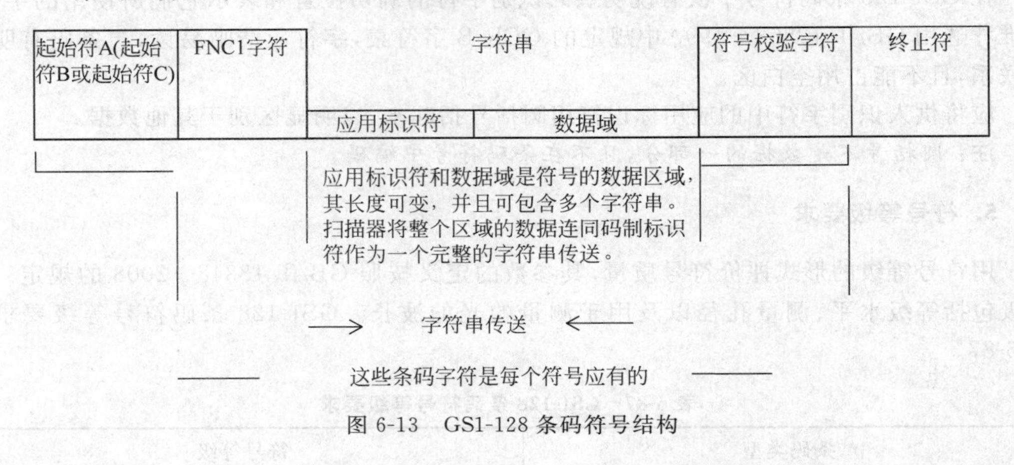

图 6-13 GS1-128 条码符号结构

所有使用 GS1 应用标识符的 GS1 条码允许多个单元数据串编码在一个条码符号中,这种编码方式称为链接。链接的编码方式比分别对每个字符串进行编码节省空间,因为只使用一次符号控制字符。同时,一次扫描也比多次扫描的准确性更高,不同的元素串可以一个完整的字符串供条码扫描器传送,具体参照图 6-13。

对于从链接的条码符号中传送的不同字符串需要进行分析和加工,为简化操作并缩减符号的长度,对一些字符串的长度进行了预先的设定(表 6-88)。表 6-88 中没有出现的字符串如果不是处于符号的最后(校验符之前)时,必须在其后紧跟一个 FNC1 字符,用来标识字符串的边界并与后面的字符串区分开来。

2) 预定义长度的应用标识符

表 6-88 包含了所有已被预定义长度,并且不需要分隔符的应用标识符,具体规定见 GB/T 16986—2009。

表 6-88　预定义长度指示符表

应用标识符的前两位	字符数（应用标识符和数据域）	应用标识符的前两位	字符数（应用标识符和数据域）
00	20	17	8
01	16	(18)	8
02	16	(19)	8
(03)	16	20	4
(04)	18	31	10
11	8	32	10
12	8	33	10
13	8	34	10
(14)	8	35	10
15	8	36	10
(16)	8	41	16

表 6-88 所列的字符数是限定的字符长度，并且永远不变。括号中的数字是预留的尚未分配的应用标识符。

2. 链接

1）预定义长度字符串的链接

应用 GS1-128 条码字符时，可以将多个字符串链接起来。不变的预定义长度（字符数）说明了与表 6-88 这前两位应用标识符有关的字符串的总长度（包括应用标识符）。应用标识符前两位没有列在表 6-88 中的数据，即使其应用标识符说明的数据是定长的，也要视为可变长度的数据。

构造一个由预定义长度的应用标识符链接的字符串时，不需使用数据分隔字符，每个字符串后紧跟下一个应用标识符，最后是校验符及终止符。

示例 将 GS1 全球贸易项目标识代码（GTIN）95012345678903 与净重 4.00 kg（图 6-14、图 6-15）链接就不需要使用数据分隔字符。从表 6-88 中可见：

01 预定义字符串长度为 16 位。

31 预定义字符串长度为 10 位。

图 6-14　GTIN 与净重的分别表示

图 6-15 GTIN 与净重的链接表示

2）可变长度字符串

对于可变长度字符串的链接(指所有应用标识符的前两位不包含在表 6-88 中的情况)，需要使用数据分隔字符。数据分隔符使用 FNC1 字符。FNC1 紧跟在可变长度数据串最后一个字符的后面,FNC1 后紧跟下一个字符串的应用标识符。如果字符串为编码的最后部分,则其后不用 FNC1 分隔符,而是紧跟校验符和终止符。

示例 将单价(如 365)与批号(如 123456)(图 6-16、图 6-17)链接时,需要在每个计量单位的价格后面使用数据分隔字符。

图 6-16 每个计量单位的价格与批号的分别表示

图 6-17 每个计量单位的价格与批号的链接表示

3）预定义长度和可变长度字符串

当预定义长度字符串与其他字符串混合链接时,建议将预定义长度字符串放在可变长度字符串的前面,可以减少链接所需的条码字符。

3. 分隔字符(FNC1)

在译码的数据串中分隔字符以＜GS＞(GB/T 1988—1998 七位编码字符集,ASCII 字符 29)出现,所有的非预定义字符串后面都要跟一个 FNC1 分隔符,但在以 GS1-128 条码符号表示的最后一个字符串后面不需要 FNC1 字符。

4. ITF-14 与 GS1-128 条码及其他码制的混合使用

EAN/UCC-14 编码可以用 ITF-14 条码表示,也可以用 GS1-128 条码表示。当要表示全球贸易项目标识代码的附加信息时,应使用 GS1-128 条码。在这种情况下,GTIN 可以用 ITF-14 或 GS1 标准体系的其他码制表示,而附加的数据应使用 GS1-128 条码表示。

6.5.8 符号位置

作为表示辅助信息的 GS1-128 条码(辅助条码)的首选位置应与包含 GTIN、SSCC 或其他 GS1 代码的独立条码(主条码)在同一水平线上,并且辅助条码应在不影响主条码的空白区的前缀下尽量靠近主条码。

辅助条码应与主条码的方向一致。

链接包含 GTIN、SSCC 或 GS1 其他代码的条码符号的位置应遵守单个条码符号推荐的位置。

GS1-128 条码具体的放置位置按照 GB/T 14257—2009 的相关要求。

6.6 应用示例

参与方位置编码主要应用于条码符号自动识别与数据采集(如 6.1 节所述)和电子数据交换中。

参与方位置编码在电子数据交换中的应用示例。

1. 在 EDI 中的应用

以下是参与方位置编码在 EDI 中应用的示例。该交换包括 3 个发货通知和 4 个发票。交换的发送日期为 2005 年 1 月 2 日。发送方的参与方位置编码为 5412345678908,接收方的参与方位置编码为 6901234567892。

```
UNB + UNOA:2 + 5412345678908:14 + 6901234567892:14 + 050102:1000 + 12345555 +++++ EANCOM'
UNG + DESADV + 5412345678908: 14 + 6901234567892: 14 + 050102: 1000 + 98765555 + UN + D: 93A:
EAN00X'
…
(3 个发货通知)
…
```

```
UNE+3+98765555'
UNG+INVOIC+5412345678908:14+6901234567892:14+050102:1000+98765556+UN+D:93A:
EAN00X'
…
(4个发票)
…
UNE+4+98765556'
UNZ+2+12345555'
```

2. 在XML中的应用

以下是参与方位置码在XML中应用的示例。交换发送的时间是2001年12月2日。发送方的参与位置码为

```
<messageHeader creationDate="2001-08-02T12:00:00">
    <userId>OJGROWER-12345</userId>
    <password>SECRET</password>
    <messageIdentifier>MSG-123</messageIdentifier>
    <to>
        <gln>0012345000065</gln>
    </to>
    <from>
        <gln>0614141000012</gln>
    </from>
</messageHeader>
```

6.7 物流单元标签

物流标签上表示的信息有两种基本的形式：由文本和图形组成的供人识读的信息；为自动数据采集设计的机读信息。作为机读符号的条码是传输结构化数据的可靠而有效的方法，允许在供应链中的任何节点获得基础信息。表示信息的两种方法能够将一定的含义添加于同一标签上。EAN·UCC物流标签由3部分构成，各部分的顶部包括自由格式信息，中部包括文本信息和对条码解释性的供人识读的信息，底部包括条码和相关信息。

6.7.1 标签设计

物流标签的版面划分为3个区段：供应商区段、客户区段和承运商区段。当获得相关

信息时，每个标签区段可在供应链上的不同节点使用。此外，为便于人、机分别处理，每个标签区段中的条码与文本信息是分开的。

标签制作者，即负责印制和应用标签者，决定标签的内容、形式和尺寸。

对所有 EAN·UCC 物流标签来说，SSCC 是唯一的必备要素。如果需要增加其他信息，则应符合《EAN·UCC 通用规范》的相关规定。

一个标签区段是信息的一个合理分组。这些信息一般在特定时间才知道。标签上有 3 个标签区段，每个区段表示一组信息。一般来说，标签区段从顶部到底部的顺序依次为：承运商、客户和供应商，然而，根据需要可做适当调整，如图 6-18 所示。

1. 供应商区段

供应商区段所包含的信息一般是供应商在包装时知晓的。SSCC 在此作为物流单元的标识。如果过去使用 GTIN，在此也可以与 SSCC 一起使用。

对供应商、客户和承运商都有用的信息，如生产日期、包装日期、有效期、保质期、批号、系列号等，皆可采用 GS1-128 条码符号表示。

2. 客户区段

客户区段所包含的信息，如到货地、购货订单代码、客户特定运输路线和装卸信息等，通常是在订购和供应商处理订单时知晓的。

3. 承运商区段

承运商区段所包含的信息一般是包含在装货时就已确定的信息，如到货地邮政编码、托运码、承运商特定路线和装卸信息。

图 6-18　物流单元标签实例

6.7.2 标签格式

一个完整的物流单元标签包括三个标签区段，且从上到下的顺序通常为：承运商区段、客户区段和供应商区段。每个区段均采用两种基本形式表示一类信息的组合。标签文本内容位于标签区段的上方，条码符号位于标签区段的下方。其中，SSCC 条码符号应位于标签的最下端。标签实例如图 6-18 所示。

SSCC 是所有物流单元标签的必备项，相关的规定，参见 6.2.1、6.2.2 节内容。

1. 承运商区段

承运商区段通常包含在装货时就已确定的信息,如到货地邮政编码、托运代码、承运商特定路线和装卸信息。标签实例如图 6-19 所示。

2. 客户区段

客户区段通常包含供应商在订货和订单处理时就已确定的信息。主要包括到货地点、购货订单代码、客户特定路线和货物的装卸信息。

图 6-19 基础物流单元标签:一个 SSCC

3. 供应商区段

供应商区段通常包含包装时供应商已确定的信息。SSCC 是物流单元应有的唯一的标识代码。标签实例如图 6-20 所示。

客户和承运商所需要的产品属性信息,如产品变体、生产日期、包装日期和有效期。批号(组号)、系列号等也可以在此区段表示。标签实例如图 6-21 所示。

图 6-20 包含供应商和承运商区段的物流单元标签

图 6-21 包含链接数据的供应商区段物流单元标签

包含供应商、客户与承运商区段的标签如图 6-22 所示。

图 6-22　包含供应商、客户与承运商区段的物流单元标签

6.7.3　标签尺寸要求

用户可以根据需要选择 105 mm×148 mm(A6 规格)或 148 mm×210 mm(A5 规格)两种尺寸。

当只有 SSCC 或者 SSCC 和其他少量数据时,可选择 105 mm×148 mm。

6.7.4　技术要求

物流单元标签上的条码符号应符合下列和 GB/T 15425—2014 的规定。

1. 尺寸要求

X 尺寸最小为 0.495 mm,最大为 1.016 mm。在指定范围内选择的 *X* 尺寸越大,扫描

可靠性越高。

条码符号的高度应大于或等于 32 mm。

2. 条码符号在标签上的位置

条码符号的条与空应垂直于物流单元的底面。在任何情况下,SSCC 条码符号都应位于标签的最下端。

供人识读字符可以放在条码符号的上部或下部,包括应用标识符、数据内容、校验位,但不包括特殊符号字符或符号校验字符的表示。应用标识符应通过圆括号与数据内容区分开来。供人识读字符的高度不小于 3 mm,并且清晰易读,位于条码符号的下端。

3. 检测和质量评价

条码的符号等级不得低于 1.5/10/670,条码符号的检测和质量评价见 GB/T 18348—2008。

4. 标签的文本

1) 文字与标记

标签的文字与标记包括发货人、收货人名字和地址,公司的标志等。标签文本要清晰易读,并且字符高度不小于 3 mm。

2) 人工识读的数据

人工识读的数据由数据名称和数据内容组成,内容与条码表示的单元数据串一致,数据内容字符高度应不小于 7 mm。

6.8 物流单元标签的位置

条码标签的放置位置,在 GB/T 14257—2009(商品条码符号位置-报批稿)

6.8.1 符号位置

每个完整的物流单元上至少应有一个印有条码符号的物流标签。物流标签宜放置在物流单元的直立面上。推荐在一个物流单元上使用两个相同的物流标签,放置在相邻的两个面上,短的面右边和长的面右边各放一个(图 6-23)。

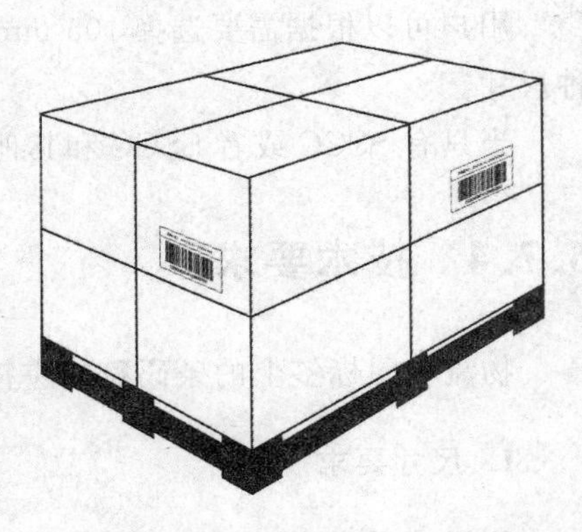

图 6-23 物流单元上条码符号的放置

条码符号应横向放置，使条码符号的条垂直于所在直立面的下边缘。

6.8.2　条码符号放置

1. 托盘包装

条码符号的下边缘宜处在单元底部以上 400～800 mm 的高度(h)范围内，对于高度小于 400 mm 的托盘包装，条码符号宜放置在单元底部以上尽可能高的位置；条码符号(包括空白区)到单元直立边的间距应不小于 50 mm。在托盘包装上放置条码符号的示例如图 6-24 所示。

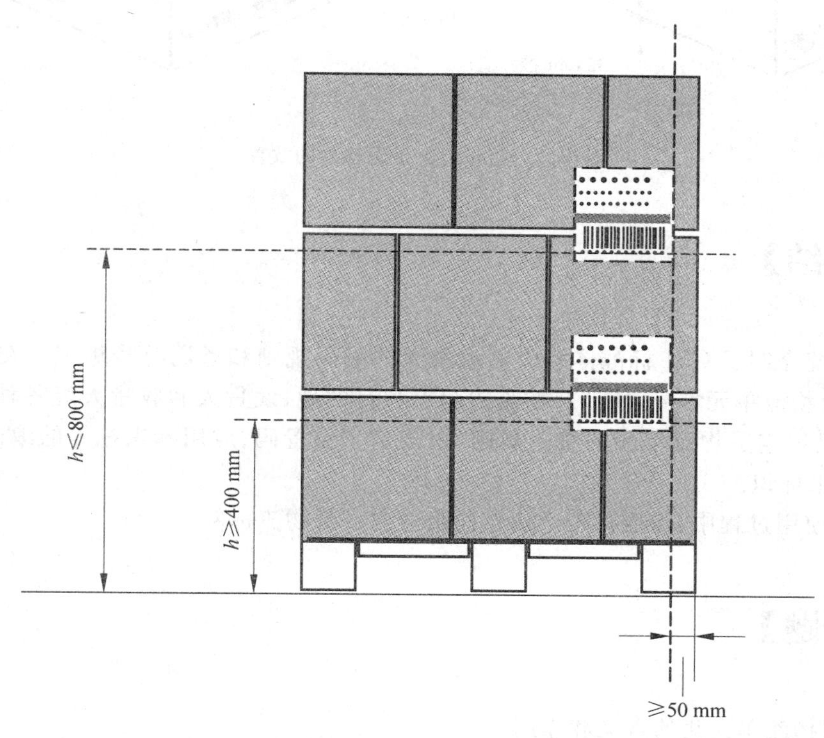

图 6-24　托盘包装上条码符号的放置

2. 箱包装

条码符号的下边缘宜在单元底部以上 32 mm 处，条码符号(包括空白区)到单元直立边的间距应不小于 19 mm，如图 6-25(a)所示。

如果包装上已经使用了 EAN-13、UPC-A、ITF-14 或 GS1-128 等标识贸易项目的条码符号，印有条码符号的物流标签应贴在上述条码符号的旁边，不能覆盖已有的条码符号；

物流标签上的条码符号与已有的条码符号保持一致的水平位置,如图 6-25(b)所示。

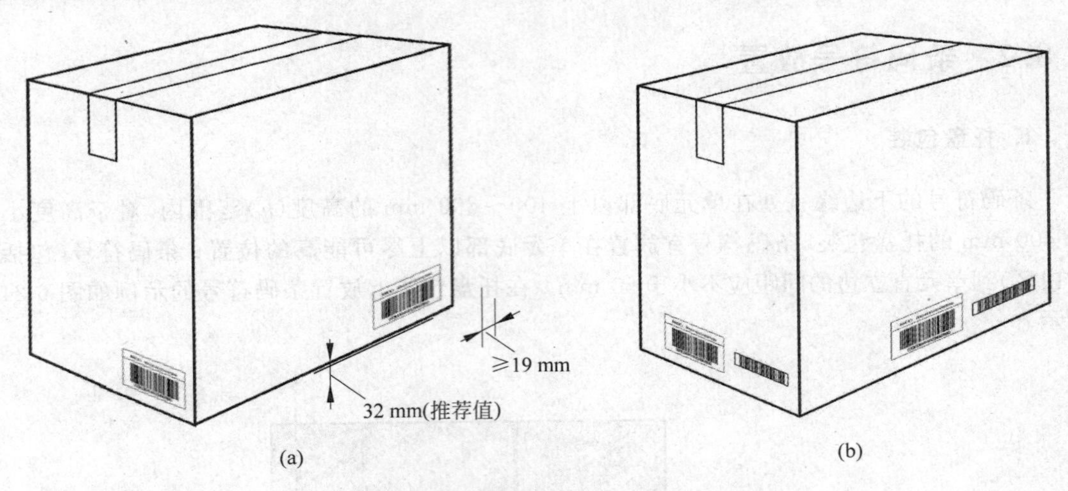

图 6-25 箱包装上条码符号的放置

【本章小结】

本章系统介绍了 GS1 标准体系中物流单元的编码规则和条码符号标识。在物流业务中,不仅涉及物流单元本身,还涉及物流的起点和目的地、发货人和收货人等各种信息。因此,GS1 不仅规定了物流单元的编码规则,也规定了位置码、应用标识符等的编码规则,用 GS1-128 码来标识。

在实际使用过程中,需要将若干信息段组合成一个物流标签。

【本章习题】

1. 说明物流单元化的含义和作用。
2. 物流单元的编码规则有哪些?
3. 物流中涉及的应用标识符主要有哪些?
4. 一般地,一个物流标签中应包含哪些信息?这些信息如何组合?举例说明。
5. 收集一些物流单元的标签,识别其上的各段信息的含义。

第7章　制造业生产线上的条码应用

【任务7-1】　丰田汽车的产品召回

(1) 如何只召回有缺陷的产品?

(2) 怎样确认一个有缺陷的产品?

(3) 条码技术可以在这里扮演什么角色?

7.1　内部物流与条码

【任务7-2】　分析你身上的一件衣服的生产过程(图7-1)

(1) 需要哪些原材料(主料、辅料)?

(2) 经过哪些工艺过程?

(3) 需要哪些加工设备?

(4) 涉及多少岗位工人?

一个产品的生产过程,就是各种原材料、加工工艺、生产设备、生产人员等生产资料经过标准的步骤和工艺,一步一步变成最终产品的过程。依据产品的复杂程度不同,这个过程也差别很大。

图7-1　一件西服的定制过程

7.1.1　生产物流的含义

生产物流是指企业在生产工艺中的物流活动,也就是生产企业的车间或工序之间,其原材料、零部件或半成品,按工艺流程的顺序依次流过,使其最终成为产成品,送达成品库暂存的过程。这种物流活动是与整个生产工艺过程伴生的,实际上已构成了生产工艺过程的一部分。企业生产过程的物流大体为:原料、零部件、燃料等辅助材料从企业仓库或企业的“门口”开始,随生产加工过程一个一个环节地流,在流的过程中,本身被加工,同时产生一些废料、余料,直到生产加工终结,再流至产成品仓库,企业生产物流过程结束。

过去,人们在研究生产活动时,主要注重生产加工过程,而忽视了将每一个生产加工过程串在一起,保证能生产连续进行的物流活动。物流活动所用的时间远多于实际加工的时间。所以企业生产物流的研究,可以大大缩减生产周期,节约劳动力。

生产物流是企业(内部)物流系统的转换；也称厂区物流、车间物流。它是企业物流的核心部分。生产物流是生产过程中,原材料、在制品、半成品、产成品等在企业内部的实体流动。

目前,生产物流的管理中存在以下几个问题：

一是对企业内部物流的作用认识不充分、不到位,物流整体管控水平低下,物流活动中浪费现象普遍,所产生的物流成本主次责任不清,而且现行的会计财务核算标准欠缺,不能充分反映所产生的物流成本。

二是缺乏系统设计思想,物流储运布局不合理。

三是企业内部物流管理信息化程度低,缺乏有效的信息管理系统,成熟的物流技术难以及时推广应用。

四是运输配送体系不完备,物流标准执行难,社会物流资源利用不充分。

五是物流人才的专业素质有待加强,高层管理人员缺乏对内部物流的重视,中层管理人员缺乏基础物流理论知识,直接从事物流的人员缺乏对内部的物流链优化改善经验。

六是缺乏合理的物流管理绩效测评机制,多数制造企业的物流管理系统存在目标不清晰、难以量化、实际可操作性差等问题,很难对物流管理进行全程监控。

解决上述问题的措施有以下几个。

一是强化创新管理意识,构建流通节点的管控保障体系,树立全局物流观,学习借鉴先进的物流管理理念,编制物料配送计划、细化生产计划、规范作业程序。

二是优化整体布局,加快物流的标准化、专业化与自动化水平建设,合理配置物流的设施与设备,设计合理的作业场所。

三是加大物流信息系统的应用,完善物流管理信息系统,实现信息共享,构建以信息技术为核心的现代物流体系。

四是发挥"第三方"作用,降低企业物流活动的自我服务比重,整合企业内、外部的物流资源,实现优势互补。

五是加快物流人才建设,重视人才的引进和培养,强化现有物流专业人员的培训,组建物流管理队伍。

六是建立绩效评估体系,对物流活动进行计划和调控,正确计算物流成本并评估物流部门对企业效益的贡献程度,分层分级建立物流成本管理与控制系统,实现内部管理突破。

本章主要讨论条码技术在内部物流管理中所发挥的作用。

7.1.2　个性化定制与内部物流

由于电商的发展速度不断加快,JIT 生产或零库存管理方式正逐步导入企业,企业与客户的联系将越来越密切。在这个个性化服务的时代,我们必须使物料、半成品、成品在最短时间内通过生产的各个环节直达客户。生产物流的重要任务是将以生产为中心的供应链向以需求为中心个性化、多品种、小批量的互联网思维的供应链转变，使整个生产物流在理念和实际操作层面实现跨越。这是企业生存发展的本质要求，也是企业生产物流发展的必然要求。我们要用前瞻性、信息化、系统化的思路来思考企业的技术改造、自动化和物流系统，充分理解现代物流、信息流、资金流的相互关系，深刻理会自动化物流系统在企业中的地位、内涵、作用和价值。

（1）一体化是必然趋势。企业物流一体化的核心是物流需求计划（MRP），以较低的营运成本满足顾客的需求，它将供应物流、生产物流、销售物流与商流、信息流和资金流进行整合，使现代物流在商品数量、质量、种类、价格、交货时间、地点、方式、包装及物流配送信息等方面都满足顾客的要求。一体化的供应链管理，强化了各节点之间的关系，使物流成为企业的核心竞争力。例如，海尔集团，它以 JIT 的方式进行采购、材料、配送和分拨来实现物流的同步，实现了在中心城市 8 h、区域内 24 h、全国 4 天以内配送到位的物流目标。

（2）构建以信息技术为核心的现代化企业内部物流体系。现代化企业内部物流应以信息技术为主要核心，将"工业 4.0"的思想融合到物流中，实现以物联网技术、信息技术、运输技术、配送技术、装卸搬运技术、自动化仓储技术、库存控制技术、包装技术等专业技术为支撑的现代化装备技术格局。其发展趋势表现为信息化、自动化、智能化和集成化，这对提高物流效率、降低物流成本具有重要意义。由信息保留转向信息分享，在供应链管理结构下，供应链内相关企业必须将供应链整合所需的信息与其他企业分享，否则无法形成有效的供应链体系。

（3）客户个性化需求的制定是企业内部物流的前进方向。我们要以客户的需求为出发点，不断改善内部物流系统。互联网技术的发展，带动了物流业的飞跃发展，同时也提高了客户对于物流服务水平的要求。为了及时满足不同地区的客户对产品的不同需求，企业要尽可能地将产品定制延伸到供应链的最终消费者。在客户确认订单后，根据订单上的具体要求完成最后的组装和配送，让企业能更加及时准确地响应市场的需求，这种个性化需求定制以较短的供货周期、紧急订单的灵活处理和库存的合理调配等优点满足了客户的需求，如 IBM 的个性化需求定制就是企业现代物流发展模式的一个成功案例。

（4）提升增值服务和压缩物流时间。据不完全统计：在大规模生产的机械类制造企业当中，加工 1 吨产品平均搬运量高达 60 吨次以上，从事搬运储存的工作人员比例占全部工人的 15%～20%，可见仅搬运活动已消耗大量成本。在物流环节，增值活动仅占生产和经营活动总和的 5%左右（日本丰田公司的增值比例达 11%，比一般企业高出至少 2 倍）。因此，整个企业的物流系统将重新布局与规划，不断地优化物流路线，减少不断增值的活动，以此来提高效率。未来许多企业愿意投入大量资源建立基本会计系统，着重提供增值创造、跨企业的管理信息，以及能确认可创造价值的作业，而不仅局限于收益增加、成本升降上。

（5）内部物流外包。我国制造业的外包物流只有 61%，而发达国家大于 70%，因此，企业内部物流将外包给第三方物流公司管理还有很大提升空间。在竞争日趋激烈的环境中，企业必须有效整合各部门的营运方式，并以程序式的操作系统来运作。物流作业与活动大多具有跨功能、跨企业的特性,因此,程序式整合是物流管理成功的重点。

(6)绿色物流是企业内部物流未来的发展趋势。随着人类对环保的日益重视,“低碳”已经渗透到各国社会经济发展的各个环节。在这种背景下,“绿色物流”的概念也应运而生,其为企业内部物流的发展提供了相应的新方向。绿色物流主要包含两个方面:一是对物流系统的污染进行控制,即在物流系统和物流活动的规划与决策中尽量采用对环境污染小的方案,如物料运送采用电瓶车,近距离配送或夜间运货等方案;二是建立工业和生活废料处理的物流系统。

总之,我国企业要想真正做好内部物流体系的建设,需要多管齐下,从多方面入手,企业核心领导既要有全局统领掌管能力,又要有不断创新的前瞻发展理念。只有这样,才可能改变全体员工的工作意识,树立起自我价值实现的职业操守,激发调动出员工的潜在力量和工作积极性。只有多方协同配合,着手行动,才能优化物流资源,降低流通成本,使有限资源得到有效的最大利用。

7.1.3 产品追溯

质量追溯系统是在各生产线的上线工位采用针式或激光打印机(pinstamp)为工件打标二维码和可识别码,在上线、下线、装配和一些关键工位均设有扫描仪扫描二维码,并通过PLC(可编程逻辑控制器)等设备将数据记录到数据库中。实现工件从上线、下线、装配的全程跟踪追溯。

产品质量追踪通过对每批次产品在各加工工序的生产时间和生产批号、各加工工序的在线或离线检验数据记录、各批次使用辅料的质量检测记录等信息进行关联查找,为质量分析人员提供手段和方法来追溯每一批次产品在整个生产的各个工序或环节的质量控制状况,重现该批次产品的整个生产过程,从中发现问题,为质量的改进提供依据。

可以通过指定批次号来查找该批次对应各生产工序的生产时间段及所对应的质量信息(各工序的在线或离线质量信息、批次统计信息、趋势图及原辅料批次信息等),也可通过指定工序时间段来查找在该时间段内的生产批次。

7.1.4 缺陷召回

经系统分析和确认,对存在质量问题的产品或半成品,按照条码批次和相关信息进行统一召回处理,通过MES(Manufacturing Execution System,制造业执行系统)系统的产品追溯功能,可以实现从最终用户、产成品到生产过程、质量检验、原料采购和供应商等相关信息的追溯,以便对发生质量问题的所有批次产品进行召回处理。

以往的手工操作已越来越不适应新形势下的现代化管理的要求,计算机技术和条码技术引入生产产品追溯系统领域,已成为必然趋势。例如,原来生产质量只能进行现场产品追溯系统，如果产成品出库以后则无法继续追溯其产品的质量情况、各工序生产者、质检责任人等。而现代化的管理要求企业能够为客户提供更多的信息和个性化的服务。

条码自动识别技术具有输入速度快、准确度高、成本低和易操作等特点。在自动化装配生产线和各加工过程中，使用条码为主要零部件打上条码标签。通过条码阅读器采集并译码后，条码信息输入计算机服务器的数据库，每件产品和主要部件都会有一个唯一的条码。不管产品发往何处，都会留有记录。如果发生问题，只需读出产品上的条码，就可以在数据库内调出该产品所有的相关数据，大大便利了产品的质量跟踪和售后服务。

产品质量跟踪系统，在扫描器输入或键盘输入不合理的数据时，均为无效操作，尽量排除人为的错误，提高系统的可靠性。

采用产品质量跟踪系统后，工作更简单、方便、准确和快捷。通过数据的采集、管理、检索、存档和统计实时化，质量信息和动态地反映生产现状使生产管理者能及时、准确、全面地了解生产情况。产品的自我辨别也是企业保护自己的一种方式，可以防止假冒产品损坏企业声誉。

生产线采用条码管理系统后，可大大提高质量及管理水平，将为企业的决策、管理带来显著的效果。

通过使用产品质量跟踪系统，企业的产品出厂之后仍可以查到如下信息：

（1）验证产品的真伪，即具有产品防伪功能。

（2）产品资料，可以获取产品的名称、规格及其他的详细资料。

（3）质检员，可以获取此产品的各工序的质检员、生产者。

（4）生产日期，此产品确切的生产日期。

（5）发货客户、出库早期，此产品的销售去向，所在销售单的发货地点、出库单号、发货数量等资料。

（6）同批出库的其他产品，通过查找销售单显示所有同批发货单的其他产品。

7.1.5　柔性制造

柔性制造的模式其实广泛存在，比如定制，这是一种以消费者为导向、以需定产的方式，对立的是传统大规模量产的生产模式。在柔性制造中，考验的是生产线和供应链的反应速度。比如目前在电子商务领域兴起的“C2B”“C2P2B”等模式体现的正是柔性制造的精髓所在。

柔性可以表述为两个方面。

一个方面是指生产能力的柔性反应能力，也就是机器设备的小批量生产能力。

“柔性”是相对于“刚性”而言的，传统的“刚性”自动化生产线主要实现单一品种的大批量生产。其优点是生产率很高，由于设备是固定的，所以设备利用率也很高，单件产品的成本低。但只能加工一个或几个相类似的零件，难以应付多品种中小批量的生产。随着批量生产时代正逐渐被适应市场动态变化的生产所替换，一个制造自动化系统的生存能力和竞争能力在很大程度上取决于它是否能在很短的开发周期内，生产出较低成本、较高质量的不同品种产品的能力。柔性已占有相当重要的位置。

(1) 美国国家标准局把FMS定义为："由一个传输系统联系起来的一些设备，传输装置把工件放在其他联结装置上送到各加工设备，使工件加工准确、迅速和自动化。中央计算机控制机床和传输系统，柔性制造系统有时可同时加工几种不同的零件。"

(2) 国际生产工程研究协会指出："柔性制造系统是一个自动化的生产制造系统，在最少人的干预下，能够生产任何范围的产品族，系统的柔性通常受到系统设计时所考虑的产品族的限制。"

(3) 中国国家军用标准则定义为："柔性制造系统是由数控加工设备、物料运储装置和计算机控制系统组成的自动化制造系统，它包括多个柔性制造单元，能根据制造任务或生产环境的变化迅速进行调整，适用于多品种、中小批量生产。"

简单地说，FMS是由若干数控设备、物料运储装置和计算机控制系统组成的并能根据制造任务和生产品种变化而迅速进行调整的自动化制造系统。

第二个方面，指的是供应链的敏捷和精准的反应能力。

在柔性制造中，供应链系统对单个需求作出生产配送的响应。从传统"以产定销"的"产—供—销—人—财—物"，转变成"以销定产"，生产的指令完全是由消费者独个触发，其价值链展现为"人—财—产—物—销"这种完全定向的具有明确个性特征的活动。

在这个过程中不仅对生产的机器提出了重大的挑战，也对传统的供应链提出了革命性的颠覆。供应链才是成功实践柔性制造的核心竞争力。从传统的大单出货、大批生产、低毛利率的情况下，如何在保证品质和反应速度的情况下，又要有效地反应消费者的个体需求，另外还要有效控制成本；只有全价值链地完全掌握才能从根本上去解决单个生产的成本控制；在不断改良生产工艺，优化生产流程，在流程中提高人效，精准化生产达到零库存，以此来压缩消费者需要付出的库存代价；真正的零库存从根本上解决了隐形成本的问题，这就是爱定客的产品在维持高品质的前提下还能保持非常有竞争力的价格的秘密所在。

柔性制造的基本特征有以下几点：

(1) 机器柔性。系统的机器设备具有随产品变化而加工不同零件的能力。

(2) 工艺柔性。系统能够根据加工对象的变化或原材料的变化而确定相应的工艺流程。

(3) 产品柔性。产品更新或完全转向后，系统不仅对老产品的有用特性有继承能力和兼容能力，而且还具有迅速、经济地生产出新产品的能力。

(4) 生产能力柔性。当生产量改变时，系统能及时作出反应而经济地运行。

(5) 维护柔性。系统能采用多种方式查询、处理故障，保障生产正常进行。

(6) 扩展柔性，当生产需要的时候，可以很容易地扩展系统结构，增加模块，构成一个更大的制造系统。

柔性制造的基本功能有以下几点：

(1) 能自动控制和管理零件的加工过程，包括制造质量的自动控制、故障的自动诊断和处理、制造信息的自动采集和处理。

(2) 通过简单的软件系统变更，便能制造出某一零件族的多种零件。

(3) 自动控制和管理物料（包括工件与刀具）的运输和存储过程。

(4) 能解决多机床下零件的混流加工，且无须增加额外费用。

(5) 具有优化的调度管理功能，无须过多的人工介入，能做到无人加工。

精益制造管理系统（MES）是集合软件和人机界面设备（PLC触摸屏）、PDA手机、条码采集器、传感器、I/O、DCS、RFID、LED生产看板等多类硬件的综合智能化系统，它由一组共享数据的程序所组成，通过布置在生产现场的专用设备（PDA智能手机、LED生产看板、条码采集器、PLC、传感器、I/O、DCS、RFID、PC等硬件）对从原材料上线到成品入库的生产过程进行实时数据采集、控制和监控的系统，是通过控制包括物料、仓库、设备、人员、品质、工艺、流程指令和设施在内的所有工厂资源来提高制造竞争力。MES提供了一种系统地在统一平台上集成，诸如工艺排单、质量控制、文档管理、图样下发、生产调度、设备管理、制造物流等功能的方式，从而实现企业实时化的信息系统。MES实时接受来自ERP系统的工单、BOM、制程、供货方、库存、制造指令等信息，同时把生产方法、人员指令、制造指令等下达给人员、设备等控制层，再实时把生产结果、人员情况、设备操作状态与结果、库存状况、质量状况等动态地反馈给决策层。

7.2　流程型制造业生产线条码质量追溯系统解决方案

7.2.1　概述

随着中国经济的快速发展和人民生活水平的不断提高，汽车逐渐成为消费热点。国内汽车生产急剧扩张，国外汽车生产巨头也纷纷进入中国市场。对中国汽车业来说，在迎来前所未有的发展机会的同时，也必须面对激烈的市场竞争。

面临这样的市场竞争情况，汽车业将面临巨大的生存压力，必须提高生产效率、提高产品质量、降低成本，并满足客户多样化和个性化的需求。而中国汽车业在管理水平、制造能力、质量和价格等方面都和国际汽车市场有着明显差距，以产品生命周期不断缩短、客户需求日益个性化、质量要求越来越高为特点的新的市场形势也向中国汽车业提出新的挑战。

同时，汽车作为安全性要求比较高的消费品，其质量问题已引起消费者、政府管理部门和汽车生产厂家的高度重视。对于每一个汽车制造商来说，必须建立一套有效的信息系统，用于建立并且长期保存每辆汽车和车主的有关资料、记录技术服务过程中的动态信息，并且定期地向有关部门备案。为了完成召回制度所规定的义务,汽车制造商必须设立有关的机构、相应的人员、配置相应的系统。

综合以上情况,面临激烈、多变的市场竞争环境和相关法规、标准的要求,汽车制造行业必须提高生产和质量管理水平,建立完善的、集成化的生产质量监控和管理体系。

汽车生产质量管理系统提供产品全面的生产和质量管理,涵盖来料管理、发动机加工及装配、冲压、焊装、喷漆、总装、检测试车、audit、售后服务、产品追溯等环节,并可与 ERP、CRM 等管理系统实现信息交互。

1. 冲压车间管理

冲压车间是典型的批量轮番生产组织方式,按焊装车间的生产需求量及冲压设备的生产能力,将冲压零部件分为多个批次,依靠模具的快速切削进行生产。其主要特点是:零部件品种多样性;生产重复性,生产轮番性。因此,生产批次管理是冲压车间的管理重点。

2. 机加车间管理

发动机加工车间主要生产缸体、缸盖、曲轴、连杆、凸轮轴五大发动机核心部件,为流水线生产模式。控制的重点是各部件的关键质量特性,同时对生产批次进行管理。

以缸体为基本载体将发动机零部件组装成发动机总成,包括主装配、准备区和检测等环节。控制的重点为装配精度、力矩、试验结果及装配过程中发生的缺陷,并对缸体、缸盖、曲轴、凸轮轴、连杆、缸套、飞轮、进排器管、油泵、燃油系统、链条、发电机、起动电机等关键部件进行批次追踪。

3. 焊接车间管理

焊接车间分总成包括侧围、前后围、底板等,将这几大总成进行拼装,再焊接上车顶和四门两盖,形成白车身送往喷漆车间,焊装车间主要质量控制点为焊接缺陷和精度。2 mm 工程是高质量车身的象征。有缺陷的车身将在返修区进行维修。

4. 喷涂车间管理

喷漆车间的主要控制点为设备的工艺参数和车身缺陷,典型的工艺流程有前处理、电泳、电泳打磨、粗密封、底部密封、细密封、中涂、中涂打磨、面涂、精饰整理和质量终检。

5. 总装车间管理

总装车间是汽车整车的最后生产环节,是保证汽车出厂质量和生产进度的重中之重,汽车生产质量管理系统总装车间包括分总成装配和主装配等工艺过程,共有 100 多道工序,控制的重点是装配过程发生的缺陷和装配力矩、加注量/加注参数等,同时建立重要件、安全件和汽车 VIN 码的关联,建立汽车族谱。

7.2.2　方案原则

由于生产,质量数据属动态信息,不仅数据量大,而且内容庞杂,且由于此数据不仅用于生产统计及质量监控等方面,同时还具有对整车终身质量跟踪等功能,因而必须保证数据准确；另外,出于对劳动生产率等方面的考虑,不可能在现场的每个网点都设定专人负责数据输入,所以数据的采集只能由生产工人用最简单的操作来完成,由系统来保证数据的实时和准确。

因此,在企业建立统一中心数据库,作为物品流通的信息平台,以便于整体规范管理,在车间现场利用条码技术与网络技术采集和传输数据。通过激光扫描枪、计算机,成功地、有机地将设备、工位、车辆、零部件等连结在一起,组成一个实时的汽车装配线生产数据、检测数据采集系统。能够真实地记录汽车生产全过程的自然情况,从而实现了整车档案数据全面记录的难题。系统以底盘号为关键字,在条码制作工位根据车型。类型及装备的不同,为每台车制作底盘号条码,并打印生产线配套作业指导书。并为每一类在制品零部件赋予一个识别编号,也就是该部件在信息网络中的名字,贴上相应的条码(39 码),个人在工位通过扫码得到指令,通过扫码进行装配,同时系统完成数据采集。将生产状态,库存情况映射到信息网络中,登记在现场中心数据库里,再传送到信息体系中(如 ERP,MRP 等)。全线均采用激光枪扫描技术,由系统自动记录车型、上线时间、操作装配过程、生产班次、操作人员、零配件及部件等信息,并能根据用户需求,在系统打印"选装件作业指导书",装配工人按此指导书进行选装件及变型车装配。从而保证了混流生产的顺利进行。

1. 基本结构

系统采用 B/S 三层架构设计,表示层：用户与软件的交互接口；中间层：应用服务器和代理服务器,负责系统业务逻辑处理；数据层：数据库。集中存放系统数据。可以是各种关系型数据库。

汽车生产质量管理系统基于技术,由以下几部分组成：工业级条码打印机,激光扫描和接口模块,接口模块以总线方式或串口通信方式与 PLC、PC 等控制单元相连。

2. 工单管理

工单管理用于对生产计划/订单进行分解细化,设置工单所属订单号、产品型号、客户、数量、批号、BOM,指定的生产线、计划开始时间、计划结束时间、规定工艺路线及各工序作业规范及管制项目,规定校验、追溯、停线标准。支持拆分、合并、挂起、恢复、取消等。

3. 作业调度

基层生产单位根据生产进度计划具体确定生产进度,同时确定每一工序、操作工、工作班的工作任务。其任务是要在有限的人力、设备资源上安排多项工作任务,规定执行顺序和时间,提供可靠的客户订单交期,使预定的目标得到实现并优化。

4. 防差错管理

汽车生产质量管理系统在装配流水线上以尽可能大量地生产用户定制的汽车,是基于用户提出的要求式样而生产的,用户可以从上万种内部和外部选项中选定自己所需车的颜色、引擎型号还有轮胎式样等要求,这样一来,汽车装配流水线上就得装配上百种式样的汽车,如果没有一个高度组织的、复杂的控制系统是很难完成这样复杂的任务的。在装配流水线上配有条码系统,利用网络与中心数据库实时获得详细的汽车所需的所有要求装配信息,在每个工作点处都有激光扫描枪,这样可以保证汽车在各个流水线位置处能毫不出错地完成装配任务。

5. 仓库管理

汽车生产质量管理系统建立完整的供应商交货品质记录和批次信息:对每个供应商依据电子看板进入企业的零部件可以进行标签记录,了解其型号、类型、批次、生产日期等,进行入库、出库管理。

6. 生产线的实时监控

对产品进入总装车间到整车终检整个生产过程进行跟踪管理。

7. 返修管理

汽车生产质量管理系统记录返修工作站的维修记录,便于了解产品的返修情况,分析返修原因。通过知识库提示返修人员快速掌握维修方法,提高业务水平。

8. 设备管理

汽车生产质量管理系统跟踪和指导设备维护以保证制造过程的顺利进行,发现异常及时报警,并生成阶段性、周期性和预防性的维护计划,同时对直接需要维护的问题进行响应。

9. SPC 统计过程分析

汽车生产质量管理系统实时记录生产过程中的质量信息,如总装车间的扭矩、检测线数据、加注机数据,喷漆车间的设备参数,焊装和车架车间的尺寸数据等,利用 SPC 进行监控,发现异常及时通知相关责任部门进行处理,并对异常的原因和处理情况进行跟踪。

10. 成本控制

利用现代物流理论改进汽车零部件、整车仓储,节约成本,节省企业中各车间的生产、临时库存的浪费。

11. 产品追溯

我国已经实行汽车召回制度，对产品追溯提出了更高的要求。产品追溯要求有详细的生产现场记录，包括生产、质量、物料各个方面。

根据条码标签信息，通过网络可以实时查询到该车在总装车间各关键工位的生产制造信息，如生产时间、操作工、检验员、批次、系列号、质量数据、工艺数据、测试数据等，并了解制造流程的信息，如返修及处理结果等。还可以查询该车在重要工位的质量信息，包括缺陷数据和计量数据，以及工位的过程能力等各类数据。

12. 缺陷管理

汽车生产质量管理系统整车生产以装配为主，涉及大量的部件(包括厂内自制件和外协件)，在装配过程中难免发生各种缺陷，有来自部件的，有在本工序产生的，也有上道工序产生的。为了提高质量，降低返修率，需要对每一辆车的缺陷进行实时监控，实时记录，便于及时采取措施。

13. 报表与决策分析

汽车生产质量管理系统支持自定义多维分析，如按部门、车型、时间、不良类型、班次等对不良情况进行分层分析，生产和质量信息的纵向(历史)和横向(产品、车间、生产线)对比分析等。

7.2.3 应用效果

汽车整车条码追溯系统是一个对产品链进行有效的质量管理、物流管理和控制的管理平台，数据基于 ERP 系统，系统是一个层次结构的系统，能够为管理层、执行层和业务层提供各自所需的各种质量信息和物流信息。

系统均采用激光扫描技术，由计算机进行检索及数据处理，自动完成数据录入、校对，以及时间、班次，操作人员自动记录等项工作。从而达到了既减轻工人的烦琐劳动，又提高了劳动效率，确保数据准确的目的。

任何一个现代化管理系统的安全可靠运行都离不开两方面的因素，其一是系统本身的可靠性和安全性，因为本系统运行在生产现场，因而要求它必须具备较高的容错及纠错能力，尽可能地避免由于误操作及其他可能的原因产生的任何误差，这一点应由系统设计及开发中予以保证；其二也是最重要的一点，即必须建立一整套确保系统正常运行的管理体系，现代化技术的运用必须以科学的、严格的管理为前提。

对整车在整个生命周期的质量进行系统的管理、控制、评价和追溯，以帮助提高生产率、降低消耗、保持产品质量的稳定及提高产品的质量水平,以产品条码信息为纽带,建立一个支持全生命周期的产品信息管理平台,实现产品信息的前追后溯。

汽车整车条码追溯系统采用条码技术实现自动化的数据采集,不仅在仓库的物流作业中通过条码数据采集器实现仓储作业的数据采集,而且在生产制程和质量检验环节也通过实时的条码扫描获取即时的生产和质检信息。通过条码技术、工业控制技术和无线网络技术实现工厂物流、生产的透明性。

【应用案例 7-1】 可追溯体系在安全猪肉中的实现

近来,食品安全问题变得突出起来,要求政府强化食品市场管理的呼声越来越高。中国是世界养猪大国,但由于疾病控制差、肉食品污染、抗生素、激素和重金属残留等问题,以及绿色贸易壁垒,使得活猪和胴体出口少。而国内老百姓要求吃上"放心肉"的呼声也越来越高,所以猪肉安全问题已经成为影响我国食品产业国际竞争力的重要因素。尤其是猪肉的"身份"问题,一旦发生猪肉安全事故,人们最担心的是如何将可能有问题的猪肉召回,减少对消费者的危害,因此在安全猪肉中实现可追溯体系是我们目前最需解决的问题。

2002 年,农业部颁布了《动物免疫标识管理办法》,随后内蒙古采用计算机管理动物免疫耳标,然而在实际应用中,这些耳标编码的识别,只能靠肉眼读出,速度慢,易出错,缺乏半自动或全自动识别功能。为此,我们借鉴发达国家畜体标识新技术,如在建立规范猪肉生产记录与文档,以及猪肉安全生产要素及其肉用猪休药期与兽药残留等临界值数据库的基础上,综合应用动物个体耳标、条码、RFID 射频识别技术和网络技术,实现一套工厂化猪肉安全生产全程信息跟踪系统。让用户一旦发现问题,就可通过计算机"可追溯软件"查问题的源头,及时发现问题,保障肉食品卫生质量。

一、可追溯体系的功能

可追溯体系包含两个主要功能,即追踪和溯源。追踪是指沿着供应链条从开始到结尾追逐产品向下游移动的轨迹,即提供下游信息;而溯源是指通过记录沿着整个供应链条向上游追踪产品来源,即提供上游信息。为了便于追踪,生产商在生产过程的各个阶段(生产、加工、流通、零售和消费)都一定要收集信息并保存记录。将食品和饲料原料分析方法与信息技术系统相结合对实施有效的追踪和追溯体系是非常必要的。过去加工商能够知道某种成分的来源就足够了;但是现在加工商还必须确保其产品要符合食品法规的要求。这就要求所有的成分来源都能够被追踪,因此生产商必须能够证明其供应商能够提供完整的追溯。如果发现了任何可疑问题,必须一直追踪到消费者。追溯适用于与食品安全有关的任何环节,如包装、加盖和封口等。追溯体系也包含了产品生产、包装和流通前、中、后期对产品所发生的一切事情。这涉及产品的组成、加工、检测和检测结果、环境(温度、时间和湿度)、所用资源(人、机器和刀)、运输方式及时间等。

二、安全猪肉可追溯体系的内容

1. 安全猪肉可追溯系统如图 7-2 所示。

2. 安全猪肉可追溯系统构成

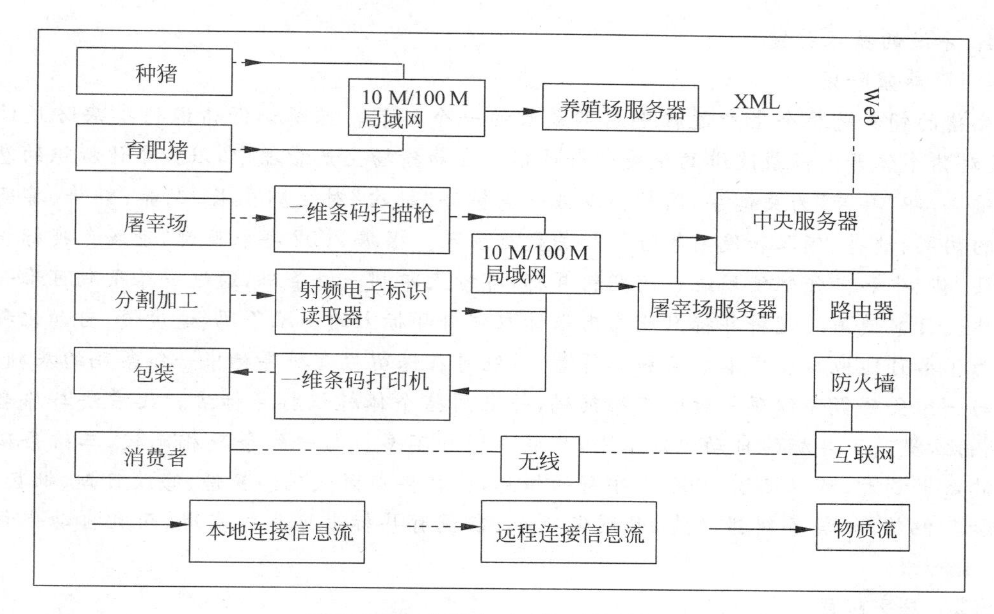

图 7-2　安全猪肉可追溯系统结构图

安全猪肉可追溯系统主要针对从工厂化养猪场到大型屠宰场，再到超市销售的生产模式。根据猪肉生产流程，“安全猪肉可追溯系统”包括养殖生产、屠宰加工和超市销售 3 个应用模块：

(1) 养殖场系统主要实现生猪生长过程中的档案记录和管理；兽药、饲料、消毒产品的购买、储存、领取和使用，以及养殖环境是否符合国家或地区标准和法规，对出口生猪的监控，看是否符合出口国或地区的使用标准和法规；对违规现象进行预警。

(2) 屠宰场系统主要实现生猪的运输监控；生猪个体标识信息的转换；生猪屠宰档案记录和保存；猪肉检验结果监控；猪肉存储，以及猪肉的运输监控；对违规现象进行预警。

(3) 销售系统主要监控猪肉在销售环节的环境安全卫生，销售人员的健康状况以及猪肉存储是否符合相关法规和标准。同时提供消费者信息查询。

3. 系统的技术实现

养殖场系统是先给生猪戴上耳标(一维条码或二维条码)，然后把养殖生猪的每个环节的相关数据记录下来，再把有关档案先上传给养殖服务器，最后再上传给中央服务器。

屠宰场系统是先用二维条码、RFID 技术来标识分割的猪肉，然后把屠宰生猪的每个环节的相关数据记录下来，再把有关档案上传给屠宰服务器，最后再上传给中央服务器。

销售系统是先用一维条码技术来标识分割后的猪肉，最后把包装好猪肉的相关数据记录下来，再把有关档案上传给中央服务器。最后消费者就可以通过无线或者有线网络根据包装的产品信息码，在分销点或家庭网络实时查阅和监督到该食品的相关信息，透明度高，一旦出现食品问题，就能很快地查到源头。

4. 系统的技术关键

4.1 养殖阶段

生猪的饲养是整个生产过程中周期最长的一个环节。当断奶仔猪进行疫病防疫注射时,就对猪个体开始佩戴改进的免疫塑料耳标。在养猪场生产管理中,以猪个体标识的塑料耳标编码,即"耳号"为关键字,同时辅以另一关键字"批次"对生猪生长、饲养、饲料、兽药和疫苗的购买、储存、领取和使用等进行相关数据录入。根据2002年农业部《动物免疫标识管理办法》猪、牛和羊强制使用统一的塑料耳标,耳标上印制一维条码,通过一维条码可唯一区别畜体。目前使用的塑料耳标只能靠肉眼读取塑料耳标上的一维条码,速度慢,自动化程度低。为了尽可能地减少成本和实施工作量,系统可在保留原塑料耳标中一维条码的基础上,增加与一维条码数字编码一致的二维条码,并采用猪个体标识打耳标法。此方法与原塑料耳标相比,提高了耳标的自动识别水平,且成本增加不多。与一维条码相比较,二维条码所表示的数据量大,可以记录2000个字符的信息,包括供应商代码和身份、修改日期、批数量、毛重和其他信息,具备纠错功能,且图像较小,在现有耳标上可直接实现,而且自动化程度提高。

4.2 屠宰阶段

由于信息传递系统复杂,在生猪屠宰中,虽然国家标准"肉类加工厂卫生规范"(GB 12694—1990)中规定的"宰后检验屠体的肉尸、内脏、头和皮应编为同一号码"。但实际屠宰生产中一直没有实现。无论是采用烫毛,还是剥皮的屠宰加工方式,对胴体的分割都是从去头开始,这样耳标与胴体分离,原有的标识信息不复存在,必须采用新的标识方法标识屠宰过程中的胴体。由于屠宰场特殊的环境(湿度大、油污血水多),对设备有一定的要求,同时考虑较低的经济成本和较高的自动化程度,系统最终选用可循环使用,并完全密闭封装的RFID标签实现猪肉胴体标识。

在猪肉的每个胴体上放置一个无线射频识别RFID标签,我们就能通过阅读器读取信息并解码后,送至中央信息系统进行有关数据处理,并能获得电子标签内的相关信息。RFID不需要扫描,一次就能读取多个标签信息输入电脑而且不会出错,节省时间。并且电子标签信息储存量大,不容易受损坏,不容易受污染,可存放于整个猪肉生产物流的全过程。还能清楚地还原猪肉的历史生产过程,能准确确定猪肉的品质和存放位置,较容易对猪肉安全问题进行追溯。

4.3 销售阶段

当胴体下屠宰线后,系统读取电子标识号,通过数据库来获得对应的猪耳标号,用一维条码对胴体或分割肉进行最终的标识,直至出售,保证用户买到的每块肉都有原畜体的标识码。这样商家在每次进出货物时,就拿手提阅读器或者数据传感器接收该产品的信息,阅读器或传感器与中央数据库能立即链接,就能全面记录物流者的物流方式、物流时间和物流路线,追溯过程准确、快捷。

最后,销售者在购买猪肉成品时,就可以通过网络查询到该猪肉的所有档案信息,吃到放心猪肉，不再担心食品安全问题。

三、结论

安全猪肉可追溯体系的建立，对我国13亿人口的安全猪肉消费极其重要，可以给消费者提供安全高质量的食品，也可以作为食品质量安全风险控制管理的有效手段，对于完善我国食品安全管理意义重大。该体系在食品安全方面一定要满足先进国家的相应规则。这是打破技术壁垒的需要，也是大势所趋。

7.3 追溯系统中的编码技术

为了追溯产品，系统必须完成下列工作：

1. 为追溯对象编码

为追溯对象编制唯一的代码，是实现产品追溯的前提和基础。根据产品追溯的需要，将生产线上的关键环节依次进行编码，最后在产品下线时生成条码印制在产品上。

2. 编码的条码符号生成与印制

将编码按照条码生成的原则生成条码，并印制在相关零部件或产成品上。

3. 条码信息的采集与追溯

在需要对产品进行追溯的场所（质量检验、零售终端等），通过条码扫描，可以获得产品的详细信息。

在这里，设定要追溯的环节是至关重要的。下面我们以天津天士力集团的重要追溯为例来说明编码的过程。

【应用案例7-2】 中药材种植追溯体系

要建立中药材种植追溯体系，设计一套合理的编码方案至关重要。考虑到天士力集团零售药品使用的是EAN-13商品条码标识（GS1标准体系），以及先前我们采用GS1-128条码（GS1标准体系）为其设计了物流条码标签。为使企业的种植、生产、销售全过程信息流的准确无缝对接，我们决定采用国际上通用的GS1标准体系设计中药材种植追溯体系的标识代码，避免了系统不兼容所带来的时间和资源的浪费。

1. 中药材种植流程和编码方案

根据中药材种植工作流程，我们使用GS1编码技术对药源产地的地理环境、种植、采购、加工、检验、仓储等过程的关键节点，进行有效的标识。设计了信息管理、传递和交换的方案，满足企业希望通过对各环节信息的追溯，来找出问题的根源，确定召回范围，防止问题再次发生的需求。其更深层次的是为影响中药材品质的所有因素，建立一套完整的数据库。

通过对大量数据的分析,以及对中药药效物质基础的研究,逐步实现种植精细化管理,优化环境因素,改进种植方式,摒弃有害成分,使中药材的有效成分达到稳定值和最优值。图 7-3 为中药材种植流程和使用的编码方案。

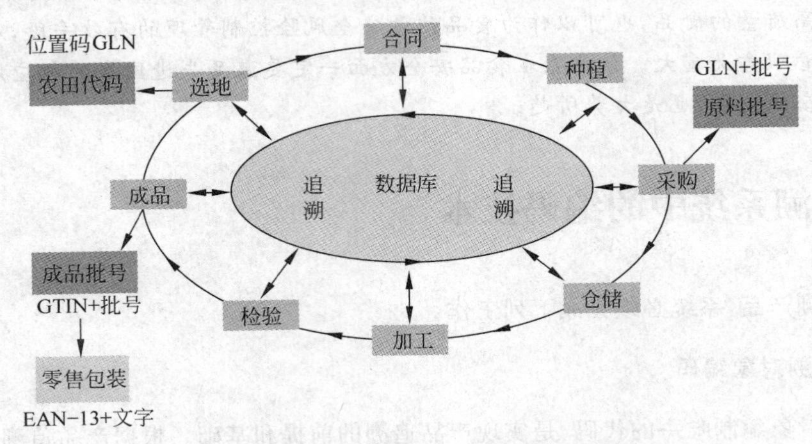

图 7-3 中药材种植流程和使用的编码方案

首先是选地,采用了 GLN 位置码对农田进行标识,然后签合同,农户进行种植田间管理,在采收时形成原料批号,由 GLN+批号构成。采购员到各农田采购原药材,运输到仓库。出原料库加工为成品,检验合格后进行包装。入成品库时生成成品批号,由 GTIN+批号组成,这就形成了一条完整的追溯链条,从成品批号可以追溯到每一个流程的所有信息。成品药材一般都以大包装销往制药厂进行深加工,但也有少量制成定量小包装直接进入医药零售超市销售,在零售外包装上使用 EAN-13 条码标识联合文字用于追溯。

2. 中药材种植溯源管理系统的编码体系架构

该体系以 GS1 编码(GS1)理论为基础,采用应用标识符对农田、原药材、零售包装成品药、非零售包装成品药等信息进行编码标识。标识载体选用 EAN-13 或 GS1-128 条码,具有全球通用性和灵活性。

(1) 供应商厂商代码。管理种植基地的企业作为天士力药材供应商,从中国物品编码中心注册全球唯一的厂商识别代码(8 位数字)。用来作为企业的身份代码,该代码不能单独使用。

(2) 农田代码。由中国物品编码中心为农田赋予物理实体位置代码(GLN),用来唯一标识农田的位置(13 位数字),该代码如果用条码符号表示,则需要与表示物理位置的应用标识符 AI(414)一起使用,条码符号采用 GS1-128 条码。

(3) 定量包装药材零售商品条码。定量包装药材零售商品条码是将加工的药材产品定量小包装后进入零售超市,用于自动结算的唯一的商品标识代码。其组成要素为:供应商厂商代码+药材品种项目代码+校验码,由 13 位数字组成,条码符号采用 EAN-13 条码。

外加文字(如产品批号：××××××),用于溯源。

(4) 原料批号代码。原料批号代码是中药材采收时生成的代码。用于下一个流程数据的自动采集,而不用于零售结算。其组成要素：应用指示符 AI(414)＋农田代码(13 位数字)＋应用指示符 AI(10)＋采收时间(8 位数字),条码符号采用 GS1-128 条码。

(5) 成品批号代码。成品批号代码是原药材加工完包装后,入成品库时生成的代码。用于下一个流程数据的自动采集,不用于零售结算。其组成要素：应用指示符 AI(01)＋产品标识代码 GTIN(14 位数字)＋应用指示符 AI(10)＋入成品库时间(8 位数字),条码符号采用 GS1-128 条码。

3. 编码标识方案

编码数据由定长纯数字代码构成。下列结构式中,以○表示数字代码。条码标识采用 EAN-13 或 GS1-128 条码表示。

(1) 供应商厂商识别代码。供应商厂商识别代码由中国物品编码中心分配的 8 位数字组成,其代码结构如图 7-4 所示。

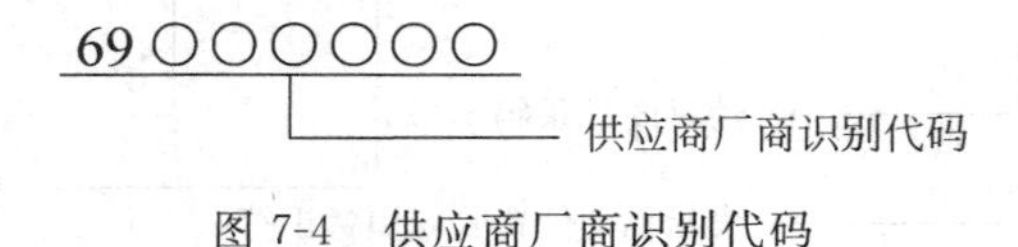

图 7-4　供应商厂商识别代码

(2) 农田代码。农田代码由中国物品编码中心分配的 13 位数字组成,其代码结构如图 7-5 所示。

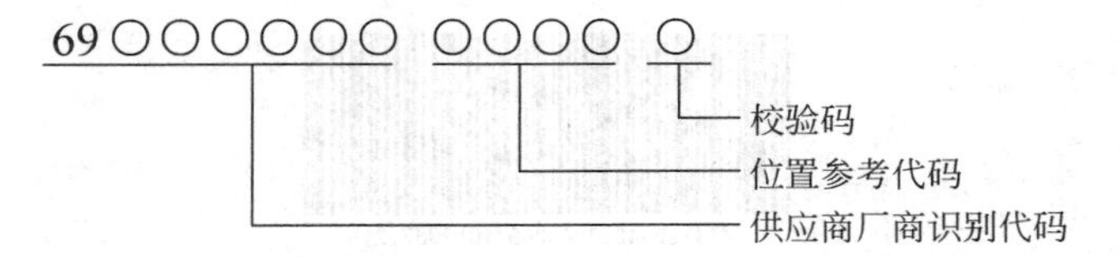

图 7-5　农田代码

如要形成条码标签,要与表示物理位置的应用标识符(414)一起使用,如图 7-6 所示。

图 7-6　与应用标识符(414)一起使用形成的条码标签

(3) 定量包装药材零售条码。其组成要素为供应商厂商识别代码＋药材品种项目代码＋校验码,由 13 位数字组成,代码结构如图 7-7 所示。

形成的条码符号如图 7-8 所示,可以预先印刷在零售外包装上。

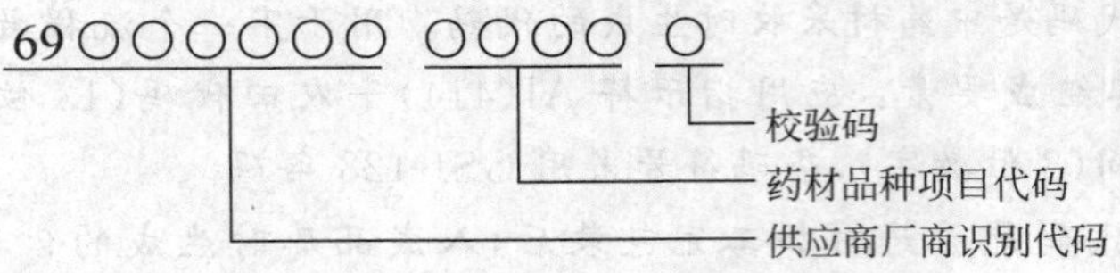

图 7-7　定量包装药材零售商代码结构

图 7-8　定量包装药材零售商形成的条码符号

再在零售外包装上打印文字:"产品批号:××××××"用于追溯。

(4) 原料批号。原料批号组成要素为应用指示符 AI(414)+农田代码(13 位数字)+应用指示符 AI(10)+采收时间(8 位数字),代码结构如图 7-9 所示。

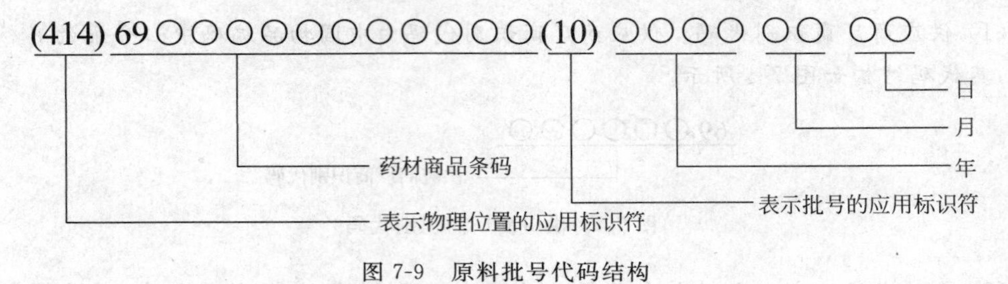

图 7-9　原料批号代码结构

形成的条码标签如图 7-10 所示。

图 7-10　原料批号形成的条码标签

(5) 成品批号代码。成品批号代码组成要素为应用指示符 AI(01)+产品标识代码 GTIN(14 位数字)+应用指示符 AI(10)+入成品库时间(8 位数字),代码结构如图 7-11 所示。

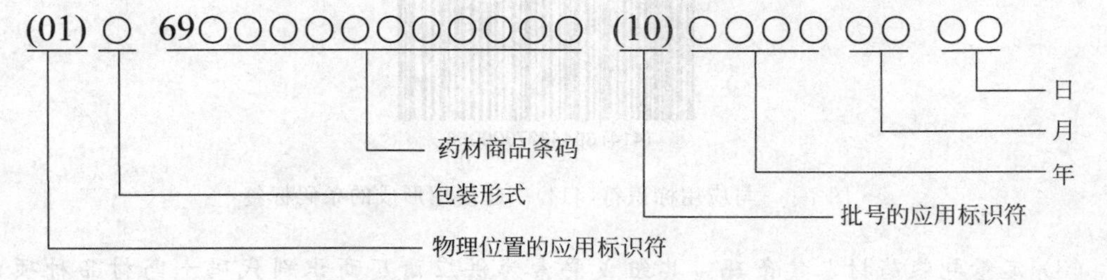

图 7-11　成品批号代码结构

形成的条码标签如图 7-12 所示。

从上面的案例可以总结出在产品追溯应用中的编码方案：

(1) 确定生产流程中要追溯的环节。

(2) 为每一环节编制唯一的编码。

图 7-12　成品批号形成的条码标签

编码一定采用 GS1 标准体系的标准编码，如 GTIN 13 位编码、位置码等。

(3) 选择合适的条码符号：EAN-13、GS1-128、ITF14 等。

7.4　零部件标识技术

7.4.1　金属条码生成设备

1. 理论知识

金属条码标签是利用精致激光打标机在经过特殊工序处理的金属铭牌上刻印一维条码或二维条码的高新技术产品。

金属条码生成方式主要是激光蚀刻。激光蚀刻技术比传统的化学蚀刻技术工艺简单、可大幅度降低生产成本，可加工 0.125～1 μm 宽的线，其画线细、精度高（线宽为 15～25 μm，槽深为 5～200 μm），加工速度快（可达 200 mm/s），成品率可达 99.5%以上。

激光蚀刻技术可以分为激光刻划标码和激光掩模标码技术。在激光刻划标码技术中，使用光学器件如可转动镜片，用激光束扫描标码区域，从而将标码信息加进产品包装中。激光束扫描过程和整个带有文字、编码（OCR 码、2D 矩阵码及条码型等）的标码信息、图案、图标及可变参数（产品批次等）都由激光系统的一台计算机控制。如要修改/更换标码信息，只需简单地将现行的工作程序进行修改/更换就可以完成。

激光刻划标码技术的主要特点有高灵活性、标码面积大和标码容量高。激光刻划标码技术原本用于小批量，计算机集成制造和准时生产。现在也可以用于大批量生产，可以满足高速标码和高限速生产的需求。

一维条码雕刻样品和二维条码雕刻样品如图 7-13 所示。

激光掩模标码技术中，激光束照射已包含所有标码信息的金属掩模。掩模通过透镜在产品包装上成像。只需一个激光脉冲就可以将标码信息转移到产品包装上。激光掩模标码的主要特点：标码速度高（额定值高达每小时 9 万个产品）；可以对快速移动的产品以极高的线度进行标码（50 m/s 或以上）。因为采用单脉冲处理，标码速度较小，额定值约为 10 mm×20 mm。激光掩模标码设计用于大批量生产，特别是在高流通量、较少标码信息/少量文字及灵活性要求不高的生产中。

图 7-13 一维条码雕刻样品和二维条码雕刻样品

金属条码签簿、韧性机械性能强度高,不易变形,可在户外恶劣环境中长期使用,耐风雨、高低温,耐酸碱盐腐蚀,适用于机械、电子等名优产品使用。用激光枪可远距离识读,与通用码制兼容不受电磁干扰。

金属条码适用于以下几个方面。

(1) 企业固定资产的管理:包括餐饮厨具、大件物品等的管理。

(2) 仓储、货架:固定式内建实体的管理。

(3) 仪器、仪表、电表厂:固定式外露实体的管理。

(4) 化工厂:污染及恶劣环境下标的物的管理。

(5) 钢铁厂:钢铁物品的管理。

(6) 汽车、机械制造业:外露移动式标的物的管理。

(7) 火车、轮船:可移动式外露实体的管理。

金属条码的附着方式主要有以下三种。

(1) 各种背胶:黏附在物体上。

(2) 嵌入方式:如嵌入墙壁、柱子、地表等。

(3) 穿孔吊牌方式。

2. 常见的设备

1) 激光打标机类 YAG 激光打标机

YAG 激光打标机如图 7-14 所示,其简介见表 7-1。

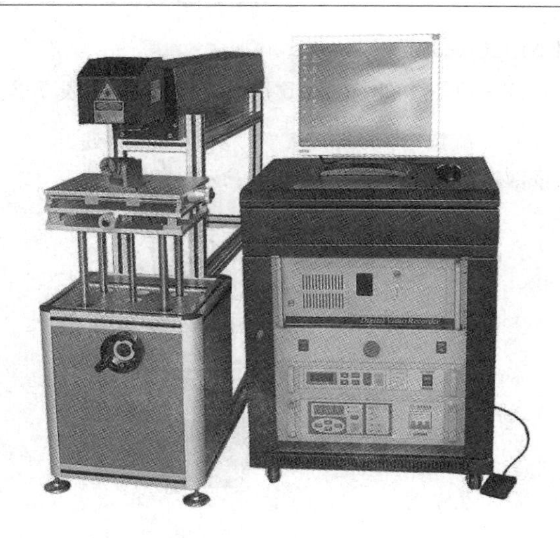

图 7-14　YAG 激光打标机

表 7-1　YAG 激光打标机简介

产品名称	YAG 激光打标机	
产品描述	YAG 激光器是一种固体激光器，其产生激光的波长为 1064 nm，属于红外光频段，其特点是振荡效率高、输出功率大，而且非常稳定，是目前技术最成熟，应用范围最广的一种固体激光器，灯泵浦 YAG 激光器采用氪灯作为能量来源（激励器），Nd：YAG 作为产生激光的介质（工作物质），激励源发出的特定波长的光可以促使工作物质发生能级跃迁，从而释放出激光，将释放的激光能量放大后，就可以形成对材料进行加工的激光束。灯泵浦 YAG 系列激光打标机采用美国高速扫描振镜，英国陶瓷聚光腔及美国激光棒，扫描精度高、速度快、性能稳定，具备长时间连续工作的要求，可雕刻金属及多种非金属材料，广泛应用于电子、轴承、钟表、眼镜、通信产品、电器产品、汽车配件、塑胶按键、五金工具、医疗器械等行业	
硬件规格	激光波长	1064 nm
	激光重复频率	≤50 kHz
	最大激光功率	50 W
	标准雕刻范围	100 mm×100 mm
	选配雕刻范围	50 mm×50 mm/150 mm×150 mm
	雕刻深度	<1 mm
	雕刻线速	≤7000 mm/s
	最小线宽	0.015 mm
	最小字符	0.3 mm
	重复精度	±0.003 mm
	电力需求	220 V/单相/50 Hz/20 A
	整机最大功率	5 kW
外观规格	光路系统	1200 mm×420 mm×1180 mm
	冷却系统（分体式）室内	380 mm×300 mm×700 mm
	冷却系统（分体式）室外	880 mm×300 mm×700 mm

2）激光喷码机类 LM-CO2-30F-Ⅰ

激光喷码机类 LM-CO2-30F-Ⅰ如图 7-15 所示，其简介见表 7-2。

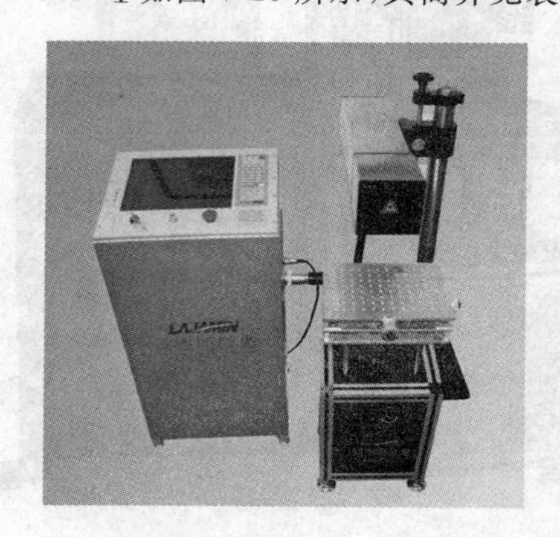

图 7-15　激光喷码机 LM-CO2-30F-Ⅰ

表 7-2　激光喷码机 LM-CO2-30F-Ⅰ简介

产品名称	LM-CO2-30F-Ⅰ	
产品描述	本设备选用美国原装 CO2 激光器、高速扫描振镜、独特的全密封腔体结构、整机寿命可达 30 000 h 主要特点有以下几点： (1) 打标精度高、速度快、雕刻深浅随意控制； (2) 激光功率大，能适用于多种非金属产品的雕刻及切割； (3) 无耗材； (4) 激光器运行寿命高达 30 000 h； (5) 标记清晰，不易磨损； (6) 打标软件运行于 Windows XP 平台，中文界面，能兼容 AutoCAD、CorelDRAW、Photoshop 等多种软件的文件格式，如 PLT、PCW、DXF、BMP 等，同时也能直接使用 SHX、TTF 字库，通过计算机随意设计图形	
硬件规格	设备型号	LM-CO2-30F-Ⅰ
	激光功率	30 W
	激光波长	10 640 nm
	标准打标范围	100 mm×100 mm
	选配打标范围	150 mm×150/300 mm×300/500 mm×500 mm
	雕刻深度	≤3 mm(视材料可调)
	标刻速度	≤7000 mm/s
	最小线宽	0.03 mm
	最小字符	0.3 mm
	重复精度	±0.001 mm
	整机耗电功率	≤0.6 kW
	电力需求	220 V/50～60 Hz

3）激光雕刻机类刻宝 LS900

激光雕刻机类刻宝 LS900 如图 7-16 所示，其简介见表 7-3。

图 7-16　激光雕刻机刻宝 LS900

表 7-3　激光雕刻机刻宝 LS900 简介

产品名称	刻宝 LS900
产品描述	坚固的工业地面激光机，雕刻范围为 610 mm×610 mm，适合专业激光雕刻人士的中批或大批量生产。我们的红外点波术可以让你在雕刻前试运行，从而减少错误。主要特点有以下几点： (1) 包括新型 GravoStyle 5 图像级激光软件； (2) 适合专业激光雕刻人士的中批或大批量生产； (3) 工业整体铸造结构，激光功率可达 80 W； (4) 装备有 610 mm×610 mm 的平台来处理大部件或矩阵激光标记； (5) 前部入口使得装载和调节物品毫不费力； (6) 两种排气模式可供选择； (7) 红外点波术可以让你在雕刻物品前试运行，从而减少错误； (8) 自动焦距调节可以调节焦距轴来使之适应表面(甚至不平领域)； (9) 自动驱动，手动调节气源工具，大大地改善了某些材料的处理； (10) 轻松地在两种排气模式间选择； (11) 刻宝提供了完整的室内或室外应用的激光材料清单

4）激光蚀刻机 MYRP-50L 型

激光蚀刻机 MYRP-50L 型如图 7-17 所示，其简介见表 7-4。

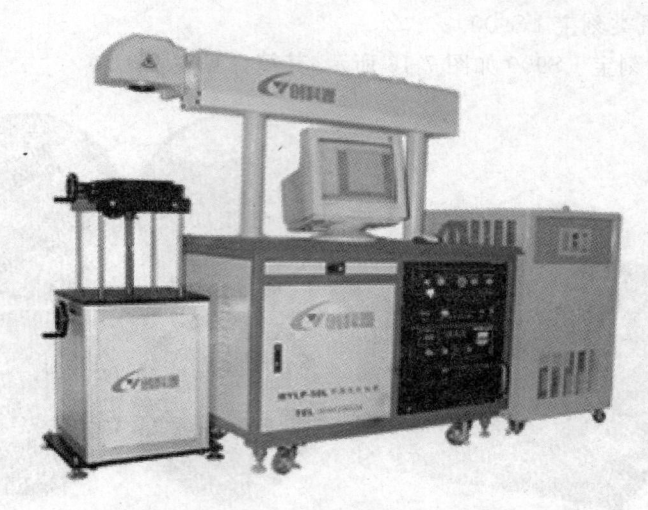

图 7-17 激光蚀刻机 MYRP-50L 型

表 7-4 激光蚀刻机 MYRP-50L 型简介

产品名称	MYRP-50L 型	
产品描述	金属铭牌和柔性标签专用激光蚀刻机为专用机型,激光器可以选配 50 W 的半导体激光器或 10 W、20 W 的光纤激光器,用以在金属铭牌或柔性标签上蚀刻字符图案等内容 可以根据用户需要,增配铭牌上、下料机构或纸带传送机构。广泛应用在电子电气、仪器仪表、汽车部件等行业,如汽车出厂标牌、VIN 码、发动机序列号、空调标签、安全气囊警告标签、压力标签、轮胎气压标签、燃料标签、钥匙标签、油压标签、条码、冷却系统标签、车辆排放控制标签等。据统计,一辆奔驰轿车上使用激光标签纸的部件多达 32 处	
硬件规格	激光波长	1064 nm
	激光功率	半导体激光模块平均功率: 50 W
	光纤激光器平均功率	10 W 或 20 W 可选
	调制频率	半导体 200～50 000 Hz,光纤 20～80 kHz
	打标速度	0～7000 mm/s
	打标深度	0.01～0.6 mm(视材料可调)
	打标线宽	0.05～0.2 mm
	打标范围	65～140 mm(可选)
	冷却	半导体激光器水冷机为 0.6 匹,光纤激光器为风冷
	使用寿命	整机使用寿命大于 10 年,其中半导体模块寿命可达 1 万 h,光纤激光器寿命可达 10 万 h

5) 激光打码机类 AHL-YAG-90W 激光打标机

AHL-YAG-90W 激光打标机如图 7-18 所示,其简介见表 7-5。

图 7-18　AHL-YAG-90W 激光打标机

表 7-5　AHL-YAG-90W 激光打标机简介

<table>
<tr><td>产品名称</td><td colspan="2">AHL-YAG-90W 激光打标机</td></tr>
<tr><td>产品描述</td><td colspan="2">完善合理的整机设计，控制系统和打标软件完美的结合，使产品部件寿命大大增强，长时间运行故障率低，产品性能稳定可靠；
激光腔：采用英国进口激光腔光电转换效率更高，激光腔体寿命长；
Q 开关：采用优化配置，激光释放品质好，性能更稳定；
控制计算机：采用工业控制计算机，能保证工业设备在恶劣环境里长期稳定地工作，不容易死机；
控制软件：功能强大，具有图形对齐、红光预览功能。可以标记各种条码以及图形码，并具有反打功能，充分满足客户要求。优良的工作台面，能与飞行标记系统完全配套，无须更改配置。强大的研发能力能提供数百种自动打标和送料方案，充分满足客户的要求；
采用高速扫描振镜，速度快、精度高，适合打深度；
软件采用 Windows 界面，可兼容 CorelDRAW 、AutoCAD、Photoshop 等多种软件输出的文件；
支持 PLT、PCX、DXF、BMP 等文件，直接使用 SHX、TTF 字库；
支持自动编码，打印序列号、批号、日期、条码、二维码、自动跳号等；
计算机任意设计图形文字，灵活方便，无须印刷耗材，加工成本低；
激光标记无毒、无变形、无污染、耐磨损</td></tr>
<tr><td rowspan="13">硬件规格</td><td>最大激光功率</td><td>90 W</td></tr>
<tr><td>激光波长</td><td>1064 nm</td></tr>
<tr><td>光束质量</td><td><8 M2</td></tr>
<tr><td>重复频率</td><td>≤50 kHz</td></tr>
<tr><td>标刻范围</td><td>100 mm×100 mm</td></tr>
<tr><td>选配范围</td><td>50 mm×50 mm，150 mm×150 mm，200 mm×200 mm，300 mm×300 mm</td></tr>
<tr><td>雕刻深度</td><td>≤1.8 mm</td></tr>
<tr><td>雕刻线速</td><td>≤7000 mm/s</td></tr>
<tr><td>最小线宽</td><td>0.015 mm</td></tr>
<tr><td>最小字符</td><td>0.2 mm</td></tr>
<tr><td>重复精度</td><td>±0.002 mm</td></tr>
<tr><td>整机耗电功率</td><td>≤6 kW</td></tr>
<tr><td>电力需求</td><td>(220±10%)V/50 Hz/30 A</td></tr>
<tr><td rowspan="3">外观规格</td><td>光路系统</td><td>1200 mm×430 mm×1200 mm</td></tr>
<tr><td>冷却系统</td><td>380 mm×630 mm×740 mm</td></tr>
<tr><td>控制系统</td><td>560 mm×660 mm×1000 mm</td></tr>
</table>

7.4.2 陶瓷条码

陶瓷条码耐高温、耐腐蚀、不易磨损,适用于在长期重复使用、环境比较恶劣、腐蚀性强或需要经受高温烧烤的设备、物品所属的行业永久使用。永久性陶瓷条码标签解决了气瓶身份标志不能自动识别及容易磨损的行业难题。通过固定在液化石油气钢瓶护罩或无缝气瓶颈圈处,为每个流动的气瓶安装固定的陶瓷条码"电子身份证",实行一瓶一码,使用"便携式防爆型条码数据采集器"对气瓶进行现场跟踪管理,所有操作具有可追溯性。

7.4.3 隐形条码

隐形条码能达到既不破坏包装装潢整体效果,也不影响条码特性的目的,同样隐形条码隐形以后,一般制假者难以仿制,其防伪效果很好,并且在印刷时不存在套色问题。

隐形条码的几种形式如下所述。

1. 覆盖式隐形条码

覆盖式隐形条码的原理是在条码印制以后,用特定的膜或涂层将其覆盖,这样处理以后的条码人眼很难识别。覆盖式隐形条码防伪效果良好,但其装潢效果不理想。

2. 光化学处理的隐形条码

用光学的方法对普通的可视条码进行处理,这样处理以后人们的眼睛很难发现痕迹,用普通波长的光和非特定光都不能对其识读,这种隐形条码是完全隐形的,装潢效果也很好,还可以设计成双重的防伪包装。

3. 隐形油墨印制的隐形条码

隐形油墨印制的隐形条码可以分为无色功能油墨印刷条码和有色功能油墨印刷条码,对于前者一般是用荧光油墨、热致变色油墨、磷光油墨等特种油墨来印刷的条码,这种隐形条码在印刷中必须用特定的光照,在条码识别时必须用相应的敏感光源,这种条码原先是隐形的,而对有色功能油墨印刷的条码一般是用变色油墨来印刷的。采用隐形油墨印制的隐形条码其工艺和一般印刷一样。但其抗老化的问题有待解决。

4. 纸质隐形条码

纸质隐形条码隐形介质与纸张通过特殊光化学处理后融为一体,不能剥开,仅能供一次性使用,人眼不能识别,也不能用可见光照相、复印仿制,辨别时只能用发射出一定波长的扫描器识读条码内的信息,同时这种扫描器对通用的黑白条码也兼容。

5. 金属隐形条码

金属隐形条码的条是由金属箔经电镀后产生的，一般在条码的表面再覆盖一层聚酯薄膜，这种条码是用专用的金属条码阅读器识读，其优点是表面不怕污渍。一般条码是靠光的反射来识读，这种条码则是靠电磁波进行识读的，条码的识读取决于识读器和条码的距离，其抗老化能力较强，表面的聚酯薄膜在户外使用时适应能力强。金属条码还可以制作成隐形码，在其表面采用不透光的保护膜，使人眼不能分辨出条码的存在，从而制成覆盖型的金属隐形条码。

7.4.4 银色条码

在铝箔表面利用机械方法有选择地打毛，形成凹凸表面，则制成的条码称之为"银色条码"。金属类印刷载体如果用铝本色做条单元的颜色，用白色涂料做空单元的颜色，这种方式虽然做起来经济、方便，但由于铝本身颜色比较浅，又有金属的反光特性(即镜面反射作用)，当其大部分反射光的角度与仪器接收光路的角度接近或一致时，仪器从条单元上接收到比较强烈的反射信号，导致印条码符号条/空单元的符号反差偏小而使识读发生困难。因此对铝箔表面进行处理，使条与空分别形成镜面反射和漫反射，从而产生反射率的差异。

7.4.5 条码印刷载体与耗材

商品包装上常用的条码印刷载体大致可分为纸张、金属和塑料三大类。每一类载体中又可细分成许多种，有些适合直接印刷条码，有些则需要做工艺上的特殊处理才能印刷条码。

白纸(如铜版纸、白板纸、白卡纸等)的反射效果比较好，形成的漫反射光信号比较强也比较均匀；而瓦楞纸的反射效果就比较差，其白度低，纸的纤维粗，形成的漫反射光信号比较弱也很不均匀，所以前者适合直接在上面印刷条码，而后者则不太适合。

塑料类包装材料有很强的透光型，若直接在其上印刷条码，则可能因条码的空单元反射率过低而影响条码的识读。为提高塑料包装材料对照射光的反射率，应在它上面印刷一定厚度的白色油墨，如果白色油墨不够厚，透光率仍然很大，条码的读出率就会很低。

塑膜类材料往往还有很强的镜面反射效果，当条码表面呈现很强的反射光时，其识读效果往往也比较差，原因是仪器接收到的光信号比较弱。为了提高条码的识读性能，不宜在条码表面覆盖一层很亮的塑膜。

金属类印刷载体以铝制品为多见。许多种易拉罐商品的条码除了可以采用前面提到的"银色条码"作为解决方法以外，还可以对金属类包装材料进行印刷，利用深色的油墨作为条单元，用浅色油墨作为空单元，注意不要用金属本色代替油墨。

打印机的耗材主要是标签、碳带与背胶。标签可分为一次性使用的标签和耐久、耐高温标签。

1. 标签

1）一次性使用的标签

目前,条码打印机行业应用较多的是不干胶标签。不干胶标签由离型纸、面纸及作为两者黏合的黏胶剂三部分组成,离型纸俗称“底纸”,表面呈油性,底纸对黏胶剂具有隔离作用,所以用其作为面纸的附着体,以保证面纸能够很容易从底纸上剥离下来。底纸分普通底纸和哥拉辛(glassine)底纸,普通底纸质地粗糙,厚度较大,按其颜色有黄色、白色等,一般印刷行业常用的不干胶底纸为经济的黄底纸。哥拉辛(glassine)底纸质地致密、均匀,有很好的内部强度和透光度,是制作条码标签的常用材料。其常用颜色有蓝色、白色。我们平时所讲标签纸为铜版纸、热敏纸等是指面纸而言。面纸是标签打印内容的承载体,按其材质分铜版纸、PET、PVC、热敏纸等几类。

铜版纸标签为条码打印机常用材质,其厚度一般在 70 μm,每平方米的质量在 80 g 左右,广泛应用于超市、库存管理、服装吊牌、工业生产流水线等铜版纸标签用量较多的地方。

PET 高级标签纸,PET 是聚酯薄膜的英文缩写,实际它是一种高分子材料。PET 具有较好的硬脆性,其颜色常见的有亚银、亚白、亮白等几种。按厚度分有 25 番(1 番＝1 μm)、50 番、75 番等规格,这与厂家的实际要求有关。由于 PET 优良的介质性能,具有良好的防污、防刮擦、耐高温等性能,它被广泛应用于多种特殊场合,如手机电池、计算机显示器、空调压缩机等。另外,PET 纸具有较好的天然可降解性,已日益引起生产厂家的重视。

PVC 高级标签纸,PVC 是乙烯基的英文缩写,它也是一种高分子材料,常见的颜色有亚白色、珍珠白色。PVC 与 PET 性能接近,它比 PET 具备良好的柔韧性,手感绵软,常被应用于珠宝、首饰、钟表、电子业、金属业等一些高档场合。但是 PVC 的降解性较差,对环境保护有负面的影响,国外一些发达国家已开始着手研制这方面的替代产品。

热敏纸是经高热敏性热敏涂层处理的纸质材料,也可用于打印条码标签。高敏感度的面材可适用低电压打印头,因而对打印头的磨损极小。热敏纸按温度可分为高敏纸和低敏纸,其工作温度不同,一般的热敏纸(高敏低温)用指甲用力在纸上划过,会留下一道黑色的划痕;邮政用标签(挂号信)是低敏高温纸,太阳下也晒不黑。热敏纸适用于冷库、冷柜等货架签上,其尺寸大多固定在 40 mm×60 mm 标准。

作为纯纸类标签的另外一个应用较多的种类是服装吊牌。鉴于服装本身的特点,常用的服装吊牌多用双面铜版纸,用于服装吊牌的铜版纸厚度一般 100 μm,每平方米的质量在 160～300 g。但是太厚的服装吊牌适用于印刷,而用条码打印机来打印的服装吊牌应在 180 g 左右,以便能保证良好的打印效果,又能保护打印头。

按功能和材料把一次性使用的标签分为通用标签、覆盖保护标签、金属化聚酯标签、乙烯和尼龙布标签。

在条码应用系统中，条码的通用标签为不干胶标签纸。良好的不干胶应该具有：表面涂层均匀细致，不会导致打印的碳带附着不良；磨切刀工良好，不会有些不应该附着的、不需要的空余纸张附着在上面；不干胶间隙平均而稳定，不至于导致打印机无法辨别间隙，产生无法正常打印；底纸透光，便于打印机感应器感应；黏性良好，经常脱落的不干胶，如果在打印过程中粘贴到打印机走纸部件上，容易造成打印机损坏。

通用标签用于所生产、销售或使用的产品上：如工具、仪器、包装、资产标识、货架及箱体上。包括具有可移除性背胶的标签。

覆盖保护标签能够起到防篡改标签的作用，一般应用于安全性较敏感的场合。当试图被移去时，标签会自毁。带有安全裂口的标签，可防止标签被轻易地从 PC 板或产品上移去。

金属化聚酯安全标签被撕去时，留有“VOID”字样。覆盖保护标签可将打印信息保护起来，防止油污和溶剂的侵蚀和频繁的磨损。标签具有两部分，涂层部分用于打印，透明裹贴部分用于附着在物体的表面，并将打印部分密封起来。金属化聚酯标签是替代昂贵金属标牌的最佳选择。其成本低，性能优良，并可即时印制。其背胶专为仪器面板设计。

乙烯和尼龙布标签，使用于不规则表面上，性能最为优良，能将标签紧紧地裹贴于柔性表面，如管子、电线或电缆。

实物展示，如智能拓维不干胶标签，如图 7-19 所示。

图 7-19　智能拓维不干胶标签

不干胶标签，也叫自黏标签材料，是以纸张、薄膜或特种材料为面料，背面涂有胶黏剂，以涂硅保护纸为底纸的一种复合材料。不干胶标签种类很多，不干胶标签按应用范围可分为基础标签和可变信息标签。不干胶标签可用于食品、化工产品、药品、批号、次序码、条码、分销、仓库管理、汽车、摩托车上的装饰贴花、集装箱上的标记等，几乎包括所有的工业生产及制造业都可用到。

不干胶标签的应用范围如图 7-20 所示。

2）耐久、耐高温标签

抗磨损、抗化学品及溶剂覆膜标签可将打印信息保护起来，防止油污和溶剂的腐蚀和频繁的磨损。透明覆盖部分用于物体的表面，并将打印部分密封起来。

(a) (b) (c) (d) (e) (f)

图 7-20　不干胶标签的应用范围

(a) 仓库货架条码标签；(b) 设备铭牌标签；(c) 图书条码标签；
(d) 服装条码标签；(e) 货物运输条码标签；(f) 元器件标签

耐高温标签和电路板标签是极高的耐温性、低静电，耐化学品，可用于特殊环境要求的场合，如线路板波峰焊保护。

实物展示，如耐高温标签材料 RX-001，如图 7-21 所示。应用高温标签前后耐高温标签材料 PX-001 如图 7-22 所示，其简介见表 7-6。

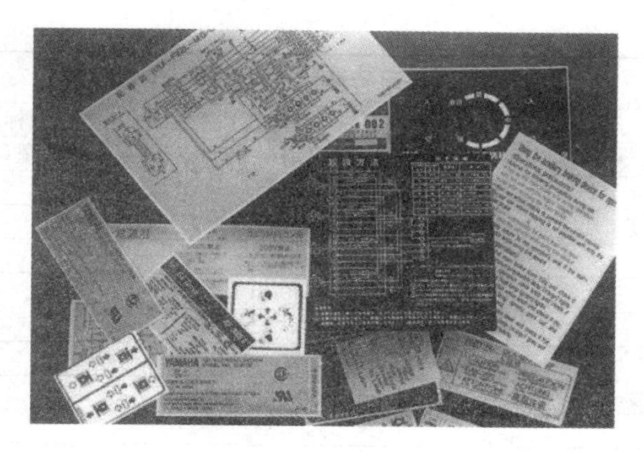

图 7-21　耐高温标签材料 RX-001

(a)

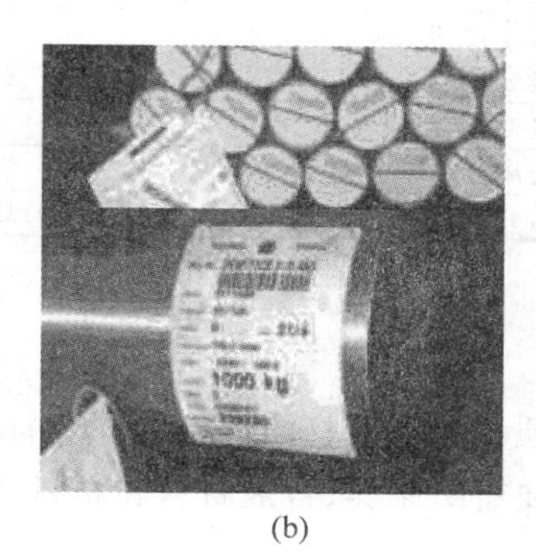

(b)

图 7-22　应用高温标签前后耐高温标签材料 RX-001

(a) 应用高温标签前；(b) 应用高温标签后

表 7-6　耐高温标签材料 RX-001 简介

产品名称	耐高温标签材料 RX-001
产品描述	本产品主要针对钢铁、铝业、铸造等行业数字化标识标签设计生产，钢铁、铝材、铸件产品需要非常醒目的号码标识，同时为适应数字化管理的要求，标签本身需要承载越来越多的信息量，由于这些行业的特殊性，必须承受如：高温、酸类、油污、乳胶、粗糙不平整的表面等因素的影响，以及运输仓储过程中风、雨、雪、紫外线等恶劣气候的影响，这就对标签材料本身的特性以及制作和应用有非常高的要求，安阳日新 RX-001 耐高温标签标签材料能用热转移打印或 UV 油墨印刷，并表现出一流的读取率和上乘的耐化学性和耐磨性，可耐高达 316℃以上的温度，抵抗各种助剂、熔融剂和清洁剂、酸类、油污、乳胶等化学物质的影响，确保在各种极端恶劣苛刻应用环境中保持卓越性能。在室温下，标签的压敏性较好，高于 200℃后，标签的耐化学性和耐磨性表现更出色。价格却低于进口同类产品的 30%～50%。该高温标签材料采用特种复合材料为基材，涂以特种压敏胶而成，对人体及环境无害。由于具有极低的离型剥离力(可自动模切、排废、贴标)适用于钢材、铝材、金属铸造等高温场合下的可识别数字化跟踪标签；使用起来十分方便，是近年发展起来的新型标签品种

续表

产品名称	耐高温标签材料 RX-001	
规格	使用场合	钢铁、冶金铸造行业数字化标识标签
	印刷要求	推荐使用树脂型碳带或 UV 油墨印刷
	颜色	白色
	离型基带厚度	0.065 mm
	基膜厚度	0.025 mm
	标准卷长	200～500 m
	黏着力	≥6.2 N/25 mm
	离型剥离力	≤30 g/25 mm
	断裂延伸强度	≥115 N/25 mm
	断裂延伸率	≥55%
	耐电压强度	≥6.0 kV
	绝缘电阻	≥1.0×1012 ohm
操作环境	操作温度	290℃
	检测耐温	260℃,1 h 不残胶
	短期极限温度	－43℃～＋320℃
	去离子 100℃环境下	10 min 无异常
	马弗炉 316℃	烘烤 5 min 无异常

2. 碳带

打印介质是指标签打印机可以打印的材料,从介质的形状分主要有带状、卡状和标签,从材料分主要有纸张类、合成材料和布料类。决定使用何种碳带主要依据介质的材料,下面分别介绍:

1) 纸张类按表面光泽度分类

(1) 高光纸有镜面铜版、光粉纸等。

(2) 半高光纸有铜版纸。

(3) 哑光纸有胶版纸。

此外,特种纸有铝箔纸、荧光纸、热敏/热转印纸。

一般情况下,打印高光纸张类介质采用树脂增强型蜡基碳带或混合基碳带(R310 和 R410),特别是镜面铜版纸,它虽叫铜版,但表面是一层合成材料的光膜,应按合成材料对待,使用 R410 碳带。半高光纸张可用的碳带种类为树脂增强型蜡基和一般蜡基碳带(R310 和 R313)。而亚光类只能用 R313 来打印。

2) 合成材料按材料分类

(1) PET(聚酯)。

(2) PVC(聚氯乙烯)。

(3) BOPP(聚丙烯)。

(4) PE(聚乙烯)。

(5) PS(聚丙乙烯)。

(6) POLYIMIDE(聚铣乙烯胺)。

(7) 金属化 PET 主要有激光彩虹膜、拉丝膜、金色(高光、哑光)和银色(高光、哑光)。

这些材料与纸张类材料相比强度要大、美观,对环境的适用范围要广,对碳带的要求要高,主要用混合基和树脂基碳带,具体用何种碳带就要看使用者的要求和使用环境,如只要求防摩擦,可只用 R410,如果有其他的要求,如防腐蚀和抗高温性,就要用 R510,但这时的标签只能用 PET(180℃)和 POLYIMIDE(300℃)两种材料。

以上说的只是一般情况,但材料种类繁多,中间区别很大,为了得到满意的打印效果,应根据各自的情况多次试验,才能找到合适的碳带。碳带的选择要与标签纸综合考虑。

图 7-23　标准腊基碳带

3) 实物展示

(1) 标准腊基碳带如图 7-23 所示,其简介见表 7-7。

表 7-7　标准腊基碳带

产品名称	标准腊基碳带	
产品描述	产品有以下特点: (1) 广泛的标签适应性,通用性好。 (2) 打印效果优异,成本经济。 (3) 耐高温,可适用于高速打印。 (4) 适用范围广,可适应不同被打材质。 (5) 防静电背涂层,易于有效保护打印头。 适用场合: 普通标签、发货、仓库和收货标签、外壳和包装标签、发货及地址标签、零售业的标签和吊牌、服装标签	
规格	适用介质	涂层纸标签和吊牌(热转印纸、普通铜版纸) 聚乙烯薄膜(PE) 聚丙烯薄膜(BOPP)
	基本宽度	40 mm、50 mm、60 mm、70 mm、80 mm、90 mm、110 mm
	基本长度	100 m、300 m
	碳带色带卷向	外碳、内碳
	碳带色带轴心	1 in、1/2 in
环境	腊基碳带使用环境	5℃～35℃,45%～85%的相对湿度
	腊基碳带运输环境	−5℃～45℃,20%～85%的相对湿度,时间不多于一个月
	腊基碳带存放环境	−5℃～40℃,20%～85%的条件下存放,不能多于一年

(2) 日本联合碳带

日本联合碳带如图 7-24 所示,性能简介见表 7-8。

图 7-24 日本联合碳带

表 7-8 日本联合碳带 UN 系列、US 系列和 UH 系列简介

	union 条码碳带-UN 系列				union 条码碳带-US 系列					union 条码碳带-UH 系列
品名	UN260B	UN260	UN500	UN700	US150	US310	US350	US450	US770	UH100
类型	高感度	超高感度	高感度	高感度(悬浮式打印机用)	高速抗刮擦	超级抗刮擦	超级抗刮擦	高速抗刮擦	高速抗刮擦(悬浮式打印机用)	耐热
带基厚度	5 μm	5 μm	5 μm	5 μm	5 μm	5 μm	6 μm	5 μm	5 μm	5 μm
印刷载体	无涂层纸、涂层纸、光滑涂层纸、合成纸				无涂层纸、涂层纸、光滑涂层纸、合成纸	银色 PET 薄膜、合成纸、PVC、PET	PVC、PET	合成纸、PP、PE、PET	无涂层纸、涂层纸、光滑涂层纸、合成纸	涂层纸、光滑涂层纸、合成纸
感度	☆☆☆☆☆	☆☆☆☆☆	☆☆☆☆☆	☆☆☆☆☆	☆☆☆☆	☆☆	☆	☆☆☆☆☆	☆☆☆☆☆	☆☆☆
抗刮擦性能	☆	☆	☆☆	☆	☆☆☆	☆☆☆☆☆	☆☆☆☆☆	☆☆☆☆	☆☆☆	☆☆☆☆
耐热性能	☆	☆	☆☆	☆	☆☆	☆☆☆☆	☆☆☆☆☆	☆☆☆	☆☆	☆☆☆☆☆
耐溶剂性能	☆	☆	☆☆	☆	☆☆	☆☆☆☆	☆☆☆☆☆	☆☆☆	☆☆	☆☆
浓度	2.0	2.0	1.8	1.3	1.9	1.9	1.7	1.8	1.8	1.7
打字速度	200 mm/s	300 mm/s	200 mm/s	250 mm/s	200 mm/s	100 mm/s	50 mm/s	200 mm/s	250 mm/s	150 mm/s
备注	备有其他颜色,如红、蓝、绿、白、灰、紫以及茶色	适用高速印刷	适用厚纸及卡片纸	适用悬浮式打印机			主要用于PVC卡印刷	主要用于打印日期	适用悬浮式打印机	本款可承受200℃蒸汽熨烫。适用厚纸及卡片纸

① 联合碳带UN系列。联合碳带UN系列作为通用品被广泛使用，对于普通(一般)标签可以进行高速度、高感度打印(UN230、UN250)。UN500已进行防静电处理，对各款标签纸、卡片纸有极佳的打印性能。

另外，UN700适用于悬浮型打印机头使用。

相关产品：UN260蜡基碳带及UN500硬质蜡基碳带。

② 联合碳带US系列。为适应条码打印需要特别的抗刮擦性能(摩擦、刮擦)，为此UNION开发了US系列热转印碳带。US系列条码色带分为两大类型：高速高感型(US150、US450)以及超强抗刮擦抗溶剂(US300、US350)，可根据印字载体及印字条件不同，选择使用上述两个类型的热转印碳带。

另外，US750适用于悬浮型打印机头使用。

相关产品：US150混合基碳带及US300树脂基碳带。

③ 联合碳带UH系列。UH系列碳带是为衣料、服装类需求所开发，有极其优秀的耐热性能，可承受200℃蒸汽熨烫。熨烫后印刷墨水无擦痕，无墨水转移，无污染衣料现象。

相关产品：UH100树脂基碳带。

3. 背胶

不干胶标签中面纸背部涂的黏胶剂被称为背胶，它一方面保证底纸与面纸的适度粘连；另一方面保证面纸被剥离后，又能与粘贴物形成结实的粘贴性。背胶需与应用环境技术要求相适应。金属化聚酯标签背胶是专为仪器面板粘贴设计。当不需要永久标识时，就选择带有可移除性背胶的标签。

7.5　ERP中的条码应用集成

7.5.1　ERP系统概述

相对于ERP企业资源的计划系统，条码集成系统是一套集工作流程、数据采集和标签打印于一体的执行系统。

条码系统充分利用ERP系统的强大功能，提高生产过程和库存管理的效率以及客户服务水平，从而经济实惠、低风险地满足成长型企业管理的需要。

(1) 数据可被实时采集，以更新多种应用程序和数据库。

(2) 能与大部分主流条码数据集硬件、打印设备等进行实时互动通信。

(3) 能与所有串行数据采集装置进行互动通信，包括采集终端、计数器和电子秤等。

(4) 企业可开发优化工作流程解决方案，从而不必被迫遵循ERP系统的数据采集和验证要求。

(5) 使用 Windows 环境创建脚本,将逻辑与数据库访问功能集成于 ERP 系统中,以实现验证和更新,还能创建供通信用的用户接口指令,可生成用户自定义标签和报告,作为脚本所含工作流的一部分。

7.5.2 ERP 功能和特点

ERP 功能和特点如下:

1. 仓库管理

(1) 库存跟踪。
(2) 实际库存、循环盘点和库存合并自动化。
(3) 生产用料发货更方便。
(4) 收货和存储过程管理。
(5) 与商务系统相集成。

2. 生产制造执行系统

(1) 工时跟踪。
(2) 控制生产跟踪。
(3) 支持残次品跟踪。
(4) 支持参数数据采集。
(5) 无序生产。
(6) 支持批量跟踪要求。
(7) 支持起自概念点的系列化。

3. 包装发货管理

(1) 管理和指挥订单履行中的提货和包装过程。
(2) 提供控制和跟踪功能。
(3) 建立产品和订单标签及发货文件。
(4) 管理发货过程。
(5) 允许按托盘 ID 号或牌照发货。

7.5.3 实际应用中的问题

ERP 条码在实际应用中的问题有以下几点。
(1) ERP 系统投入了大量的资金和精力,但上线后运行效果和效益并不理想。

(2) 半成品/成品仓库在产品数据滞后不准确。

(3) 手工或计算机录入单据越来越多,员工工作量增加很多,劳动强度加大,但运转效率很低。

(4) 条码/ RFID 技术方兴未艾,企业需要 ERP 条码集成系统,充分释放 ERP 系统潜能,最大限度发挥 ERP 系统价值。

7.6 应用案例——红领定制

红领集团是一家大型民营企业,以生产高档西服、衬衣为主。从 2003 年开始,红领集团历经 10 余年时间、投入 2.6 亿余元资金,建立了自己的大数据系统,完成了传统产业的升级改造。2012 年以来,中国服装制造业订单快速下滑,大批品牌服装企业处于高库存和零售疲软的境况,企业经营跌入谷底。然而正是这一年,红领集团的大规模个性化定制模式历经 10 年终于完成调试,迎来高速发展期,定制业务年均销售收入、利润增长均超过 150%,年营业收入超过 10 亿元。目前,红领集团已形成了完整的个性化大规模工业化定制平台——全球服装定制供应商平台,在互联网环境下实现了信息化与工业化的高度融合。

7.6.1 C2M商业模式

C2M 商业模式(customer to manu-facture)是红领集团打造的"互联网+工业"的新模式,即运用互联网技术,构建顾客直接面对制造商的个性化定制平台,在快速收集顾客分散、个性化需求数据的同时,消除了传统中间流通环节导致的信息不对称和种种代理成本,降低了交易成本。

C2M 商业模式的核心价值由以下三个方面组成。

1. 工业化的手段和效率制造个性化产品

(1) 运用互联网技术构建顾客直接面对制造商的个性化定制平台——RCMTM 系统平台(red collar made to measure,红领西服个性化定制)。RCMTM 系统平台以服装 CAD 系统为依托,建立了能够基本覆盖各种体型的正装板型数据库,涵盖西服、西裤、衬衣、马夹、大衣五大类,板型总量达数亿个。该平台本质上是在探索一种将生产供给和顾客需求实时、直接结合的运营模式。消费者网上选择想要的西装款式、面料等,红领集团只赚取定制加工和运输费用,所有的原材料价格都对消费者公开。

消费者提交订单、在线付款后,所定制的西装就会通过互联网进入"RCMTM 平台",CAD 马上自动生成最适合的板型,并进行拆解和个性化裁剪,裁剪后的布料挂上电子标签进入吊挂,便开始了在整条流水线上300多道加工工序的旅程。利用这套系统,1 s内至少可以自动生成20余套西服的制版。每套西服的下单时间精确到秒,并严格以此派单。据统计,按照国外现行西服定制流程,定制西服生产周期一般需要3～6个月的时间,红领集团从接单到出货规定最长用时为7天。

(2) 运用大数据、云计算,将大量分散的顾客需求数据转变成生产数据。个性化定制平台的款式和工艺数据囊括了几乎全部的设计流行元素,平台还提供多种款式、板型、工艺、尺寸模板供顾客自由选择搭配。顾客既可以在电子商务平台上进行自主个性化设计,又可以利用红领集团的板型数据库进行自由搭配组合。

(3) 借助互联网和云计算,改造企业生产和组织流程,实现大规模个性化生产。该举措最大的突破在于改造生产和组织流程,实现大规模化的定制生产。个性化定制平台借助互联网,以订单信息流为核心线索,将工艺、任务分解到各部门(工位),并持续地收集任务完成状况反馈至集团决策和电子商务系统,建立了商务流程、生产流程的基础信息架构。红领集团通过全程数据驱动,将传统生产线与信息化深度融合,实现了以流水线的生产模式制造个性化产品。

2. 工商一体化的C2M商业生态

C2M电商平台是联结消费者个性化需求和制造企业供给的快捷通道,通过这个平台,无数消费者和生产者进行实时的交互联结,构成了无限细分的市场体系,实现客户订单提交、产品设计、生产制造、采购营销、物流配送、售后服务工商一体化的开放性智能商业生态。

平台上的"3D打印模式工厂"由消费端的需求数据驱动,在大数据的驱动下工厂自发生产,产品在平台上设计、制造、直销与配送,实现了"消费者—生产者"两点一线的对接,提高了生产效率,加快了资金周转。

3. "源点论"思想体系

"源点论"是产生于互联网工业时代的企业管理方法和理论。"源点"即客户的需求,是构成互联网工业管理的核心要素和根本动力。所有管理由"源点"驱动,通过整合价值链资源和创新管理模式,最终达成"源点"需求,实现企业愿景。红领集团从客户需求这一"源点"出发,建立了以大客服部为核心的新驱动模式,赋予大客服部一定的权和责,即大客服部将客户需求反映给相关职能部门时,该部门必须执行;同时,以业绩为导向对大客服部进行考核,客户满意度是最终标准,其量化的体现就是业绩的增长和回款情况。

7.6.2　个性化定制流程

在十几年的艰难转型过程中,红领集团打造个性化定制流程。红领集团的个性化定制从下单到发货只需要7个工作日，其定制流程如图7-25所示。

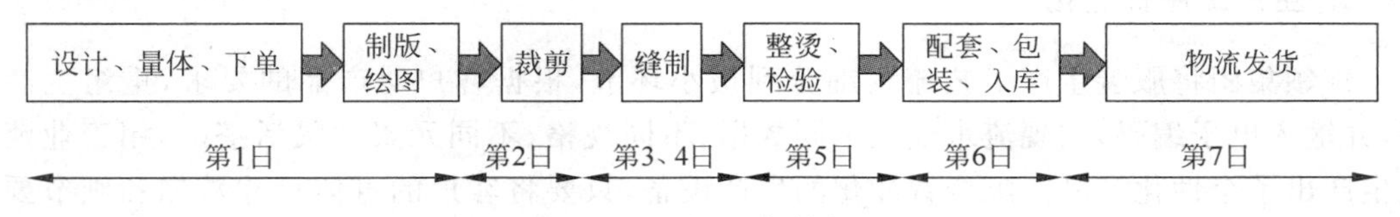

图7-25　红领的定制流程

第一步，数据输入，即设计、量体、下单。C2M平台的顾客通过客户端预约量体，获得自己的量体、特体信息。将这些数据录入平台系统（系统将自动保存老客户的档案），客户可以选择自己对款式、工艺、风格等个性化设计的要求，C2M客户端自带的设计系统也会给予用户专业的设计建议。

第二步，通过自动制版系统进行制版、绘图。客户数据输入后，通过自动制版系统，可以为客户自动计算、匹配板型。工人通过实时观测订单的变化，核对订单细节，并把诸如刺绣、扣子数量、扣眼颜色、线号等个性化要求感应录入电子标签上。

第三步，通过自动裁剪系统进行裁剪。红领集团的数据系统在完成板型匹配后，将信息传输到布料部门，根据面料的长宽比例，计算出最节约面料的剪裁方法。然后工人根据终端上显示的面料需求，操控机器裁床完成自动裁剪。

第四步，缝制。经过裁剪后的面料和内衬配有电子标签，工人通过扫描即可获知客户的要求，而无关的数据都被系统自动屏蔽。

第五步，整烫、检验。

第六步，配套、包装、入库。

第七步，物流发货。运用物联网技术实现对成衣装车、配送、销售、干洗等各个环节的实时信息管理。

7.6.3　定制系统中的条码应用

定制系统中的条码应用有以下几点。

1. 个性需求编码化

如何把客户的个性化和需求的文字描述出来呢？首先，客户想要的定制款式都不同，特别是兜、西服的里衬，甚至是一个扣眼；其次，尺寸也是无序的，每个人的身长和袖长以及胸围都不同。更不用说不同的制作工艺和技术了。

因此，IT部门和业务部门请了一些专门从事数据研究的专家，为智能系统进行数据建模。一件西装在款式上的描述点就有300多个，红领定出了由“英文＋字母＋数字”组成的16位编码，在这一过程中把不重要的数据筛选下去，重要的数据筛选出来。

2. 生产工序标签化

红领集团将服装生产工艺流程细分到最小环节,根据客户对产品的要求,重组生产工序,并输入电子编码,实现流水线上不同数据、不同规格、不同元素的灵活搭配,用工业流水线生产出了个性化产品。配合智能化的生产设备,只要将客户的身体尺寸数据和细节要求输入RCMTM平台,CAD就会自动生成最适合的板型,并进行拆解和个性化裁剪,裁剪后的布料挂上电子标签进入吊挂,便开始在整条流水线上加工的旅程。

3. 数据收集实时化

个性化定制平台借助互联网,以订单信息流为核心线索,将工艺、任务分解到各部门(工位),并持续地收集任务完成状况反馈至集团决策和电子商务系统,建立了商务流程、生产流程的基础信息架构。红领集团通过全程数据驱动将传统生产线与信息化深度融合,实现了以流水线的生产模式制造个性化产品。

红领集团内部供应链管理以订单信息流为核心线索,通过整个生产流程中的物理设备(如数据传感器、射频识别电子标签等)实时收集各项产品的任务完成情况,将数据反馈至信息系统(如中央决策系统、电子商务系统、ERP系统等),由系统智能化、弹性化地调整生产任务,实现全程数据化驱动的生产流程。

4. 用数据经营客户

支撑起红领个性化定制工业化生产模式的背后是10多年来海量数据的积累。红领集团开发了服装CAD系统,可以输入量体数据,结合顾客的个性化要求,在整合了220多万名顾客个性化定制的板型数据后,自动生成最适合的板型。

红领模式的核心就是数据驱动,从头到尾都是数据,数据的量要足够大、质要足够优,一切都要标准化、数字化,将基础夯实。

【本章小结】

本章从产品质量控制与跟踪的角度出发,探讨了在整个生产过程中如何通过条码技术来实现产品的追溯。通过在生产的各个关键环节或部位打印条码标签,可以通过生产线上的条码识读设备,将产品的过程信息存储在中心数据库中。在今后的产品追溯中,通过扫描产品条码,就能够得到产品的全部信息。

在“互联网+”大背景下,实体企业的智能化需要自动识别技术的支撑。我们以“红领”为例介绍了编码技术、RFID技术、信息自动采集技术在大规模个性化定制中的成功应用。

【本章习题】

1. 阅读“红领定制”案例，分析下列问题：

（1）实现西服个性化定制的难点在哪里？

（2）实现“红领”定制的核心技术是什么？

（3）编码技术、自动识别技术的具体应用有哪些？

（4）你认为条码技术在 C2M 模式中的应用有哪些？

2. 目前，我国汽车制造业已经引入了“召回”制度，对缺陷产品实施召回。通过分析“汽车生产线上的条码应用”案例，分析企业制造业准确定位问题车辆的具体技术措施。

第 8 章　GS1 与供应链管理

【任务 8-1】 《蚕妇》新析

昨日入城市，
归来泪满巾。
遍身罗绮者，
不是养蚕人。

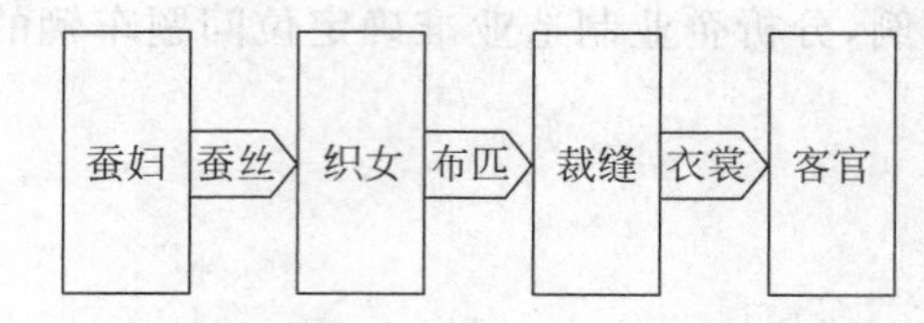

你能从中找出这样一条商业链吗?

8.1　供应链管理

目前，一个最活跃的趋势是将 WWW 和 Internet 技术应用于供应链管理。供应链(supply chain)是一个业务过程，它用一条链的形式连接了制造商、零售商及供应商，实现产品或服务的制造、传输，目标是通过提供几个组织间业务处理的合作，把制造好的产品从生产线顺利地送到消费者手中，以获得效益。

在过去的十几年里，企业创造了许多方法来完成供应链，如即时供货(just-in-time)、快速响应(quick response)、有效的消费者响应(efficient consumer response)、供应商管理库存(vendor managed inventory，VMI)、持续补充(continuous replenishment)等。所有这些措施的目的只有一个：有效地管理供应链。很明显，今天的企业所面临的供应链管理问题同过去是一样的，不同的只是需要快速地在供应链之间共享和传递信息。企业已经通过 EDI 来实现信息共享，Web 及相关技术在供应链管理中的应用是不能忽略的。

电子商务与供应链管理的集成，正改变着企业内容和企业间的运作模式。企业再也不能单纯地把供应链管理看成是提高效率或降低成本，而应把焦点放在更好的 SCM 输出上，即更优的消费者服务、更好的发展、增加收入，并把它看成是提高自己竞争力的手段。这种趋势是与 20 世纪 90 年代以来企业采取的经营模式的变革——从内部的、效率驱动向消费者价值/效益驱动转变是一致的。

向消费者价值取向的转变说明了人们不仅关注降低成本、改善生产效率,更需要了解消费者的需求,并根据消费者的需求来安排生产的产品和服务。企业的成功与否取决于其对消费者需求变化的响应能力及满足消费者需求的成本。成本常常与供应链不确定有关。不确定性是由于全球化的供应和资源、不可预测的需求、波动的价格策略、越来越短的产品生命周期、对商标忠诚度的降低造成的。要管理这些不确定因素,一个新型的企业集成或供应链软件应用出现了。

8.1.1 供应链管理(supply chain management)概述

供应链管理是业务循环的中心,它以更快的速度、更低的成本把产品推向市场。

1. 什么是供应链

供应链是一系列相互依赖的步骤的集合,完成一定的目标,如满足消费者的需求。随着市场竞争的全球化,产品质量和价格处在平等的位置上,因此,制造商对产品制造和运输速度的控制减少,供应链变得越来越重要。

随着消费者越来越主宰着市场,制造商想方设法满足消费者对产品的品种、风格、特征的需求,快速完成订单、快速销售。满足消费者对产品特殊的要求是获得竞争优势的一个机会。显然,企业管理好它们的供应链将会在全球市场中获得更成功的机会。

2. 什么是供应链管理

供应链管理是订单生成、订单执行、订单完成、产品、服务或信息分发过程的合作,供应链内的相互依赖创造了一个"扩展的企业",其管理内容远远超过制造业。原材料供应商、流通渠道伙伴(批发商、分销商、零售商)及消费者本身都是供应链管理的主要角色。

SCM的复杂性在于将艺术(展示艺术、销售艺术、服务艺术)和科学(预测、数据分析、资源管理、销售)有机地结合起来。但是,SCM绝不仅是各种工具和方法的一个口袋,连接着各不相同的信息系统,需要自始至终有一种新的思考方法和全新的观念。

3. SCM的发展

SCM已有30多年的历史。在20世纪70年代,企业只注重供应链上的某些特殊的功能,它们需要改进制造工艺,注重市场和销售。到了80年代,企业意识到,将企业中各种因素集成起来能增加生产力。到了90年代,经营者们意识到:只考虑产品的优势已不能保证成功。事实上,消费者期望多方位的服务,包括将产品运送到指定地点、及时的供货、可靠的质量保证。

为了满足这些新的需求,企业意识到需要信息的集成,即信息在内部组织间的流动。信息集成意味着消费者订单、库存水平、采购订单及其他关键信息必须在各业务部门之间流动。从这个业务模式观点看,竞争不只是公司对公司的竞争,也是供应链对供应链的竞争。因此,管理不同的SCM模式就变得至关重要。

【应用案例 8-1】

假设一个顾客去沃尔玛商店购买清洁剂。供应链始于客户和他对清洁剂的需要。下一步供应链就是顾客要去的那家沃尔玛分店。货架上摆放着从沃尔玛或者分销商处进来的货物。这些货物由第三方也就是物流配送公司送到各个分点。分销商的货物当然是从生产商那里进货。P&G生产公司从不同的供应者处进原材料。其中,供应者本身可能也是低价从别的供应商处进货。例如,包装材料从Tenneco公司进货。Tenneco公司生产的包装原材料可能是来自别的供应商。供应链阶段如图8-1所示。

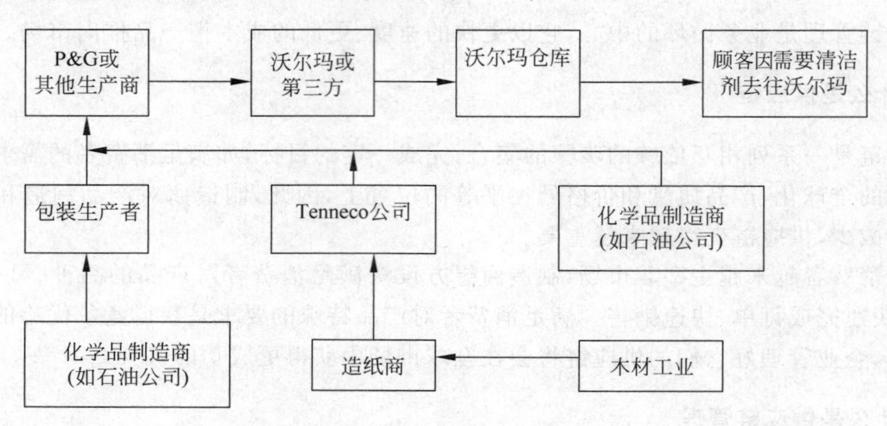

图 8-1 清洁剂的供应链阶段

供应链是一个动态的链条,包括信息流、商品流、资金流。供应链的每一个步骤都有着不同的过程。每一步和供应链的其他步骤相互作用,相互影响。沃尔玛为客户提供产品、定价和其他有用信息。同时,顾客付钱给沃尔玛。沃尔玛将销售点的数据和补充货物的订购信息传输给分销中心。分销中心根据订购信息给销售点调货。在补充货物后,沃尔玛将货款转账至分销商。同时,分销商也提供价格信息,以及给沃尔玛总部提交分销计划。在整个供应链中,信息流、物流、资金流在不停地变换着。

我们来看另外一个例子。当一个顾客从网上购买了戴尔计算机,这个供应链包括客户、客户订购的网页、戴尔生产线装配厂和所有戴尔的供应商以及供应商的供应商。网页给客户提供价格、产品等信息。客户如果选择了一个产品,他就进入订购系统和支付系统。之后,他也可以返回到网页查询订购情况。接下去供应链就根据顾客的订购进行各个供应商之间的订购。这个过程包括在供应链不同阶段的信息流、物流和资金流。

这个例子说明了客户是供应链独立的一部分。任何供应链存在的起始目的都是满足客户的需求,同时在过程中产生利润。供应链是从客户的订购开始,到满足客户需要,客户支付其产品结束。整个供应链是从供应商→生产商→分销商→零售商→顾客。将信息流、物流、资金流的流向形象化是很必要的。供应链这个术语也意味着在一个阶段只有一个主角。而事实上,一家生产商可能是从几家原料供应商中进货。生产的产品也可能是销给几家分销商。因此,大部分供应链是网状的。用网状供应链这个术语来描述现实存在的供应链结构可能会更准确。

一个典型的供应链包括不同的阶段,主要有以下不同的参与者,如图 8-2 所示。

(1) 顾客。

(2) 零售商。

(3) 分销商。

(4) 生产商。

(5) 原材料供应商或零部件供应商。

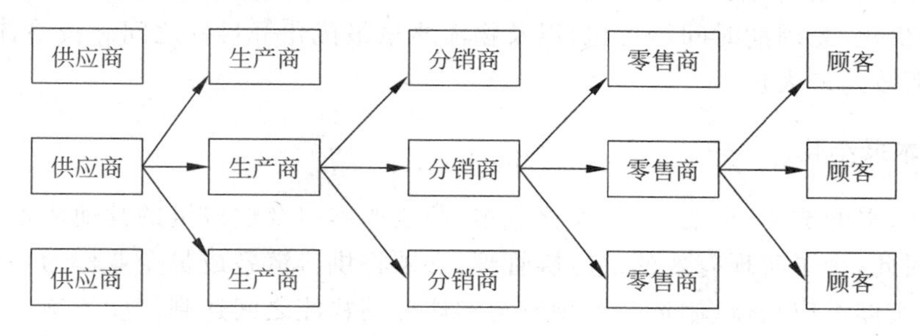

图 8-2 供应链阶段

并不是所有的供应链都包含上述阶段。供应链的设计只依赖于客户需求和涉及的参与者。比如戴尔,生产商可以直接供应产品给客户。戴尔直接按客户订购供货。也就是说,在戴尔这条供应链上没有零售商、批发商和分销商。再如,户外运动产品供应商 L. L. Bean,生产商不是直接地响应顾客的订购。L. L. Bean 包括商品的零售商,顾客可以从产品零售商中选取自己所需货物。与戴尔的供应链相比,L. L. Bean 在顾客和生产商之间多了一个步骤。在小型的零售商店里,供应链在商店和生产商中可能还包括批发商和分销商。

8.1.2 供应链的目标

供应链的目标是使利润最大化。在供应链中的价值和最后到顾客手中的产品的价值是不一样的。因为在大多数商业化供应链中,价值与供应链利润化紧密相关。营业收入和整个供应链的成本是有区别的。例如,一位顾客从戴尔购买了一台计算机 2 000 美元。也就是说,整个供应链得到的是 2 000 美元的营业收入。戴尔和其他供应商在传送信息、制造零部件、储存、运输、货款转账等各方面都需要成本。顾客支付的 2 000 美元和所有发生在制造、分销供应链中的成本之间的差异就是供应链收益。供应链收益是为所有涉及在供应链的生产商利润共享。供应链收益率越高,供应链越成功。供应链的成功应该用整个供应链的收益率来衡量,而不是单个参与者的利润。

我们根据供应链收益来判定供应链是否成功。下一步是考察收益和成本的来源。顾客是唯一一个在供应链中的实际的现金流。以沃尔玛为例,顾客购买了一瓶清洁剂。他是唯一一个提供供应链的实际的现金流。假设供应链的不同阶段的所有者各不相同,供应链中的其他现金流都仅仅是资金交换。当沃尔玛支付给供应商,它只是用收益的部分支付给供应商。资金转账增加供应链的成本,所有的信息流、物流和资金流都相应增加供应链的成本。因此,信息流、物流、资金流的管理是供应链成功的关键。供应链管理包括阶段内部和阶段之间的信息流、物流、资金流的管理,以达到总利润的最大化。

在经济高速发展的今天,供应链管理已经从企业的内部延伸到企业的外部,覆盖面包括供应商、制造商、分销商、最终客户。供应链管理的目标是在总成本最小化、客户服务最优化、总库存最少化、总周期时间最短化,以及物流质量最优化等目标之间寻找最佳平衡点,以实现供应链绩效的最大化。

1. 总成本最小化

众所周知,采购成本、运输成本、库存成本、制造成本以及供应链的其他成本费用都是相互联系的。因此,为了实现有效的供应链管理,必须将供应链各成员企业作为一个有机整体来考虑,并使实体供应物流、制造装配物流与实体分销物流之间达到高度均衡。

2. 客户服务最优化

供应链管理的本质是为整个供应链的有效运作提供高水平的服务。而由于服务水平与成本费用之间的背反关系,要建立一个效率高、效果好的供应链网络结构系统,就必须考虑总成本费用与客户服务水平的均衡。供应链管理以最终客户为中心,客户管理的成功是供应链赖以生存与发展的关键。

3. 总库存量最小化

在实现供应链管理目标的同时,要使整个供应链的库存控制在最低的程度,“零库存”反映的即是这一目标的理想状态。因此,总库存最小化目标的达成,有赖于实现对整个供应链的库存水平与库存变化的最优控制,而不只是单个成员企业库存水平的最低。

4. 总周期时间最短化

当今的市场竞争不再是单个企业之间的竞争,而是供应链与供应链之间的竞争。从某种意义上说,供应链之间的竞争实质上是基于时间的竞争,如何实现快速有效的客户反应,最大限度地缩短从客户发出订单到获取满意交货的整个供应链的总周期时间已成为企业成功的关键因素之一。

5. 物流质量最优化

在市场经济条件下，企业产品或服务质量的好坏直接关系到企业的成败。同样，供应链管理下的物流服务质量的好坏直接关系到供应链的存亡。如果在所有业务过程完成以后，发现提供给最终客户的产品或服务存在质量缺陷，这就意味着所有成本的付出将不会得到任何价值补偿，供应链的所有业务活动都会变为非增值活动，从而导致无法实现整个供应链的价值。因此，达到与保持物流服务质量的高水平，也是供应链物流管理的重要目标。而这一目标的实现，必须从原材料、零部件供应的零缺陷开始，直至供应链管理全过程、全人员、全方位质量的最优化。

从传统的管理思想来看，上述目标相互之间呈现出互斥性：客户服务水平的提高、总周期时间的缩短、交货品质的改善，必然以库存、成本的增加为前提，而无法同时达到最优。然而，通过运用供应链一体化的管理思想，从系统的观点出发，改进服务、缩短时间、提高品质与减少库存、降低成本是可以兼得的。

8.1.3　供应链模式

目前，大体上有两种供应链模式。

1. 产品驱动模式（push 模式）

在这种模式下，制造商是主体，零售商根据制造商制造的产品进行销售，企业生产什么，消费者使用什么。供应链上的各个角色的职责如下所述。

1）制造商职责

（1）市场预测。

（2）生产计划与排程。

（3）原材料采购。

（4）根据配送中心的库存水平补充货物。

2）零售配送中心职责

（1）根据仓库的库存水平和历史预测确定订货点。

（2）买卖、宣传（推销）、预购。

（3）手工采购订单，信息输入/输出。

3）零售商店职责

（1）根据货架的存货及预测决定订货点。

（2）推销。

（3）手工输入重新订货的数量。

4）消费者职责

消费者购买商品。

【应用案例 8-2】

L. L. Bean 公司是在顾客订购循环中顾客的订购到来之后开始执行所有的过程。所有涉及顾客订购循环过程都称作拉的过程。订购实施是建立在对顾客订购的预测基础上的。货物补充循环的目标是保证有客户来订购时及时提供产品。货物补充循环的过程都是根据对需求的事先预测提供货物补充,这就是推的过程。生产循环和原料补充循环的过程都是一样的。而事实上,原材料如纺织品都是在顾客需求前 6～9 个月就已经买好了。生产商自己也是在出售货物 3～6 个月前开始生产产品。生产循环和原材料循环过程都是推过程。L. L. Bean 公司供应链被分为推拉过程,如图 8-3 所示。

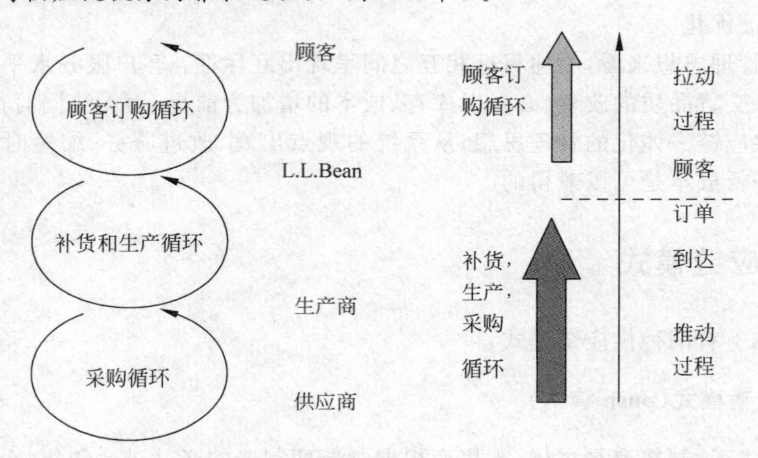

图 8-3 L. L. Bean 公司供应链的推拉过程

2. "pull"模式

在 pull 模式下,消费者是主体,制造商根据消费者的需求来安排生产。供应链上的各角色的功能如下所述。

1) 消费者功能

消费者在零售店购买商品。

2) 零售店功能

(1) POS 数据收集。

(2) 持续的库存检查。

(3) 利用 EDI 自动补充货物。

3) 零售配送中心功能

(1) 自动货物补充。

(2) EDI 服务。

(3) 装载记录。

4）制造商功能

（1）根据 POS 数据和产品出库确定需求预测。

（2）短循环制造。

（3）先进的装运记录 EDI 服务。

（4）条码扫描仪和 UPC 票据。

【应用案例 8-3】

对于基于订单生产的计算机生产商，戴尔公司的情况就不一样了。戴尔并不是通过零售商或分销商来销售产品，而是直销给顾客。按顾客所订购商品来生产以满足客户的需求，而不是提供现有的产品。顾客的订单触发终端产品生产线。生产循环也是顾客订购循环中顾客订单实施的一部分。在戴尔供应链中只有两个循环，分别为：①顾客订购和生产循环；②原材料循环，如图 8-4 所示。

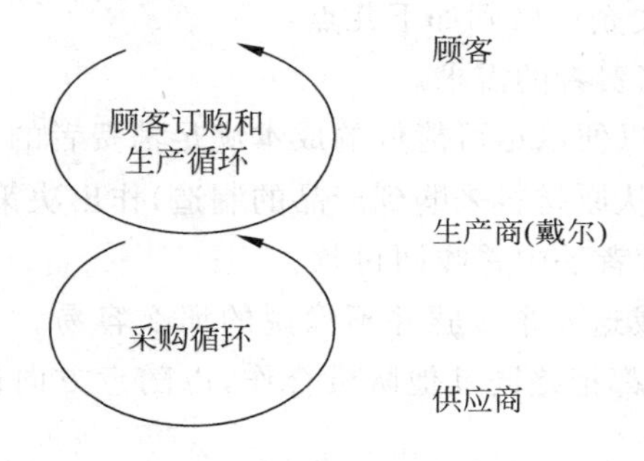

图 8-4　戴尔供应链循环

戴尔供应链中的所有顾客订购和生产循环的过程都可以归类为拉过程，因为是由顾客订单到来触发的。然而，戴尔并不根据客户的需要订购零部件。零部件订购是根据预先预测顾客需求。戴尔的原材料循环的所有过程都可以归为推过程，因为它们都是事先订购的。戴尔供应链的推拉过程，如图 8-5 所示。

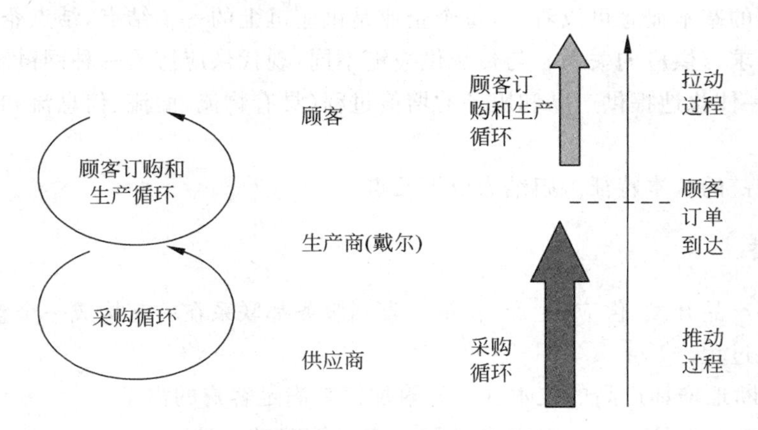

图 8-5　戴尔供应链的推拉过程

pull 模式也称为需求驱动模式。当消费者在超市中购买商品时，在付款台，扫描仪将记录下顾客所采购的商品的准确、详细信息，这些交易信息用于跟踪产品从配送仓库到消费者的分配情况，配送仓库中数据的深层次集成被传回到制造商，用于准备下一次的发货来补充库存。制造商的生产程序根据配送安排表同时更改，他们的采购表也做相应的调整，因此，原材料供应商也要修改他们的配送计划。通常，所有这些发生在消费者签了信用卡并离开商店之前。

pull 模式是为了满足如下需要：支持越来越多的产品变化；缩短供货时间；改善产品质量，降低单位成本；获得操作优势；控制目标可行的方法。供应链上的 pull 因素对业务战略带来了巨大压力。企业不再靠产品质量和价格赢得竞争优势，而是通过在合适的时间将合适的产品送到消费者手中来获得优势。

有效的供应链模式需要企业做到如下几点：

(1) 迅速准确地获得消费者的需求。

(2) 作出最好的选择，以便以尽可能低的成本满足消费者的需求。

(3) 沿着整个供应链(从原材料采购到产品的制造)作出决策。

(4) 把成品分发到消费者手中并收回付款。

要想一环扣一环地完成这 4 个步骤并不像说的那么容易。今天，供应链就像一个足球队一样，队中的每一个成员都拒绝同其他队员合作，以随意方向任意踢球，而且每一个队员都有一个管理者在指挥它。

为了解决这个问题，供应链的管理者必须完成三件事：对所有的参与者提供统一的行动计划；使参与者之间能够及时通信；协调参与者并指挥他们沿正确的方向前进。

8.1.4 供应链的基本特征

由供应链的基本概念可以看出，每个企业是供应链上的一个结点，结点企业和结点企业之间是一种需求与供应的关系。与传统供应链不同，现代供应链是一种网链结构，由客户需求拉动，高度一体化地提供产品和服务的增值过程(具有物流、商流、信息流和资金流 4 种表现形态)。

现代供应链的基本特征可归纳为以下几点。

1. 增值性

供应链将产品开发、供应、生产、营销一直到服务都联系在一起构成一个整体，要求企业考虑以下增值过程。

(1) 要不断地增加产品的技术含量和附加值来满足客户的需求。

(2) 要不断地消除客户不愿意支付的一切无效劳动与浪费。同竞争对手相比，使投入市场的产品能为客户带来真正的效益和满意的价值，同时使客户认可的价值大大超过总成本，从而帮助企业实现最大利润化的目标。

所以，现代供应链是一条名副其实的增值链，链上每一个结点企业都可以获得利润。

2. 竞争性

全球经济一体化开放了市场、加剧了竞争，特别是由信息技术带动的管理手段的发展改变了人们从事商业活动的方式，供应链上结点企业之间的竞争、合作、变化等多种性质的供需矛盾显得日益尖锐，竞争性成为现代供应链的一个显著特点。

3. 复杂性

供应链是一个复杂的网络，这个网络由具有不同目标的成员和组织构成。这意味着要为某个特定企业寻找最佳的供应链战略会面临巨大的挑战。供应链结点企业组成的跨度或层次不同，有生产型、加工型、服务型等；有上游、下游、核心层的，即供应链往往由多个、多类型甚至多国企业构成，所以纵横交错组成复杂的状态决定了供应链结构和运作模式的复杂性。

4. 动态性

现代供应链因结点企业的发展战略和适应市场需求变化的需要而建立，因此，无论是供应链结构，还是链上各结点企业都需要动态地更新，这就使供应链具有明显的动态性。

5. 市场性

早期推动式供应链的运作方式是以制造商为核心生产各种产品，然后由分销网络逐级推向市场用户，是以生产为中心的推动式模式。现代供应链的运作方式是以市场用户为中心的拉动式模式，其形成、存在、重构都是基于一定的市场需求而发生的。在供应链的运作过程中，用户的需求拉动是供应链中信息流、物流、资金流运作的驱动源。

6. 交叉性

一个结点企业既可以是这个供应链的成员，同时又可是另一个供应链的成员，众多的供应链体系相互交错，增加了协调管理的难度。

7. 面向用户需求

供应链的形成、存在、重构，都是基于一定的市场需求而发生的，用户的需求拉动是供应链中信息流、产品、服务流、资金流运作的驱动源。

8.2 GS1与供应链管理

【任务8-2】 以海尔小家电为例,分析京东商城、海尔、原材料供应商的协同过程。在协同中,哪些环节用到了条码?起到了什么作用?

要实现供应链上的物流、资金流、信息流、商流的协同一致,结点企业的信息采集、信息表示、信息传输都必须及时、准确、标准。

在整个供应链上采用GS1标准,可以做到信息的实时采集、实时共享,便于快速响应顾客的需求。

8.2.1 信息编码标准化

参与供应链的所有企业,包括零售商、制造商、原材料供应商,都要对在供应链上流动和共享的数据按GS1标准进行编码。由于编码在全链条统一,这样就可以在供应链上的所有节点、所有环节实现协同运作。

1. 零售终端

零售商品使用EAN/UPC 13编码。

2. 储运、包装环节

使用EAN/UPC 13、EAN 14编码。

3. 物流环节

使用SSCC、位置码、应用标示符等。

4. 制造环节

采用店内码。

8.2.2 信息采集自动化

在零售端、配送中心、物流运输、生产线等各个环节,为原材料、半成品、成品、包装单位、运输单位生成并印制条码,便于自动、实时采集。

1. 条码采集器

条码采集器包括一维条码、二维条码的信息采集。

2. RFID

若已将电子标签附着在物流单元上，当物流单元通过天线覆盖范围时，自动读取电子标签中的信息。

3. 传感器

8.2.3 信息共享实时化

通过一致的通信协议和通信标准，可以使得业务信息在伙伴之间实时共享。

供应链上的各个环节，都通过自动采集设备采集数据，经企业信息系统统计加工后，按照标准的信息格式，利用标准的通信协议(EBXML、GDS)，在全供应链中快速传递和共享，从而达到业务协同的目的。

8.2.4 供应链物流管理

一次完整商务过程包括由生产厂家将产品生产出来，通过运输、仓储、加工、配送到用户、消费者的物流全过程。其中，分为以下几个方面：生产厂家将生产的单个产品进行包装，并将多个产品集中在大的包装箱内；然后，经过运输、批发等环节，在这一环节中通常需要更大的包装；最后，产品通过零售环节流通到消费者手中，产品通常在这一环节中再还原为单个产品。人们将上述过程的管理称为供应链物流管理。

贸易过程中的商品从厂家到最终用户的物流过程是客观存在的，长期以来人们从未主动地、系统地、整体地去考虑，因而未能发挥其系统的总体优势。供应链物流系统从生产、分配、销售到用户不是孤立的行为，而是一环扣一环，相互制约，相辅相成的，因此，必须协调一致，才能发挥其最大效益。

条码技术是在计算机的应用实践中产生和发展起来的一种自动识别技术。它是为实现对信息的自动扫描而设计的。它是实现快速、准确而可靠地采集数据的有效手段。条码技术的应用解决了数据录入和数据采集的“瓶颈”问题，为供应链管理提供了有力的技术支持。

首先，从企业生产的角度来讲。企业为了满足市场多元化的要求，生产制造从过去的大批量、单调品种的模式向小批量、多品种的模式转移，给传统的手工方式带来更大的压力。手工方式效率低，由于各个环节的统计数据的时间滞后性，造成统计数据在时序上的混乱，无法进行整体的数据分析进而给管理决策提供真实、可靠的依据。

利用条码技术，对企业的物流信息进行采集跟踪的管理信息系统。通过对生产制造业的物流跟踪，满足企业针对物料管理、生产管理、仓库管理、市场销售链管理、产品售后跟踪服务、质量管理等方面的信息管理需求。

1. 物料管理

现代化生产物料配套的不协调极大地影响了产品生产效率,杂乱无序的物料仓库、复杂的生产备料及采购计划的执行几乎是每个企业所遇到的难题。

条码技术的解决思想有以下几点:

(1) 通过将物料编码并且打印条码标签。不仅便于物料跟踪管理,而且也有助于做到合理的物料库存准备,提高生产效率,便于企业资金的合理运用。对采购的生产物料按照行业及企业规则建立统一的物料编码,从而杜绝因物料无序而导致的损失和混乱。

(2) 对需要进行标识的物料打印其条码标,以便于在生产管理中对物料的单件跟踪,从而建立完整的产品档案。

(3) 利用条码技术,对仓库进行基本的进、销、存管理。可有效地降低库存成本。

(4) 通过产品编码,建立物料质量检验档案,产生质量检验报告,与采购订单挂钩,建立对供应商的评价。

2. 生产管理

条码生产管理是产品条码应用的基础,它建立产品识别码。在生产中应用产品识别码监控生产,采集生产测试数据,采集生产质量检查数据,进行产品完工检查,建立产品识别码和产品档案。有序地安排生产计划,监控生产及流向,提高产品下线合格率。

(1) 制定产品识别码格式。根据企业规则和行业规则确定产品识别码的编码规则,保证产品规则化、唯一标识。

(2) 建立产品档案。通过产品标识条码在生产线上对产品生产进行跟踪,并采集生产产品的部件、检验等数据作为产品信息,当生产批次计划审核后建立产品档案。

(3) 通过生产线上的信息采集点来控制生产的信息。

(4) 通过产品标识码在生产线上采集质量检测数据,以产品质量标准为准绳判定产品是否合格,从而控制产品在生产线上的流向及是否建立产品档案,并打印合格证。

3. 仓库管理

(1) 货物库存管理。仓库管理系统根据货物的品名、型号、规格、产地、牌名、包装等划分货物品种,并且分配唯一的编码,也就是“货号”。分货号管理货物库存和管理货号的单件集合,并且应用于仓库的各种操作。

(2) 仓库库位管理是对存货空间管理。仓库分为若干个库房;每一库房分若干个库位。库房是仓库中独立和封闭存货空间,库房内空间细划为库位,细分能够更加明确定义存货空间。仓库管理系统是按仓库的库位记录仓库货物库存,在产品入库时将库位条码号与产品条码号一一对应,在出库时按照库位货物的库存时间可以实现先进先出或批次管理的信息。

(3) 条码仓库管理包括货物单件管理。不但管理货物品种的库存,而且还管理货物库存的具体每一单件。采用产品标识条码记录单件产品所经过的状态，从而实现对单件产品的跟踪管理。

(4) 仓库业务管理包括：出库、入库、盘库、月盘库、移库，不同业务以各自的方式进行，完成仓库的进、销、存管理。

(5) 更加准确完成仓库出/入库操作。条码仓库管理采集货物单件信息，处理采集数据，建立仓库的入库、出库、移库、盘库数据。这样，使仓库操作完成更加准确。它能够根据货物单件库存为仓库货物出库提供库位信息，使仓库货物库存更加准确。

(6) 一般仓库管理只能完成仓库运输差错处理(根据人机交互输入信息)，而条码仓库管理根据采集信息，建立仓库运输信息，直接处理实际运输差错，同时能够根据采集单件信息及时发现出入库的货物单件差错(入库重号、出库无货)，并且提供差错处理。

4. 市场销售链管理

为了占领市场、扩大销售，企业根据各地的消费水准不同，制定了各地不同的产品批发价格，并规定只能在此地销售。但是，有些违规的批发商以较低的地域价格名义取得产品后，将产品在地域价格高的地方低价倾销，扰乱了市场，使企业的整体利益受到了极大的损害。由于缺乏真实、全面、可靠、快速的事实数据，企业虽然知道这种现象存在，但对违规的批发商也无能为力。为保证政策有效实施，必须能够跟踪向批发商销售的产品品种或产品单件信息。通过在销售、配送过程中采集产品的单品条码信息，根据产品单件标识条码记录产品销售过程，完成产品销售链跟踪。

5. 产品售后跟踪服务

(1) 根据产品标识码建立产品销售档案。记录产品信息、重要零部件信息。

(2) 通过产品上的条码进行售后维修产品检查，检查产品是否符合维修条件和维修范围。同时分析其零部件的情况。

(3) 通过产品标识号反馈产品售后维修记录，监督产品维修点信息，记录统计维修原因。建立产品售后维修档案。

(4) 对产品维修部件实行基本的进、销、存管理。与维修的产品一一对应，建立维修零部件档案。

通过产品的售后服务信息采集与跟踪，为企业产品售后保修服务提供了依据，同时能够有效地控制售后服务带来的问题——销售产品重要部件被更换而造成保修损失；销售商虚假的修理报表等。

6. 质量管理

通过上述各个环节的产品物料信息、产品信息的采集，为企业进行产品质量管理控制以及分析提供了强有力的依据。

(1) 根据物料准备、生产制造、维修服务过程中采集的物料单品信息,统计物料质量的合格率,辅助产生物料质量分析报告。

(2) 通过生产线质量控制产品条码信息采集点,采集产品生产质量信息,辅助打印合格证,提高产品生产质量的有效控制。

(3) 分析生产线质量控制采集点采集数据,提供生产质量分析数据。

通过上面的介绍可以看出,条码技术为我们提供了一种对物流中的物品进行标识和描述的方法,借助自动识别技术、POS系统、EDI等现代技术手段,企业可以随时了解有关产品在供应链上的位置,并即时作出反应。当今在欧美等发达国家兴起的ECR、QR、自动连续补货(ACEP)等供应链管理策略,都离不开条码技术的应用。条码是实现POS系统、EDI、电子商务、供应链管理的技术基础,是物流管理现代化、提高企业管理水平和竞争能力的重要技术手段。

8.3 客户响应

日本丰田公司副总裁大野耐一综合了单件生产和批量生产各自的优势,创造了一种在多品种、小批量混合生产条件下的高质量、低消耗的生产方式,即JIT(just in time,准时制)。其含义是:"只在需要的时候,按需要的数量,采购适量的原材料,生产所需要的产品。"为日本汽车工业的高速发展做出了突出的贡献。通过看板,采用拉动方式把供、产、销紧密地衔接起来,使物质储备、成品库存和在制品大为减少,极大地提高了生产效率。在这一思想的影响下,各种分支和派别不断出现和发展。快速反应(QR)和有效客户反应(ECR)是供应链中典型的管理模式。

渠道作为品牌商面对最终客户的中间渠道,掌握了第一手的销售和市场数据。品牌商为了给客户提供更高效的服务,需要更快、更准确地获得渠道中的销售、库存等数据,建立分析、指导市场营销,同时向渠道中发布产品数据(新品、价格、促销等),以达到加快市场反应能力、提升销售水平、降低整体库存等目的。

据统计,有效地获取需求和需求链可视化,并利用这种洞察力来产生更好的需求管理以及预测计划的企业,平均库存量减少15%、订单履行能力增强17%、资金周转时间缩短35%、完美订单率超过99%。

8.3.1 快速反应(quick response,QR)

QR起源于美国20世纪80年代的服装业,由于消费者需求的多样化,产品种类的增多,而产品生命周期缩短。尤其是日本及东南亚的低价产品大量涌入,使美国服装产品处境艰难。美国制造商感到只有对不断变化的市场作出更快的反应,极大地降低前置时间,降低库存,产品才有出路。

降低前置时间体现为：产品的设计准备时间最短、生产提前期最短、物流反应时间最短、商品上柜时间最短。

在运作上,系统各方应充分利用条码(BC)技术、销售时点数据采集技术(POS)和电子数据交换技术(EDI)加速信息流,最大限度地降低前置时间,降低流通费用。

美国学者 Black Burn (1991)在对美国纺织服装业 QR 研究的基础上总结出 QR 成功的 5 个条件,这也是 QR 的主要特征。

1. 必须改变传统的经营方式和革新企业的经营意识和组织

这具体表现在以下几个方面：

(1) 企业不能局限于依靠本企业的力量来提高经营效率的传统经营意识,要树立通过与供应链各方建立合作伙伴关系,努力利用各方资源来提高经营效率的现代经营意识。

(2) 零售商在 QR 系统中起主导作用,零售商店是 QR 系统的起始点。

(3) 在 QR 系统内部,通过 POS 数据等销售信息和成本信息的相互公开和交换,提高各个企业的经营效率。

(4) 明确 QR 系统内各个企业之间的分工协作范围和形式,消除重复作业,建立有效的分工协作框架。

(5) 必须改变传统的业务处理方式,通过利用信息技术实现业务处理的无纸化和自动化。

2. 必须开发和应用现代信息处理技术,这是成功进行 QR 活动的前提条件

这些信息技术有商品条码技术、物流条码技术、电子订货系统(EOS)、POS 数据采集系统、EDI 系统、电子支付系统以及预先发货清单技术。供应商(制造商)管理用户库存方式(VMI)、连续补充库存方式(CRP)等由信息技术支持的供应链管理策略。

3. 必须与供应链各方建立战略伙伴关系

这种关系具体内容包括以下两个方面：一是积极寻找和发现战略合作伙伴；二是在合作伙伴之间建立分工和协作关系。合作的目标是削减不必要的库存,避免缺货现象的发生,降低商品风险,避免大幅度降价现象发生,减少作业人员和减少事务性作业等。

4. 必须改变传统企业对商业信息保密的做法

将销售信息、库存信息、生产信息、成本信息等与供应链中的合作伙伴交流分享,并在此基础上,要求各方在一起发现问题、分析问题和解决问题。

5. 供应商必须缩短生产周期,降低商品库存

供应商应该努力做到以下几点：

(1) 缩短商品的生产周期(cycle time)。

(2) 进行少批量多品种生产和多频度小批量配送,降低零售商的库存水平,提高客户服务水平。

(3) 在商品实际需要将要发生时采用JIT生产方式组织生产,减少供应商自身的库存水平。

8.3.2　有效客户响应(efficient consumer response,ECR)

ECR系统,是指为了给消费者提供更高利益,以提高商品供应效率为目标,广泛应用信息技术和沟通工具,在生产厂商、批发商、零售商相互协作的基础上而形成的一种新型流通体制。由于ECR系统是通过生产厂商、批发商、零售商的联盟来提高商品供应效率,因而又可以称为连锁供应系统。

ECR即"快速客户反应",它是在商业、物流管理系统中,经销商和供应商为降低甚至消除系统中不必要的成本和费用,给客户带来更大效益,而利用信息传输系统或互联网进行密切合作的一种战略。

实施"快速客户反应"这一战略思想,需要我们将条码自动识别技术、POS系统和EDI集成起来,在供应链(由生产线直至付款柜台)之间建立一个无纸的信息传输系统,以确保产品能不间断地由供应商流向最终客户,同时,信息流能够在开放的供应链中循环流动。既满足客户对产品和信息的需求,即给客户提供最优质的产品和适时准确的信息,又满足生产者和经销者对消费者消费倾向等市场信息的需求。从而更有效地将生产者、经销者和消费者紧密地联系起来,降低成本,提高效益,造福社会。

20世纪六七十年代,美国日杂百货业的竞争主要是在生产厂商之间展开。竞争的重心是品牌、商品、经销渠道和大量的广告和促销,在零售商和生产厂家的交易关系中生产厂家占据支配地位。进入80年代,在零售商和生产厂家的交易关系中,零售商开始占据主导地位,竞争的重心转向流通中心、商家自有品牌(PB)、供应链效率和POS系统。同时在供应链内部,零售商和生产厂家之间为取得供应链主导权的控制,同时为商家品牌(PB)和厂家品牌(NB)占据零售店货架空间的份额展开着激烈的竞争,这种竞争使在供应链的各个环节间的成本不断转移,导致供应链整体的成本上升,而且容易牺牲力量较弱一方的利益。在上述背景下;美国食品市场营销协会联合包括Coca-Cola,P&G等6家企业与一些流通咨询公司一起组成研究小组,对食品业的供应链进行调查、总结、分析,于1993年1月提出了改进该行业供应链管理的详细报告。在该报告中系统地提出了有效客户响应的概念体系。经过美国食品市场营销协会的大力宣传,ECR概念被零售商和制造商所接纳并被广泛地应用于实践。

高效产品引进(efficient product introductions)、高效商品存储(efficient store variety)、有效促销(efficient promotion)以及高效补货(efficient replenishment)被称为是ECR的四

大要素。

(1) 高效产品引进。通过采集和分享供应链伙伴间时效性强的更加准确的购买数据，提高新产品的成功率。

(2) 高效商品存储。通过有效地利用店铺的空间和店内布局，最大限度地提高商品的盈利能力。例如，建立空间管理系统、有效的商品品类管理等。

(3) 有效促销。通过简化分销商和供应商的贸易关系，使贸易和促销的系统效率最高。例如，消费者广告(优惠券、货架上标明促销)、贸易促销(远期购买、转移购买)等。

(4) 高效补货。从生产线到收款台，通过 EDI 系统，以及以需求为导向的自动连续补货和计算机辅助订货等技术手段，使补货系统的时间和成本最优化，从而降低商品的售价。

21 世纪是信息时代，市场竞争环境的复杂性和多变性，企业无法靠单打独斗去面对所有环节的竞争和对市场需求实现快速响应。"供给侧改革"就是要在商品和服务的供给侧提升质量和效率，以适应消费升级的趋势。而在 ECR 理念中，消费者是核心，也是供应链优化的原动力；以最大化地满足消费者需求为目标，将供应链优化的成果回馈给消费者，以更快、更好、更经济的方式把商品送到消费者的手中。企业必须与供应链的上下游企业结成联盟，整合整体的竞争能力和资源，实现共赢。只有零售快消品行业实现了供应链协同，整条供应链才能够实现响应速度更快、更具前向的预见性、更好地共同抵御各种风险，以最小的成本为客户提供最优的产品和服务。

8.3.3　ECR 与全渠道零售管理

【任务 8-3】　1 亿赌局背后的商业逻辑

王健林、马云对赌 1 个亿：10 年后电商份额将占 50%。

王健林、马云双方约定：10 年后，如果电商在中国零售市场，整个大零售市场份额占 50%，王健林将给马云 1 个亿，如果没到这个份额，马云给王健林 1 个亿，如图 8-6 所示。

图 8-6　一亿赌局

今天,企业面临多种销售渠道,网站(计算机购物)、移动电商(手机购物)、O2O、零售店等。现在大家做电商,面临供应链重组,面临很多的问题。20年前,美国食品杂货业出现了危机。传统生产和流通企业适应顾客需求越来越困难,传统的商品供应体制难以跟上变化,零售业销售额日益减少。消费者品牌忠诚度在下降,不再像以前反复购买同一种食品,通过广告等原有的方式进行增加消费量。

在我国形势也是一样的,消费者越来越挑剔,前几年我们电商发展非常快,为什么美国不如我们发展快?因为ECR高效消费者响应的概念,使得传统零售商能为消费者提供更好的服务,而我们不一样,我们的服务水平和服务意识还没有提高。所以,我们现在实际上不是电商的挑战,而是消费者的挑战。

ECR提出的三大变革方向,凡是对消费者没有附加值的浪费必须从供应链通路上清除掉,重新确认供应链内的合作体制和结盟关系,实现准确即时的信息流,以信息代替库存。

未来的商店是怎么样的,无论消费者在什么地方,都能够得到所需的产品,不管是网络还是实体店,都应该做到无缝零售,全渠道覆盖,世界商店全球销售,供应链全球重新组合,立体仓库,无人送货等要求。以后的海关,商品条码会跟海关HS编码打通,通关是很快要实现的,不能总等很长时间。总的来看,以后的发展,一定要用信息技术,一定要用统一的编码,来支撑今后的发展。

2014年11月,在APEC会议上发布的《北京纲领》强调了统一编码的作用,要使用标准化编码将使各方更好理解和分享货物贸易信息,要加强在全球数据标准领域的广泛合作和应用。

欧盟新修订的食品信息法(1169法规)也要求所有品牌商要与他们的零售商共享“数字标签”信息,提到网络销售的预包装食品在销售前一定要确保消费者可以在网站获得有关的食品信息。该法规已于2014年12月13日生效。我国的出口商应该重视,否则可能会遇到麻烦。

我国商务部、标准委等都出台了一系列文件,在物流业发展、商贸标准化、产品质量提升、预包装产品交易等,都把商品信息、商品统一编码作为非常核心的一个任务。

为什么现在政府各国都对统一编码特别重视呢?主要因为编码的标准化是提高社会经济运行效率最有效的手段。我们知道,现在整个社会,尤其是我国社会的运行成本比较高,当然它包括了融资成本、劳动力成本、物流成本、交换成本等。标准化的编码实际上是我们提高效率、降低成本最有效的手段之一,这个在我国已经变得非常重要,也是标准化的一个必然趋势。

现在大家看到的条码,是我们能够看得见的,编码是支撑条码发展的,编码完全可以有更多的符号,这都是可以的。另外,它一定能够贯穿线上、线下,未来的电商更需要编码,这些都是要一步一步解决的。编码到底应该谁来编?尤其是在产品统一的、流通的网络环境中,需要有统一编码,谁来编呢?当然理论上谁都可以,但作为产品,最好是源头编码,由制造商，产品的生产者来编，这样效率高，不容易混乱。

另外，条码实际上是一个体系，它有100多项标准，这个体系非常广泛，经过40多年的发展，已经涵盖了从分类编码到物品编码、单个商品编码，可以对品种、品类、批次、单个产品进行编码。只不过我们有时候看到的只是一个条码，其实都在一个体系里面。

8.4 GS1 GDSN

GDSN(global data synchronization network)，即全球数据同步网络，是数据池系统和全球注册中心基于互联网组成的信息系统网络。如图8-7所示。

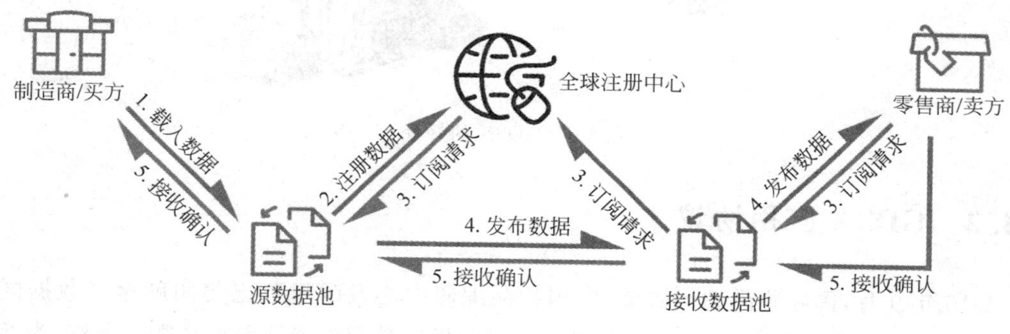

图8-7 GDSN

通过部署在全球不同地区的数据池系统，分布在世界各地的公司能和供应链上的贸易伙伴使用统一的标准交换贸易数据，实现商品信息的同步。这些系统中有相同数据项目的属性，以保证这些属性的值一致，比如某种饮料的规格、颜色、包装等属性。GDSN保证全球零售商、供货商、物流商等系统中的数据都是和制造商公布的完全一致，并可以即时更新。

8.4.1 为什么需要GDSN

每家公司都拥有自己的数据库，其中存储着公司生产、销售或采购的产品的主数据。但是，当一家公司需要改变其数据库中的产品信息或者添加新的产品信息时，另一家公司的数据库中的信息并没有更新。

通过全球数据同步，可以共享可靠的主数据。GDSN的好处如图8-8所示。

主数据(master data，MD)是指系统间共享数据(例如，客户、供应商、账户和组织部门相关数据)。与记录业务活动，波动较大的交易数据相比，主数据(也称基准数据)变化缓慢。在正规的关系数据模型中，交易记录(如订单行项)可通过关键字(如订单头或发票编号和产品代码)调出主数据。主数据必须存在并加以正确维护，才能保证交易系统的参照完整性。

图 8-8 GDSN 的好处

8.4.2 GDSN 应用协议

2016 年 9 月，国际物品编码协会、中国物品编码中心及阿里巴巴集团就全球数据同步项目发布联合声明。通过此项目，三方将与全球的优质品牌方展开更加紧密的合作，为商家和消费者创造更多的价值。

阿里巴巴集团作为目前全球最大的网上及移动交易市场，经营多个网上及移动平台，业务覆盖零售和批发贸易及云计算等，截至 2016 年 3 月底，阿里巴巴集团中国零售平台上的年度活跃买家已达 4.23 亿户。在全球数据同步项目联合声明中，阿里巴巴集团号召品牌方(生产商)在全球电子商务领域采用国际物品编码协会(GS1)标准进行产品信息管理，应用全球贸易项目代码(商品条码)明确识别商品，并邀请品牌方(生产商)加入全球数据同步网络™(GDSN®)进行线上商品信息交互。

全球数据同步项目将让品牌方(生产商)更高效地管理供应链，提供符合全球各国法律法规的标准信息，满足消费者需求。全球数据同步网络及 GS1 标准不仅可以为上下游企业(供应方及销售企业)提供准确、完整的产品信息，也会为消费者提供最可靠且丰富的商品基础信息，在当今的全球电子商务领域为持续优化品牌服务、提升消费者体验贡献力量。在推进产品信息标准化的进程中，阿里巴巴集团旗下各电商交易平台将会积极拓展 GS1 标准的应用场景并将商品条码作为商品标识符，为品牌商(生产商)提供关键的数据统计反馈，确保消费者能体验到最直接的 O2O 扫码购物便利并获取最全面的商品信息，品牌商能够获得最快速的产品上架体验以及阿里巴巴各个平台上的商品展示等。

在中国，物品编码中心和阿里巴巴集团已经实现了国内企业的商品信息同步并取得了非常好的合作成果，通过在阿里巴巴各平台的应用场景，更好地满足了消费者对中国商品的信息需求。全球数据同步项目将逐步扩大到进口商品类，利用通过 GS1 认证的全球数据同步网络接收商品数据并进行反馈。

8.5　供应链与协同商务

《说文》提道："协，众之同和也。同，合会也。"

所谓协同，就是指协调两个或两个以上的不同资源或者个体，协同一致地完成某一目标的过程或能力。

供应链协同(supply chain collaboration)，是为了满足一定目标市场的需求，两个或两个以上的企业通过公司协议或联合组织等方式而结成的一种网络式的以销定产的供求模式。

8.5.1　供应链协同参与主体

1. 总则

参与主体包括供应链上、下游之间从最初的原料供应商到最终的零售商在内的全部企业。这些企业必须由供应链协同服务系统按照一定的规则认定其资格。协同参与方通过供应链协同服务系统实现业务信息的协同。

供应链协同通过电子商务相关技术实现供应链上、下游企业之间业务数据的共享与同步，解决供求信息不及时所导致的丧失贸易机会与业务运营成本高等问题，包括供应链上、下游企业之间企业及产品基本信息重复录入导致的信息不准确等问题。

制定、执行管理制度，约束各个交易参与方的行为，保证交易安全、可靠、公平，对产品质量进行监督，维护产品质量安全，杜绝不合格产品参与市场交易。

2. 注册

参与主体是在中华人民共和国境内注册登记的从事与交易商品有关的现货生产、经营、消费活动的企业法人，具有良好的资信。参与主体须提出申请，并经供应链协同服务系统批准，取得注册资格。

具体注册要求应符合《供应链企业基础信息规范》的有关要求。

参与主体进行供应链业务协同时应遵守以下要求：

(1) 参与主体保证提供材料、数据的真实性，并承担相应责任。

(2) 参与主体应守法、履约、公平买卖。

(3) 参与主体应遵守供应链业务协同服务系统的章程、交易业务规则及有关规定。

(4) 接受供应链业务协同服务系统的业务管理。协同服务系统行使管理职权时,可以按照系统规定的权限和程序对参与主体进行调查,参与主体应当配合。

(5) 遵守相关法律、规定以及供应链业务协同服务系统的相应规定。

3. 供应链协同信息

供应链协同信息分为概要信息和详细信息两个层次:概要信息包括协同过程中的最基本的信息,如品名、数量、重量等;详细信息包括更多具体信息和不便公开的信息,如价格、折扣等。

供应链协同信息包括协同业务中的概要信息,但不包括供应链协同的详细信息。

4. 注销

参与主体不再继续参与供应链业务协同时,应申请办理业务协同注销手续。未办理注销手续的参与主体,应对由于其业务协同期间发生的所有行为全权负责。

8.5.2　供应链协同业务流程规范

各供应链主体、第三方物流与平台之间的关系如图 8-9 所示。由于供应链上下游企业往往不在同一个区域,因此各供应链主体之间、各供应链主体与第三方物流之间的信息流均通过区域平台和中央平台进行交互。中央平台下有若干个区域平台,区域平台下又有若干供应链主体企业以及第三方物流。

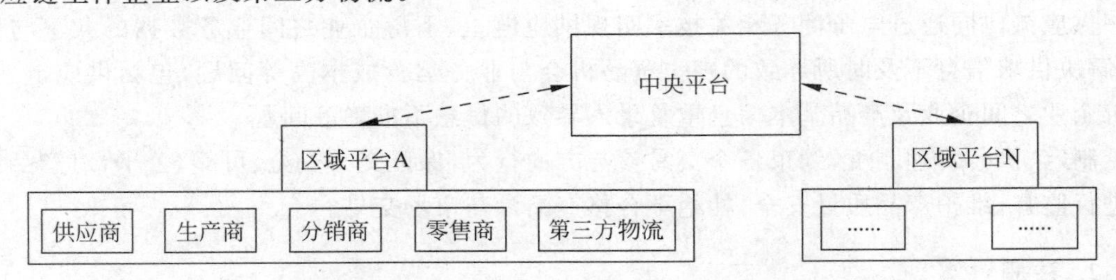

图 8-9　供应链主体、第三方物流与平台的关系示意图

供应链主体企业通过向区域平台发送信息查询业务的请求信息,请求信息的内容包括目标企业、目标查询信息等。在获得目标企业的授权后,该供应链企业可以通过中央平台储存的业务地址库获得目标企业在生产计划、销售计划或者是库存信息,加强上下游协同性,便于企业作出科学的决策。

完整的供应链协同流程是由业务与流程构成的,单据与单据之间通过各种各样的业务串联在一起。购买方、销售方和第三方物流之间的业务关系如图 8-10 所示。

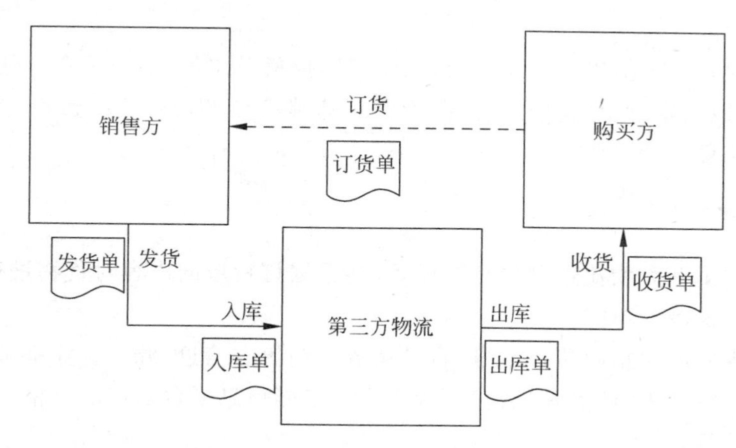

图 8-10　购买方、销售方和第三方物流之间的业务关系

1. 订货业务

订货业务由下游购买方发起，其数据来源于购买方对其下游市场的预测和购买方自身的库存。该业务依据这些数据来产生订货单。

订货单应包括的信息有订货单编号（自动生成）、销售方和购买方信息（源于企业基础信息平台）、结算方式、订货方式、物流模式、订货日期、送货截止日期、收货地址、制单人、审核人、产品基础信息（源于产品基础信息平台）、产品价格、产品数量、产品单位以及备注信息。

2. 发货业务

发货业务是销售方将货物交由第三方物流而实现货物空间转移的业务。销售商根据需要发出货物的数量、价值以及收货单位和收货地等信息，完成发货单的相关信息项。

发货单的信息应包括发货编号（自动生成）、发货单位、收货单位以及承运单位信息（源于企业基础信息平台）、货物名称、件数、包装、重量、体积、运费、保险费、是否急件以及备注信息。

3. 入库业务

运输货物的车辆到达第三方物流的仓库，在验收完货物并确认货物无误后，根据货物情况形成入库单，并安排货物进行入库处理。

入库单的内容应包括入库单编号（自动生成）、承运单位信息（源于企业基础信息平台）、入库时间、产品基础信息（源于产品基础信息平台）、产品价格、产品数量、产品单位以及备注信息。

4. 出库业务

分拣员将需出库的货物分拣出来，并确认货物无误后，根据货物以及目的地情况形成出库单。

出库单的内容应包括出库单编号(自动生成)、提货单位信息(源于企业基础信息平台)、出库时间、目的地信息、产品基础信息(源于产品基础信息平台)、产品价格、产品数量、产品单位以及备注信息。

5. 收货业务

购买方收到第三方物流送到的货物以后,会根据订货单的内容对货物进行到货验收,并根据验货结果形成收货单。

收货单的内容应包括收货单编号(自动生成)、销售方信息(源于企业基础信息平台)、验收日期、验货人、审核人、产品基础信息(源于产品基础信息平台)、产品价格、产品数量、产品单位以及备注信息。

6. 退货业务

购买方在收到货物前或者收到货物后,因各种原因需要退货时,会向销售方提出退货申请,销售方根据购买方的退货申请是否合理来决定是否同意退货。

退货申请单的内容应包括退货申请单编号(自动生成)、原订货单编号(退货货物相对应的订单编号)、销售方编号与销售方名称(源于企业基础信息平台)、退货日期、收货日期、产品名称(源于产品基础信息平台)、单位、数量、单价、总价、退货原因以及备注信息。

8.5.3 供应链业务协同流程信息维护与管理

1. 供应链企业基础信息的维护

由供应链业务协同流程信息管理机构人员,在供应链业务协同流程信息平台对供应链业务协同流程信息进行维护。

2. 供应链业务协同流程信息的管理

国家供应链业务协同流程信息管理应符合《供应链协同服务管理办法》中的规定。

8.5.4 协同供应链运行模式及管理办法

协同供应链中的核心企业是供应链的主体,供应链节点各企业围绕核心企业,通过计划、协调、控制信息流、资金流、物流等将上游和下游的企业连接起来,形成一个供需网络,满足内部需求的同时也可以满足外部客户的需求,通过对各个环节的增值,获得集群的整体效益的提高。

1. 技术研发模式

技术研发是一个集群赖以生存的根本,技术创新是一个集群蓬勃发展的必经之路。协同型集群式供应链系统内的技术研发主要有两种模式：第一,集群内的几个核心企业以股份合作的方式来共同进行技术研发；第二,借助集群内的专业研发机构及高专院校进行技术研发。

2. 专业市场建设模式

协同供应链的专业市场建设也是很重要的一部分,由于其内部存在一个或多个核心企业、多条供应链,所需求的原材料种类比较繁多,因而原材料专业市场的建设对集群系统的发展更具有意义。协同型集群式供应链原材料专业市场的建设主要有两种模式：第一,自发形成模式；第二,政府机构的"筑巢引凤"模式。

3. 物流运作模式

协同供应链的物流运作处于特别重要的一个环节,系统内的物流运作主要存在三种模式：第一,简单物流外包模式；第二,物流整体外包模式；第三,物流园区模式。

4. 供应链协同中的标准协同

在集群式供应链的协同过程中,应该努力保证标准上的协同。供应链各个节点企业所采用的技术、绩效评价等都不尽相同,这会对整体绩效、整体实力有一些影响。为了更好地协同供应链,实现节点企业间标准的统一就显得非常必要,主要包括技术标准协同和绩效标准协同。

5. 利益分配模式

此外,还要考虑解决集群内部利益的分配协同问题。整个协同型供应链联盟的分配应保证各成员企业的付出与收益相对称。付出大获得就多；反之就少。

8.5.5 供应链协同平台的服务模式

供应链协同电子商务平台涉及多个子系统,包括供应链企业主体管理系统、供应链产品基础信息管理系统、供应链协同业务地址注册管理与索引系统、协同业务统计分析系统、产品目录服务系统、黑名单管理系统、接入管理系统、协同管理系统以及供应链订阅系统,为服务对象提供各种各样的个性化服务。

1. 针对消费者的服务模式

消费者可以通过系统平台查看供应链企业资质方面的信息；查看产品的基础信息、检验报告信息与产品图片信息。同时消费者还能通过手机端的 APP 即时获取产品与企业的相关信息。

2. 针对企业的服务模式

通过该系统平台实现注册与注销；查看上游供应商提供的商品信息及其企业资质信息；通过供应链订阅系统与产品目录系统，快速找到自己需要的商品以及合作伙伴；企业还能通过业务地址系统，实现业务地址的注册，以及接收或提交商品订单，实时跟踪管理订单；企业还能通过黑名单管理系统，获取企业黑名单的相关信息。

3. 针对政府的服务模式

查看企业以及产品的相关信息；通过目录服务系统对企业、产品进行整体的管理；通过协同业务统计分析系统获取决策时所必要的统计数据；通过黑名单管理协同对平台中的黑名单企业与产品进行监控。

4. 针对区域、平台供应链业务协同系统的服务模式

获取运营主体资质管理、系统标准符合性认证等服务；通过目录服务系统查询产品列表；通过接入管理系统实现与中央平台的对接，实现业务协同处理；通过供应链订阅系统，为企业实现发送订阅申请的功能。

8.6 全球商务倡议

【任务 8-4】 了解 eWTP(electronic World Trade Platform)

在 2016 年 3 月的博鳌亚洲论坛上，马云第一次提出了 eWTP(世界电子贸易平台)的概念。9 月的杭州 G20 会议，eWTP 成为 B20 中的重头戏。

全球电子商务的贸易平台，为中小企业打造一个真正属于自己、可以自由公平开放贸易的平台。

思考：这样的愿景，需要技术的支持，GS1 会发挥什么作用？

全球商务倡议(the global commerce initiative，GCI)是一个全球性自发组织，由生产商和制造商于 1999 年 10 月创建，它们自发地制定并执行标准，以提高全球消费品供应链的性能。GCI 把全世界的制造商和零售商联合起来，组成一个世界性的组织。它们的目标是消除洲际地域与行业间的商业流程障碍，简化电子商务流程，并且在整个供应链中提升消费者的地位。

贸易伙伴之间的主数据(master data)共享是供应链中最重要的一个环节，这是因为在所有商业体系中主数据是最基本的。主数据的完整性和适时性在整个供应链中对物流的不间断流程是至关重要的。经济高效的共享数据依赖所有参与者精确的数据定义、数据准确性和贸易伙伴之间数据交换时达成的协议。这样的数据共享一般被称为主数据同步。2001年3月,GCI成立了GCI-GDS工作组来解决采用什么样的方法和程序能够激活GDS,并且能够满足用户商业需求的问题。

爱因斯坦曾指出:"如果不相信我们世界的内在和谐性,那就不会有任何科学。"协同就体现着这种内在的和谐性。研究协同是要把不同事物间的不同方面共同协调一致地融合在一起,以求得到更大效率。而这种效率可以体现在人们的生活、工作等社会活动的各个方面。

8.6.1 协同商务产生的背景

协同商务作为"第二代电子商务",有其产生的特定背景。下面分别从商业背景、技术背景、理论背景、市场新特征、产品新特征5个方面加以分析:

1. 商业背景

从用户的角度来说,由于可选择产品种类的不断增多,以及产品信息获取越来越容易,因此用户对于产品的要求也越来越高。不仅仅是对于产品性能、质量以及获取方式有着高要求,用户甚至希望能够参与到产品设计的过程中来。

从企业角度来说,竞争的加剧使得企业必须转变经营目标,不再单单是成本及产品质量,而是要把顾客满意度放在第一位。因此,企业必须对用户不断变动的小批量需求作出即时的反映。最理想的状况当然是企业根据用户的需求寻找合作伙伴组成动态供应链,以强强联合的产品和服务在一个企业满意的成本上来满足客户的需求。与此同时,随着技术的发展,产品的复杂性也不断提高。简单的一种产品,可能是数10个国家的数百家公司产品的汇总。在这种环境下,企业一般集中于自己最擅长的领域,培养竞争优势,以应对日益严峻的市场竞争,企业越来越多的业务借助外包(outsourcing)展开。

2. 技术背景

信息技术的发展是引起商业背景发生转变的一个重要原因。一方面正是由于互联网等技术的发展,才使得用户获取信息越来越容易,因而使得用户的要求不断提高;而另一方面,信息技术的发展也为企业满足用户不断增长的需求提供了解决方案。

20世纪末21世纪初的这段时间,正是信息技术飞速发展的时期,信息技术一方面解决了企业一直在努力解决的一些问题,比如对于库存、成本等的优化问题,而另一方面也赋予了企业新的能力,使得企业产生一些在成本和效率上更加优化的运作模式。信息技术对于企业的变革,首先在企业内部,从最简单的管理信息系统应用到诸如财务系统等一直到对企业整个内部资源进行管理的ERP系统的应用,随之迅速应用于企业间的活动,即所说的电子商务。

电子商务一般都包括两个内容：一个是商务的电子化，是指利用信息技术来对商务流程进行电子化，它使企业可以借助信息技术来对商务流程进行优化，帮助企业实现对于商务流程的一些原先没有能力实现的构想；另一个是信息技术的商务化，是指信息技术的发展，给予企业以新的能力，企业将这些前所未有的能力应用于自己的运营中，从而产生了新的商业模式，激发了新的利润增长点。电子商务从最初的仅仅在网站上提供产品目录到后来的交易接口性的一些整合工作，一直到发展成为基于流程整合、反映供应链管理思想的协同电子商务，这些都充分反映了技术的发展，以及背后的管理思想的发展。很多研究机构都称协同商务为“第二代电子商务”。

3. 理论背景

“协同商务”的理论原型来自20世纪90年代初的“虚拟组织”理论。简而言之，“虚拟组织”理论主要是指：各个独立的企业之间建立动态的临时合作来完成业务。它包含有两个重要的观点：“动态”和“跨企业”。动态的意思是，企业间的这种合作是基于当时的利益的，但伴随着业务的完成，合作也就自然终结，下一个合作事项完全视业务的需要而定。跨企业的意思是，合作是在两个甚至多个独立个体间展开，彼此并没有固定的关联性。

“虚拟组织”理论的背后反映着全球经济一体化的深刻变革。由于全球经济一体化的出现，企业面临史无前例的市场范围最大化，同时也面临着史无前例的竞争程度最大化。在这种情况下，企业一方面要最大限度地发现市场机会，急速发展；另一方面还要最大限度地捍卫传统领地，击退进攻。任何一家企业，即使是通用汽车这类全球行业的领导厂商也独木难支。所以，这种完全基于利益与任务的虚拟组织理论也就应运而生。沿着虚拟组织的两大观点，延伸出了当前非常时髦的两大应用，动态观点直接导致了动态企业模型的理论；而跨企业的观点直接催生了供应链理论。随着理论的发展和经济全球化的深入，“协同商务”一词终于在1999年诞生了。

4. 市场新特征

1）市场动态多变不可预测

由于技术革命，造成了社会的变化，主要表现为非大量化、分散化和个体化以及上述变化速率的加快。另外，技术更新换代速率的加大，使消费品市场日新月异。这既为制造企业满足个性需求提供了可能性，又刺激了个性需求的期望值，促使不断变异的产品市场形成。

2）市场的国际化和全球化

20世纪的后20年，世界范围社会经济变化急剧，市场经济成为全球经济的基本模式。科学技术的高速发展为企业在世界范围内的合作和产品的国际化提供了坚实的后盾；产品科技含量的提高又促使企业进行更大范围和更加深入的合作发展。

3）新兴产业所形成市场的崛起

知识经济改变了传统经济产出那种基于劳动、原材料和能源贡献的概念，突出了知识和技术的直接效益。随着科学技术的飞速发展，带动和兴起了新材料、新能源、生物、环保等一批新兴的产业和经济增长点。

4）网络经济时代的到来

随着网络时代的到来，企业生产经营方式理念发生了重大的改变。传统企业向电子商务进军将掀开 21 世纪信息时代新的一页。

5. 产品新特征

1）产品的个性化、多样化

产品个性化表现为越来越多的产品是为特定顾客、特定目的和特定环境下的使用而生产的。未来社会所需要的不再是现在这种强制性的标准化商品，而是前所未有的非标准化产品和服务。这将导致单一的同类产品的多样化。产品制造适应多样化需求，产生了大量顾客化或单件定制生产，前者突出了使用模块化部件加变形设计制造的零件，组成满足不同消费偏好的产品。

2）产品生命周期越来越短

竞争环境的压力迫使生产者快速反应市场变化、满足消费者不断萌发的需求，从而使产品的生命周期越来越短，产品更新换代越来越快。企业创新产品的能力将成为市场竞争的重要因素。

3）产品的科学技术含量越来越高

随着科学技术的飞速发展，产品的科技含量越来越高，智能化、自动化、现代化水平以及产品的精密复杂程度都越来越高。企业用于产品科技攻关的费用也越来越高，对企业科技人员的层次也提出了更高的要求。

4）产品的附加值不断提高

用户除了对产品的主要功能、特性提出了高要求外，同时也对产品的售后服务、环保、回收利用等产品附加值提出了更高的需求。企业生产产品的同时不得不兼顾产品的使用属性和服务、社会属性。新的市场和新的产品特性要求企业的产品具有动态的、迅速响应用户需求的能力，才能够在激烈的市场竞争中得以生存，才能获得企业可持续发展。

5）企业通过实施企业信息化可以提高企业的工作效率

随着网络经济的深入发展，知识经济时代的到来，信息成为经济发展和社会进步的关键资源，决定竞争能力的主要因素。企业面对激烈竞争、多变的国内国际市场，需要作出正确的决策。决策需要灵通、可靠的信息和正确的方法，企业的信息部门能否及时地、准确地、全面地提供信息，能否为企业管理者的决策提供服务或者提供参考方案，这是现代企业所面临的重要问题。瞬息万变、激烈竞争的时代对企业的信息化建设提出了新的要求。为了适应时代的发展要求，就必须改进企业信息收集、加工、管理和传递的方式。企业电子协作应运而生。

8.6.2 协同商务的概念

"协同商务"概念的提出者、著名 IT 咨询公司 Gartner Group 对于协同商务的定义是："一种激励具有共同的商业利益的价值链上的合作伙伴的商业战略，它主要是通过对于商业周期所有阶段(从产品研发期直到最后的分销阶段)的信息共享来实现。协同商务的目标是在满足不断增长顾客需求的同时来增强获利能力。价值利益的所有成员通过将他们的核心竞争优势组合起来创造新的产品或者服务来获取利润，这些新的产品和服务的价值将比各个组成部分的简单集合大得多。"协同商务也称协作商务、合作商务，指的是在全球经济一体化的背景下，利用以 Internet 等为特征的新兴技术为实现手段，在企业的整个供应链内及跨供应链进行各种业务的合作，最终通过改变业务经营的模式与方式达到资源最充分利用的目的。简而言之，就是指企业内部人员、企业与业务伙伴、企业与客户之间的电子化业务的交互过程。

国内咨询公司 AMT 认为协同商务是一个现代企业经营管理的思想，它强调在全球经济的背景下，利用 Internet 技术，在企业的整个供应链内及跨供应链进行各种业务的合作，最终通过改变业务经营的模式与方式达到资源最充分利用的目的。协同商务是一个基于 Web 架构的应用，为企业(或机构)建立一个以"人"为中心，以企业的业务流程为"血脉"的信息平台，通过这个信息平台来打通企业内部和外部的各种信息节点：人事、工作任务、客户、知识(文档)、资产、产品、项目、财务、合作伙伴(代理商、分销商、供应商)，以使所有的信息得到充分的共享，使企业整个供应链上的资源得到最大的开发、使用和增值。

我们认为协同商务是指合理组合拥有不同核心资源的企业，以便借助以网络技术为中心的协同环境，使供应链上的供应商、合作伙伴、客户、分销商形成虚拟运作的整体。在此系统中，新型生产组织方式引发了组织分工、组织合作、企业沟通、客户和供应商关系等一系列管理方式的变革。协同的商务模式需要进行能力集成和协调，信息、知识的交流和共享是关键因素。在协同商务的背景下，利用网络和协同手段，使整个供应链或供应链之间进行各种广泛的合作，融为一体，最终不仅允许每个企业内部的员工之间、部门之间，而且要让相关各方，如企业与客户之间、相互协作的企业之间，进行充分的信息沟通，步调一致，以便对客户的需求作出迅速响应。这就需要相关的各方都能在统一的协同平台上进行实时的交互，使企业能够管理产品的多维信息，并与其他合作伙伴共享这些信息。

8.6.3 协同商务的内容

协同商务分为以下 4 个内容。

1. 信息与知识的共享(information and knowledge sharing)

将企业内部人员与他们完成自己工作所需要的信息联系起来。一方面信息要足够充分，甚至包括后台 ERP 系统的一些数据；另一方面这些信息是根据员工自身定制的相关信息，员工将只能访问与他们相关的信息。

2. 业务交互(business interactions)

当需要企业内部或者跨企业的员工进行协作以达到企业目标时，都需要借助业务交互来展开。例如，包括协商合同、对招标书(request for proposal，RFP)的反馈、新产品设计以及计划规划等。

3. 建立合作社区(community building)

当涉及的人员需要询问问题、分享想法或者解决重大问题时，需要借助合作社区来进行。例如，在线会议、在线培训课程、讨论区甚至在线聊天环节。

4. 商务交易(business transactions)

协同商务必须提供安全而又可靠的商务交易流程，包括财务交易、订单管理、票据管理以及存货管理，这些交易结果必须及时向后台系统进行更新。

AMT 根据协同商务的定义，阐述了三个方面的重要内容，涉及供应链的范围与跨供应链的范围，按其领域的不同大致分为：协同设计、协同商务和协同制造三个环节。它们的关系基本上可以分为连贯性与互补性两种。连贯性是指：三者是一个完整的业务流程，体现的是顺序性的逻辑关系。互补性是指：三者是彼此互补互动的组织，体现的是结构性的逻辑关系。

协同设计环节包括工业设计、工业工程与工业制造。工业设计包括：绘图、建立产品数据等日常工作与图档管理、设计变更管理等日常管理；工业工程包括：有限元分析等对设计进行可行性检验的工作；工业制造是把经过有限元分析后的设计数据，导入加工生产设备中，直接进行自动化生产的管理与控制。

商务环节包括市场(marketing)、销售(sales)与流通(transportation)。市场是指营销与客户管理；销售是指销售流程与合同的执行与管理；流通是指货物的运输与储存，这里面又引申出像车辆管理等新的需求。

制造环节包括物料控制(material management)、计划(planning)与成本控制(cost control)。物料控制包括：采购、库存与狭义物料管理，这就又牵涉采购政策的制定、补货政策的制定、物理仓库与虚拟仓库的管理等诸多事务；计划包括：生产计划的制订与修正，其延伸面至少包括主生产计划、粗能力计划、产能平衡、细生产计划与车间作业计划等。

协同商务需要通过工作流、流程整合、信息与知识共享(包括 Internet 技术和协同社区等)完成企业内部以及跨企业范围对上述工作内容的系统化操作。

8.6.4　协同商务的特征

协同商务的特征包括以下几点：

1. 协同的信息管理

采用中央数据库管理企业信息，数据可以通过任何与其相关的应用更新或被提取。从应用层面上来看，所有的信息都进行了全面的整合，信息与信息之间无阻碍链接，用户可以从信息归结的友好界面入口，进行大范围和深度的信息提取，而完全无须在不同的数据库和应用平台之间切换。从管理层面上看，它基于企业资源网状管理体系的思想，从任何一个信息点都可以非常方便地提取出所有与其相关的信息，所有的信息和应用都是多维的、立体化的、强关联的。

2. 协同的业务管理

将 ERP 的概念延展到对企业外部资源(客户和合作伙伴)的管理，并将其纳入系统的统一平台中，与企业内部资源进行信息的高度共享和工作的协同。企业可以利用系统快速建立自身的“价值链”管理体系，使信息流、资金流、物流无阻碍地在整条价值链中运行，通过“以点带面”和“协同运作”，任何一个因素的变化都会在系统中的相关点反映出来，并通过协同商务平台提供给企业各部门企业的外部资源，从而使业务过程达到高效、协作的目的。

3. 协同的资源交互

1）客户协同

通过协同商务实现的客户关系管理不是单方面的客户管理，而是让客户真正地参与进来，从而实现对客户的全方位跟踪和交互。通过协同商务系统，企业可以实时了解到客户的信息和需求，从而为客户提供个性化的产品和服务，客户也可以通过系统，更新自己的相关信息，了解最感兴趣的产品和服务，与企业相关部门一起共同完成购买、服务请求、项目实施等业务。

2）合作伙伴协同

通过协同商务建立的企业与合作伙伴之间的关系是“协同”的关系。合作伙伴可以及时获取客户的需求和市场的反馈，更可以与企业共享知识，使企业能够获得采购、生产和销售的最优路线，降低成本，提高响应速度，提高企业的竞争力，保证更高效的供应链水平和更低的供应链成本。

4. 应用的个性化

通过协同商务的企业信息门户，将企业的所有应用和数据集成到一个信息平台之上，并以统一的界面提供给用户，使企业可以快速地建立企业对企业和企业对内部雇员的个性化应用。它向分布各处的用户提供商业信息，帮助用户管理、组织和查询与企业和部门相关的信息。内部和外部用户只需要使用浏览器就可以得到自己需要的数据、分析报表及业务决策支持信息。企业信息门户突破“信息海洋”造成的工作效率低下的情况，以友好的、快捷的方式提供给访问者最感兴趣和最相关的信息。

5. 与商业智能的结合

协同商务不仅仅是信息的载体，还是信息的分析工具。通过对数据的加工和转换，提供从基本查询、报表和智能分析的一系列工具，并以各种形象的方式展现，为企业考察运营情况、业绩表现、分析当前问题所在和未来发展趋势，展开商业策略，调整产品结构、分销渠道、工作流程和服务方式等提供决策支持。

6. 基于 Web 的结构

协同商务系统是基于 Web 的应用，客户端只需安装 IE 浏览器就可以使用系统。系统使用具有易用性、维护简单、24 小时连续服务的特点。

8.6.5　企业协同商务模式

企业协同商务模式分为以下两种：企业间协同商务和企业内协同商务。

1. 企业间协同商务

企业间的商务关系是企业的外部流程，协同商务对企业外部流程的影响由于参与的企业不是内部部门，其影响的范围更加广泛。目前 B2B 电子商务的模式正在迅速发展，支持企业间实现电子交易的采购市场已经初具规模，各种行业的垂直电子市场(e-market)正在发挥着越来越重要的作用。例如，世界三大汽车公司形成的汽车配件采购电子交易网络，通用电器公司的采购网络就是其中成功的例子。随着这类新型企业间交易方式、商务规则的形成和发展，企业在实施电子商务时需要通盘考虑与迅速变化的市场和其他企业间的商务模型。

在高度竞争的商务环境下，企业和企业之间形成所谓的供应链和需求链，或合称企业价值链。链条上的每个企业都是价值链条整体价值的提供者，既是上一环节的客户，也是下一环节的供应商，处在价值链同一位置上的企业之间的关系则是竞争与合作的各种可能组合。网络经济的发展重新定义了竞争与合作的内涵和形式。由于互联网的出现为所有企业提供了一个共同的起跑线，同时其前所未有的几乎无限制的信息交流的方式对企业间传统价值链条产生了巨大的冲击。企业基于传统商务模式理论和实践对外部环境和商务模式的各种假设或前提都需要重新审视，从而连带要求对基于这些假设或前提而制定的商务模式进行重新认识和调整。

例如,在传统的产品销售链条中,大批发商利用其发达的销售渠道和大规模采购优势,从产品生产商采购产品然后销售给下游的零售商。一方面处在链条下游的零售商则由于没有上述优势而很困难直接从生产企业订货;另一方面生产厂商由于受到销售和管理成本等限制也不可能直接面向更多的零售商。但随着互联网的出现特别是以电子的 B2B 电子商务网的出现,使得竞争、合作和交易的模式发生了戏剧性的变化,原有的业务规则可能不再发生作用,对上述产品销售链条的各个环节都带来了新的机遇和挑战。

企业间的协同商务就是多个有商务关系的企业之间利用网络手段进行有效的信息交换,扩大企业交流的范围,加快商务流程的效率。协同商务环境使得企业能够在一个更大范围内和更多的商务对象以更高的效率完成更多的工作。协同商务能够为企业间商务活动的各个阶段提供不同的支持。

首先在交互范围上,互联网的出现使企业可以以同样的成本与全球的客户和供应商建立联系,也使企业面临更加全球化的竞争环境。而且这种趋势随着网络的发展和电子商务环境的完善正在越来越明显。在企业间的商务流程效率上,传统方式的流程,如供应商选择、原料采购、谈判等,都需要一个长期的过程,而且由于信息的不充分,常常导致成本增加。

以目前最热门的"网上商务协同空间"或"网上市场"(e-market)为例,它有别于一般的"电子社区"或"虚拟社区"的主要特征有如下几点:

(1) 协同空间主要面向商务活动,而不是普通个体消费者(即 B2B 而不是 B2C)。事实上,协同空间总是以一个利益中心或一个利益集团为基础而构成。比如,一个企业的供应商、外包商、销售代理、技术服务伙伴、客户等形成一个协同空间;又如,一个城市的医院或特别针对某类疾病的医院形成一个协同空间。

(2) 协同空间对于信息安全要求很高,不仅需要验证识别访问者身份,而且需要分别对其访问内容、操作权限等进行严格的分配和控制。

(3) 协同空间对于应用要求很高,不能仅仅是信息浏览服务或聊天。由此可见,"网上协作空间"是一类提供了增值服务的"电子市场",其价值在于可以将传统"商务"运作效率提高到前所未有的高度。唯其如此,企业用户将乐于在其上投资花钱而形成一个巨大的市场。在电子市场上,企业可以通过网络工具在比以往短得多的时间内完成商家寻找和联络、产品信息进行价格比较。通过一个企业间的虚拟协同空间,可以通过网络完成诸如价格谈判、合同签订、招标和投标等商务活动,大大提高所有参与者的工作效率。

互联网正在帮助企业延伸和提高传统信息系统的价值,如 ERP 系统借助互联网可以增加供应链管理(SCM)、销售管理(SFA)和客户关系管理(CRM)等,而协同商务则是这些新型应用系统的重要组成部分。通过一个互联网上的"协同空间",企业可以沟通上下游,连通客户和合作伙伴,形成一个即时、友好、方便的问题处理和信息交流环境。

2. 企业内协同商务

企业是电子商务的主体,电子商务对企业的冲击不仅仅是方式上的,更是深层次的商务模式的冲击。在电子商务的模式下，由于企业可能采用了电子交易的方式提高其交易效率、增加销售覆盖率或提供更多的服务内容，这要求企业内部的各个功能部门各自的工作方式、效率和部门间的工作流程必须针对新的要求作出相应的调整，甚至增设新的功能机构，并对原来的部门职能作出必要的调整。由于很多企业在实施电子商务的同时还要兼顾传统营销方式，这种新旧模式的变换就是一个渐进的不断调整的过程。在变化的情况下，信息的交换和企业行为的协调更凸现出其重要性。一个企业在传统的营销方式下可能积累了大量的经验数据，从而形成了一整套的组织结构、工作流程、分工和授权体系与监控手段。在新经营模式下这些环节都必须或多或少地进行调整，信息流转速度和有效性必须配合新的营销模式的要求。可以说企业电子交易的引入使得企业电子协同成为必然。

以一个典型的企业制造和销售流程为例，该流程涉及企业内部和外部的多个环节和实体，如研发、原料采购、库存管理、生产加工、市场宣传、产品销售和客户服务等，假设上述的原料采购环节已经实现了企业电子交易方式，企业通过进入电子市场完成供应商选择和询价，使得原料采购的效率大大提高，从原来的生产部门或研发部门提出申请到采购完成的周期从 10 天缩短为 2 天，那么原来的审批流程和处理效率就要与新的采购方式相适应，而且为了有效地利用网上采购所提供的便利，决策过程所需要的时间和信息量将与传统采购方式有很大的区别。例如，原来需要经过谈判和讨价还价的流程在一些情况下可以通过采购系统提供的价格撮合服务实现自动化，这就必然要求企业的决策过程要跟上这个速度，原来的基于 10 天考虑的决策流程必须调整。又如，该企业原来采用传统的批发方式将产品销售给大的中间商，现在采用了网上销售的方式直接面向大量的中小零售商进行销售，那么由于中小零售商对技术支持的不同需求，客户服务部门的工作量、工作内容、响应速度和服务水平则必须同时进行相应的调整。

可以看出，由于电子交易等新手段的采用，企业内部原有的动态平衡被打破，从而要求企业动态调整其工作流程并在企业内部达到更高效的新平衡。这种由于对外商务模式的改变(如采购和销售)而产生的对企业内部的更高效运作的要求和压力，首先直接反映在企业内部的直接相关部门的工作流程和协同上(如采购审批和客户支持)，企业必须建立比以前更有效的面向电子商务需求的新协同模式。这一类协同要求可以用“工作流优化”来概括。

电子商务环境对企业的间接影响体现在对企业竞争实力的更高要求上。为了更好地发展和保持竞争优势，提高企业整体运作效率和创新能力是非常关键的环节。由于市场环境、技术手段等的快速变化，企业作为一个整体的快速响应能力和学习能力在电子商务时代尤其显得重要。所有这些要求，都需要企业内部有一套有效的协同环境的支持。在其中，信息沟通、信息共享、知识管理和培训是协同商务环境的重要组成部分。

总之，如果在传统商务模式下企业内部协同商务环境的建立认为是锦上添花的话，那么在电子商务时代，企业信息化环境下的一个高效灵活的内部协同商务环境则是不可缺少的。

8.6.6　协同系统的影响

协同系统的影响有以下几个：

(1) 帮助优化和改造了企业内部和外部的工作流程,提高了企业整体工作的有效性和效率。

(2) 能够提高企业的产品/服务创新能力；形成企业的整体快速的响应能力,应付各种可能的变化和事件；帮助企业内部更合理地分配资源,降低内部运营成本；从而增强企业的核心竞争力。

(3) 面向时间、场所、人员和信息,提供了统一的工作环境,突破了时间和空间的限制,提高了各项资源的有效利用,增加了信息的价值。

(4) 提供了安全可靠和多样化的通信环境。例如,数据安全、认证、同步通信和移动计算等的集成。

(5) 提供便于集成的企业电子协作空间,以及与企业其他信息系统的集成接口,提高了电子协作系统的信息集成度,从而充分发挥了其作为信息平台的优势。

(6) 提供了面向知识管理的支持,强化了企业的核心价值和竞争力。

8.6.7　协同系统的组成

协同系统是一个将企业的所有应用和数据集成到一个信息管理平台之上,并以统一的用户界面提供给用户,使企业可以快速地建立企业对企业和企业对内部雇员的信息平台。它是电子商务的一种综合实现模式,同时又是一个基于 Web 的应用系统,它使企业能够释放存储在内部和外部的各种信息,使企业员工、客户、供应商和合作伙伴能够从单一的渠道访问其所需的个性化信息,如图 8-11 所示。

从电子商务协同系统组成示意图可以看出：

(1) 企业信息化是电子商务协同系统的基础。企业信息化包括企业资源规划(ERP)、信息资源规划(IRP)、供应链管理(SCM)、客户关系管理(SCM)等。它们是构建企业电子商务协同系统的基础。电子商务协同系统是建立在扎实的企业信息化基础之上的,脱离了这个基础的协同商务将是空中楼阁。

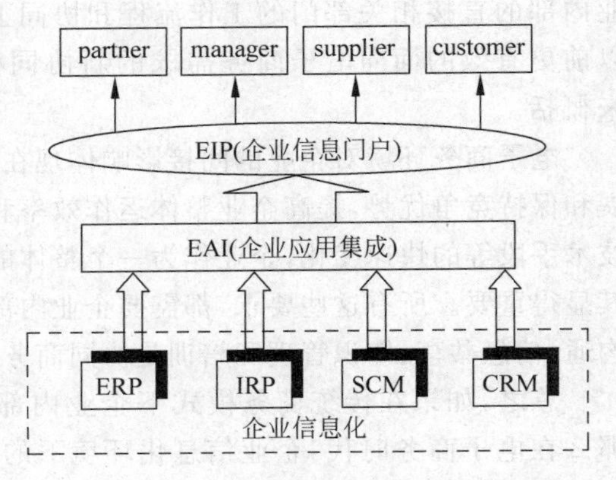

图 8-11　电子商务协同系统组成示意图

(2) 企业应用集成(EAI)是电子商务协同系统的支撑。企业众多“信息孤岛”的存在,严重影响了信息流的顺畅流动。EAI 将这些“信息孤岛”集成起来,为企业信息门户的实现提供了坚实的支撑。

(3) 企业信息门户是电子商务协同系统的核心。通过 EIP,企业合作伙伴、管理者、供应商、客户等可以从单一的渠道访问到他们所需的个性化信息。作为 Web 应用程序简单统一的访问点,EIP 提供了集成的内容和应用,以及统一的协作工作环境,同时增加了许多有价值的附加功能,包括系统整合和内容管理、个性化、存取搜索、与移动设备的连接和门户资源管理功能,它是电子商务协同系统的核心。

电子商务协同系统已经超出了传统的管理信息系统的内涵,也越过了普通意义的网站,成为企业管理信息系统与电子商务两大应用的结合点。它是电子商务的一种综合实现模式,同时又是一个基于 Web 的应用系统。通过与企业其他信息系统的集成,它使企业能够释放存储在内部和外部的各种信息,使企业员工、客户、供应商和合作伙伴能够从单一的渠道访问其所需的个性化信息。

电子商务协同系统站在比“系统集成”“应用集成”更高的“信息集成”的层次上,对企业的信息系统建设提供了指导思想。它能适应企业新的人员和部门的调整的变化,满足企业业务调整和扩展的要求,解决企业与 IT 部门短时间内无法解决的技术需求问题。

8.7　应用案例

本节中,我们通过几个典型的应用来体会条码技术在供应链协同中的作用。

8.7.1　Liverpool:墨西哥大型零售商利用 EPC RFID 技术提升供应链系统

Liverpool 是墨西哥零售业的巨头企业,成立于 1847 年,是一家主要由百货商店组成的集团公司,其位于墨西哥图尔蒂特兰的储运中心(DC),承担着全公司的供应链运营。

从 2002 年开始,Liverpool 公司开始迅猛扩大它的店面,每年会有 5～7 家店面开张。为了适应这种增长趋势,同时为将来的发展做准备,Liverpool 公司需要将它储运中心的操作流程进行重新改造。其改造的最初目的是通过自动化的仓库存储系统优化公司的仓储流程,提高操作效率。在实现此目标的基础上,公司又致力于改造它的库存管理,并优化其接收、配发流程,此时技术的合理应用将带来最大限度的收益。

1. 为改善创造机遇

2002 年,Liverpool 公司开始启动供应链优化项目,目的是实现以下目标:

(1) 提高供应链中产品的可视化。

(2) 减少箱或托盘级别配送的差错,特别是减少与包装中产品或运送目的地相关的错误信息。

(3) 提高库存正确率。

(4) 减少塑料包装或容器中产品的丢失和积压。

(5) 提高盘点速度。

(6) 减少由配送错误而引起的成本浪费。

在寻找合适的技术来实现上述目标时,Liverpool 公司考虑将无线射频识别技术(RFID)作为首选。经过初步评估,在项目开始实行时,公司决定采用基于 GS1 EPC 标准的 RFID 技术,采取分步实施策略,从试点开始,通过不断积累和学习逐渐完善和取得成功。

在初步评估时,Liverpool 公司对标准塑料箱包装上的 EPC RFID 标签进行可行性测试。此类包装箱将被作为物流单元普遍使用在储运中心和运输流程中。测试后的成果是将塑料包装箱进行标准化改造,使资产在供应链中得到重复利用,增加了供应链操作的附加值。

2. 试点项目

试点项目的主要目的是通过对 100 个塑料包装箱标签进行读取的准确率测试,在以下环节中验证 EPC RFID 技术的使用。

(1) 收货。接收由供应商发送过来的产品。

(2) 整合。根据具体订单要求,验证包装箱中的产品。

(3) 发货。产品发往各个门店。

Liverpool 公司认为有必要为塑料箱包装上的标签制定编码标准。同时,公司要对实施标准化编码和自定义编码所带来的效果进行评估比较。

Liverpool 公司选用的 GS1 电子产品代码(EPC)标准所带来的最大收益是它广泛用于供应链数据交换,无论是在墨西哥还是世界其他地方。作为一个全球标准,GS1 EPC 为 Liverpool 公司提供了经济效益基础和潜力,满足公司的可持续发展战略。

对于项目管理,三个技术公司被邀请参与概念证明(POC)的建立。其中一家公司将会负责针对图尔蒂特兰储运中心收货、整合、发货三个环节进行 EPC RFID 识读点的安装。

Liverpool 公司从项目的概念证明(POC)中得知,需要建立一个 EPC RFID 通道,以使塑料包装箱标签的进、出环节识读正确率达到 99.9%。

2007 年试点项目结束时,Liverpool 公司决定扩展 EPC RFID 技术在储运中心的使用范围,包括在接货区三个入口、整合区的三个识读点和发货区所有出口。EPC RFID 标签目前已被用于所有产品的塑料包装箱上。

另外,一个新型接收模型"SEMI"也被初次用于贴有产品标签的纸箱上。由于与称为"PLANO"的塑料箱接收方式不同,纸箱上贴有一次性使用的 EPC RFID 标签。

3. 单品级贴标

2008 年,Liverpool 公司开始对不同生产商和不同产品品类的 EPC RFID 单品级标签进行测试。仅仅 4 年时间，此项技术的使用已从公司的 4 个仓储区域扩展到了 70 个；从刚开始的两个供应商扩展到了 150 个；从仅仅两家店铺的使用扩展到了 96 家店铺。目前主要单品级贴标的产品有纺织品、服饰和床上用品。

通过 EPC FRID 单品级贴标，从货物接收处到发货产生了一系列有价值的信息，可使 Liverpool 公司更好地安排货物并确保配送到正确的位置。以下是整个储运中心所支持的 51 处 EPC RFID 识读点：

(1) 在 PLANO 接收区中的 6 处识读点处理可重复读取的 RFID 标签，用于对标准尺寸包装箱中的单品级货物进行确认。

(2) 在 SEMI 接收区有 3 个识读点，用来接收含有易碎或特殊货物的不同型号纸箱，使用不可重复使用的 RFID 标签对这些产品进行确认。

(3) 在 PLANO 整合处有 8 个识读点用来确保包装箱的正确配送，即等待配送的产品按照正确的目的店铺进行汇集。

(4) 在 SEMI 整合处有两个识读点用来确保包装箱的正确配送，即等待配送的产品按照正确的目的店铺进行汇集。

(5) 在发货区有 32 处识读点以保证托盘被正确地送往运输出口并装载。

4. 成就与收益

根据项目开展结果进行了评估，并与先前指定的目标进行比对，得到非常令人满意的效果，见表 8-1。

表 8-1　项目实施效果

目　标	结　果
提高供应链的可视化	从储运中心到店铺实现 100%的可视化
减少箱或托盘级别配送的差错，特别是减少与包装中产品或运送目的地相关的错误信息	减少了 80%的运输差错
提高仓储正确率	仓储正确率从 80%提升到了 98.6%
减少塑料包装或容器中产品的丢失和积压	减少了 98%的因整合而引起的错误
提高盘点速度	提高盘点效率，使人均每小时处理能力从 500 件增加到 7000 件
减少由配送错误而引起的成本浪费	使操作错误率从 0.63%降低到 0.05%

5. EPC RFID 在门店中的使用

目前，有 96 家 Liverpool 公司的门店从实施的 EPC RFID 技术中获得了收益，特别表现在仓储的循环盘点管理上。另外，在其店面还部署 263 个 EPC RFID 移动识读器。这样，只要在产品上使用了 EPC RFID 标签，就可以采用智能货架或智能结算等解决方案，增强消费者的购物体验。需要说明，Liverpool 公司正在把此项目推广至其他产品种类，如家具、厨具等。Liverpool 公司项目流程整合时间轴如图 8-12 所示。

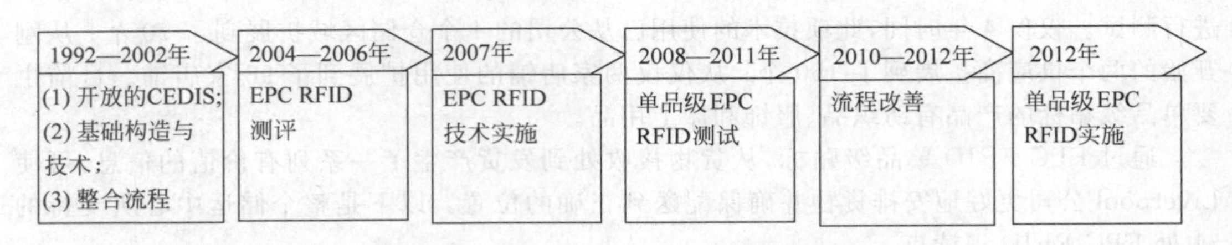

图 8-12　Liverpool 公司项目流程整合时间轴

6. 结论和收获

(1) 分步实施方法可使企业不断积累,并降低总投资,减少大变革所带来的巨大影响,也可以不断产生效益。

(2) GS1 标准的使用使得 Liverpool 公司可与全球供应商进行信息共享,并做到从条码向 RFID 技术的无缝转换。

(3) 供应商可在供应链上实现产品可视化,并在其他操作环节中(如订单和客户服务)产生价值。

8.7.2　南京微创 GS1/UDI 应用案例

1. 公司概要

南京微创医学科技有限公司(MICRO-TECH)成立于 2000 年,是一家研发、生产和销售先进微创医疗器械的公司。现有建筑面积 15 000 m^2,十万级净化车间 4 000 m^2,万级净化车间 600 m^2,拥有在中国同行中品种最齐全、技术最先进的内窥镜耗材生产设备、检测设备和研发手段。

非血管支架类产品为中国生产规模第一;活检钳类产品为中国生产规模第一,全球生产规模第二。产品以直销或 OEM/ODM(品牌商订造/产品贴牌)的形式销往包括欧洲、美国、日本等多个国家和地区,是全球医疗器械产业集群中的成员。

2. 项目背景

企业在发展初期生产规模小,客户相对固定,只是通过内部的产品清单,在每批产品上面用简单的文件表达。经常是同一个编码,上面用文字表达 ABC 这样的型号出来,用手工的方式进行出入库,费时费力,工作效率低。

2007 年公司开始启动条码技术的应用试点,采购 ZEBRA 条码标签打印机和相关软件;2010 年公司正式启用一物一码 128 码体系。

随着公司的壮大和生产能力的增强,企业产品销售市场向全球化发展,同时 OEM 客户的产品也不断增加。当前,国际医疗器械监管机构论坛(IMDRF)提出了 UDI(唯一器械标识)的概念,旨在为医疗器械的有效识别提供一个全球统一的方案,实现编码结构标准化、信息交换格式标准化和产品信息描述、传输标准化,并推荐 UDI 采用开放的 GS1 国际物品编码标准。美国 FDA-Accredited 发行机构授权使用 GS1 标准,要求制造商产品标签具有 UDI 标识(即唯一标识),FDA 提出在 2016 年 9 月 24 日的(医疗器械外)Ⅱ类医疗设备都要贴上 UDI 作为永久标记,并提交到 GUDID。欧洲市场也提出强制执行 UDI 条码注册,此外,全球有 60 多个国家和地区都推荐采用了 GS1 标准对药品、医疗器械等医疗产品进行标识。国内的情况是《江苏省商品条码管理办法》对医疗器械的生产被强制要求在产品标识中标注商品条码,上海红会医疗追溯系统建立要求生产企业应采用 GS1-128 条码标识产品的要求等。

面对这一局面,2015 年公司决定为了应对法规的需求、市场需求、客户需求和公司信息化发展的需求,全面采用国家和国际先进标准,将公司产品编码按 GS1 编码体系的要求进行维护,并将企业产品包装全部切换。

3. 项目规划

公司为此制定项目管理流程和项目技术流程,成立了项目组并进行了分工,如图 8-13～图 8-15 所示。

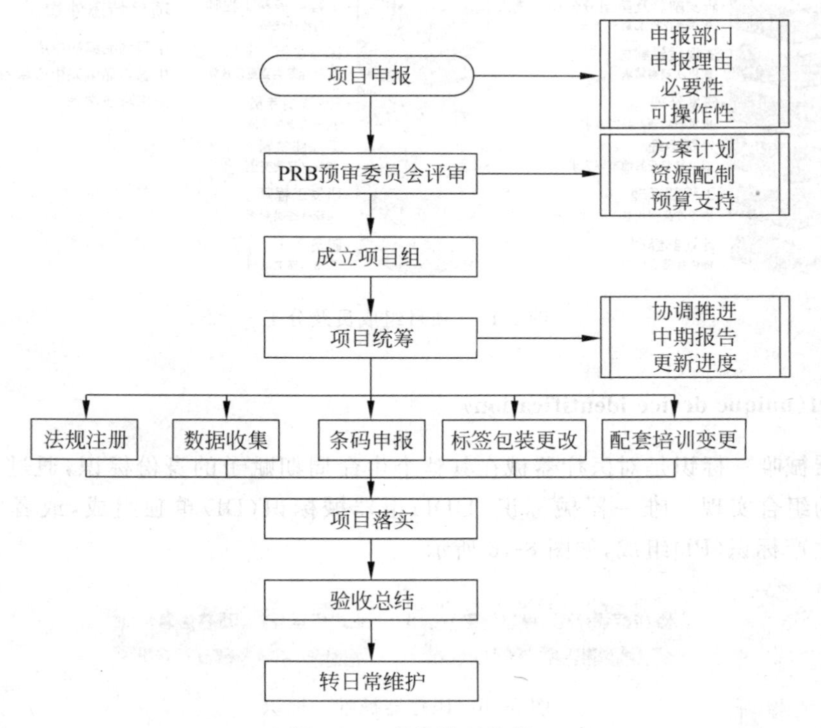

图 8-13　项目管理流程

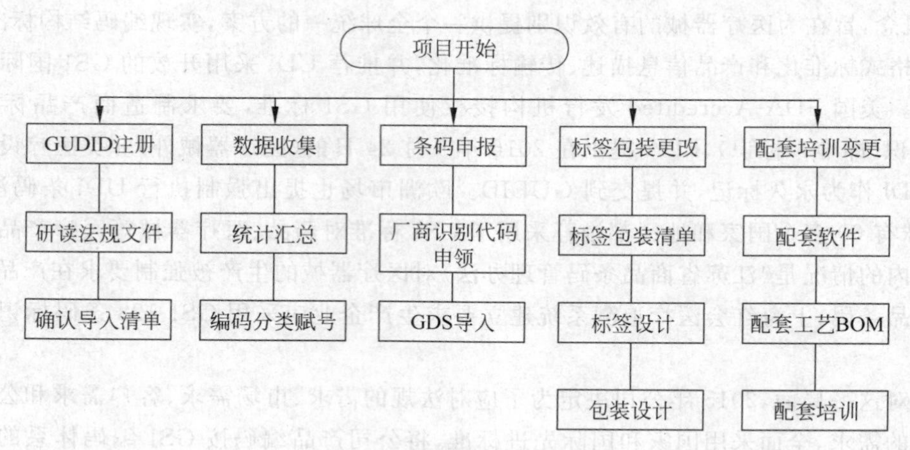

图 8-14　项目技术流程

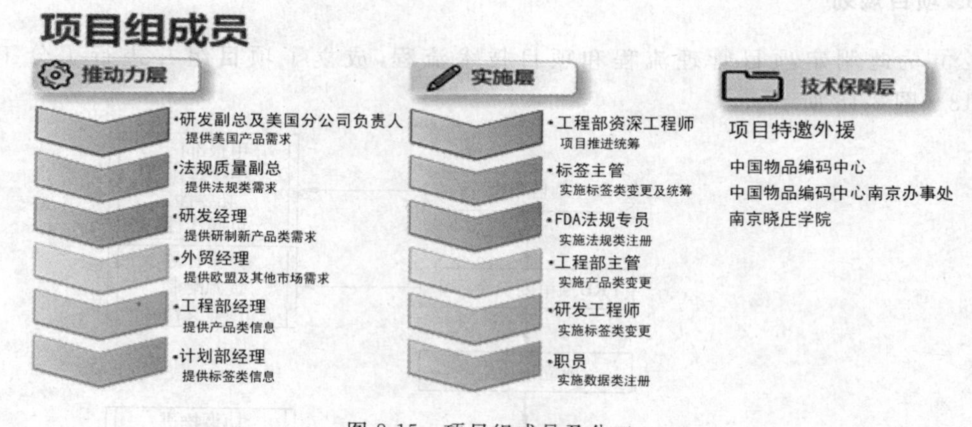

图 8-15　项目组成员及分工

4. UDI(unique device identification)

医疗器械唯一标识是对医疗器械在其整个生命周期赋予的身份标识，通过一串数字或数字字符的组合实现。唯一器械标识(UDI)由器械标识(DI)单独组成，或者由器械标识(DI)联合生产标识(PI)组成，如图 8-16 所示。

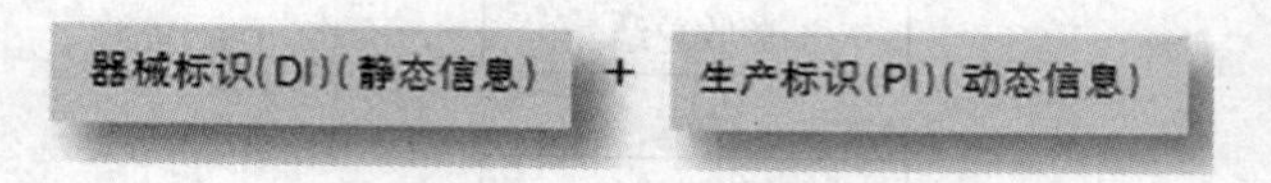

图 8-16　医疗器械唯一标识

GS1 编码体系的基本格式如图 8-17 所示。

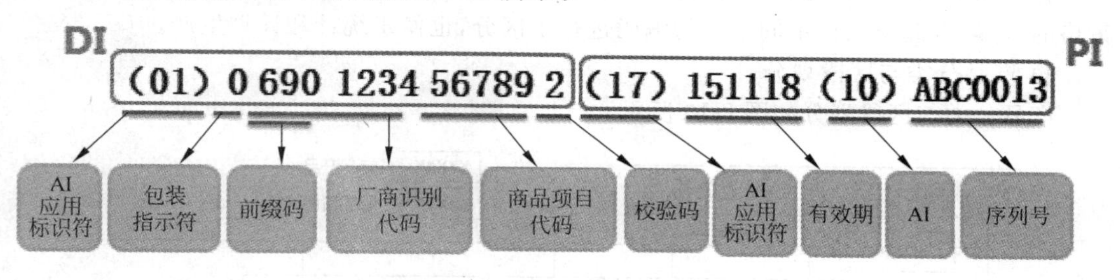

图 8-17　GS1 编码体系的基本格式

5. 项目实施

1）厂商识别代码的申请

企业产品有 37 个类别 15 000 多个单品，新产品仍在不断的研制生产中，原有前缀码为 693 厂商识别代码，其商品项目代码为 4 位数，编码容量仅为 10 000 个，容量不够，准备仅用于美国市场；此外企业还申请了前缀码为 690 的厂商识别代码。这样商品项目代码编码容量可达 10 万个，以满足企业编码需求。

2）商品项目代码的编制

商品项目代码的编制根据市场分类、产品分类、REF(产品货号)进行分类排列，采用系列顺序编码规则进行编码，即将顺序码分为若干段并与分类对象的分段对应。码段的分配既要能确保产品扩展编码，也要防止编码资源的浪费。

3）市场分类

市场分类如图 8-18 所示。

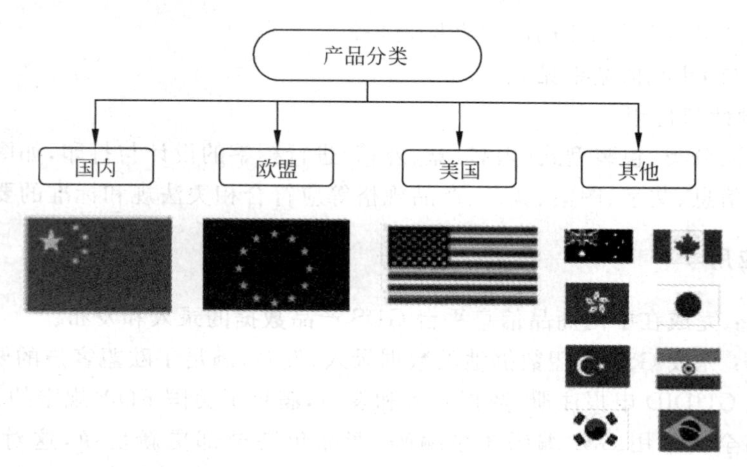

图 8-18　市场分类

在商品的销售中尽管有些商品的型号规格等是相同的,但由于各个市场的需求和销售策略的差异,因此将销往不同市场的编码进行了区分,也便于统计和计划生产。

4) 产品分类与区段划分

产品分类与区段划分如图 8-19 所示。

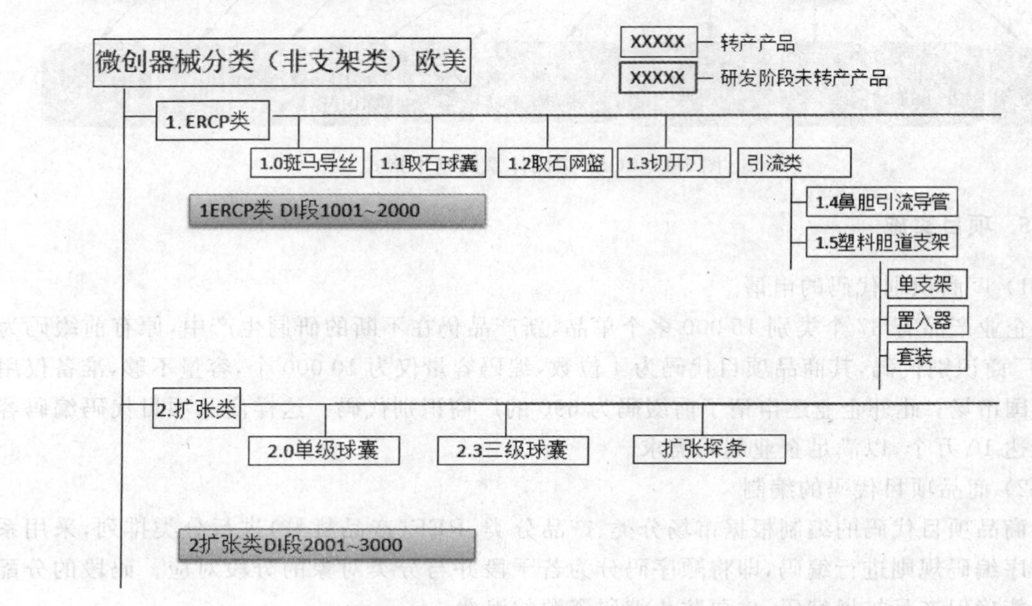

图 8-19 产品分类与区段划分

5) REF(产品货号)与 DI 赋值

美国市场产品分类与 DI 码段列表见表 8-2。

产品货号与 DI 赋值结果见表 8-3。

6) 标签设计与打印

根据产品的分类、包装型式(内袋、盒、外箱)进行标签的设计与打印,如图 8-20 所示。

标签上的信息、文字、图案、颜色、产品规格等应符合相关法规和标准的要求。

6. 项目应用

国内市场:完成在中国商品信息平台 GDS 产品数据的录入和发布。

国际市场:完成 GS1 欧盟数据池的数据录入、发布,满足了欧盟客户的要求。

成功完成 GUDID 申报注册、数据录入和发布,满足了美国 FDA 规定的入市需求。

公司产品全面采用 GS1 编码体系编码,产品包装全部更新切换,这对于企业加强对产品的有序管理、扩大国内外市场、产品质量追溯以及企业信息化建设将发挥积极的作用。

表 8-2　美国市场产品分类 DI 码段列表(QR-0000007 REV: A/0)

序号 (Serial Number)	类别代号 (PF Code)	类别名称 (Product Family Description)	产品分类代号 (Product category code)	产品名称 (Product name)	产品名称 (Product name)	数量 (Quantity)	放量 (PF Quantity)	DI 产品号码段起 (Begin of DI Number)	DI 产品号码段终 (End of DI Number)
1	1	ERCP	GW	斑马导丝	Stenile Hydro Slide Guidewire		100	1001	1100
2	1.1	ERCP	RB	一次性取石球囊	Stenile Baliary Stone Retnieval Balloon Catheter		100	1101	1200
3	1.2	ERCP	EB	一次性取石网蓝	Stone Extradion Baskel		100	1201	1300
4	1.3	ERCP	SP	乳头切开刀	Stenile Sphinderotome		100	1301	1400
5	1.4	ERCP	KB	鼻胆引流导管	Nasal Biliary Drainage Sel		100	1401	1500

表 8-3　产品货号与 DI 赋值

存货名称	产品货号 REF	规格描述	DI_4	GTIN_POUCH	GTIN_BOX	GTIN_CASE
单极球囊	EDC-6/30-7/10-A	球囊直径 6 mm,有效长度 30 mm,导管直径 7 Fr,长度 1000 mm,带不锈钢导丝	2001	06932503520010	16932503520017	26932503520014
单极球囊	EDC-6/30-7/18-A	球囊直径 6 mm,有效长度 30 mm,导管直径 7 Fr,长度 1800 mm,带不锈钢导丝	2002	06932503520027	16932503520024	26932503520021
单极球囊	EDC-6/30-7/24-A	球囊直径 6 mm,有效长度 30 mm,导管直径 7 Fr,长度 2400 mm,带不锈钢导丝	2003	06932503520034	16932503520031	26932503520038
单极球囊	EDC-6/40-7/10-A	球囊直径 6 mm,有效长度 40 mm,导管直径 7 Fr,长度 1000 mm,带不锈钢导丝	2004	06932503520041	16932503520043	26932503520045
单极球囊	EDC-6/40-7/18-A	球囊直径 6 mm,有效长度 40 mm,导管直径 7 Fr,长度 1800 mm,带不锈钢导丝	2005	06932503520053	16932503520055	26932503520052
单极球囊	EDC-6/40-7/24-A	球囊直径 6 mm,有效长度 40 mm,导管直径 7 Fr,长度 2400 mm,带不锈钢导丝	2006	06932503520065	16932503520062	26932503520069
单极球囊	EDC-6/55-7/10-A	球囊直径 6 mm,有效长度 55 mm,导管直径 7 Fr,长度 1000 mm,带不锈钢导丝	2007	06932503520072	16932503520079	26932503520076
单极球囊	EDC-6/55-7/18-A	球囊直径 6 mm,有效长度 55 mm,导管直径 7 Fr,长度 1800 mm,带不锈钢导丝	2008	06932503520089	16932503520086	26932503520083
单极球囊	EDC-6/55-7/24-A	球囊直径 6 mm,有效长度 40 mm,导管直径 7 Fr,长度 2400 mm,带不锈钢导丝	2009	06932503520096	16932503520093	26932503520090
单极球囊	EDC-6/80-7/10-A	球囊直径 6 mm,有效长度 80 mm,导管直径 7 Fr,长度 1000 mm,带不锈钢导丝	2010	06932503520102	16932503520109	26932503520106

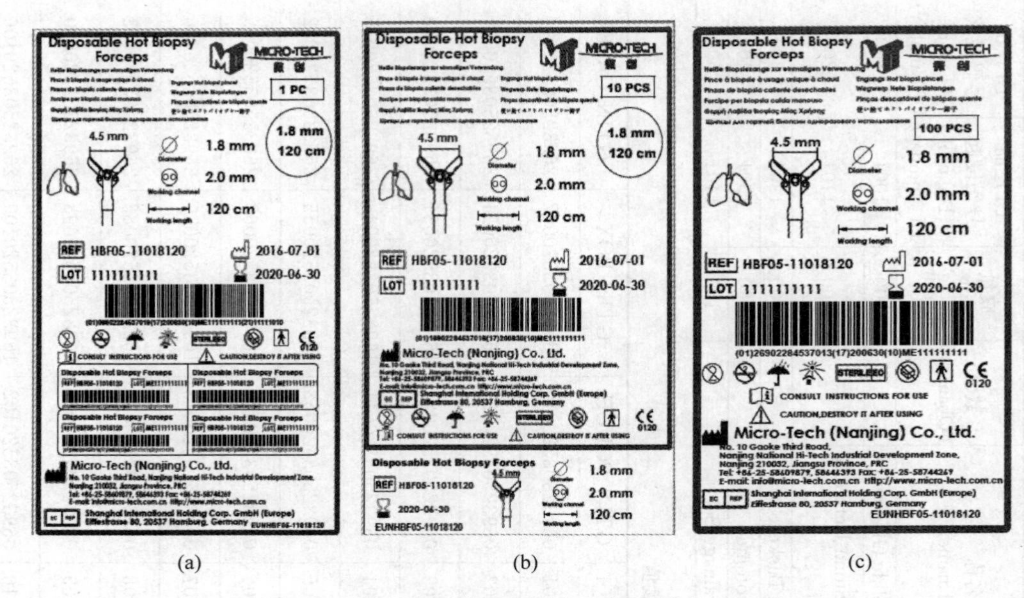

(a) (b) (c)

图 8-20 标签设计与打印示例

(a) 产品内包装;(b) 产品盒包装;(c) 产品外箱包装

【本章小结】

本章从案例出发,探讨了供应链和供应链管理的含义,供应链的运作过程和包含的各个环节,分析了两种不同的供应链模式(push 模式和 pull 模式)的差别,重点探讨了 pull 模式的运作过程,分析了有效的 pull 模式供应链的成功关键要素。作为企业,如何重新确定自己在整个供应链中的位置,通过信息共享来与伙伴进行有效的协作,是我们学习的重点。

【本章习题】

1. 名词解释:

供应链,QR,ECR,JIT,CPFR,VMI,POS。

2. 问答题:

(1) 什么是供应链管理?

(2) GS1 在供应链协同中的作用有哪些?

(3) 条码技术在 ECR 实施中的作用有哪些?

(4) 标准化编码体系在准时采购策略中的作用有哪些?

3. 综合应用题

以南京微创 GS1/UDI 应用为例，分析供应链协同中的数据流：

（1）编码标准化在数据共享中的作用。

（2）条码符号在信息自动采集中的作用。

（3）GS1 在出口贸易中的作用。

第9章 GS1与物联网应用

【任务9-1】 身边的物联网——智能小区

(1) 智能提货柜的使用。手机一扫,包裹自取。

(2) 小汽车智能识别系统。

(3) 居室恒温系统。

9.1 物联网概述

物联网(the internet of things)被称为继计算机、互联网之后,世界信息产业的第三次浪潮。物联网是由多项信息技术融合而成的新型技术体系,机器联网了,人也联网了,物体与物体之间要联网了,于是,物联网来了。

9.1.1 什么是物联网

2005年,国际电信联盟发布的报告中正式提出了物联网的概念:物联网是通过射频识别(RFID)、红外感应器、全球定位系统、激光扫描器等信息传感设备,按约定的协议,把任何物品与互联网相连接,进行信息交换和通信,以实现智能化识别、定位、跟踪、监控和管理的一种网络概念。狭义上的物联网是指连接物品到物品的网络,实现物品的智能化识别和管理;广义上的物联网则可以看作是信息空间与物理空间的融合,将一切事物数字化、网络化,在物品之间、物品与人之间、人与现实环境之间实现高效信息交互方式,并通过新的服务模式使各种信息技术融入社会行为,是信息化在人类社会综合应用中达到的更高境界。

顾名思义,物联网就是"物物相连的互联网"。这有两层意思:第一,物联网的核心和基础仍然是互联网,是在互联网基础上的延伸和扩展的网络;第二,其用户端延伸和扩展到了任何物体与物体之间,进行信息交换和通信。

这里的"物"要满足以下条件才能够被纳入"物联网"的范围:

(1) 要有相应信息的接收器。

(2) 要有数据传输通路。

(3) 要有一定的存储功能。

(4) 要有CPU。

(5) 要有操作系统。

(6) 要有专门的应用程序。

(7) 要有数据发送器。

(8) 遵循物联网的通信协议。

(9) 在世界网络中有可被识别的唯一编号。

其中,第(9)条是我们关注的重点。

9.1.2 物联网的兴起与发展状况

1995年,比尔·盖茨在《未来之路》中提及物联网概念。当时受限于无线网络、硬件及传感设备的发展,并未引起重视。

1999年,electronic product code(EPC) global的前身麻省理工Auto-ID中心提出"internet of things"的构想:物品上装置的电子标签存储唯一的EPC码,利用射频识别技术(RFID)完成标签数据的自动采集,通过与互联网相连的EPC IS服务器提供对应该EPC的物品信息——物品信息互联网络。

产品电子代码(EPC)被认为是唯一识别所有物理对象的有效方式。这些对象包含贸易产品、产品包装和物流单元等体系。EPC编码本身包含非常有限的信息,但它有对应的后台数据库作为支持,将EPC编码对应的产品信息存储在数据库里,这些数据库又互相连接,与对象名称解析服务体系(ONS)等信息技术一起构成了一个"实物互联网",因此EPC是连通现实世界的桥梁。

由于EPC为每一单品建立全球的、开放的标识标准,因此以EPC技术为主导的自动识别系统将能够使产品的生产、仓储、运输、销售、购买及消费的全过程发生根本性的变化,从而大大地提高了全球供应链的性能。EPC系统的推广和应用将带来供应链管理过程的根本性革命。

2004年,日本总务省提出u-Japan构想中,希望在2010年将日本建设成一个"Anytime, Anywhere, Anything, Anyone"都可以上网的环境。同年,韩国政府制定了u-Korea战略,韩国信通部发布的《数字时代的人本主义:IT839战略》以具体呼应u-Korea。

2005年11月,在突尼斯举行的信息社会世界峰会(WSIS)上,国际电信联盟(ITU)发布了《ITU互联网报告2005:物联网》,报告指出,无所不在的"物联网"通信时代即将来临,世界上所有的物体从轮胎到牙刷、从房屋到纸巾都可以通过因特网主动进行交换。射频识别技术(RFID)、传感器技术、纳米技术、智能嵌入技术将得到更加广泛的应用。

2008年11月,IBM提出"智慧的地球"概念,即"互联网+物联网=智慧地球",以此作为经济振兴战略。如果在基础建设的执行中,植入"智慧"的理念,不仅仅能够在短期内有力地刺激经济、促进就业,而且能够在短时间内为中国打造一个成熟的智慧基础设施平台。

2009年6月,欧盟委员会提出针对物联网行动方案,方案明确表示在技术层面将给予大量资金支持,在政府管理层面将提出与现有法规相适应的网络监管方案。

2009年8月,温家宝总理在无锡考察传感网产业发展时明确指示要早一点谋划未来,早一点攻破核心技术,并且明确要求尽快建立中国的传感信息中心,或者叫"感知中国"中心。

国际电信联盟(ITU)发布的ITU互联网报告,对物联网做了如下定义:通过二维码识读设备、射频识别(RFID)装置、红外感应器、全球定位系统和激光扫描器等信息传感设备,按约定的协议,把任何物品与互联网相连接,进行信息交换和通信,以实现智能化识别、定位、跟踪、监控和管理的一种网络。

根据国际电信联盟(ITU)的定义,物联网主要解决物品与物品(thing to thing,T2T)、人与物品(human to thing,H2T)、人与人(human to human,H2H)之间的互联。但是与传统互联网不同的是,H2T是指人利用通用装置与物品之间的连接,从而使得物品连接更加的简化,而H2H是指人之间不依赖于PC而进行的互连。因为互联网并没有考虑到对于任何物品连接的问题,故我们使用物联网来解决这个传统意义上的问题。物联网顾名思义就是连接物品的网络,许多学者讨论物联网时,经常会引入一个M2M的概念,可以解释成为人到人(man to man)、人到机器(man to machine)、机器到机器(machine to machine)。从本质上而言,人与机器、机器与机器的交互,大部分是为了实现人与人之间的信息交互。

9.1.3　物联网的应用

物联网到底和我们的现实生活有什么联系呢?下面来看几个小例子。

1. 医学:实时享受医疗监护

以物联网技术为基础的无线传感器网络在检测人体生理数据、老年人健康状况、医院药品管理以及远程医疗等方面可以发挥出色的作用。在病人身上安置体温采集、呼吸、血压等测量传感器,医生可以远程了解病人的情况。利用传感器网络长时间地收集人的生理数据,这些数据在研制新药品的过程中非常有用。这个系统稍加产品化,便可成为一些老人及行动不便的病人的安全助手。同时,该系统也可以应用到一些残障人士的康复中心,对病人的各类肢体恢复进展进行精确测量,从而为设计复健方案带来宝贵的参考依据。

2. 环境:流鱼有了"身份证"

如果你在无锡蠡湖边偶然看到鲢鳙鱼的背脊上有类似小天线的黄色标签时,请不要惊奇,这是物联网技术"联姻"净水渔业的尝试。无锡市农业委员会在蠡湖放流了30万尾小鱼,和往年不同,现在有3 500条生长约1年的鲢鳙鱼体内被植入高科技芯片,成为探知放流效果的有效载体。芯片用来记录鱼放流时间、放流地点、放流时鱼身体状况等初始信息。研究人员用计算机扫描芯片,就可找到初始数据,以此研究蠡湖鱼类的生存状态、环境变化对鱼的影响等,还可通过鱼类身体重量变化算出吃掉的蓝藻,精细测量出蠡湖生态环境的改善。

3. 家居：与家用电器互动，比如冰箱

当你工作一天回到家，想做一份莲子桂圆汤，走到冰箱前查询冰箱外立面上的显示屏时却发现，冰箱内现有红枣、莲子，却没有桂圆。没关系，这台冰箱已经通过物联网技术与全球相连接，马上访问沃尔玛的网站，那里有很多桂圆可供选购……这就是物联网冰箱带给人们的新生活。

物联网冰箱不仅可以储存食物，还可实现冰箱与冰箱里的食品"对话"。冰箱可以获取其储存食物的数量、保质期、食物特征、产地等信息，并及时将信息反馈给消费者。它还能与超市相连，让你足不出户就知道超市货架上的商品信息；能够根据主人取放冰箱内食物的习惯，制订合理的膳食方案。此外，它还是一个独立的娱乐中心，具有网络可视电话功能，能浏览资讯和播放视频。

目前，绿色农业、工业监控、公共安全、城市管理、远程医疗、智能家居、智能交通和环境监测等各个行业均有物联网应用的尝试。物联网对于世界经济、政治、文化、军事等各个方面，都将会产生无比巨大的影响。因此，物联网被称为继计算机、互联网之后，世界信息产业的第三次浪潮，也将是信息产业新一轮竞争中的制高点。一旦物联网大规模普及，无数的日常生活用品需要加装小巧智能的传感器，或者直接升级换代，给市场带来的商机将大得难以估量。总之，物联网将深刻改变我们的生活。

9.1.4　物联网在我国应用现状

物联网是指通过各种信息传感设备，实时采集任何需要监控、连接、互动的物体或过程等各种需要的信息，与互联网结合形成的一个巨大网络。其目的是实现物与物、物与人，所有的物品与网络的连接，方便识别、管理和控制。构成物联网产业5个层级的支撑层、感知层、传输层、平台层，以及应用层分别占物联网产业规模的2.7%、22.0%、33.1%、37.5%和4.7%。而物联网感知层、传输层参与厂商众多，成为产业中竞争最为激烈的领域。

在市场应用方面，占据中国物联网市场主要份额的应用领域为智能工业、智能物流、智能交通、智能电网、智能医疗、智能农业和智能环保。其中智能工业占比最大，为20.0%。

产业分布上，国内物联网产业已初步形成环渤海、长三角、珠三角，以及中西部地区四大区域集聚发展的总体产业空间格局。其中，长三角地区产业规模位列四大区域之首。

与此同时物联网的提出为国家智慧城市建设奠定了基础，实现智慧城市的互联互通协同共享。

随着我国物联网产业发展迅猛的态势和产业规模集群的形成，我国物联网时代下的产业革命也初露端倪。从具体的情况来看，我国物联网技术已经融入了纺织、冶金、机械、石化、制药等工业制造领域。在工业流程监控、生产链管理、物资供应链管理、产品质量监控、装备维修、检验检测、安全生产、用能管理等生产环节着重推进了物联网的应用和发展，建立了应用协调机制,提高了工业生产效率和产品质量,实现了工业的集约化生产、企业的智能化管理和节能降耗。

随着物联网技术的研发和产业的发展,发展前景将超过计算机、互联网、移动通信等传统 IT 领域。作为信息产业发展的第三次革命,物联网涉及的领域越来越广,其理念也日趋成熟,可寻址、可通信、可控制、泛在化与开放模式正逐渐成为物联网发展的演进目标。而对于"智慧城市"的建设而言,物联网将信息交换延伸到物与物的范畴,价值信息极大丰富和无处不在的智能处理将成为城市管理者解决问题的重要手段。

9.1.5　应用模式

物联网根据实际用途可以归结为三种基本应用模式:

1. 对象的智能标签

通过近距离无线通信技术(near field communication,NFC)、二维码、RFID 等技术标识特定的对象,用于区分对象个体,如在生活中我们使用的各种智能卡。条码标签的基本用途就是用来获得对象的识别信息;此外通过智能标签还可以用于获得对象物品所包含的扩展信息,如智能卡上的金额余额,二维码中所包含的网址和名称等。

2. 环境监控和对象跟踪

利用多种类型的传感器和分布广泛的传感器网络,可以实现对某个对象的实时状态的获取和特定对象行为的监控,如使用分布在市区的各个噪声探头监测噪声污染,通过二氧化碳传感器监控大气中二氧化碳的浓度,通过 GPS 标签跟踪车辆位置,通过交通路口的摄像头捕捉实时交通流程等。

3. 对象的智能控制

物联网基于云计算平台和智能网络,可以依据传感器网络用获取的数据进行决策,改变对象的行为进行控制和反馈。例如,根据光线的强弱调整路灯的亮度,根据车辆的流量自动调整红绿灯间隔等。

9.2　物联网技术

"工欲善其事,必先利其器。"

物联网应用中涉及很多关键技术,从层次上来看,主要涉及三个层面:标识技术、信息采集与跟踪技术、智能控制技术。

下面主要介绍对象的标识技术。

9.2.1 EPC

电子产品代码(electronic product code,EPC)是下一代产品标识代码,它可以对供应链中的对象(包括物品、货箱、货盘、位置等)进行全球唯一的标识。EPC 存储在 RFID 标签上,这个标签包含一块硅芯片和一根天线。读取 EPC 标签时,它可以与一些动态数据连接,如该贸易项目的原产地或生产日期等。这与全球贸易项目代码(GTIN)和车辆鉴定码(VIN)十分相似。EPC 就像是一把钥匙,用以解开 EPC 网络上相关产品信息这把锁。与目前商务活动中使用的许多编码方案类似,EPC 包含用来标识制造厂商的代码以及用来标识产品类型的代码。但 EPC 使用额外的一组数字-序列号来识别单个贸易项目。EPC 所标识产品的信息保存在 EPCglobal 网络中,而 EPC 则是获取有关这些信息的一把钥匙。

1. EPC 编码体系

EPC 编码的一个重要特点是:该编码是针对单品的。它的基础是 GS1,并在 GS1 基础上进行扩充。根据 GS1 体系,EPC 编码体系也分为 5 种:

(1) SGTIN(serialized global trade identification number)。

(2) SGLN(serialized global location number)。

(3) SSCC(serial shipping container code)。

(4) GRAI(global returnable asset identifier)。

(5) GIAI(global individual asset identifier)。

2. EPC 标签比特流编码

EPC 编码的一般结构是一串比特流,包括两部分:可变长的码头和值序列,如图 9-1 所示。它的长度、结构和作用完全由码头的值决定。

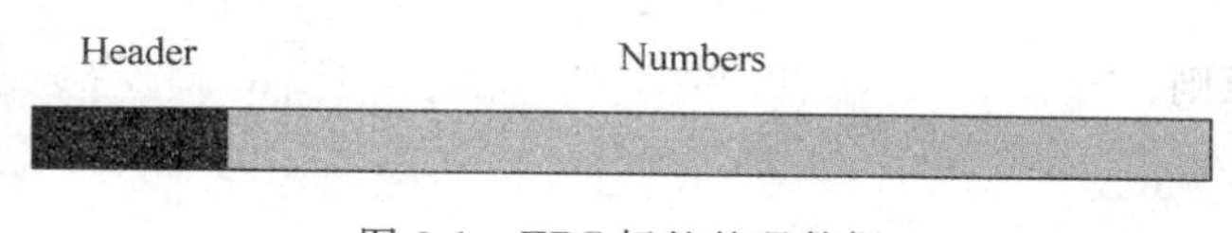

图 9-1　EPC 标签的码数据

EPC 代码是由标头、厂商识别代码、对象分类代码、序列号等数据字段组成的一组数字。具体结构如表 9-1 所示,具有以下几个特性。

表 9-1　96 位 EPC 编码结构

96 位 EPC 编码结构				
	标头	厂商识别代码	对象分类代码	序列号
EPC-96	8	28	24	36

(1) 科学性。结构明确,易于使用、维护。

(2) 兼容性。EPC编码标准与目前广泛应用的GS1编码标准是兼容的,GTIN是EPC编码结构中的重要组成部分,目前广泛使用的GTIN、SSCC、GLN等都可以顺利转换到EPC中去。

(3) 全面性。可在生产、流通、存储、结算、跟踪、召回等供应链的各环节全面应用。

(4) 合理性。由EPCglobal、各国EPC管理机构(中国的管理机构称为EPCglobal China)、被标识物品的管理者分段管理、共同维护、统一应用,具有合理性。

(5) 国际性。不以具体国家、企业为核心,编码标准全球协商一致,具有国际性。

(6) 无歧视性。编码采用全数字形式,不受地方色彩、语言、经济水平、政治观点的限制,是无歧视性的编码。

3. EPC结构框架

该框架基于RFID技术、Internet技术,以及EPC体系,包括各种硬件和服务性软件系统,如图9-2所示。其目标有以下几个。

(1) 制定相关标准,目标是在贸易伙伴之间促进数据和实物的交换;鼓励改革。

(2) 全球化的标准。使得该框架可以适用在任何地方。

(3) 开放的系统。所有的接口均按开放的标准来实现。

(4) 平台独立性。该框架可以在不同软、硬件平台上实现。

(5) 可测量性和可延伸性。可以对用户的需求进行相应的配制;支持整个供应链;提供了一个数据类型和操作的核心,同时也提供了为某种目的而扩展核心的方法;标准是可以扩展的。

(6) 安全性。该框架被设计为可以全方位地提升企业的操作安全性。

(7) 私密性。该框架被设计为可以为个人和企业提供数据的保密性。

(8) 工业结构和标准。该框架被设计为符合工业结构和标准并对其进行补充。

4. EPC编码原则

1) 唯一性

EPC提供对实体对象的全球唯一标识,一个EPC代码只标识一个实体对象。为了确保实体对象的唯一标识的实现,EPCglobal采取了以下措施:

(1) 足够的编码容量。从世界人口总数(大约60亿)到大米总粒数(粗略估计1亿亿粒),EPC有足够大的地址空间来标识所有这些对象。

(2) 组织保证。必须保证EPC编码分配的唯一性并寻求解决编码冲突的方法,EPCglobal通过全球各国编码组织来负责分配各国的EPC代码,并建立相应的管理制度。

(3) 使用周期。对一般实体对象,使用周期和实体对象的生命周期一致。对特殊的产品,EPC代码的使用周期是永久的。

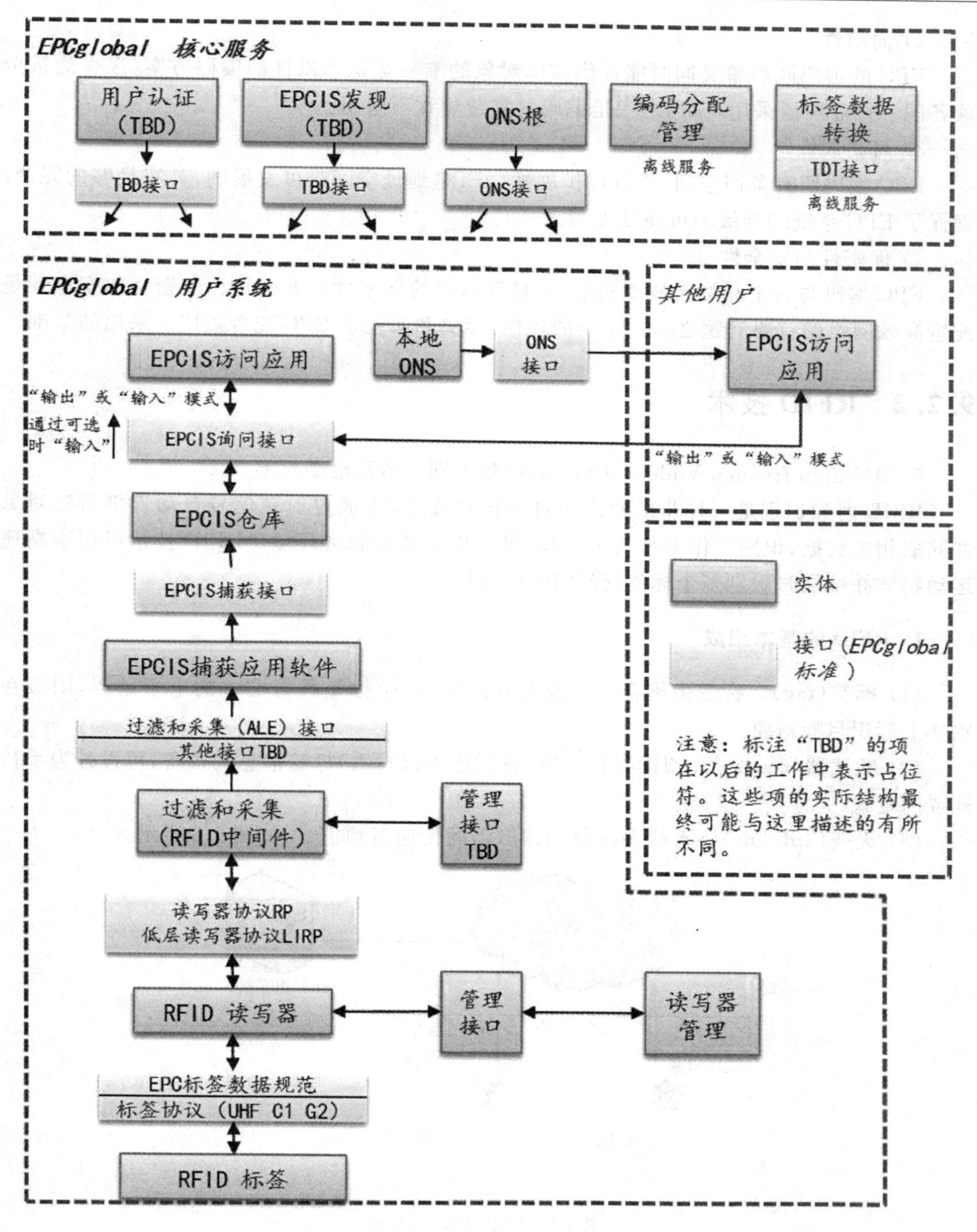
EPCglobal 核心服务
用户认证（TBD）
EPCIS发现（TBD）
ONS根
编码分配管理
标签数据转换
离线服务
TDT接口
离线服务
TBD接口
TBD接口
ONS接口
EPCglobal 用户系统
其他用户
EPCIS访问应用
本地ONS
ONS接口
EPCIS访问应用
“输出”或“输入”模式
通过可选时“输入”
EPCIS询问接口
“输出”或“输入”模式
EPCIS仓库
EPCIS捕获接口
EPCIS捕获应用软件
过滤和采集（ALE）接口
其他接口TBD
过滤和采集（RFID中间件）
管理接口TBD
读写器协议RP
低层读写器协议LIRP
RFID 读写器
管理接口
读写器管理
EPC标签数据规范
标签协议（UHF C1 G2）
RFID 标签
实体
接口（EPCglobal标准）
注意：标注“TBD”的项在以后的工作中表示占位符。这些项的实际结构最终可能与这里描述的有所不同。

图 9-2　EPC 结构框架

2）简单性

EPC 的编码既简单又同时能提供实体对象的唯一标识。以往的编码方案，很少能被全球各国各行业广泛采用，原因之一是编码的复杂导致不适用。

3）可扩展性

EPC 编码留有备用空间，具有可扩展性。EPC 地址空间是可发展的，具有足够的冗余，确保了 EPC 系统的升级和可持续发展。

4）保密性与安全性

EPC 编码与安全和加密技术相结合，具有高度的保密性和安全性。保密性和安全性是配置高效网络的首要问题之一。安全的传输、存储和实现是 EPC 能否被广泛采用的基础。

9.2.2 RFID 技术

RFID(radio frequency identification，射频识别)，俗称电子标签。

RFID 射频识别是一种非接触式的自动识别技术，它通过射频信号自动识别目标对象并获取相关数据，识别工作无须人工干预，可工作于各种恶劣环境。RFID 技术可识别高速运动物体并可同时识别多个标签，操作快捷方便。

1. RFID 的基本组成

(1) 标签(tag)。标签由耦合元件及芯片组成，每个标签具有唯一的电子编码，附着在物体上标识目标对象。

(2) 阅读器(reader)。阅读器是读取(有时还可以写入)标签信息的设备，可设计为手持式或固定式。

(3) 天线(antenna)。天线在标签和读取器间传递射频信号，如图 9-3 所示。

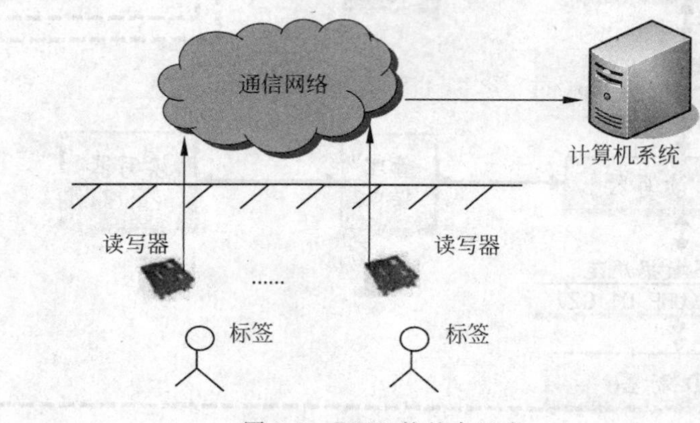

图 9-3 RFID 的基本组成

2. RFID 技术的基本工作原理

REID 的基本工作流程是：阅读器通过发射天线发送一定频率的射频信号，当射频卡进入发射天线工作区域时产生感应电流，射频卡获得能量被激活；射频卡将自身编码等信息通过卡内置发送天线发送出去；系统接收天线接收到从射频卡发送来的载波信号，经天线调节器传送到阅读器，阅读器对接收的信号进行解调和解码然后送到后台主系统进行相关处理；主系统根据逻辑运算判断该卡的合法性，针对不同的设定作出相应的处理和控制，发出指令信号控制执行机构动作。

在耦合方式(电感-电磁)、通信流程(FDX、HDX、SEQ)、从射频卡到阅读器的数据传输方法(负载调制、反向散射、高次谐波)以及频率范围等方面，不同的非接触传输方法有根本的区别，但所有的阅读器在功能原理上，以及由此决定的设计构造上都很相似，所有阅读器均可简化为高频接口和控制单元两个基本模块。高频接口包含发送器和接收器，其功能包括：产生高频发射功率以启动射频卡并提供能量；对发射信号进行调制，用于将数据传送给射频卡；接收并解调来自射频卡的高频信号。

阅读器的控制单元功能包括：与应用系统软件进行通信，并执行应用系统软件发来的命令；控制与射频卡的通信过程(主-从原则)；信号的编解码。对一些特殊的系统还有执行反碰撞算法，对射频卡与阅读器间要传送的数据进行加密和解密，以及进行射频卡和阅读器间的身份验证等附加功能。

射频识别系统的读写距离是一个很关键的参数。目前，长距离射频识别系统的价格还很贵，因此寻找提高其读写距离的方法很重要。影响射频卡读写距离的因素包括天线工作频率、阅读器的 RF 输出功率、阅读器的接收灵敏度、射频卡的功耗、天线及谐振电路的 Q 值、天线方向、阅读器和射频卡的耦合度，以及射频卡本身获得的能量及发送信息的能量等。大多数系统的读取距离和写入距离是不同的，写入距离是读取距离的 40%～80%。

3. RFID 的应用

1) 2010 年上海世博会门票采用 RFID 技术

近年来，在上海举行的会展数量以每年 20%的速度递增。上海市政府一直在积极探索如何应用新技术提升组会能力，更好地展示上海城市形象。RFID 在大型会展中应用已经得到验证，2005 年爱知世博会的门票系统就采用了 RFID 技术，做到了大批参观者的快速入场。2006 年世界杯主办方也采用了嵌入 RFID 芯片的门票，起到了防伪的作用。这引起了大型会展的主办方关注。在 2008 年的北京奥运会上，RFID 技术已得到了广泛应用。

2010 年世博会在上海举办，对主办者、参展者、参观者、志愿者等各类人群有大量的信息服务需求，包括人流疏导、交通管理、信息查询等，RFID 系统正是满足这些需求的有效手段之一。世博会的主办者关心门票的防伪。参展者比较关心究竟有哪些参观者参观过自己的展台,关心内容和产品是什么以及参观者的个人信息。参观者想迅速获得自己所要的信息,找到所关心的展示内容。而志愿者需要了解全局,去帮助需要帮助的人。这些需求通过RFID技术能够轻而易举地实现。参观者凭借嵌入RFID标签的门票入场,并且随身携带。每个展台附近都部署有RFID读取器,这样对参展者来说,参观者在展会中走过哪些地方,在哪里驻足时间较长,参观者的基本信息是什么等就了然于胸了,当参观者走近时,可以更精确地提供服务。同时,主办者可以在会展上部署带有RFID读取器的多媒体查询终端,参观者可以通过终端知道自己当前的位置及所在展区的信息,还能通过查询终端追踪到走失的同伴信息。

2）博物馆利用RFID技术拓展参观者体验

美国加州技术创新博物馆正使用RFID技术来拓展和增强参观者的参观体验。他们给前来参观的访问者每人一个RFID标签,使其能够在今后其个人网页上浏览此项展会的相关信息;这种标签还可用来确定博物馆的参观者所访问的目录列表中的语言类别。

或许在未来的某天,美国的技术创新博物馆将会开发出一种展示品,用来探测RFID技术对于整个世界的影响。但是现在,位于加州的该博物馆正使用RFID技术来拓展和增强参观者的参观体验。该博物馆成立于1990年。自成立以来,就成了硅谷有名又受欢迎的参观地,并吸引了很多家庭和科技爱好者前来参观访问。每年大约能接待40万参观者。从参观者所作出的积极良好的反映看来,使用RFID标签是成功的。

博物馆对于那些对人类科学、生命科学及交流等作出贡献的科学技术将会进行永久性的展列,并将对硅谷的革新者等所作出的业绩进行详细的展示。一个名为"genetics: technology with a twist"的生命科学展会于2004年3月举行,在此会上,该博物馆展示了使用RFID标签的方案。

由于其他参观者的影响以及时间限制等问题,参观者并不能够像其所期望的能够很好地了解和学习较多的与展示相关的知识。事实上,美国明尼苏达州的科技博物馆曾对此进行调查并指出平均每个参观者参观科技博物馆中的每个陈列展品所用的时间约为30 s。通过使用RFID标签来自动地创造出个人化的信息网页,参观者便可以选择在其方便的时候在网页上查询某个展示议题的相关资料,或者找寻博物馆中的相关资料文献。

在参观结束之后,参观者还可以在学校或家中通过网络访问网站并键入其标签上一个16位长的ID号码并登录。这样他们就可以访问其独有的个人网页了。很多家美国及其他国家的博物馆都打算在卡片或徽章的同一端上使用RFID技术。至少丹麦的一家自然历史博物馆以PDA的形式将识读器交到前来参观者手中,并将标签与展示内容结合起来。而技术创新博物馆是第一家使用RFID技术腕圈的博物馆。

博物馆认为这是参观了解博物馆的一种最好方法,因为这样参观者能够实现与展示会之间的互动。这种RFID腕圈很像一个带有饰物的手链。它是由一个3 in长1 in宽的黑色橡皮圈将该博物馆的标签固定住的。每一个RFID标签都有一个特有的16位长的数字密码粘贴在饰物上面。数字密码被刻在一个薄膜状的蓝绿色铝制金属薄片天线上,天线中央是一个十分显眼的数字配线架——日立公司推出的 μ-Chip。这种仅 0.4 mm^2 大的 μ-chip 是目前来说最小的用于标识日期的 RFID 芯片，工作频率为 2.45 GHz，其最适合用于像技术创新博物馆的应用程序之类的闭环系统。

对于用户来说，他们根本不需要提供任何的邮箱地址或其他类似的信息，他们只需要提供一个 16 位长的数字密码就可以直接登录到他们的个人网页。因此，据 Brown 说，使用这种标签并没有引发破坏隐私等问题。实际上，许多前来参观高新技术的爱好者都对此作出了良好的评价。

博物馆当下已拥有约 40 个此种标签站点且数目一直在增加中。而在每一个站点都设有向参观者介绍怎样使用该种标签的招牌和标语。这样就可以使每一个标签都进入 RFID 识读器天线的识读区域内。但有时候，这样的操作说明会显示在一台手动监测器上面。当参观者看到显示灯闪了一下或者听到一声操作音后，便知道他们的标签已经被识读过了。

9.2.3 全球数据同步 GDS

全球数据同步是整合全球产品数据的全新理念，是利用计算机网络保持供应链中贸易伙伴信息一致性的一种解决方案，是实现高效供应链管理的有效方法。

1. 全球数据同步的定义

全球数据同步(global data synchronisation，GDS)，是国际物品编码协会(GS1)基于全球统一标识系统，为目前国际盛行的 ebXML 电子商务的实施而提出的整合全球产品数据的全新理念。它提供了一个全球产品数据平台，通过采用自愿协调一致的标准，帮助贸易双方在供应链中连续不断地交换产品数据属性，共享主数据，保证各数据库的主数据同步及各数据库之间的协调一致。

从技术角度看，全球数据同步是利用计算机网络保持供应链中贸易伙伴信息一致性的一种解决方案。参与全球数据同步的公司，需要遵循共同的标准，使用共同的协议，从而达到数据共享并同步更新的目的。

从商业角度看，全球数据同步是一种改进供应链效率的方法，它可以确保供应商在正确的地点、正确的时间将正确数量的正确货物提供给正确的贸易伙伴。

2. 全球数据同步过程

图 9-4 所示的是全球数据同步过程。该过程支持由多数据池和多入口组成的网络，该网络是以制造商或者零售商为基础。数据池和入口可以为用户提供附加服务。

全球数据同步过程由全球数据同步网络(global data synchronisation network，GDSN)来实现。全球数据同步网络是一个由全球注册中心和分布在全球的多个数据池组成的保持

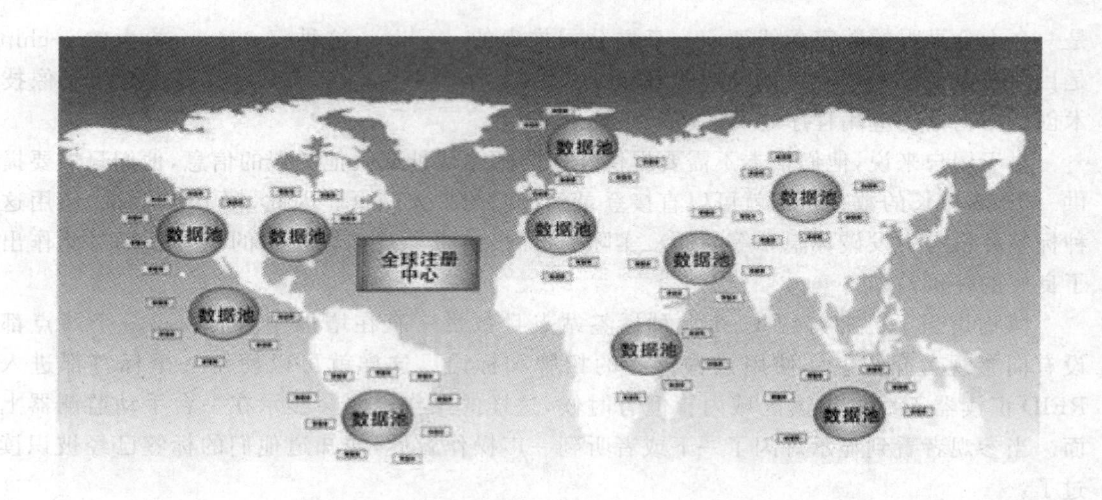

图 9-4 GDS 同步过程

各种信息同步的网络系统,是为数据提供者(制造商)和客户(零售商)服务的分布式系统。全球数据同步网络由国际物品编码协会负责运营管理。全球注册中心(global registry, GR)由国际物品编码协会建立,是全球产品的总目录,保存产品目录信息、参与方信息及所属数据池的信息。数据池(data pool,DP)由国际物品编码协会的各成员组织建立,保存本地区产品的详细信息,与全球注册中心互联,为用户提供数据订阅搜索等服务。

在全球数据同步网络中,通过全球注册中心这一全球性的 B2B 公共服务机构,与所有数据池相连,运用一定的认可管理办法,实现全球数据的唯一注册以及全球注册中心与数据池的永久同步。全球数据同步过程就是数据的发布者和数据的接受者及时并实时发送经认证的标准的主数据过程,数据协同的流程如图 9-5 所示。

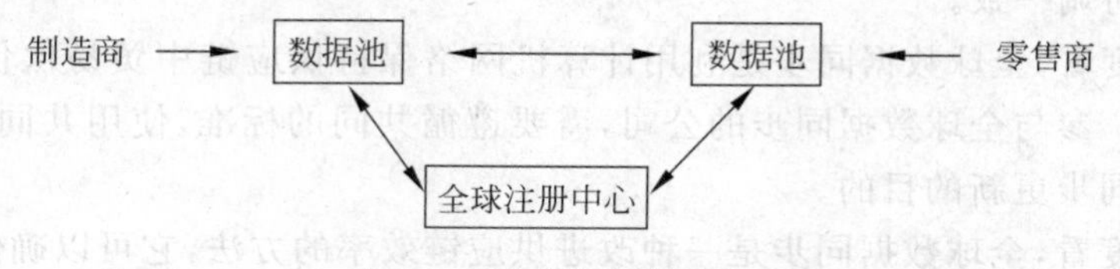

图 9-5 数据协同的流程

3. 全球数据同步信息流程

产品信息及贸易项的全球数据同步过程,如图 9-6 所示。

具体过程解析如下:

(1) 制造商向其本部数据池发布贸易项信息。

(2) 数据池向注册中心发送此贸易项的最基本信息。

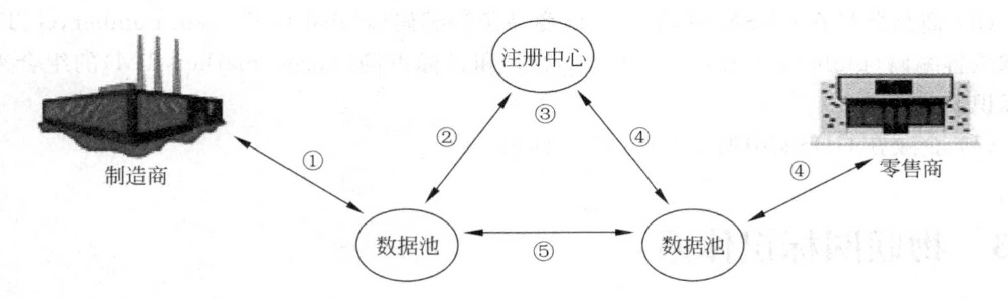

图 9-6　产品信息及贸易项的全球数据同步过程

(3) 注册中心存储着所有贸易项的基本信息及每个贸易项的本部数据池的位置。

(4) 对于一个贸易项，零售商通过选定的数据池向注册中心提出查询请求(查询的主题词可以是 GTIN 号或者是分类属性)，注册中心返回存放该贸易项的本部数据池的细节。

(5) 贸易伙伴之间通过它们各自的数据池订阅/发布数据，以实现贸易项的数据同步。

上述过程也适用于由制造商和零售商所发布的基于 GLN 参与者的信息同步。

4. GDS 的优点

通过全球数据同步网络，贸易伙伴之间能够保持信息的高度一致。企业数据库中的任何微小改动，都可以自动发送给所有的贸易伙伴。全球数据同步网络保证制造商和购买者能够分享最新、最准确的数据，并且传达双方合作的意愿，最终促使贸易伙伴以微小的投入完成合作。

全球数据同步网络能够为各种规模的零售商和供应商带来多种的商业收益：改善一对多的客户关系，减少贸易合作中的抱怨和争吵；节约数据维护成本，提高订单准确率和确认效率，加快产品上架时间；实现智能物流，提高物流效率，降低物流损耗……埃森哲(Accenture)和凯捷(Cap Gemini)两家管理咨询机构对零售商和制造商的调查统计显示：对于零售商，全球数据同步使订单效率和品类管理效率提高 50%，结算错误减少 40%，数据管理耗费减少 30%，缺货减少 3%～8%；对于制造商，全球数据同步使货物上架时间平均减少 2～6 周，订单效率和品类管理效率提高 67%，产品数据到达销售环节的时间减少 25%～55%。

全球数据同步网络基于互联网，全球的企业可以加入相应的数据池，按照全球统一的标准和自己的贸易伙伴交换供应链数据。全球数据同步网络通过制定 GS1 XML 消息标准，保证了贸易伙伴之间交换数据的准确性、兼容性。

全球数据同步网络有以下几点关键特性：

(1) 供应商和零售商、物流/仓储商可以通过不同的数据池加入 GDSN。

(2) 供应商和零售商、物流/仓储商不能直接和全球注册中心连接，必须通过数据池接入。

(3) 商品条目在 GDSN 中,通过全球商品条码编码(global trade item number,GTIN)、全球位置编码(global location number,GLN)和目标市场(target market,TM)的组合来唯一标识。

(4) 企业在 GDSN 中通过 GLN 唯一标识。

9.3 物联网标识体系

【任务 9-2】 在你所处的城市中,试着去统计、分析

(1) 有多少摄像头?

(2) 如何管理这些摄像头?

(3) 怎样区分不同摄像头采集的数据?

物联网中的"物",即物品。通过对物品进行编码,实现了物品的数字化。物品编码是物联网的基础,建立我国物联网编码体系对于保障各个行业、领域、部门的应用,实现协同工作具有重要的意义。

9.3.1 物联网标识体系——总则

2010 年由国家发改委与国家标准委批准成立了国家物联网基础标准工作组,包括标识技术、安全和架构三个项目组,其中标识技术项目组主要负责研究与制定物联网中物品标识的相关标准制定与实施应用。2012 年,由国家标准委牵头承担物联网产业化专项——《物联网基础共性标准与制定》专项,物联网中物品标识技术标准即是该专项的研究任务之一。

1. 编制原则

随着物联网应用不断深入,跨系统、跨平台、跨地域之间的信息交互、异构系统之间的协同和信息共享会逐步增多,因此,建立物联网统一标识体系已成为共识。国家物联网基础标准工作组标识技术项目组就是从国家层面统筹规划,全面协调制定符合我国应用实际的标准,是在现有各种应用系统基础之上,提出具有兼容性的解决方案,既能让现有各种编码系统继续发挥作用,又能充分考虑新的应用需求,制定统一的标识体系,为各行各业物联网建设提供支撑。

物联网标识技术标准在编制过程中,严格参照 GB/T 1.1—2009《标准化工作导则 第1部分:标准的结构和编写规则》的规定进行编写。物联网标识技术标准研究物联网标识系统应遵循的基本原则,并给出系统架构的组成,以及各层之间的逻辑关系。通过物联网标识顶层设计,研究提出将不同系统资源进行整合和统一规划,兼容多种技术、多种标识方案、多个系统的多层物联网标识体系。

2. 标准主要内容的论据

物联网标识技术标准规定了物联网标识体系的总体框架、所遵循的基本原则。适用于物联网在农业、交通、物流、医疗、公共安全等领域的应用。

1）物联网标识体系框架

物联网标识体系包括编码层、采集与识别层、信息服务层、应用层组成的一个完整的体系，标准中给出了框架图，以及对各层进行的总体描述。

编码层是物联网标识体系的基础层，通过编码对物联网中的物理实体和虚拟实体进行唯一身份标识。物联网统一编码是通过赋予全局唯一编码或者通过兼容闭环系统编码唯一定位一个物理实体或虚拟实体，通过物联网统一编码可以将局部唯一编码转换为全局唯一编码。

数据采集层首先按照数据协议将编码存入数据载体，然后通过标签读写设备对数据载体进行自动识别，最后读取编码相关信息并提供给信息服务层进行处理。当编码不需要数据载体承载时，可直接在数据服务层进行编码相关的解析服务、发现服务等操作。

信息服务层包括解析服务和发现服务。其中，解析服务提供编码对应实体的静态信息。发现服务获取对应编码在各个环节的动态信息，跟踪编码所对应实体的状态信息。

应用层是指物联网标识体系在农业、交通、物流、医疗、公共安全等行业的应用。通过物联网标识体系，跨行业应用的信息能够互联互通。

2）物联网标识体系所遵循的基本原则

物联网标识体系的建立需遵循唯一性、兼容性、开放性、安全性原则。

（1）唯一性。唯一性是指对物联网中的物理实体和虚拟实体赋予唯一编码，编码的结构清晰、无歧义，唯一表示一个物理实体或虚拟实体。局部唯一性是指在闭环系统中物理实体和虚拟实体编码的唯一性。通过赋予编码体系标识的方式，局部唯一可以转换为全局唯一。

（2）兼容性。兼容性是指物联网标识体系应兼容各种编码，包括编码层兼容、采集与识别层兼容和信息服务层兼容。编码层可以通过编码体系标识来实现兼容各种编码标准，采集与识别层可以通过载体识别符号实现兼容，信息服务层可以通过信息传输时附加的编码体系标识实现兼容。

（3）开放性。开放性是指编码标准、标签的通信协议、信息服务都应具有开放性。编码标准开放可以确保编码被广泛识别，标签的通信协议的开放可以保证设备间的互联互通，信息服务开放有利于应用间的信息共享和交换。

（4）安全性。安全性是指物联网标识体系应具备必要的安全机制，保障标识编码在分配、注册、解析过程中的数据安全。

9.3.2　物联网标识体系组成

物联网标识体系是由编码层、采集与识别层、信息服务层和应用层组成的一个完整的体系,如图 9-7 所示。

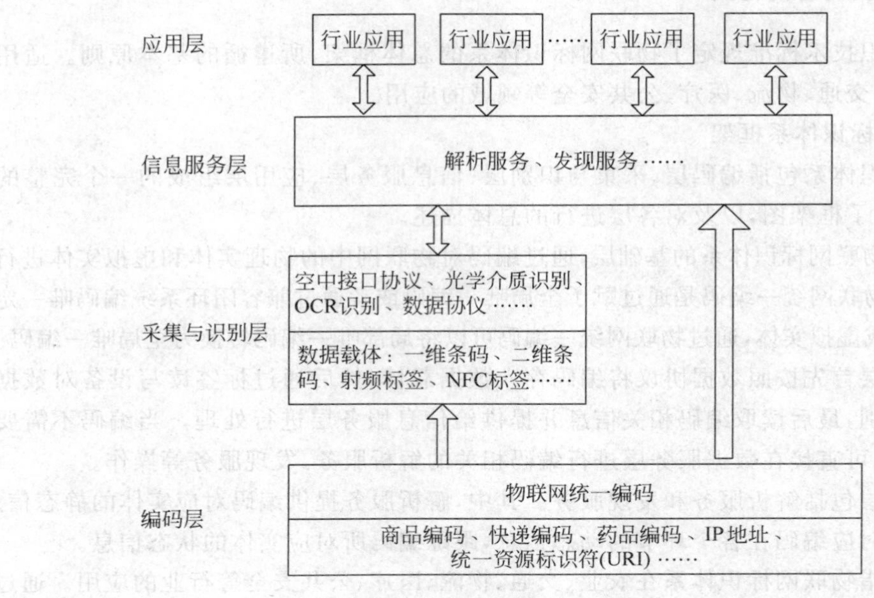

图 9-7 物联网标识体系框架

1. 编码层

编码是指物联网中的物理实体和虚拟实体的代码。例如,商品编码、快递编码、药品编码、IP 地址、统一资源标识符(URI)等。在选择编码时,应根据应用领域和需求采用合适的编码规则。

物联网统一编码通过赋予物联网中对象全局唯一的代码,或者通过兼容闭环系统编码,实现在物联网中全局唯一表示某个物理实体或虚拟实体。

2. 采集与识别层

采集与识别是指按照数据协议将编码存入数据载体,通过标签读写设备对数据载体进行自动识别,读取编码信息并提供给信息服务层进行处理。

数据载体包括一维条码、二维条码、射频标签、NFC 标签等,一维条码包括 128 条码、EAN-13 等,二维条码包括汉信码、QR 码,417 条码等,射频标签包括低频、高频、超高频等不同频段的标签,如国标 GB/T 28925—2012、GB/T 29768—2013 和 ISO/IEC 18000 系列标准。选择不同的数据载体要遵循不同的数据协议,如 ISO/IEC 15961、ISO/IEC 15962、ISO/IEC 15434 等。

无须数据载体的编码,可直接在信息服务层进行编码相关的解析服务和发现服务操作,例如,统一资源标识符、IP 地址等。

3. 信息服务层

信息服务包括解析服务和发现服务。解析服务提供编码对应实体的静态信息查询，发现服务是指实体在流通过程中对应的各个环节的动态信息查询。例如，通过发现服务获取产品在生产、物流、仓储、零售各环节的动态信息。

4. 应用层

在农业、交通、物流、医疗、公共安全等行业物联网应用中，采用物联网标识体系，通过公共信息服务平台实现跨行业信息的互联互通。

9.3.3　物联网标识体系——物品编码 Ecode

2015 年 9 月，我国首次提出自主可控的物联网编码国家标准《物联网标识体系　物品编码 Ecode》正式发布，标准号为 GB/T 31866—2015。

Ecode(entity code)是我国自主研发的一套适用于物联网发展的编码方案，Ecode 有两层含义：一是表示物联网统一的物品编码，Entity 是指实体，包括物理实体和虚拟实体，Ecode 定义了由版本、编码体系标识和主码组成的三段式编码结构；二是表示 Ecode 物联网标识体系，包含了编码、数据标识、中间件、解析系统、信息查询与发现、安全机制、应用模式等多个部分，是一套完整的编码系统。Ecode 是我国自主提出的“一物一码”的解决方案，国家物联网标识公共服务平台是 Ecode 申请和解析的服务支撑，Ecode 目前已在乳制品、茶叶、红酒、农资、食品、计量器具等领域取得越来越广泛的应用。

物品编码 Ecode 遵循“统一标识、自主标准、广泛兼容”三个基本原则，是符合我国国情并能够满足我国当前物联网发展需要的完整的编码方案和统一的数据结构，具有统一性、兼容性和创新性，该国家标准的发布有利于将物联网物品标识解析服务实现自主可控，对促进我国物联网产业发展具有重要意义。

Ecode 既能实现物联网环境下对“物”的唯一编码，又能针对当前物联网中多种编码方案共存的现状，兼容各种编码方案，是适用于物联网各种物理实体、虚拟实体的编码。Ecode 是构建互联互通的国家物联网标识公共服务平台的基础，也是“物联网标识体系”的核心标准，中国物品编码中心将加快推进“物联网标识体系”系列标准的制定工作，推动 Ecode 在物联网各领域的广泛应用。

Ecode 标准的价值在于通过兼容现有编码，把各个体系统一起来，而且可以和国际接轨，实现跨境应用，这一点非常重要。目前在国内的食品安全领域尚未实现互联互通，每一套体系都是孤立的，Ecode 标准的推广应用有望实现各个不同系统之间的互联互通，打破各自为政的局面，Ecode 标准如图 9-8 所示。

Ecode 编码的一般结构为三段式：“版本＋编码体系标识＋主码”。版本(version，V)：

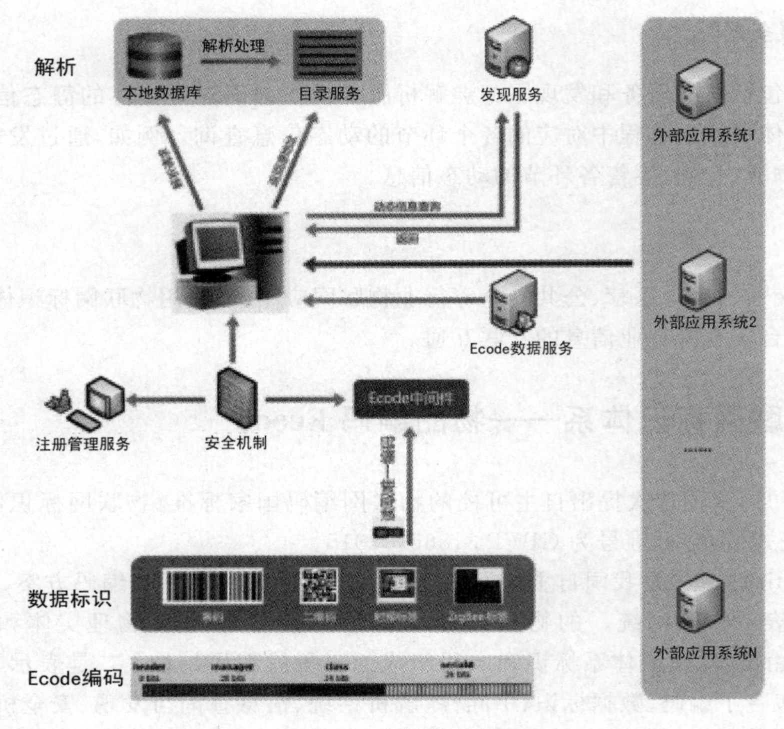

图 9-8 Ecode 标准

用于区分不同数据结构的 Ecode。编码体系标识(numbering system identifier,NSI):用于指示某一标识体系的代码。主码(master data code,MD):用于表示某一行业或应用系统中标准化的编码。Ecode 编码结构见表 9-2。

表 9-2 Ecode 编码结构

物联网统一编码 Ecode			备注	
V	NSI	MD	最大总长度	代码类型
$(0000)_2$	8 b	≤244 b	256 b	二进制
1	4 位	≤20 位	25 位	十进制
2	4 位	≤28 位	33 位	十进制
3	5 位	≤39 位	45 位	字母数字型
4	5 位	不定长	不定长	Unicode 编码
$(0101)_2$～$(1001)_2$	预留			
$(1010)_2$～$(1111)_2$	禁用			

注 1:V 和 NSI 定义了 MD 的结构和长度。

注 2:最大总长度为 V 的长度、NSI 的长度和 MD 的长度之和。

9.3.4 物联网标识体系——Ecode的存储

《物联网标识体系 Ecode在一维条码中的存储》《物联网标识体系 Ecode在二维码中的存储》《物联网标识体系 Ecode在射频标签中的存储》《物联网标识体系 Ecode在NFC标签中的存储》4项标准中分别规定了Ecode在一维条码、二维条码、射频标签和NFC标签的存储结构和表示方法，能够满足Ecode物联网标识应用需求，对促进物联网产业发展有重要意义。《物联网标识体系 Ecode的注册与管理》提出了物联网Ecode编码统一的注册和申请规则，明确了Ecode的管理和维护要求。该规则可以保证Ecode编码的唯一性、编码数据和注册信息的可靠性。

9.4 物联网数据采集与分析

当前物联网进展中，从技术发展趋势呈现出融合化、嵌入化、可信化、智能化的特征，从管理应用发展趋势呈现标准化、服务化、开放化、工程化的特征。伴随着物联网的应用，会对企业的自动化，信息化进程产生重要的影响。物联网的应用必然会产生海量数据。在欧洲2008年5月出版的“2020年的物联网”指南上以“数字洪水”或者“数据泛滥”来形容物联网所收集和交换的数据。因此，如何有效地处理这些海量数据是有待解决的问题。

9.4.1 物联网系统中数据的特点

归纳起来，物联网中的数据具有如下特点。

1. 数据量大

每个物联网系统拥有成千上万甚至更多的传感设备，这些传感设备不断向数据中心传输收集到的数据。数据中心不仅要存储当前接收到的采集数据，同时需要保存历史数据，用以支持对象的状态跟踪、数据统计分析及数据挖掘。因此，物联网系统中数据挖掘任务面临的第一个关键问题是数据量大。

【思考】 我们的城市中有多少个摄像头？如果这些摄像头都处在工作状态，每天会产生多少数据？

2. 数据类型复杂

物联网系统监控的对象种类繁多，包括交通、生物、森林、建筑等。不同监控对象所采集的信息各不相同,如交通系统中需要采集视频信息,医学监控系统需要采集诸如脉搏、血压等生理信息以及医学立体影响信息等。可见物联网系统采集的数据类型复杂,包括文本类型、图像类型、视频类型等。

3. 数据具有异构性

物联网系统中包含多种传感终端,如GPS传感终端、RFID传感终端、视频传感终端、无线传感终端等。不同的传感终端采集到的数据的格式和语义均不相同。数据的异构性为数据存储与挖掘增加了难度。

4. 高度动态性

每个时刻都有不同的传感终端添加到物联网中或者从物联网中移除。随着传感节点的增加,其采集到的数据要插入数据库中。同样当一个传感节点从物联网中移除后,数据库不应再记录该传感节点采集到的数据。一个物联网系统含有大量的传感节点,每个传感节点动态变化频繁,因此物联网系统中的数据具有高度动态性。

5. 时空特性

物联网系统的传感终端分布在不同地区,每个传感终端采集到的数据均反应该时刻监控对象的状态及其他信息。感知数据在特定时间和特定空间内才有意义,如果不在这个地点或过了这个时间,数据的意义可能就不大了。因此,复杂的时空特性是物联网系统中数据的一个显著特点。

6. 不完整性

物联网系统的传感终端在无人工监控状态下工作,每个传感终端随时可能受到自然因素或者人为因素的攻击,包括雷电破坏、人工恶意破坏等,导致传感终端数据接收不完整。另外,尽管传感终端可以被广泛地部署在不同地理位置,但依然无法覆盖每一个角落,因此空间数据采集不完整也是物联网系统数据的特点之一。

9.4.2 物联网数据处理模型

根据现有的技术及未来可能出现的技术,基于现有工程技术基础,在不考虑反馈及控制的情况下,IOT的数据处理流程包括采集、控制、建模、控制等,并且在实际应用中各个流程往往还交织在一起。为了具体地实现数据处理流程的各个阶段,根据技术聚集的原理,按照数据采集、数据传输、数据建模及存储和数据处理应用的内在逻辑顺序,构建服务于数据处理流程的IOT技术体系,主要分为4层,如图9-9所示。

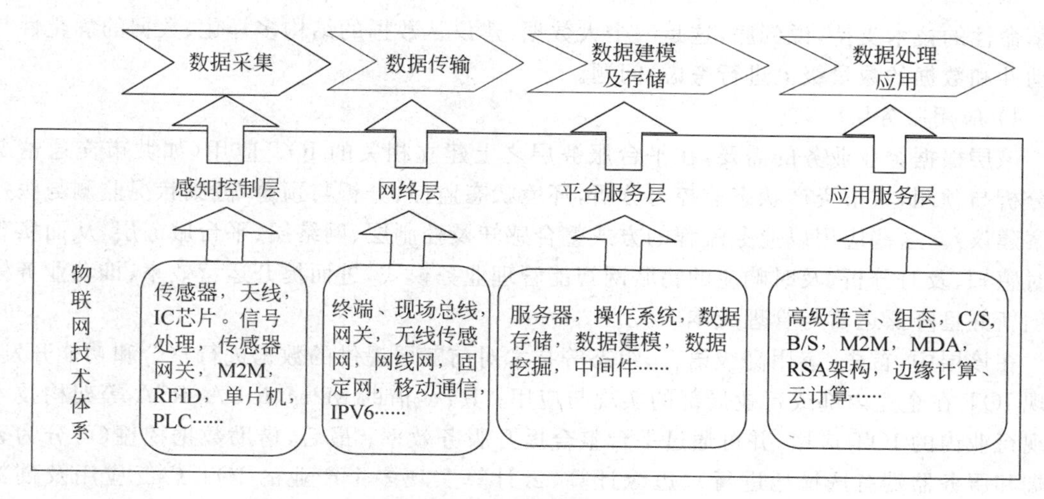

图 9-9　物联网数据处理模型

1. 物联网数据处理模型结构

1）感知控制层

该层的作用是通过传感器等器件（如图像传感器、激光与红外传感器、超声波传感器）采集生产、运营等状态信息，进行适当的处理之后，交由网络层的传感器传输网关将数据传递出去；同时也可通过传感器接收网关接收控制指令信息，在本地传递给控制器达到控制生产、运营等目的。

在此层次中，感知及控制器件的管理、传输与接收网关、本地数据及信号处理是重要的技术领域；传感器、控制器等元器件的微型化、智能化是其发展方向。

2）网络层

该层的作用是透过无线传感器网络、现场总线等技术，接收感知及控制层采集到的数据，最终通过公网或者专网以无线或者有线的通信方式将数据（数据与指令）在感知及控制层与平台服务层之间进行传输。

其中，特别需要对安全及传输服务质量进行管理以避免数据的丢失、乱序、延时等问题。高效、可靠地接入传输技术协议是其发展方向。

3）平台服务层

该层的作用是通过感知控制层、网络层获得数据后，对数据进行必要的路由和处理（包括数据过滤、丢失数据定位、冗余数据剔除、数据融合）后进行存储。首先，在存储前，应根据实际应用领域进行数据建模；其次，根据数据建模结果构造（或生成）数据存储结构；最后，将处理后的数据进行存储。

在此层中，深入的数据建模、挖掘、分析、智能化是其发展方向，也是IOT存在的核心价值所在，在这里值得一提的是：Hadoop为组织海量的、结构化、半结构、无结构化数据提供了革命性的技术支持,说到底,这是一个大数据(建议从数据的结构多样化、数据的静止性与移动性和数据的数量级上进行考虑)问题。

4）应用服务层

该层根据企业业务的需要,在平台服务层之上建立相关的IOT应用(如城市交通情况的分析与预测,城市资产状态监控与分析,环境状态监控、分析与预警,健康状况监测与医疗方案建议)。这些应用以业务流程的方式整合感知及控制层、网络层、平台服务层,从而实现及时感知、及时分析、及时响应的物联网智能管理业务模式,进而提升运营效率、推动业务模式创新并且降低运营与管理成本。

在该层中,首先,应用高级语言、组态等技术对前三层提供的数据进行整合和功能开发,实现IOT在企业内部或行业局部的实现与应用；其次,借助M2M、MDA、RSA等架构技术实现行业内的IOT应用,并可通过平台整合提升服务效率；最后,借助数据挖掘(可分为客户端和服务器端有选择地进行)、边缘计算、云计算实现多个产业的IOT广泛应用及创新融合。

2. 物联网技术的支持

1）云计算为物联网整理数据

“云计算”由著名的IT公司Google提出,现在已被业界广泛应用。由于物联网涉及的范围远大于互联网,只依靠本地计算机和传统服务器进行大量的数据运算显然是不现实的。而“云计算”的出现,恰好为解决物联网所需要的大量数据打下了坚实的基础。通过云计算,物联网能对采集到的各行各业的、数据格式各不相同的海量数据进行整合、管理、存储和挖掘,发挥“物物相连”的作用,满足用户的各种需求。

2）传感器为物联网传输数据

传感器是物联网的边界,担负着从数据采集到数据预处理以及数据传输的任务,责任很大。很多时候,传感器在自然界中要放几年的时间,有的地方很偏僻,因此,在传感器网络中,功耗就变得更加重要了。而且,在恶劣环境中长期维持网络的完整性也十分重要,这就要求网络要有冗余的传感器,能够替代已经损坏的传感器,做到网络的自愈。

3）物联网离不开互联网的支持

物联网能够通过标签把所有的物体连接在一起,但自身并不具备数据传输的功能,物联网还是要依赖互联网进行数据传输；同时,物联网自身没有任何计算能力,面对各行各业、各种各样的数据没有任何处理能力,还是得依赖连接在互联网上成千上万的服务器进行数据分析和整理。因此,物联网无法独立于互联网之外,互联网才是物联网的中心,云计算和传感器是物联网运行的左膀右臂。

4）数据融合与智能技术

由于物联网应用是由大量传感网节点构成的,在信息感知的过程中,采用各个节点单独传输数据到汇聚节点的方法是不可行的,需要采用数据融合与智能技术进行处理。因为网络中存有大量冗余数据，会浪费通信带宽和能量资源。此外，还会降低数据的采集效率和及时性。

5）数据融合与处理

所谓数据融合，是指将多种数据或信息进行处理，组合出高效、符合用户要求的信息过程。在传感网应用中，多数情况只关心监测结果，并不需要收到大量原始数据，数据融合是处理这类问题的有效手段。例如，借助数据稀疏性理论在图像处理中的应用，可将其引入传感网数据压缩，以改善数据融合效果。

数据融合技术需要人工智能理论的支撑，包括智能信息获取的形式化方法，海量数据处理理论和方法，网络环境下数据系统开发与利用方法，以及机器学习等基础理论。同时，还包括智能信号处理技术，如信息特征识别和数据融合、物理信号处理与识别等。

6）海量数据智能分析与控制

海量数据智能分析与控制是指依托先进的软件工程技术，对物联网的各种数据进行海量存储与快速处理，并将处理结果实时反馈给网络中的各种“控制”部件。智能技术就是为了有效地达到某种预期目的和对数据进行知识分析而采用的各种方法和手段：当传感网节点具有移动能力时，网络拓扑结构如何保持实时更新；当环境恶劣时，如何保障通信安全；如何进一步降低能耗。通过在物体中植入智能系统，可以使得物体具备一定的智能性，能够主动或被动地实现与用户的沟通，这也是物联网的关键技术之一。智能分析与控制技术主要包括人工智能理论、先进的人—机交互技术、智能控制技术与系统等。物联网的实质性含义是要给物体赋予智能，以实现人与物的交互对话，甚至实现物体与物体之间的交互对话。为了实现这样的智能性，需要智能化的控制技术与系统。例如，怎样控制智能服务机器人完成既定任务，包括运动轨迹控制、准确的定位及目标跟踪等。

9.4.3　物联网与大数据分析

物联网所带来的大数据正在引起越来越多 IT 巨头的注意。就在物联网的概念还在被人们炒作的时候，物联网背后的大数据已经引起了全球领先的 IT 企业的集体注意力，其潜在的价值也正在被逐渐挖掘。IBM、微软、SAP、谷歌等 IT 企业不仅在全球部署了多个数据中心，还纷纷花费巨资收购专攻数据管理和分析方面的软件企业。分析其动机也不难发现，由于这些来源于物联网的大数据来自多种终端，比如，移动通信终端、智能电表、汽车和工业机器人等，所以其可能影响的领域不可小觑。

物联网产业链的核心是以“数据”驱动为主的产业，并不是元器件和设备的生产所驱动的。物联网的核心并不在感知层和网络层，而是在应用层。如果能将物物相连所产生的庞大数据智能化的处理、分析，将生成商业模式各异的多种应用，而这些应用正是物联网最核心的商业价值所在。

物联网产业链近七成的产值将产生于后台的数据处理环节。实际上，物联网产业更像是服务业,间接效益远大于直接效益。

1. 物联网大数据处理面临的挑战

不过,处理物联网背后的大数据并不容易,物联网中的大数据和互联网数据有很大不同。物联网大数据包括社交网络数据和传感器感知数据,即使其中的社交网络数据也有相当多的是难以被处理的非结构化数据,比如新闻、微博等,但是物联网传感器所采集的各种碎片化数据在目前却属于不能被处理的非结构化数据。

物联网中大数据的采集和分析还面临着边缘计算、中间件支持和物联网的运营管理平台建设三大挑战。如,在物联网的边缘计算过程中,如何管理大规模具有边远计算功能系统涉及整个系统的可靠性和稳定性问题;在物联网的中间件的设计中,如何对利用物联网中间件对数据进行适当的处理与管理涉及海量采集信息的大规模筛选;而物联网的运营管理平台的建设则因为物联网自身的复杂IT架构问题管理起来难度非常大。

而要处理非结构化数据所带来的上述问题,一种新的思路是用商业模式的创新来促进相应技术的进步。根据实际经验,物联网不仅仅是单一的物联网技术,还涉及对大数据、云计算等技术的有效融合。物联网的普及将城市引入大数据时代,我们需要关注大数据的应用需求,从技术、业务、商业模式等方面提前做好应对。

而业界研究人员则从物联网行业的特点来说明物联网商业模式的独特之处。目前形成的观点主要认为物联网涉及多个行业,而每个行业的数据有不同的结构特点,所以就会产生出多个相异的商业模式;此外,物联网真正的商业价值基础在于数据分析,所以未来物联网产业理应会出现更加细分的数据处理公司类型。例如,有从事数据收集、数据分类、数据处理的公司,而从事软件应用集成和商业运作的公司也将随着产业链的完善而逐步分化。

2. 物联网大数据的行业应用

当前中国物联网应用刚刚起步。目前比较活跃的参与主体包括传感器厂商、RFID标签厂商、电信运营商和一些系统集成商。目前已经建成的物联网系统主要应用于移动支付、远程测量、环境监控等方面。另外在物品追溯和企业供应链管理等方面应用较多,智能电网、医疗健康、汽车通信等服务也已开始探索。

而在开启物联网的过程中,电信运营商在其中起着龙头带动的作用。比如,进入2013年夏季以来,中国移动在一些地区开始推广手机支付,只需将普通SIM卡更换为RFID-SIM卡,将手机从接收器上轻轻一扫,就可以方便地进行各种购物,以及获得详细的费用清单。

另外,中国电信也开始推介自己的全球眼远程监控的物联网应用系统。比如,在上海推出了公交卡手机,通过刷手机即可实现公交车票支付,而从2013年7月10日起,昆明公交公司与电信公司正式推出翼支付手机刷卡乘坐昆明公交车业务。刷手机和刷普通公交IC卡一样,乘公交时可以享受首次乘车9折优惠和1 h内换乘1元公交车免费,换乘2元及

2元以上公交车减半的优惠。而中国联通河北分公司则与河北中行共同推出的联名信用卡，其手机就可以在贴有银联“闪付”标识的POS机上，实现1 000元以下的非接快速支付，该手机支付卡是以河北中行的银联卡为金融支付载体，将银行卡与联通手机SIM卡合二为一，可直接安装在手机SIM卡座中，赋予手机移动通信、小额支付、空中圈存、一卡通身份识别等功能。

电信运营商在物联网的推广应用过程中分外努力，除了运营商在运营方面可聚合芯片、硬件、应用等各环节大量的有实力的合作伙伴以外，还在于物联网在电信终端的广泛应用可以推进电信互联网产业链的有效整合。电信运营商在物联网中的示范作用甚至可帮助电信运营商将业务拓展为系统方案解决商，为介入各种增值业务积累实战经验。

不过，如果以大数据的观点来看待电信运营商的物联网商业模式，则可以看到另外一片天地：电信运营商如果将更多的移动终端作为数据信息采集设备加以应用，则适应了目前物联网“跨界”的需求趋势。如果这种数据能得到运营商规模化、快速化、跨领域化的应用，那么电信运营商获取的商业回报则可能参与到物联网建设的各个环节中，并且还可能使运营商掌握越来越多的商业信息。这些信息作为一种信息驱动力则可能推动建立一种多方共赢的商业模式。

由于物联网在城市安全、金融投资、交通出行、安全生产、医疗健康等方面存在切实的需求，一些新的思维已经让人看到了曙光。

日本最大运营商NTT DoCoMo提出运营商应该利用自己所掌握的物联网数据向金融、电子商务、物联网等周边产业扩张。DoCoMo目前正在利用很详细的个人信息情报来发展8个领域，即金融及结算业务、多媒体业务、商业服务、医疗与健康服务、物联网、集成与平台化业务、环保服务、安全安保服务，而不仅仅是提供移动通信服务。比如DoCoMo现在和欧姆龙成立了一家名为DoCoMo Healthcare的合资公司，DoCoMo利用掌握了的个人情报信息将健康营养物的信息发送给用户，从而全面支撑这个用户的生活。

英国对冲基金Derwent Capital Markets则是从网络数据中发现了机会。这家基金公司花费4 000万美元首次建立了基于社交网络的对冲基金。该基金通过对Twitter的数据内容来感知市场情绪，从而进行投资。

IBM软件集团与欧洲一家汽车厂商合作，在汽车上都会安装智能芯片以捕捉汽车内部状况的各种信息进行综合的处理分析。由此产生了两种新的商业模式产业，其一是这些数据能够提供基于客户体验的增值服务，而不是传统的只有一次性出卖车辆的收益；其二是这些数据经过精准分析，然后将这些加工后数据卖给下游厂商生产零部件，可以对他们下一代产品的开发积累第一手的资料。

智慧医疗是物联网结合大数据最可能突破的关口。智慧医疗是融合物联网、云计算与大数据处理技术的新型解决方案。智慧医疗可在睡眠监护、医疗设备管理、医院工作流程管理、基于历史医疗数据挖掘的辅助诊断等领域中广泛应用。比如在远程监护平台方面，患者可利用多种便携设备进行数据的采集，这个过程可以不受时间与地点限制。而远程监护平台能够自动采集多项生命体征数据,自动将数据上传至医院控制中心,实时分析数据并预警,并由医生提供远程医疗服务。比如,在心血管疾病患者、阻塞性呼吸睡眠暂停综合征患者的监护上,通过医疗物联网技术,可为高危人群提供不间断监护与发病预警。

由这些案例就可以发现,物联网数据的应用特别需要商业模式的升级来真正建立一个多方共赢的大环境。而要实现多方共赢,就必须让物联网真正成为一种商业的驱动力,让产业链内更多的企业参与物联网建设。

3. 物联网大数据存在的问题

在这个商业迅速信息化、社交化、移动化的时代,大数据必然会成为大部分行业用户商业价值实现的最佳捷径。物联网大数据可以提供从商业支撑到商业决策的各种行业信息,因此未来物联网大数据的商业魅力是无穷的。不过物联网大数据产业要获得健康有序的发展,肯定不能仅停留在概念上,还需要政策和市场的完善以及产品的不断创新。

比如在物联网的规模化推广的过程中,目前中国就面临着缺乏国家统一标准或行业标准指引,以及标准发展滞后于应用发展的困境。目前 RFID 标准在全球呈"三足鼎立"局面,差别不大却各不兼容。中国虽有最大的 RFID 应用市场,但是还没有 RFID 国家标准。

而在物联网颗粒化、非结构化数据的处理过程中,如何通过统一物联网架构设计,将非结构化的数据变得结构化,将不同系统之间不同结构的数据尽可能地统一成精确解析非结构信息的关键技术难点之一。

而更为重要的一点是不同部门、不同行业之间物联网大数据信息的共享问题。中国智慧城市发展的一个瓶颈在于信息孤岛效应,各部门间不愿公开和分享数据,这就造成数据之间的割裂,无法产生数据的深度价值。不过邬贺铨院士认为,虽然目前看来将电力、交通、工业等不同行业合为一个物联网不大可能,但是将不同行业的数据信息进行共享还是可行的。而目前一些部门也开始寻求数据交换伙伴,他们也逐渐意识到单一的数据是没法发挥最大效能的,部门之间相互交换数据已经成为一种发展趋势,而不同部门之间数据信息的共享有助于物联网发挥更大的价值。

在未来 10～20 年中,物联网面临着大数据时代战略性的发展机遇及挑战。物联网与大数据的"握手",不仅会使物联网产生更为广泛的应用,也会在大数据基础上延伸出长长的价值产业链,所以,将大数据发展理念灌输到物联网发展的全过程中,能够促进物联网带动大数据发展,而大数据的应用又会加快物联网的发展步伐。

9.5　物联网数据分析应用

对"物"的统一编码和实时的信息采集,产生了海量的数据。有效利用数据为决策服务,是物联网技术的最终目的。下面我们通过几个应用实例来分析数据的价值。

9.5.1　智能家居

智能建筑(能源自动计量/家庭自动化/无线控制)和住宅自动化技术一般只有在高级办公室和豪华公寓里才使用,相关研究对“智能住宅”的可能性和优点进行了分析。随着技术更加成熟和廉价的无线通信更加普及,智能住宅的应用范围会变得更广阔。例如,在能源消耗计量中,智能计量越来越受欢迎,能源使用情况的信息会自动传输给能源供应商。带有现代家庭娱乐系统(家庭娱乐系统是建立在通用计算平台上)的智能住宅能够很容易地与建筑物中其他的传感器相连,从而形成一个完全互联的智能环境。温度、湿度传感器能提供必要的数据,使温度、湿度自动地调节到舒适的水平,优化采暖或制冷的能源使用。通过对人类活动的监测和反应还有一些其他的价值,如可以监测到一些特殊的情况,从而使人们在日常生活中获得帮助,这对老龄化社会中的老人来说是一种帮助。

带有物理传感器(融合了传感器微型化、无线通信和微系统技术的优点)的自动化无线网络识别装置形成了无处不在的传感网,这种传感网可以对建筑物和私人住宅中的环境数据(温度、湿度、光照等)进行精确的测量。建筑物能量控制系统仅仅是无线识别技术的进一步应用,它通过精确的温度控制将所有建筑物的温度降到个人住宅的水平。基于互联网的智能能量计量以及能源消费定位和测量是物联网应用的一个例子。

在这种情况下,自动技术和体系结构是有利的解决方案:自动家庭网络将智能化并通过感应环境的变化来执行自己的功能(如配制、修复、优化、保护)。自动化会使家庭网络体系结构高度动态化,使一些设备和系统能够互通。家庭网络系统、其他系统设备以及从内到外的网络连接将通过个人虚拟专用网络(VPN)实现。由于价格低廉、高容量的网络连接、安全、便宜、个人虚拟专用网将被用于家庭共享文档、办公室计算机、人员变动等,VPN 在家庭网络中的使用越来越受欢迎。

使用家庭无线自动装置通信技术(如 zigbee、lowpan 等),建筑中的所有“物”都能够进行双向沟通。例如,冰箱中的触屏显示器可以更改自动调温器的设置情况。建筑物中的移动电话可以进行激活,这种激活是为家庭设计的并且可以根据个人的喜好来设定。洗衣机可以在保修期内自主订购替换零件。个人移动装置在家庭网路范围内能够自行进行各项检查和汇总。

9.5.2　远程医疗

医疗技术、保健(个人区域网、参数监控、定位、实时定位系统)物联网在医疗机构中有很多应用,带有射频识别(RFID)—传感功能的手机可以作为监控医疗参数和给药的平台。物联网的优点首先表现在可以预防和易于监控上(对我们的社会系统具有重要影响),其次表现在发生意外事故时进行专案诊断。

传感器、射频识别技术(RFID)、近场通信(NFC)、蓝牙、全新无线网络数据通信技术(zigbee)、lowpan、无线阈位监控器(wireless hart)、ISA100、WiFi的结合使一些重要指标(温度、血压、心率、胆固醇、血糖等)的测量和监控方法得到了显著改善。此外,预计传感技术会变得更具有可用性,成本会更低,并且内置支持网络连接和远程监控的技术。植入式无线识别装置可用于存储健康记录,这样可以在紧急情况下挽救人的生命,特别是对那些糖尿病人、癌症患者、冠心病人、中风者、慢性阻塞性肺病患者、有认知障碍者、癫痫症患者、老年痴呆症患者、有复杂医疗设备(如心脏起搏器、支架、关节置换、器官移植)植入的人以及在手术中失去意识和无法沟通的人来说尤为重要。

可食用和可生物降解的芯片可以植入人的身体来指导行动。截瘫者可以通过植入由电子仿真系统操控的"智能物"来刺激肌肉,从而恢复行动功能。

"物"越来越多地被整合到人体中。预计将会形成身体区域网路,身体区域网络可以和主治医生进行沟通,以提供紧急服务和对老人的关怀。完全自动化的心脏除颤器就是一个例子。心脏除颤器植入人的心脏后就可以自主地决定何时进行除颤管理,并通过联网使医生可以更多地了解病人的情况。

9.5.3 老人关怀

独自生活(监测老年人的健康、活动情况)物联网应用和服务对独自生活的人很有帮助,并通过可穿戴式传感器的使用来观察老年人的日常生活,通过可穿戴式传感器监测老年人的社会交际情况,通过可穿戴式生命体征传感器和植入身体中的传感器监测慢性疾病的情况。随着模式检测和机学算法的出现,在病人身边的"物"能够观察和照顾病人。"物"可以学习作息规律、在异常情况下提高警惕或发出警报。随着以上的这些医疗技术的出现,相应的服务也会产生。

那些需要解决的问题的性质要引起注意。并不是所有的人类需求都可以用技术来解决。关怀老年人是一个社会问题,因此,这项技术还需要社会的支持,如要增进人与人之间的沟通,而不仅仅只是关注技术问题。

9.5.4 药品安全监控

对于药品生产来说,安全是最重要的,安全有助于防止病人的健康遭受损害。粘贴在药品上的智能标签使我们可以通过供应链追踪药品和通过传感器监控药品的情况,这样做的好处在于:可以对那些需要特别存储的药品(如需要低温保存的药品)进行不间断的监测,一旦在运输过程中发生变质,我们就可以立刻对其进行处理。药品追踪和电子谱系也支持假冒伪劣产品的监测,确保供应链的安全性(即不存在假冒伪劣产品)。

在药品上粘贴智能标签的直接受益者是病人,如通过在智能标签中存储药品说明书来提醒病人每次服用的剂量、药品过期日期,以及鉴别假冒伪劣产品。在使用智能药箱时,通过智能读取药品标签的信息,可提醒病服药时间,病人的服药情况也可以得到监测。

9.5.5 零售、物流、供应链管理

物联网在零售/供应链管理上有很多优势。通过使用RFID技术装备和对货物情况进行实时追踪的智能货架,可以优化零售商的管理,如货物收据的自动检查、票据实时监控、统计缺货情况或者退货情况等。全球因货架上货物卖空而发生的损失大约是销售额的3.9%,可见零售店中的"节约"潜力是非常大的。此外,零售店的相关资料可以用来优化整个供应链的物流,如果制造商知道零售商的库存和销售数据,那么它们就可以生产适量的产品,避免过量生产或生产不足。

不仅仅只有零售部门,很多工业部门供应链的物流过程也可以通过RFID数据交换来获得。此外,环境问题也可以得到很好的解决,如物流供应链中的碳排放问题。基于直接(或在检索的帮助下)从现实世界的"物"(如车、托盘、个别产品等,视情况而定)上收集的动态、详细、有效的数据,我们可以优化整个供应链的流程。

物联网在购物中有很多应用,比如根据消费者的购物清单指引购物路线,通过识别技术自动汇总账单以提高付款速度,对特定产品进行过敏检测,提供个性化的营销,低温运输系统的检验等,商业大厦当然也得益于前面所描述的智能建筑功能。

9.5.6 食品追踪

如果想要随时召回出现质量问题的产品,就需要对部分或者整个重建的供应链中的食物或食物成分进行追踪。在欧洲,食品可追踪性是通过执行欧盟法规178/2002来实现的,在美国它是由食品和药物管理局(FDA)来执行的。高效的食物可追踪性可以挽救生命,以美国为例,食源性病菌每年致使大约7 600万人生病和5 000人死亡,社会成本每年在290亿~670亿美元。

物联网可以帮助实施食品的可追踪性。例如,如果RFID附着在产品(产品标签)上,那么所追踪的产品情况就可以进行自动存储和更新。然而,生产商担心使用RFID会泄露他们的隐私,因为竞争对手可以利用RFID标签上的资料来获得供应链的相关信息。因此,有必要采取适当的安全措施。

9.5.7 农业育种

追踪家禽和它们的行为以便对它们进行实时监控(如在暴发传染病时)需要物联网技术的使用,并且在很多情况下国家的补贴也以畜群数量和其他条件(如饲养牛、羊等)为依据,

由于具体的数字很难确定,所以就存在欺骗的可能。良好的识别系统可以帮助减少这种欺骗。因此,识别系统的应用可以控制、调查和预防动物疾病。动物的官方鉴定已经在国家、社会团体和国际贸易中执行,同时,牲畜接种疫苗和官方对疾病控制或根除也是可以实现的。通过使用物联网,动物的血、组织标本和牲畜的健康状况也可以进行精确的识别。

随着物联网的发展,农民可以直接将农产品送达消费者手中,这不仅可以在小范围内如农贸市场和商店里实现,而且还可以在一个更广的区域内实现。这将改变整个供应链,目前供应链主要是被大公司掌握,但是随着物联网的使用,生产者和消费者之间的供应链将变得更直接、更短。

9.6 Ecode与国家物联网标识管理与公共服务平台

编码标识是在物联网技术体系发展中首要的基础共性技术;Ecode是首批纳入物联网国家标准制定计划中的重要标准。中国物品编码中心作为标准提出者,在多年技术研究、草案研制和应用验证的基础上,开创性地研制出了具有我国自主知识产权的适用于物联网的编码规则,并于2015年9月完成了标准的正式发布,成为首个颁布的物联网国家标准。

9.6.1 Ecode提出背景

物联网标识技术一直是国内外的研究热点领域。2009年欧盟发布的《物联网研究战略路线图》将“标识”作为最优先的研究重点。当前,各国家和国际组织都在尝试提出适合于物联网应用的编码方案,并根据自身的应用范围制定了相应的标准,建设了配套的编码系统,如日本提出的用于追溯和位置信息管理的Ucode、韩国提出的用于移动商务的Mcode等。这些编码方案在各自领域中都取得了一定的应用成果,但是从整个物联网体系来看,各种标准并存、编码方案多样化、编码系统互不联通,势必会导致信息孤立、资源浪费、无法形成完整的产业链。为了建立全球统一的物联网编码方案,国际标准化组织ISO于2013年提出了物联网唯一标识国际标准提案,中国物品编码中心也是该工作组成员,由于在标准制定过程中各方争议较大,目前正处于方案讨论阶段,仍未达成一致。

和国际上的研究现状相比,我国物联网标识的研究起步于2007年,经历了从初步探索、概念形成、技术论证、行业认可到最终成果产出的过程,道路虽艰辛,意义却非凡。Ecode攻克了阻碍物联网发展的技术难题,顺应全行业产业链发展的最佳方案。中国物品编码中心在进行国内标准贯彻实施的同时,也在积极将其推进为国际标准提案,从而增强我国在物联网领域的国际地位。

9.6.2 Ecode 编码结构

Ecode编码具有几个特殊情况，叫作Ecode通用编码结构。它是一组无含义的代码，根据长度和编码字符集的不同，目前包括Ecode64、Ecode96和Ecode128。通用编码的主码MD由分区码(domain code, DC)、应用码(application code, AC)、标识码(identification code, IC)组成，其中，分区码DC用于表示应用码AC与标识码IC长度范围的分隔符；应用码AC用于表示一级无含义编码；标识码IC用于表示二级无含义编码。通用编码可以用二进制或者十进制表示，以十进制为例的数据结构见表9-3。

表9-3 Ecode通用编码数据结构

编码类型	数据结构					备注	
	V	NSI	MD			总长度	代码类型
			DC	AC	IC		
Ecode64	1	0064	—	6位	6位	17位	十进制
Ecode96	1	0096	1位	1～9位	18～10位	25位	十进制
Ecode128	2	0128	1位	1～9位	26～18位	33位	十进制

9.6.3 Ecode 标识的特点

Ecode标识具备优秀的技术特性和应用特性，主要有以下几点：

(1) Ecode编码的唯一性可以为物联网的每一个对象赋予唯一的代码。

(2) Ecode可通过编码层、标识层、解析层三种方式对现有编码系统进行兼容，从而为企业应用提供了完善的过渡手段。

(3) Ecode在实际应用中，采用了先进的编码生成算法，既满足了单品码的需要，又具备了一定的安全性。

(4) 通过Ecode标识平台这样的基础设施，构建了基于编码技术服务的云数据中心，在立足标准的前提下，注重发展可持续服务，从而真正发挥标准的作用。

9.6.4 国家物联网标识管理与公共服务平台

国家物联网标识管理与公共服务平台(见图9-10和图9-11)，是以Ecode标识体系为依据的物联网应用基础设施。该平台提供Ecode的注册与管理、不同载体的数据解析、多种方式的信息查询、搜索与发现服务、信息托管服务、数据挖掘服务等功能，为企业提供编码的注册分配和对应产品的数据解析；为公众提供产品基本信息、防伪验证和追溯信息的查询，是物联网统一编码产业化应用的基础支撑平台，将打造成品类级、批次级和单品级的国家物品基础数据库,成为跨系统之间信息对接的桥梁,为异构系统之间的信息交互和消费者的信息查询提供全面的基础数据服务。

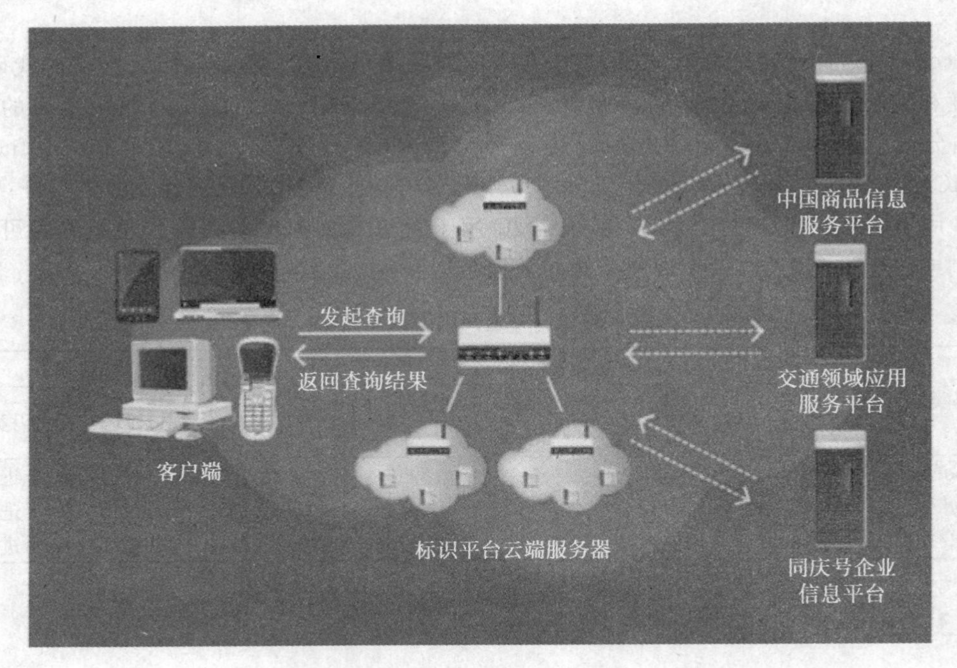

图 9-10 国家物联网标识管理与公共服务平台

图 9-11 平台主页

【本章小结】

本章从物联网的概念出发,介绍了物联网应用中对“物”的编码重要性。重点介绍了EPC 编码技术和 RFID 技术在物联网中的应用。最后介绍了由中国物品编码中心主导的物联网编码体系 Ecode 及服务平台。

对"物"的统一编码是物联网应用的基础，对"物"的信息的自动采集和共享是物联网应用的核心。给大千世界中每一个独立的"物"一个唯一的编码，是物联网应用的基础工作。GS1 的 EPC global 提出的 EPC 编码，可以胜任此工作。物品的 EPC 编码以 RFID 为载体，实现了数据的自动采集。

Ecode 是首批纳入物联网国家标准制定计划中的重要标准。

【本章习题】

1. 简述物联网与互联网的区别与联系。
2. 简述 EPC 的编码原理。
3. 简述 RFID 技术在物联网中的应用。
4. Ecode 如何实现不同编码体系的统一？
5. 试以食品安全追溯为例，分析 Ecode 的具体应用。

第10章　GS1与电子商务

【任务10-1】　扫码知多少？

收集公交车站、地铁、报纸、电视、杂志等上面的二维码，扫一扫，看看结果是什么，总结二维码的应用。

【任务10-2】　新闻阅读

2016年8月23日，在第二届全球互联网经济大会暨第七届中国电子商务博览会上，我国负责商品条码、物品编码的专门机构中国物品编码中心（GS1 China）联合全球最大的电商平台企业阿里巴巴（Alibaba Group），成功举办了战略合作签约仪式，并正式启动商品源数据（trusted source of data），共同促进GS1全球化标准，推动我国电子商务、商品流通信息标准化、国际化发展。

根据双方达成的共识，中国物品编码中心和阿里巴巴将在电子商务、移动端应用等领域，充分发挥各自的优势，积极拓展市场合作，双方将共同促进商品条码的使用规范，并就商品基础属性标准、推进商品“源数据”标识应用、加强产品安全追溯等方面开展积极深入的合作。

截至目前，中国物品编码中心累计为我国50多万家企业、上亿种产品赋予了全球唯一“身份证”，在促进我国商业现代化、现代物流的发展以及对外贸易等方面作出了巨大贡献。依托GS1全球统一标准，中国物品编码中心将通过与全球最大的电子商务平台阿里巴巴实现提升对全球商品条码企业的服务，未来在天猫国际上销售的产品将逐步与GS1全球数据池对接，进一步把好“源头”关，提升产品品质，降低操作门槛；同时，通过与手机淘宝运营团队合作，开展“扫条码·放心购”项目，直接打通生产与终端销售环节，实现通过“扫条码”便捷、快速、放心购物，提升消费者的网络购物体验，尤其对农村淘宝的购物体验将会有很大提升；通过商品源数据应用，帮助我国中小微型制造商优化商品数据管理，快速提升品牌影响力，不断扩大国内国际市场。

阿里巴巴在2015年正式提出“国际化”战略，逐步构建一个完整的国际电商体系，包括ICBU、天猫国际、速卖通、全球购等平台，并成功收购东南亚电商平台LAZADA。在这个战略背景下，阿里巴巴也正在积极建设全球的商品数据体系，来实现多市场的信息互通、业务融合，让生意无国界。通过对接国际条码和商品信息数据，消费者就可通过在手机淘宝扫条码获取商品的信息，并下单购物。如果是在国外购物，看不懂外文，通过扫码也可以获取经过翻译的中文商品信息。让消费者可以购买到全球任何一个地方的商品，让卖家可以把商品卖到全球任何一个地方，是阿里巴巴持续努力的方向。

在“互联网+”时代，信息化技术和大数据，是全社会可利用起来的尖兵利器。“源数据”

是指以商品条码为关键字，由产品生产厂商自主提供的商品生产源头的数据，具有来源可靠、真实可信、质量高等特点。利用基于GS1标准的“源数据”，能够实现商品的全球唯一标识，更好地打通线上线下全渠道，提高商品流通效率，大大降低社会共享成本。今天，中国物品编码中心与阿里巴巴集团携手共同举办战略合作签约仪式，共同启动我国商品源数据的应用，有着非凡的影响和意义。这不仅是我国商品数据标准化工作发展的重要里程碑，也是我国电商引领全球化规范化发展的有力举措。

10.1　电子商务中的条码应用

【任务10-3】　网上购物，你最关注哪些信息？

在淘宝平台上的商铺中选购一款耐克鞋，怎么判断是真品还是高仿？

怎样练就一双“火眼金睛”？

10.1.1　概述

与传统零售相比，电子商务对商品信息的依赖程度要高得多，商品信息在电商领域发挥的作用更加明显，其重要性我们可以从电商企业的发展过程来分析。从2003年以淘宝为代表的电商网站出现开始，消费者逐渐了解电子商务，并对电子商务这个新渠道所带来的价格透明和查询方便给与了极大的肯定，网购习惯开始培育，并大大提升了我国互联网应用普及程度。2009～2012年，国内网络零售市场陆续出现了诸如快递不上办公楼导致客户体验不好，网店客服随意调整商品价格使消费者蒙受损失等热点问题，甚至也出现如品牌电商卖假货，名表电商涉嫌走私被追究法律责任等一系列法律问题。这些事件都表明，消费者从只关注商品价格开始扩展至关注服务响应速度、产品是否为正品等多个方面，也说明网购消费者对网购市场提出了规范化的切实诉求，这个阶段是我国网络零售市场的重要转折点。2012年至今，消费者对电子商务渠道品牌（天猫、京东、1号店）的认知要强于具体商品品牌的认知，这就是电商平台在服务端加大投入所带来的影响。在消费者可以直观感觉到的服务中，必定是快递速度、产品信息描述与实物相符程度、售后态度等这些环节。同时，1号店、京东、唯品会等各大平台在后端的各项标准、制度也在2012年逐步开始建立，这是电商企业走向规范的必由之路。

总体来看，“发展后规范，规范后再发展”是过去10年我国网络零售市场发展过程的主线。第一波“发展”的内涵是价格的透明化和销售通路的扁平化，之后的“规范”是电商平台后端标准体系建设和前端服务规范的建立，如商品条码的采用，第二波的“发展”已经到来，且更加有序，更加健康。电商企业管理人员应重视“规范”阶段承前启后的关键作用，并向传统零售业态实体学习，补上这一课。

天猫商城也开始引入商品条码,标志着规范的商品信息管理成为电商业界普遍认同的重要规则之一。

10.1.2　GS1 编码体系与电子商务

商品条码被电商平台采用,是电子商务回归商业本质的重要信号,预示着网络零售将在规范的基础上继续健康发展。

对于电子商务的企业来说,统一的编码身份标识,可以在全球任何国家和地区通行无阻,无论是在网上做贸易,还是在网下做买卖,都可以通过这个唯一的身份标识来保持交易主体的一致性,从而快速提高效率,真正实现无纸化贸易。

对于在线销售的产品来说,有了全球统一的编码标识,就相当于给产品赋予了一个通行全球的合法"身份证",让全球的买家更加信赖,产品无论销往何处,都能有据可查,有源可循,促其实现商品信息的查验。

对于电商物流管理来说,不论是产品、包装箱、仓库、订单还是贸易参与方,都可以通过商品条码、GLN(全球位置码)、箱码等统一物品编码标准来标识,使供应链上下游两端的信息互动,仓储物流运输等各环节信息进行对接,效率大大提升,真正实现自动化、可视化管理。

对于构筑可信交易平台来说,通过全球通用的物品编码标识,使得 B2B 电子商务企业双方的身份一查便知,最终实现身份真实、信息透明、数据共享、网络监督、可信环境的电子商务,成为一个贸易双方都信赖的平台。

10.1.3　条码在电子商务追溯体系中的作用

在各种不同类别的电子商务活动中,组织机构代码和商品条码对电子商务企业的存续和发展均密切相关,都涉及电商经营活动的各个环节。

1. 组织机构代码兼具标识性和有效性

组织机构代码信息是通过国家、省、市、县 4 级,2 600 多个办证点的网络系统为基础,采集形成实时动态的全国组织机构代码数据库,采集每一个合法登记的组织机构 32 项基本信息,并且通过年检管理,使组织机构代码成为一个动态记录企业发展的数据准确、可靠性强的数据源。目前,全国组织机构代码数据已经超过 2 500 万条。

根据《互联网信息服务管理办法》和《电信管理条例》规定,开展经营性网站必须是依法设立的公司。因此,开展电子商务的企业在开展电子商务前,需获得组织机构代码。企业的中文域名作为电子商务开展的重要标识属性和网络实名规范的要求,应与组织机构代码建立对应关系,从而为电商实名认证、建立网络与虚拟世界管理规则的统一提供制度基础。这就是标识性作用。

组织机构代码的有效性作用，贯穿于电商经营行为的各个阶段。在产品信息服务阶段，电商可将其作为法定名称的必要组成部分，向网上购物者确认商品信息的真实性，为电子交易的后续各环节提供完整信息；在合同协议阶段，电子合同应提供其组织机构代码并通过代码的索引功能链接该制造商或服务提供商的基础信息，作为展示给合同各方以及作为合同标的交易商品和服务的属性标识；在合同实施阶段，交易的市场主体和领域可通过结合组织机构代码提高交易安全性与管理效益。比如，电子签名与CA认证，可以通过中央数据库在线实时地验证使用者身份的真实有效性。在合同交割和物流中，组织机构代码作为标的物的所有权主体的基础属性信息及其代码是现代物流体系的基本组成部分。

我国组织机构代码已经在税务税收征管、银行信贷登记、海关电子口岸、住建部公积金征缴、法院案件执行、检察院案件侦查、公安部车辆管理、统计局经济普查、财政部国库预算管理、环保部污染源普查、国家质检总局质量监管等38个领域得到广泛应用，并在国家电子政务、电子商务等信息化工程规划中发挥着重要的基础作用。国家已开始建设基于组织机构代码数据的网络实名认证平台，通过组织机构代码进行实名认证已在网络微博领域广泛应用。近期，国家还提出要构建社会信用体系，包括建立以组织机构代码为基础的法人和其他组织统一社会信用代码制度，充分发挥组织机构代码的实名认证作用。

2. 商品条码具有全球统一标准的溯源作用

全球统一标识系统(即商品条码系列标准)是在计算机的应用实践中产生和发展起来的一种自动识别技术，是全球通用的、标准化的商务语言。它是为实现对商品信息的全球唯一标识而设计的，是实现快速、准确采集数据的有效手段，真正解决了企业对数据的准确、及时传送和有效收集的问题，是企业信息化管理的基础，也是连接上下游环节中数据传递的纽带，是全球统一的产品“身份证”。目前我国商品条码数据注册量已超过2 200万条。

采用以商品条码为核心的国际统一物品编码标识系统，发挥一维条码、二维条码和射频等为载体的国际统一的物品编码标识系统作用，建立重点产品从生产、流通、销售环节的信息共享机制，建成集数据共享、数据交换和数据统计分析为一体的信息体系，采取以信息采集与自动识别技术为基础的、信息化与工作化结合为支撑的“机器换人”等措施，进而实现企业转型升级。通过商品条码可精确关联产品质检报告、监督抽查、企业档案等信息，利用移动商务平台，方便查询质量信息、企业信息等，可以快速精准定位问题产品，实现问题产品的有效召回，还可以有效提升从生产源头到消费终端的质量安全监管能力。

目前，我国已经有近8 000万种商品、100多万家商超、95%以上的快速消费品使用了商品条码，已和阿里巴巴、百度、敦煌网、我查查等著名电子商务平台有信息共享、信息交换等合作，商品条码已开始服务于电子商务的商品管理、网店管理、物流管理、信息共享交换、分析比对等环节。现有条码数据库作为开放式网络信息平台，向广大用户提供了产品信息查询和数据比对服务。该网站日查询量超过50万次,移动终端查询量达到300万次/天,并且建立了消费者监督、投诉渠道,为判断产品质量和打击生产假冒伪劣产品的行为提供了参考依据。

3. 两码为追溯产品质量信用发挥积极作用

我国目前的电子商务支撑体系不断完善,但信用、网上支付和物流配送仍是制约中国电子商务市场发展的三大核心瓶颈。由于电子商务具有远程性、记录的可更改性、主体的复杂性等自身特征,信用问题更是关键所在。信用环境已成为妨碍企业应用电子商务、网络营销的重要外部环境因素。目前电子商务随着手机的普及、4G网络发展而发展迅速,借助移动终端、互联网等进行产品查询、交易的需求越来越多,移动电子商务过程中的产品信用查询、防伪查询等需求显得尤为重要。在国际上,国际物品编码协会(GS1)已开发了采用现有的全球统一标识系统(EAN / UCC系统),在多个国家和地区跟踪与追溯食品,如饮料、牛肉产品、水产品、葡萄酒、水果和蔬菜,获得了良好的效果。我国也在多个省(如新疆和田薄皮核桃、红柳大芸、安迪河甜瓜、四川雅安茶叶)利用两码提取产品在生产、加工、流通、消费等供应链环节的溯源要素,评估产品的质量信息,给消费者提供清晰、明确的质量追溯及相关认证评估信息,引导消费者了解、购买质量认证齐全且有效的产品。

4. 两码应用为企业带来明显效益

电子商务的不可见性决定了交易风险要比线下面对面交易来得更加突出,基于组织机构代码的信用体系建设可以最大可能地规避交易主体因虚假造成的交易风险,从而降低企业成本,增加企业效益。物品编码在发达国家早已得到广泛应用。美国服装协会在某年的统计显示,美国服装行业当年损失250亿美元,一个重要的原因是服装制造业和零售业间的信息脱节,客户因买不到自己满意的服装而离开商店。为了减少损失,共享信息资源,美国服装制造公司、面料生产公司与著名零售企业Wal-Mart合作,建立了供应链快速反应系统,其中商品条码与物流单元条码被列入重要的信息处理技术。此外,几家大型服装企业也在所有服装产品上采用了商品条码标识,建立了条码订单处理系统,保证了订单处理的准确性、及时性。这使生产制造公司次年在不增加人员的情况下,定货量上升了27%,年发货量提高了17%。由此,精细销售、精细制造和供应链管理在美国得到蓬勃发展。

10.2 GS1 Data Matrix与汉信码

在第1章里,我们已经简单介绍了二维码的基本概念和特点。本节给大家介绍GS1体系中的GS1 Data Matrix二维条码和我国自主研制的二维条码汉信码。

10.2.1　矩阵式二维条码

矩阵式二维条码(又称棋盘式二维条码),是在一个矩形空间通过黑、白像素在矩阵中的不同分布进行编码。在矩阵相应元素位置上,用点(方点、圆点或其他形状)的出现表示二进制的"1",点的不出现表示二进制的"0",点的排列组合确定了矩阵式二维条码所代表的意义。矩阵式二维条码是建立在计算机图像处理技术、组合编码原理等基础上的一种新型图形符号自动识读处理码制。

在目前几十种二维条码中,常用的码制有:Data Matrix 二维码,QR Code 码、汉信码等。

目前我国市场上被微信、支付宝、微博等普遍采用的二维码是 QR Code,它属于矩阵式二维码。QR Code(quick response,快速反应)是由 Denso-Wave 公司在 1994 年发明的,因为是开放授权,不存在专利风险,因此,任何人及公司都可以免费使用,最终成为现在二维码的主流码型。但由于 QR Code 码专利既没有在国内申请,也没有放弃专利权,2015 年 QR Code 码公布了新的技术标准并开始收取专利费用,单国内市场仍在免费使用 2000 年的技术标准,随时可能产生严重的知识产权风险。

二维条码目前的应用

二维条码具有储存量大、保密性高、追踪性高、抗损性强、备援性大、成本便宜等特性,这些特性特别适用于表单、保密、追踪、证照、盘点和备份应用等方面。

1) 表单应用

公文表单、商业表单、进出口报单、舱单等资料之传送交换,减少人工重复输入表单资料,避免人为错误,降低人力成本。

2) 保密应用

商业情报、经济情报、政治情报、军事情报、私人情报等机密资料的加密及传递。

3) 追踪应用

公文自动追踪、生产线零件自动追踪、客户服务自动追踪、邮购运送自动追踪、维修记录自动追踪、危险物品自动追踪、后勤补给自动追踪、医疗体检自动追踪、生态研究(动物、鸟类……)自动追踪等。

4) 证照应用

护照、身份证、挂号证、驾照、会员证、识别证、连锁店会员证等证照的资料登记及自动输入,发挥"随到随读""立即取用"的资讯管理效果。

5) 盘点应用

物流中心、仓储中心、联勤中心之货品及固定资产的自动盘点,发挥"立即盘点、立即决策"的效果。

6）备份应用

文件表单的资料若不愿或不能以磁碟、光碟等电子媒体储存备份时，可利用二维条码来储存备援，携带方便，不怕折叠，保存时间长，又可影印传真，做更多备份。

10.2.2 GS1 Data Matrix 条码

GS1 通用规范规定了 GS1 条码(GS1 Data Matrix，一种矩阵式二维条码)的技术特性。GS1 条码是一种独立的矩阵式二维条码码制，其符号由位于符号内部的多个方形模块与分布于符号外沿的寻像图形组成。GS1 数据矩阵码从 1994 年开始已经在开放环境中应用。关于条码的详细技术规定可参见国际标准 ISO/IEC 16022。

GS1 标准体系采用条码部分原因是其能够编码 GS1 标准体系数据结构以及具有其他独有特性。数据矩阵码具有信息密度高、可以多种方法在不同基底上印制等 GS1 标准体系其他码制不具有的特点。

只有数据矩阵码 ISO 标准版 ECC 200 支持包括 FUN 1 在内的 GS1 标准体系数据结构。ECC 200 数据矩阵码使用 Reed-Solomon 纠错算法，从而使得部分破损的数据矩阵码符号也能够正确识读。在本节后续部分中提到的 GS1 数据矩阵码都指 ISO 标准版 ECC 200 数据矩阵码。

GS1 数据矩阵码的制作应遵循已经核准的 GS1 标准体系应用导则。本节不涉及数据矩阵码的具体应用。一旦具体的应用标准以及 GS1 通用规范其他章节规定的导则已被批准，数据矩阵码的使用者应参照这些标准与导则。下面列出了一些可用于制作数据矩阵码的方法：

(1) 直接部件标印，如在汽车、飞机金属零件、医疗器械以及外科植入式器械等物品上采用打点冲印的方法制作数据矩阵码。

(2) 激光或化学刻蚀的办法在部件(如电路板、电子元件、医疗器械、外科植入式器械等)上制作低反射率(高反射率背底)或高反射率模块(低反射率背底)，构建数据矩阵码。

(3) 当高速喷墨设备不能印制可识读的一维条码时，可以在部件或组件上喷制数据矩阵码。

(4) 非常小的物品，其提供的空间只能够容纳方形符号和/或不能容纳现有的 GS1 Databar 或复合码。

GS1 数据矩阵码可采用二维成像式识读器或成像系统识读。非二维成像式条码识读器不能识读 GS1 数据矩阵码。GS1 数据矩阵码仅限于在整个供应链中采用成像式识读器的新型应用系统中使用。

1. GS1 数据矩阵码基础特性

图 10-1 所示为 20 行 20 列的 GS1 数据矩阵码符号(包括寻像图形，不包括空白区)。

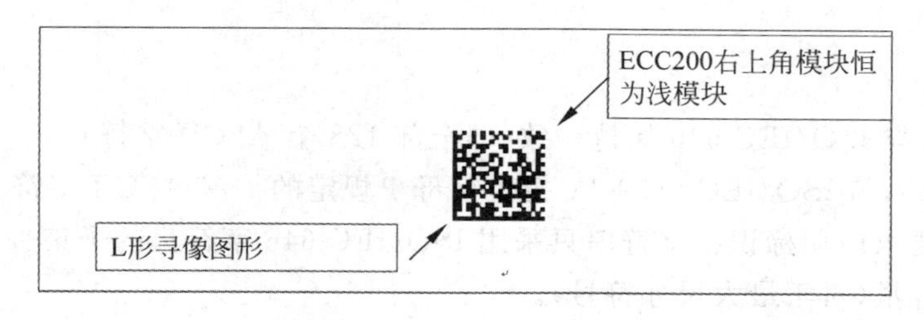

图10-1　GS1数据矩阵码符号

GS1数据矩阵码具有一模块宽的"L"形寻像或校正图形。

GS1数据矩阵码四边有一个模块宽的空白区，与其他码制符号一样，图10-1中没有印出。

ECC 200符号与数据矩阵码的早期版本具有显著区别：与寻像图形"L"形折角相对的模块名义上应为白色。

只存在偶数行的方形GS1数据矩阵码符号，根据表示数据容量的不同，符号可用10行10列变化到144行144列。

对于普通的打印条件，模块宽度用X表示。数据表示：深色模块代表二进制"1"，浅色模块代表二进制"0"(对于颜色反转的符号，则正好相反)。

ECC200(error checking and correction，ECC，错误校验与纠正)使用Reed-Solomon纠错算法。表10-1 ECC200方形符号特性表中列出了与数据矩阵码某个可选尺寸符号相对应的固定的纠错能力。

表10-1　ECC 200方形符号特性表***

符号尺寸		数据区		映像矩阵尺寸	码字总数		RS纠错块		交织块	数据容量			纠错开销	最多可纠正的码字
行	列	尺寸	个数	尺寸	数据	纠错	数据	纠错		数字	字符	字节		替代/拒读
8	18	6×16	1	6×16	5	7	5	7	1	10	6	3	58.3	3/＋
8	32	6×14	2	6×28	10	11	10	11	1	20	13	8	52.4	5/＋
12	26	10×24	1	10×24	16	14	16	14	1	32	22	14	46.7	7/11
12	36	10×16	2	10×32	22	18	22	18	1	44	31	20	45.0	9/15
16	36	14×16	2	14×32	32	24	32	24	1	64	46	30	42.9	12/21
16	48	14×22	2	14×44	49	28	49	28	1	98	72	47	36.4	14/25

注：符号尺寸不包括空白区。

*** 在最大的符号(144×144)中，前8个Reed-Solomon块共有218个码字(对156个数据码字编码)，最后两个块每个有217个码字(对155个数据码字编码)，所有各块都有62个纠错码字。

为保持GS1系统兼容性，FNC1可以在数据串的起始进行编码，作为一个数据组分隔符。当FNC1作为组分隔符使用时，在传输报文中用ASCII字符<GS>(ASCII值29)

表示。

编码字符集：

值 0～127,与 ISO/IEC 646 保持一致(即全部 128 个 ASCII 字符)。

值 128～255,与 ISO/IEC 8859-1；拉丁字母 1 规定的扩展 ASCII 字符一致。

GS1 系统要求应用标识符字符串只采用 ISO/IEC 646 字符集的子集进行表示。

符号数据容量(对于最大尺寸符号)。

字符数据：2 335 个。

八位字节：1 556 个。

数字：3 116 个。

较大的方形 ECC 200 符号(32×32 以上)内部设有校正图形以分隔数据区域。

码制类型：矩阵式。

独立定向：是(要求采用二维图像式识读器)。

GS1 数据矩阵码其他固有的和可选特性。

颜色反转(固有)：GS1 数据矩阵码支持颜色反转,符号可以浅色背景的深色模块或深色背景上的浅色模块表示。

长方形符号：GS1 数据矩阵码有 6 个长方形符号。

GS1 数据矩阵码支持 ECI 扩充解释协议,从而能够支持其他字符集编码。

2. GS1 数据矩阵码符号

本节在数据矩阵码码制规范 ISO/IEC 16022 基础上提供了构建基于 GS1 数据矩阵码特定应用系统有用的辅助性信息。

1) 方形与长方形格式

GS1 数据矩阵码可选择方形或长方形格式印制。方形符号由于具有更多的可选符号尺寸与较大的信息容量(最大的长方形符号仅可编码 98 个数字,而最大的方形符号可编码 3116 个数字)而更加常用。对同一段信息进行编码的方形和长方形符号如图 10-2 所示。

2) GS1 数据矩阵码符号尺寸

为满足不同数据内容的编码需要,GS1 数据矩阵码具有多个符号尺寸(表 10-2)。GS1 数据矩阵码从 10×10 模块一直到 144×144 模块共 24 个方形符号尺寸(不包括 1 模块宽的空白区),以及从 8×18 到 16×48 模块共 6 个长方形符号尺寸(不包括 1 模块宽的空白区)。对于方形符号,52×52 以及以上尺寸的符号具有 2～10 个 RS 纠错块。

图 10-2　方形与长方形 GS1 数据矩阵码

在描述 GS1 数据矩阵码数据编码时通常使用术语“码字”,在 ISO/IEC 16022 中,码字定义为“在原始数据与最终符号图形表示之间建立联系的符号字符值,是信息编码的中间结果”。

表 10-2　GS1 数据矩阵码方形符号特性表

符号尺寸		数据区		映像矩阵尺寸	码字总数		RS 纠错块		交织块	数据容量			纠错开销	最多可纠正的码字
行	列	尺寸	个数	尺寸	数据	纠错	数据	纠错		数字	字符	字节		替代/拒读
10	10	8×8	1	8×8	3	5	3	5	1	6	3	1	62.5	2/0
12	12	10×10	1	10×10	5	7	5	7	1	10	6	3	58.3	3/0
14	14	12×12	1	12×12	8	10	8	10	1	16	10	6	55.6	5/7
16	16	14×14	1	14×14	12	12	12	12	1	24	16	10	50	6/9
18	18	16×16	1	16×16	18	14	18	14	1	36	25	16	43.8	7/11
20	20	18×18	1	18×18	22	18	22	18	1	44	31	20	45	9/15
22	22	20×20	1	20×20	30	20	30	20	1	60	43	28	40	10/17
24	24	22×22	1	22×22	36	24	36	24	1	72	52	34	40	12/21
26	26	24×24	1	24×24	44	28	44	28	1	88	64	42	38.9	14/25
32	32	14×14	4	28×28	62	36	62	36	1	124	91	60	36.7	18/33
36	36	16×16	4	32×32	86	42	86	42	1	172	127	84	32.8	21/39
40	40	18×18	4	36×36	114	48	114	48	1	228	169	112	29.6	24/45
44	44	20×20	4	40×40	144	56	144	56	1	288	214	142	28	28/53
48	48	22×22	4	44×44	174	68	174	68	1	348	259	172	28.1	34/65
52	52	24×24	4	48×48	204	84	102	42	2	408	304	202	29.2	42/78
64	64	14×14	16	56×56	280	112	140	56	2	560	418	277	28.6	56/106
72	72	16×16	16	64×64	368	144	92	36	4	736	550	365	28.1	72/132
80	80	18×18	16	72×72	456	192	114	48	4	912	682	453	29.6	96/180
88	88	20×20	16	80×80	576	224	144	56	4	1152	862	573	28	112/212
96	96	22×22	16	88×88	696	272	174	68	4	1392	1042	693	28.1	136/260
104	104	24×24	16	96×96	816	336	136	56	6	1632	1222	813	29.2	168/318
120	120	18×18	36	108×108	1050	408	175	68	6	2100	1573	1047	28	204/390
132	132	20×20	36	120×120	1304	496	163	62	8	2608	1954	1301	27.6	248/472
144	144	22×22	36	132×132	1558	620	156	62	8**	3116	2335	1556	28.5	310/590
							155	62	2**					

大于 32×32 模块的 GS1 数据矩阵码方形符号被校正图形分隔为 4～36 个数据区域。长方形符号也可被分为两个数据区。校正图形由深浅模块交替排列形成图形以及相邻接的深色实线构成(未进行颜色反转)。图 10-3 所示为具有 4 个数据区的方形符号(左)和两个数据区的长方形符号(右)的示意图,其编码数据无实际意义。

(a)

(b)

图 10-3　多数据区 GS1 数据矩阵码符号

(a) 方形格式;(b) 长方形格式

3. 数据传输与码制标识符前缀

GS1 标准体系要求使用码制标识符。当 GS1 数据矩阵码第一个编码字符是 FNC1 时,使用码制标识符"]d2"(见图 10-4)以保证兼容性。这意味着应用标识符编码方式与 GS1-128 码(码制标识符"]C1")、GS1 databar(RSS,码制标识符"]e0")与复合码一致。码制标识符参见 ISO/IEC 15424 信息技术→自动识别与数据采集技术→数据载体标识符。

例如,对 AI(01)10012345678902 编码的 GS1 数据矩阵码最终传输数据流是"]d20110012345678902"。AI 数据的传输遵从 AI 元字符串的传输规则(见图 10-4)。

	报文内容	分隔符
]d2	标准AI元字符串	无

图 10-4　GS1 数据矩阵码码制标识符

4. 模块(X)的宽度与高度

X 尺寸的范围应综合考虑应用系统的通用需求以及生成识读设备的匹配,并由应用标准规定。

X 尺寸(符号模块的宽与高)对于某个给定符号应保持一致。

5. 符号质量

应采用 ISO/IEC 15415 信息技术→自动识别与数据采集技术→条码符号印制质量测试规范→二维条码符号中规定的方法对 GS1 数据矩阵码进行检测与分级。

符号等级应与检测的光照条件及孔径相关联。它的表示形式为:等级/孔径/测量光波长/角度,其中如下几点:

(1)"等级"为通过 ISO/IEC 15415 确定的符号等级值,即各扫描反射率曲线等级或扫描等级的算术平均值,保留一位小数。对于 GS1 数据矩阵码符号,在"等级"后面加有星号表示符号周围存在反射率极值。这种情况可能干扰符号的识读。对于大多数应用,出现这种情况将导致符号不可识读,因此应进行标注。

(2)"孔径"为 ISO/IEC 15415 规定的合成孔径(以 1/1000 in 为单位并取整)。

(3)"测量光波长"指明了照明光源峰值波长的纳米数(对于窄带照明);如果测量用的光源为宽带照明光源(白光),用字母 W 表示,此时应明确规定此照明的光谱响应特性,或给出光源的规格。

(4)"角度"为测量光的入射角,缺省值为 45°。如果入射角不是 45°,那么入射角度应包含在符号等级的表示中。

注:除了默认照明角度为 45°以外,还可选用 30°和 90°的照明角度。

合成孔径的大小一般设为应用容许的最小 X 尺寸的 80%。制作 GS1 数据矩阵码时,应保证生成 GS1 数据矩阵码"L"形寻像图形时，点之间的间距不得大于合成孔径(如果有多个可选的 X 尺寸，应选最小的 X 尺寸计算合成孔径)大小的 25%。

示例：

(1) 2.8/05/660 表示符号等级为 2.8，使用的孔径为 0.125 mm(孔径标号 05)，测量光波长为 660 nm，入射角为 45°。

(2) 2.8/10/W/30 表示符号设计用于在宽带光条件下进行识读，测量时入射角为 30°，孔径为 0.250 mm(孔径标号 10)。在此情况下，需要给出所引用的对用于测量的光谱特性进行规定的应用标准，或者给出光谱的自身特性。

(3) 2.8*/10/670 表示符号等级是在孔径为 0.250 mm(孔径标号 10)、光源波长 670 nm 情况下测量的，并且符号周围存在有潜在干扰作用的反射率极值的情况。

6. 码制选择的建议

GS1 数据矩阵码的使用应遵循 GS1 标准体系全球应用导则的规定，仅应用于 GS1 规定的应用领域。GS1 数据矩阵码不应代替其他 GS1 标准体系码制，现有的 EAN/UPC 码、ITF-14 码、GS1-128 码和 GS1 databar(RSS)码以及复合码的成功应用应继续使用相应码制。

注：为识读 GS1 数据矩阵码，识读系统必须为二维成像式识读器，并能够支持 GS1 标准体系版数据矩阵码(ECC 200)。

7. GS1 数据矩阵码的供人识读解释

GS1 数据矩阵码编码的关键 AI 元数据串的供人识读字符应与符号一同出现，其表现形式由特定应用导致的规定。按照与 GS1 databar(RSS)和复合码一致的习惯，可将关键信息，如 GTIN 以供人识读字符形式印制在符号的下面，次关键信息印制在符号上面。供人识读字符应清晰易读，并明显与符号相关联。

AI 应利于人辨别以方便进行键盘输入。因此，在可供人识读的字符 AI 两边加上圆括号。

对于承载大量信息的 GS1 数据矩阵码，在符号周围印制全部编码信息可操作性不强。即使可以实现，如此多的信息对于通过键盘输入也不可行。对于这种情况，除了某些关键的标识数据(如 GTIN)外，可不印制部分不重要的编码信息。关于供人识读解释的具体规定可参见具体应用标准。

10.2.3　汉信码

我国手机二维码快速发展的同时也逐步暴露出一些问题，比如，二维码营销诈骗频现，亟须加强监管；二维码业务发展粗放，需要标准化支撑；二维码碎片化应用严重，缺乏公共服务平台支撑等问题突出。这些问题的出现,是二维码技术与应用快速发展过程中出现的问题,同时也是我国二维码发展缺乏自主二维码码制技术、编码标识等系列二维码标准以及可信二维码服务等自主可信二维码技术标准服务体系支撑的体现。

自主可信的二维码——汉信码应运而生(图 10-5)。

图 10-5　汉信码

汉信码是目前我国唯一一个拥有完全自主知识产权的二维码,具有汉字表示能力强、可加密、效率高、抗畸变、抗污损、识读快速等特点。2007 年 8 月 23 日,国家标准化管理委员会发布了 GB/T 21049—2007《汉信码》国家标准(该标准已于 2008 年 2 月正式实施),标志着汉信码技术正式成为我国自动识别和数据采集技术的一员。

1. 汉信码的特点

与现有其他二维码相比较,汉信码具有如下特点。

1) 知识产权免费

作为一种完全自主创新的二维码码制,汉信码的《纠错编码方法》《数据信息的编码方法》《二维条码编码的汉字信息压缩方法》《生成二维条码的方法》《二维条码符号转换为编码信息的方法》《二维条码图形畸变校正的方法》6 项技术专利成果归中国物品编码中心所有,中国物品编码中心早在汉信码研发完成时即明确了汉信码专利免费授权使用的基本原则,使用汉信码码制技术没有任何的专利风险与专利陷阱,同时不需要向中国物品编码中心以及其他任何单位缴纳专利使用费。

2) 汉字编码能力超强

汉信码是目前唯一一个全面支持我国汉字信息编码强制性国家标准 GB 18030—2000《信息技术信息交换用汉字编码字符集基本集的扩充》的二维码码制,能够表示该标准中规定的全部常用汉字、2 字节汉字、4 字节汉字,同时支持该标准在未来的扩展。在汉字信息编码效率方面,对于常用的双字节汉字采用 12 位二进制数进行表示,在现有的二维码中表示汉字效率最高。

3) 极强抗污损、抗畸变识读能力

由于考虑了物流等实际使用环境会给二维码符号造成污损,同时由于识读角度不垂直、镜头曲面畸变、所贴物品表面凹凸不平等原因,也会造成二维码符号的畸变。为解决这些问题,汉信码在码图和纠错算法、识读算法方面进行了专门的优化设计,从而使汉信码具有极强的抗污损、抗畸变识读能力。现在汉信码能够在倾角为 60°情况下准确识读,能够容忍较大面积的符号污损。因此汉信码特别适合在物流等恶劣条件下使用。

4) 识读速度快

为提高识读效率,满足物流、票据等实时应用系统的迫切需求,汉信码在信息编码、纠错编译码、码图设计方面采用了多种技术手段提高了汉信码的识读速度,目前汉信码的识读速度比国际上的主流二维码——Data Matrix 要高，因此汉信码能够广泛地在生产线、物流、票据等实时性要求高的领域中应用。

5）信息密度高

为提高汉信码的信息表示效率，汉信码在码图设计、字符集划分、信息编码等方面充分考虑了这一需求，从而提高了汉信码的信息特别是汉字信息的表示效率，当对大量汉字进行编码时，相同信息内容的汉信码符号面积只是 QR 码符号面积的 90%，是 Data Matrix 码符号的 63.7%，因此，汉信码是表示汉字信息的首选码制。

6）信息容量大

汉信码最多可以表示 7829 个数字、4350 个 ASCII 字符、2174 个汉字、3262 个 8 位字节信息，支持照片、指纹、掌纹、签字、声音、文字等数字化信息的编码。

7）码制扩展性强

作为一种自主研发的二维码码制，我国掌控了汉信码核心技术与专利，可以非常方便地针对相关的大规模应用和行业应用进行汉信码技术的扩展和升级。例如，为了满足移动商务领域的应用需求，中国物品编码中心研发了系列微型汉信码和彩色汉信码，以及为了提高安全性而开发了与多种加密算法和协议进行集成的加密汉信码，等等。

2. 汉信码编码规则

汉信码是一种矩阵式二维条码，其符号呈正方形，由特定的功能图形和数据区域组成。汉信码利用位于符号四角位置的寻像图形完成快速定位、定向和符号尺寸判断。

除了能够高效编码数字和 ASCII 字符（参考 ISO/IEC 8859-1）以及 8 位字节，如图像和声音的信息之外，汉信码突出的特点是能够高效编码所有的中文汉字（GB 18030—2005）。汉信码采用 Reed-Solomon 纠错算法保证了能够污损符号也能够正常识读，汉信码具有 4 个纠错等级可供用户选择。

汉信码符号有 84 个版本。1 版本为 23×23 模块，84 版本为 189×189 模块。通过众多的版本，汉信码能够更好地满足不同生成技术对符号大小的需求。

汉信码最大数据容量是 7827 个数字，4350 个 ASCII 字符，2174 个常用汉字一区、二区汉字，1044 个罕用的 4 字节中文汉字，以及 3261 个二进制字节数据。汉信码支持多种数据类型的混排。

3. 汉信码相关技术

汉信码技术研发成功后，中国物品编码中心郑重承诺汉信码的专利权免费使用，任何人都可以根据汉信码标准自主开发汉信码生成识读软件与设备，而不须向中国物品编码中心或任何其他机构及个人缴纳专利使用费，使汉信码成为我国第一个自主知识产权的公开二维码。汉信码的优越性能以及免费的专利许可制度吸引了众多国内企业和国外企业在汉信码技术上进行二次开发，诞生了一系列生成、识读设备与生成软件以及控件商用化产品，我国汉信码技术发展呈现出百花齐放、百家争鸣的良好局面。

1）生成设备

通过自主研发与合作开发的方式,目前已经有多款专用条码打印机支持汉信码生成,如国产新北洋、SATO等著名标签打印机制造商的某些型号打印机,已经能够实现汉信码的打印输出,如图10-6所示。

图10-6 支持汉信码的打印机

2）识读设备

目前汉信码获得新大陆、霍尼韦尔、维深、意锐新创等多家国内外识读设备制造商的支持,汉信码的识读功能已经内嵌入10多款识读器与数据采集器中,特别是新大陆、霍尼韦尔、维深针对汉信码与应用的特点对设备提供了技术升级服务,确保了汉信码识读性能的不断提升。支持汉信码的识读器与数据采集器如图10-7所示。

3）生成软件与控件

目前国产的Labelshop以及国外的Codesoft专业标签制作软件已经能够提供汉信码生成功能,由国内部分企业开发的汉信码生成控件也实现了商用。条码生成与标签设计软件如图10-8所示。

图10-7 支持汉信码的识读器与数据采集器

图10-8 条码生成与标签设计软件

4. 汉信码应用

为了有效地推进了汉信码的应用，中国物品编码中心联合业内企业在物流供应链、物资管理、教育等领域建立了多个汉信码应用试点。近年来，随着汉信码应用技术的不断成熟，新的规模化汉信码应用系统与新的应用模式不断涌现。

1）汉信码易制毒化学品全流程监管系统

该系统是采用汉信码对易制毒化学品供应链中易制毒化学品的加工、包装、仓储、运输、销售、使用等环节进行全过程跟踪监管的系统。易制毒化学品全流程监管系统包括了软件管理工作、生产企业赋码工作、仓库企业解码赋码、经营企业解码赋码、最终用户解码及上报工作，如图10-9所示。

第二类、第三类易制毒化学品购买备案证明

gh

购买单位或个人	名称或姓名	测试经营企业版系统		住所/地址	aa
	法定代表人	aa		电　话	aa
销售单位	名　称	测试使用		住　所	随便
	法定代表人	——		电　话	123
购买物品	乙醚	数量	213232131.0000ml(毫升)	用　途	21321
有效期限	自 2007年10月01日 至 2007年11月01日			有效次数	一次有效
公安机关经办人：　陈强 （易制毒化学品管理专用印章） 联系电话：　0311-85367829　　2007年12月11日				销售单位签注： 年　月　日	

图10-9　汉信码在易制毒化学品全流程监管中的应用

(1) 生产环节。对生产加工的易制毒化学品进行汉信码标识赋码。

(2) 仓储环节。仓储企业针对环境变化情况对其进行解码后再赋码。

(3) 经营环节。经营企业将汉信码信息通过系统反馈到国家监管部门并输出重新投入使用。

(4) 最终用户环节。最终用户进行汉信码识读并将信息传输到国家监管部门。

本系统的建设实现了对易制毒化学品进行全程跟踪、追溯管理的要求，杜绝了易制毒化学品的安全隐患，对于从源头上遏制毒品的日益蔓延起到了决定性作用。

2）汉信码在北京西南物流中心的应用

通过在北京西南物流中心的汉信码应用，推动了图书行业的汉信码应用。与北京西南物流中心有过合作的出版社、图书批销中心、书店、图书馆等对汉信码都非常感兴趣，认为汉信码的应用能够极大地推动图书行业的信息化进程,应用前景广阔。北京西南物流中心通过应用汉信码技术,规范了工作流程,提升了工作效率,并且实现了北京西南物流中心与上下游企业的业务数据交换,使北京西南物流中心及其相关企业提升了工作效率,降低了成本,避免了数据录入的差错,经济效益和社会效益都非常明显,如图10-10所示。

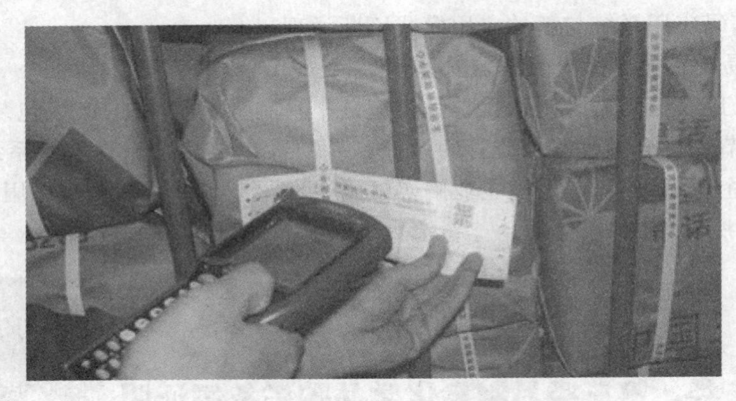

图10-10　汉信码在图书行业的应用

3)汉信码在移动商务、信息安全和产品追溯方面的应用

在移动商务成为二维码重要发展方向的前提下,中国物品编码中心以汉信码作为突破口,在移动商务领域开展了一系列的研发工作与标准化工作,从而为我国二维码手机应用提供了充分的技术与标准化支撑。

为满足用户对汉信码生成与识读方面的需求,中国物品编码中心在中国自动识别技术协会企业的支持下,研发了能够识读汉信码的手机识读软件,并且已经在苹果公司iOS平台APP市场以及Android平台的安智、安卓等各大市场正式上线,免费供用户使用;同时,生成软件也已在中国物品编码中心网站上线,可供用户生成汉信码。此外,中国自动识别技术协会会员——北京仁聚智汇科技发展有限公司和北京意锐新创科技有限公司开发的手机软件也提供汉信码生成识读功能,从而使汉信码移动应用具备了深厚的技术基础。

目前采用手机作为数据采集装置的二维码应用发展方兴未艾,但我国大多数提供手机二维码数据采集功能或服务的软件与企业主要依赖于国外的码制(如QR码)、国外的开源软件进行应用开发,企业缺乏自主创新能力和提供深度增值服务的技术积累;同时,二维码的应用鱼龙混杂,在信息安全、管理和服务方面也存在着很多问题。为此,中国物品编码中心认为,汉信码作为我国自主研发的二维码,除了具有在信息容量、信息密度等方面的优势之外,还能够根据应用的不同需求,在安全性等方面进行相应的扩展,通过提供专用识读软件等方式,授权用户或消费者扫描加密后的汉信码,从而规避网络欺诈,安全地获得产品的附加信息。而且,汉信码也可以接入中国物品编码中心提供的产品追溯平台,从平台上获取产品的深度信息,实现产品的防伪与安全追溯功能。汉信码在增值税发票上的应用如图10-11所示。

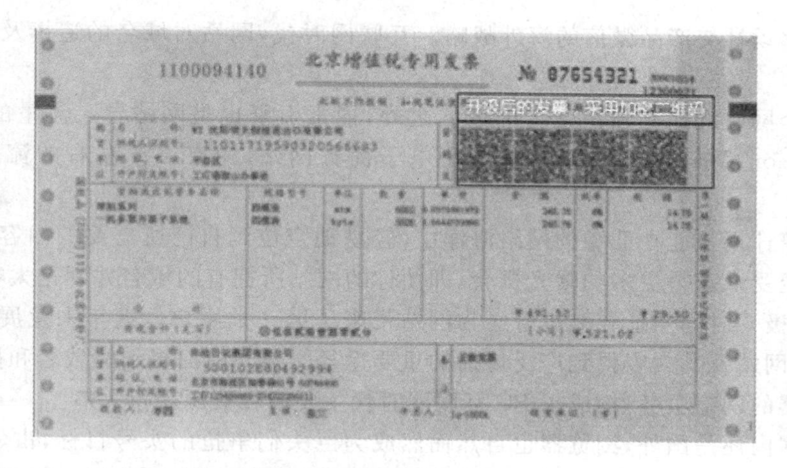
1100094140　北京增值税专用发票　№ 87654321

升级后的发票上采用加密二维码

图 10-11　汉信码在增值税发票上的应用

除此之外，汉信码还可以在以下领域得到应用：

(1) 政府及主管部门。政府及主管部门包括政府办公、电子政务、国防军队、医疗卫生、公安出入境、公安消防、贵重物品防伪、海关管理、食品安全、产品追踪、金融保险、质检监察、交通运输、人口管理、出版发行、票证/卡等。

(2) 移动商务、互联网及相关行业。此行业包括移动通信、票务业、广告业、互联网等，如手机条码、电子票务/电子票证、电子商务等。

(3) 供应链管理。供应链管理包括装备制造、物流业、零售业、流通业、供应链等。

10.3　二维条码与平台入口

【任务 10-4】　你的手机上有多少个 APP？是通过什么途径安装的？

我们的手机上都安装了很多 APP(application)，你是通过什么途径获取这些 APP 的？

10.3.1　从域名到二维码

像商标的价值一样，在过去的十几年里，Domain Name(域名)一直是各类网站的最重要入口。获得一个简短好记的域名，如同拥有一个金字招牌，也是网站最简单有效地提高用户的回访率和忠诚度的方法。

历史上诸如 Hotels.com、Sex.com、Fund.com 等域名，转让费用均达到千万美金，而百万美金级别的域名交易更是屡见不鲜。在国内，新浪网曾开出 800 万元人民币天价竞得 Weibo.com 以稳固其微博品牌地位，腾讯公司也开价 100 万美金从海外购得 WeChat.com

用来支持其移动社交产品微信的海外战略。互联网时代,网站对域名的追捧及赋予的价值可见一斑。

除了每个网站都拥有独一无二的域名之外,搜索引擎也是网站导入流量的关键渠道。据统计,Amazon、Walmart 和 Dell 等大型电子商务网站,均有 1/3 左右的流量来自搜索引擎。

搜索引擎让用户能在浩瀚的网络海洋中,轻易地定位到自己所需要的内容。也让各类网站面向指定受众获得更多的曝光机会,即使你的网站所拥有的域名并不是太容易被记住。

另外,红极一时的网址导航也曾经为网站带来了第一批用户。近年来发展迅猛的社交网络,也成了网站及其内容得到广泛传播的重要途径。连同前面提到的域名和搜索引擎,这些基于浏览器的网络服务,构成了 PC 互联网时代主要内容资源获得入口。

不论是国内还是国外,浏览器也自然而然成为巨头们争抢的头号目标,占领入口,仿佛成了赢得互联网战役的首道门槛。国内普及率最高的第三方浏览器 360,其网络广告收入在全年的收入中占比 72%左右。而这些广告收入,绝大多数来自 360 网络浏览器的导航、流量分配等项目。

然而,时过境迁,从 iPhone 的爆发到后来赶超的 Android,在移动互联网的时代里,人们在 APPs 上消耗的时间已经大幅度超过浏览网页,浏览器也不再是访问互联网的唯一入口。

获取 APPs 的渠道,即应用商店在某种层面上来说,已成了移动互联网的关键入口。但如今 APPs 上架数量爆炸量增长,APP Store 已失去导航作用,反而构成了一片红色海洋。

如何让自已的 APP 在百万 APPs 中脱颖而出,是开发者最头疼的问题之一。

众所周知,APP 上架后能迅速被用户认识并得到口碑传播的成功案例少之又少。绝大部分的 APPs 上线后不久便销声匿迹。越来越多的 APP 开发者,愿意通过自身的宣传渠道推广 APP 在 APP Store 的下载链接。

由于 APP Store 本身提供的链接冗长,不便于记忆及在移动设备中输入,扫描二维码自动识别链接应运而生。

PC 上的入口是搜索框,手机上的入口在二维码。目前,二维码已广泛出现在 PC 屏幕上(主要集中在新浪微博、APP 应用商店网页、企业官方 APP 下载页面、各种新闻和咨询网站首页和内容页、企业官网等)、印刷品上、商品包装上、品牌企业的直邮宣传单、展会展板和资料上。二维码的展示出现了爆发式的增长。绝大多数的 APP 在推广的时候会使用二维码,这些 APP 的拥有者在各种自已掌握的媒介上发放二维码,99%的微信公众账号推广时候使用二维码。更多的电视台、旅游景区、美术馆、博物馆都将使用二维码。

10.3.2　二维码业务类型

二维码业务类型主要有以下两类。

1. 标签类业务

二维码标签是以标签为载体,利用二维码高密度编码、信息容量大、范围广、容错纠错、译码可靠性高、保密防伪性好及成本低持久耐用等特性,将二维码与标签相结合。标签类的二维码业务应用范围十分广泛,门槛也较低,目前广泛应用于网络资源下载、产品溯源应用、景点门票/火车票应用、车辆管理应用等。在标签类的二维码众多应用场景中,二维码主要用于拍码溯源与拍码互动。

以食品溯源为例,食品生产源为食品分配溯源二维码,食品生产商与质量认证机构分别为每种食品录入详细信息、认证状况等,并与分配的二维码进行关联。消费者购买食品时,只需手机扫码或发短信,即可随时随地对产品认证状况等信息进行查询,并可及时举报虚假、错误信息。例如,天津市部分超市正式开始推行可追溯二维码技术,主要应用于"农超对接"商品,在售的15种"农超对接"商品中,已有葡萄干、苹果和蜜柚3种实现了二维码追踪。消费者通过手机扫描二维码可获得清晰的产品信息,如合作社名称、产地的介绍、合作社相关证件以及食品安全等。目前此种二维码被贴在产品外包装上并印制在宣传册中,日后将继续扩大使用范围,二维码无疑将成为未来人们生活中的另一个继门户网站、搜索引擎的重要"入口"。

2. 凭证类业务

二维码电子凭证是一个将现代移动通信技术和二维码编码技术结合在一起,把传统凭证的内容及持有者信息编码成为一个二维码图形,并通过短信、彩信等方式发送至用户的手机上,使用时,通过专用的读码设备对手机上显示的二维码图形进行识读验证即可。凭证类的二维码业务目前在国内已经发展了6年的时间,其应用范围也十分广泛,而且盈利模式已经得到市场的良好验证。在凭证类的二维码应用场景中,二维码主要用于替代产品或服务的使用凭证或者优惠凭证中。

以上海翼码公司为例,上海翼码公司占有最大的市场份额和产业优势,而且拥有众多重量级的合作伙伴,包括中国移动、各大银行、百度、中石油石化、淘宝、支付宝、团购网站、各大积分商城等,涉足O2O的各个领域。翼码公司提供了一种新型的电子物流方式,通过短彩信的方式将用户的消费凭证递送到消费者的手机中,这样既方便了消费者,又减少了商家或者电子商务平台的物流和库存成本。另外我们通过将产品或者服务电子化、标准化还可以对客户的使用情况进行分析与跟踪,提高服务质量与客户满意度;同时减少了死单(赠送但客户并未使用)造成的浪费情况(根据客户实际使用情况和商家结算)。同时,依托于电子商务平台和商家实体群组成的这个生态圈,还可以提供更多的增值服务。在O2O行业中,需要一种便捷的方式打通线上和线下的鸿沟,而翼码公司提供的二维码凭证服务则是最恰当、最稳健、最集约化的一种方式,翼码已经与众多的线上电商建立系统级的合作关联和架构整合,并且将POS终端的触角也延伸到众多有实力和普及度高的优质商家,包括实体机具

POS、手机 POS、WEBPOS 等便捷的验证反馈系统,可以为 O2O 行业的发展带来革命性的变革和提升。

10.3.3 手机二维码及应用

手机二维码技术具有较强的防伪功能,因为二维条码本身具有多重防伪功能,采取了信息加密等各项功能,并且通过手机电子二维码识别验证可享受专项服务的证据,具有客户唯一性。

手机二维码的应用主要有两种形式:一种是识读,利用手机的扫码软件可以直接读取二维码的相关信息;另一种是被读,在手机软件中会有某一公司制作的二维码,在手机中将二维码展示出来,对方利用识读装置就可以完成交易。

1. 二维码主读

二维码主读就是用户使用智能手机主动扫描识别在手机外的二维码。用户手机只要安装了微信或其他识别软件,通过手机摄像头扫描二维码或输入二维码下面的号码、关键字,即可实现快速手机上网,浏览网页、下载图文、音乐、视频、获取优惠券、享受打折、参与抽奖、了解企业产品信息等。同时,还可以方便地用手机识别和存储名片、自动输入短信,获取公共服务(如天气预报、交通状况),实现电子地图查询定位、手机阅读等多种功能。随着移动4G 的推广应用,二维码可以为网络浏览、下载、在线视频、网上购物、网上支付等提供便捷的入口。无论身在何处,即使是在正运行的交通工具上,只要有无线网络,用户使用智能终端扫描二维码即刻可接入商务平台,及时处理重要商务,省去了在手机上输入 URL 的烦琐过程,实现一键上网。可见,二维码识别的上网应用可为用户提供便捷、高效的移动商务,它已成为现实世界与虚拟世界的接口,换句话说,它迅速地打通了消费者和经销商的通道,也成为客户和商家之间的接口。

二维码主读应用案例。

(1) 韩国 Home Plus 超市,在地铁通道的屏蔽门上设置了“虚拟货架”。人们利用等地铁的碎片时间,用手机扫描“虚拟货架”上的产品二维码,就能实现商品购买,然后由超市送货到家,快捷方便。在国内,上海 1 号店也开通了扫码购物方式,在地铁通道里设有二维码商品墙,消费者可以利用等地铁的时间逛“二维码商品”超市,看中就扫,然后通过手机支付,直接下单。今天,人们宅在家里,如果食品、日化品等哪样东西用完了,只要扫描包装上的二维码,马上就能查到附近哪个店在促销、打折多少,一目了然。而且,通过二维码购物,产品的二维码直接标示了产品的身份证,扫描后调出的产品真实有效,保障了购物安全。

(2) 二维码点菜。餐饮业是一个巨大的产业,目前有微信打造了“在线订餐系统解决方案”、蜂子“二维码餐饮市场解决方案”。餐饮企业为满足客户与自身之间交互信息需要建立网站,并在餐桌或菜谱上印制二维码,顾客通过智能手机扫描二维码,进入点菜页面,浏览菜品原料、口味、价格以及图片等，点完菜提交菜单。二维码的这一应用，对客户是全新体验，对企业既是很好的宣传，又节约了人力资源，并且通过这个平台，顾客可以对企业的菜品质量、味道、服务进行点赞评分，形成企业与顾客间的互动，增强企业与顾客的黏度。

(3) 移动支付。二维码在O2O移动支付环节担当重要的接口。比如乘客使用“快的”打车，到达时，乘客用手机支付宝钱包扫描司机的专属收费二维码，即刻打开支付宝钱包付款页面，轻松完成付款。2014年3月，微信在与众多合作伙伴共同进行了诸多尝试之后，“微信支付”正式对全行业全面开放。商户把商品网页生成二维码，发布在线下和线上的媒体上，如车站、楼宇广告以及Web广告，用户用微信“扫一扫”后可打开商品详情，在微信中直接支付购买。

2. 二维码被读

二维码被读是指在网络后台将业务数据编码成条码图形，进行适配封装后，通过彩信、WAP、邮箱、APP、微信等传输通道直接发送到用户手机上，在使用时通过专用识别设备(或智能手机)对手机上的二维码图形进行识读，并将识读出的信息作为交易或身份识别的凭证来完成各种电子商务的业务。

电子凭证要符合7个特点：一是现状最好基于手机；二是低成本数据通道传递；三是安全和标准；四是快速识别；五是支持平等的多样性商务；六是低成本生成；七是个人用户能够快速通过眼、耳、身三识来体验。尽管可用作电子凭证的数字串、二维码、NFC三种技术手段，各有优点，但是基于以上的7个特点比较，二维码具有综合优势，并在移动商务活动中占据了主体地位。

(1) 二维码票证。大家熟知火车票上印制有二维码，今天人们看到景区门票、展演门票、电影票、球票、飞机票、参会、听课、优惠券、礼品卡等都通过二维码实现了凭证的电子化。在工作和生活中，人们通过网络购票，完成网上支付，手机立刻收到二维码电子票，保存(也可打印)在手机上作为入场凭证，到验票口通过识读设备扫描手机中的二维码，即可快速验票。二维码这一应用也正体现了它是线上虚拟世界与线下现实世界、消费者与服务商之间的接口。

在苏州拙政园、虎丘景区、武隆仙女山景区等，采用了由税务部门统一监制的二维码电子门票，一票一码，用后作废。售出的二维码电子门票要在系统激活后，识读时才被确认有效，游客才能通关入园，并且激活是有时效的，这种方式有利于控制景区人数，避免在热点景区出现爆棚。

(2) 二维码电子凭证。人们在线上线下虚实互动(O2O)电子商务过程中，由于交易是在网上完成的，具有不见面性，因此为防止各方(个人消费者、线下商家、线上电商)抵赖，采用二维码电子凭证。目前无论是秒杀还是团购，当出现线下商家以各种理由“抵赖”时，比如该线下商家宣称它的商品从来没授权给某线上电商销售，不提供商品或服务；当出现线上电商以各种理由把订单“删除”时，比如辩解由于操作失误，把某商品标价为1元，提出订单作废,等等;作为个人消费者怎么办?这时,就体现了二维码电子凭证的价值所在。2014年3月31日,重庆“电子发票整合服务平台”正式启用,开出了首张电子发票(20 500元),消费者通过手机、二维码等载体和形式来接受、交换电子发票。

二维码电子凭证承载了订单、支付、消费体验等移动商务行为信息,它能把线上与线下互动中海量、瞬时、分散的商务信息真实快捷地记录下来,提供了移动商务的可追溯性,增强了移动商务的安全性。

3. 二维码“卡包”

苹果iOS6系统推出了一个全新的应用——Passbook,它是用来整合电子商务活动中各类服务的二维码电子票据。尽管Passbook“卡包”这个“新生儿”在功能上还存在一些缺陷,在以后的版本升级中需日渐完善。但是瑕不掩瑜,对商家而言,Passbook“卡包”所连接的后台APP Store(应用商店)相当于一个分销、排名和信息发布渠道,实现线下商品快速发布;对消费者而言,Passbook“卡包”是一个手机二维码凭证管理平台,当遇到经过商家门店附近、商家活动时间到期、商家信息变化等情况时,可随时随地被提醒,消费者也可自行搜索附近的商家(基于地理位置)近期的优惠促销、会员折扣等信息。

10.4　二维码与O2O模式

【任务10-5】　顺丰的嘿店(见图10-12)

图10-12　顺丰的嘿店

收集有关顺丰嘿店的相关资料,分析如下。

(1)“嘿店”的商业模式。

(2)“嘿店”中二维码的应用。

(3)“嘿店”没有做大的原因。

随着智能手机和移动互联网的普及与应用,一种新的商务模式 O2O(online to offline,线上与线下融合)应运而生。

10.4.1　O2O 商业模式

O2O 是一种新兴的电子商务商业模式,将实体经济与线上资源相融合,使网络成为实体经济延伸到虚拟世界的“前台”。O2O 模式为传统服务业提供了互联网化的机遇,使网络变成传统服务业企业线下交易的前台,通过实现消费信息的可追踪性帮助本地服务企业精准营销。消费者在线下完成消费,商家在取得资料后,长期通过线上方式,吸引消费者至线上或是线下;消费者可以用线上来筛选服务,成交后可以在线结算,很快达到规模。

该模式最重要的特点是:推广效果可查,每笔交易可跟踪,相对传统网购更强调互动。O2O 将线下商务与互联网结合在一起,是实现线上和线下资源互通的商业模式的集合,也成为团购兴起之后被广泛关注的互联网和线下商务融合的重要模式。

O2O 的主要参与者及作用包括以下几点。

(1) 商家。根据上述扩展概念,参与 O2O 商业模式的商家包括两类:一类是实体企业,如餐馆、电影院、商场等,是人们日常生活消费离不开的本地服务;另一类则是想要更多挖掘潜在客户的电商企业,他们在商业模式链条中主要扮演的是营销的角色,通过各种方式吸引线上或者线下消费者。

(2) 消费者。根据商家的特点,消费者当然也分为线下和线上两类,其共同特点是:他们都是使用智能设备,乐于优化自己的生活品质,以及渴望快速满足自身需求,获得优质服务,乐于分享消费体验的人。他们是 O2O 商业模式的主要吸引对象,也是此商业链条中的数据分析来源。

(3) O2O 平台提供企业。O2O 整合平台分为两类:一类是整合服务类平台,如一些团购类的网站,本地生活服务类网站,像大众点评网、美团网等。商家在这里发布信息,消费者在这里寻找自己需要的信息。另一类是一些技术性服务平台,提供一站式全方位服务,比如,翼码服务、二维工坊等。它们提供的是整个营销方案,包括营销前期的策划和销售后期的数据整理等。

O2O 模式具有下列几个特征。

1. 本地化的特征

本地化特征在初始的定位是定制,非标准,但是这种说法肯定不能概括本地化特征的全部,笔者认为,从 O2O 的功能来看,就是线上找客户,线下来实现交易的行为,因为网站没有提供在线支付和物流系统,而线下交易,如果是本地,自然就能够轻松实现;如果是异地交易,就会产生物流上的麻烦。

O2O最终的准确定义应该是体验,就像用户到商场去购买东西一样,这种体验自然不是B2C网站能够实现的,而O2O正是开启了这种在线体验的,通过提供给用户真实化,且在具体细节方面的体验,自然能够形成高转化。更为真实的购买体验,这样就能够产生极高的转化率,所以O2O的本地化特征是十分明显的。

2. O2O的社会化特征

O2O网站最终的目的是让线上的用户到线下的实体产生交易,所以这就注定了O2O网站从一开始就具备了社会化特征,因为用户的最终交易不是通过网络产生,而是转化到线下实体的,这个线下实体交易有近八成以上会从本地产生实际交易,也就是说,本地化的社会特征非常明显,所以很多社区的地方网站,都具有非常强大的O2O功能,O2O更多的是体现在概念上,而不单纯的某一个类型网站上,比如现在的团购网站,就是O2O网站的一种延伸。

3. O2O实际上就是提供一种服务

O2O更多的是从服务的概念出发,通过影响消费者的购买趋势,目前电子商务的整个流程是信息流、资金流、物流和商流组成,而O2O概念网站所做的工作就是信息流和资金流放在互联网上进行,而物流和商流则是通过线下来完成。从这点来看,O2O概念网站就是一种垂直化的商业服务模式,通过提供一个信息流平台,来让用户选择自己需要的产品。而实际的交易则完全由用户自己掌控,从而解决了线上交易产生不信任感的问题。

从上面三点,我们看到了O2O这种概念模式将会越来越和本地化网站产生越来越紧密的联系,本地化网站的发展从一开始就注定了具有O2O的基因,因为本地化能够给用户提供最为完善的信息服务,也就是本地化的信息流,而资金流可以通过线上担保的方式,极大地提升用户的信任度。再加上本地的商户和用户能够通过线下近距离地进行体验式购买,这种方式自然不会让用户感到陌生,一个习惯性的购买行为,就通过地方网站和O2O概念轻松完成。

10.4.2 手机二维码在O2O中的应用

二维码技术在O2O商业模式中的应用主要有以下几点。

1. 营销宣传

无论是电商企业还是实体企业,最重要的就是要有不断增长的客户源,随时随地吸引潜在客户才是王道。二维码以存储信息量大,成本低,占用资源少,形式类型多变等特点,成为O2O商户信赖的营销宣传手段。以下通过典型案例说明二维码的宣传效果。

应用案例：1 号店虚拟超市

早在 2011 年 7 月，公交地铁车站忽然就齐刷刷地出现了 1 号店的“商品墙”，上面像传统货架一样琳琅满目地布满了各种商品，从进口食品到日杂百货、从计算机到手机，可谓应有尽有。人们在等车的间隙，如果看中了“货架上”某款商品，只需要用下载了“掌上 1 号店”应用的手机，对着商品下面的二维码拍摄扫描，就能实现随手购买。

二维码作用：主读，入口。

效果：目前，“掌上 1 号店”的注册用户已经达到了 300 万。

优点：一方面，借助于这一最新技术，1 号店的知名度得到了极大的促进，成为一个带有独特烙印的特色营销企业；另一方面，随手购买的便利让顾客有一种新鲜感，刺激了销售。

缺点：首先，商品墙的设置看似新颖，但空间面积过大，增加商家的广告费用。其次，商品墙的商品数量有限，需频繁更换。最后，覆盖地区只有一些大型城市。

评价：1 号店的虚拟超市，现在已经停止施行，不过很明显，1 号店并不是只为推广这个项目，它需要的是提高知名度，吸引客户，为它后续推广的空间立体超市服务，很显然，出于这一目的考虑，1 号店是成功的。

2. 消费服务

二维码在 O2O 前期的营销阶段更多的是挖掘潜在用户，吸引客户，增加客户与商家的互动和黏性。消费服务阶段亦称为二维码的出口被读阶段，在此阶段，二维码更多的是扮演凭证、优惠券的角色。表 10-3 表示的是 O2O 手机二维码 2012 年 1 月的电子凭证行业指数，从中可看出二维码作为凭证已经渗透到大部分行业中。

表 10-3 2012 年 1 月 OTO 手机二维码电子凭证行业指数

行业分类	饰品	汽车美容	餐饮	影院	旅店	影楼	养生	医疗体检
行业指数	87.31	86.44	86.25	85.33	83.53	83.51	73.34	72.81
行业分类	KTV	旅游	美容	礼品	娱乐	健身	教育培训	其他
行业指数	71.32	70.60	68.87	68.04	65.66	60.44	56.00	49.93

数据来自@翼码数据中心。

应用：男性服装电商 Bonobos 的“Guide Store”。

Bonobos 最近在中国电商圈频频被推崇，源于它的特立独行：在垂直电商挣扎寻求出路的大环境中，Bonobos 不打折、卖高价，拥趸众多，线上利润空间可喜，却又另辟新径，开设别有特色的线下实体店“Guide Store”。其占地面积小，避开繁华商业区；店员人数少，只接受预约，每次 45 min；库存低，试衣后，如果觉得满意，客户可以拿出手机拍摄衣服上的二维码进行网上下单，隔日送货。也就是说整个交易的物流和资金流，都是在线上完成的。

效果：减少了一定的线下费用。更重要的是，通过后台的数据统计，与二维码数字比较我们发现，线下还真的“反哺”了线上，用户购买间隔天数和客单价都优于线上：线上客单价为220美元,线下为360美元,线上新用户的购买间隔天数为85天,线下仅为58天。这完全是电商向传统行业的完美逆袭。

3. 回执统计

二维码对于商家真正的价值还是在于对碎片化信息的整理、解读和分析,是一个不亚于阿里巴巴数据平台的有价值平台。碎片化信息的整理,就是指商家可以根据这个产品的各种信息进行整理。比如对这个产品的(使用)时间、地点、单价、重量、型号等多个方面进行编码。这样就把一个商品或者服务立体化、数字化了,然后可以通过互联网、纸媒(印刷品)、彩信等渠道进行传播。实现O2O并不是最终目的,O2O背后的数据才是重中之重。

应用:翼码平台与麦当劳翼码平台是中国"基于二维码电子凭证构建交易"的业务模型的创造者和市场实践者,志在为企业提供完整的二维码凭证解决方案,从二维码的生成、发送、保密、解码、数据分析等方面为其商品"穿上二维码的外衣",实现了"线上营销引流,线下落地成交"的O2O(online to offline)交易。在与麦当劳的合作中,翼码服务为麦当劳建立了网上平台,由于采用二维码凭证,每笔交易都可跟踪,麦当劳可以通过查看数据分析报告,及时调整营销策略。由于后台数据中包含了大量的用户信息,商家可以根据这些信息宣传新品,发布优惠信息,增加用户黏性。

活动效果:通过线上销售,麦当劳业务量有所提升,并且也开创了快餐行业与线上销售的先例。通过线上销售,充分将线下与线上的营销结合进行,用户与客户反映都相当不错。

10.4.3 二维码是O2O的关键入口

随着移动互联网的发展,智能手机和二维码的结合,进一步拓展了二维码应用价值。二维码产业链涉及的方面基本包括商家、二维码整体解决方案提供商、解码软件开发商、识读设备提供商、增值服务提供商、移动运营商、移动终端提供商以及最终用户,即从商家到用户,不仅有二维码相关软、硬件提供商,还包括很多的增值服务提供商。二维码在产业链上涉及的行业之多,规模之大,使二维码成为连接线上和线下的重要手段,同时二维码的加速普及使其成了连接线上到线下(O2O)的一个关键入口。

二维码营销平台是一个以电子优惠券为核心的协助企业促销推广的平台,企业、商户通过此平台创建营销活动,制定活动规则,根据营销活动的类型提供编码、发码、验证、履约统计,评价交流服务。广泛适用于团购、积分消费、折扣兑换券、VIP凭证等业务。以二维码为纽带,融合移动互联网、自动识别技术,精准投放优惠券,用电子化手段促进和帮助企业实现精准营销。随着国内众多企业开始尝试二维码营销,传统的营销方式渐渐被遗弃,二维码营销成为企业一种新的营销方式。以麦当劳为例,2010年麦当劳率先推出二维码的优惠券,使二维码进入了日常消费领域,从此麦当劳在营销方式上取得了重大突破,为企业的销售带来无比巨大的收入。由此可见,二维码的出现开拓了O2O的营销新模式。

二维码提供信息的移动性、便捷性以及全面性是目前其他软件无法比拟的，二维码能够实现跨媒介间的信息传递。用户可以随时随地，对着二维码扫描，进入商品的购买页面，填下订单，就可以实现送货上门，既省时省力，又方便快捷。

O2O 模式实现了线上虚拟经济与线下实体经济的融合，O2O 采用线上订购，线下消费方式，使带有服务性质的产品商家，比如餐饮、KTV、健身房等，商家通过 O2O 模式拉近和消费者的距离，通过线上引导，带动消费者线下消费体验，节约了推广和宣传成本。

二维码将人与人、人与物、物与物之间的联系变得更加迅速和直接，作为 O2O 线上和线下的关键入口，带给消费者便捷和快速的消费体验，成为电商平台连接线上与线下的一个新通路。据艾媒咨询数据显示，2015 年中国 O2O 市场规模突破 4 000 亿元。由此来看，手机二维码 020 商务模式势必改变商业经营方式，改变人们购物形式，这是商务活动的一次大变革。但是任何新事物的出现，都有不足之处，必须深入研究，勇于探索，发现新问题，采取新措施，使不断充实、完善、提高，确保其健康发展。

10.4.4　二维码技术在 O2O 商业模式中的应用瓶颈

1. 二维码技术的应用瓶颈

1）客户认知度

来自 Chadwick Martin Bailey 市调公司的调查显示，平均 5 个人中只有 1 个人知道二维码是什么，而且他们确实曾利用自己的智能手机扫描过。事实上，曾经扫描过二维码的顾客中只有 41%的人认为他们接收的信息有用；而 42%的人认为有些有用有些没用；18%的顾客则表示那些信息毫无用处。尽管这些数据不尽如人意，但让人感到欣慰的是有 70%的顾客发现二维码(QR 码)的扫描十分容易。总体来说，只有 21%的调查对象说他们听过二维码(QR 码)，而 81%的人表示曾经看到过一两次。

2）终端问题

随着技术的进步，移动设备多种多样，五花八门。以智能手机为例，市场研究公司尼尔森发布的《 2013 移动消费者报告》显示，中国智能手机普及率达 66%，居世界第三位。但这庞大的数据背后是良莠不齐的手机质量。手机扫描二维码，像素是重中之重，但是一些低端智能手机对二维码的识别能力很低，降低了用户体验。其次，虽然智能手机的功能多样，但在手机操作系统中内嵌二维码的扫描功能很少，这就必须让用户主动下载第三方软件进行扫描，间接影响二维码的普及率，也会带来后续提到的安全问题。

3）编码标准问题

全球现有的二维条码多达 250 种以上，其中常见的有 20 余种。而目前国内二维码产品绝大多数都依赖于国外的技术，如美国的 DM 码和日本的 QR 码。相关设备的核心技术都掌握在国外厂商手中，在国内进行销售的也大多是国外厂商的代理或组装产品，不仅生产成本昂贵,严格的专利保护更导致了国内的二维条码识读设备价格昂贵,在信息安全上存在一定隐患。

4）安全问题

有一些不良商家,或者是病毒制造者,为病毒或恶意网站穿上二维码营销的外衣,将一串病毒软件安装网址,或者一串恶意网站的网址生成二维码,企图感染消费者手机,或者窃取客户资料,乱扣话费,等等。再加上有些扫码软件本身就自带感染病毒,嵌入用户手机,窃取银行卡号和密码等,给用户造成损失。消费者逐渐变得不敢扫描二维码,使基于二维码的O2O的发展受到影响和阻碍。

5）O2O平台自身问题

这里提到的O2O平台,主要指本地化信息服务类网站,在中国大部分是一些团购类网站,如美团网、高朋网等。这些网站上主要汇集了本地的实体商家,一些商家对团购消费者区别对待,一些平台缺乏反馈机制,进入门槛低,出现种种乱象,使消费者没有办法分辨信息的真伪与优劣,阻碍了O2O商业模式的发展。

2. 二维码技术应用瓶颈的改进措施

1）合理的营销宣传形式

提高客户认可度,归根结底,就是采用好的营销宣传形式。比如,实体行业吸引网上用户,可以通过与微博、微信结合,宣传产品,扫描二维码,提供优惠等多种形式。比如,电商行业吸引线下用户可以通过有趣的宣传海报,如维多利亚的内衣诱惑、动众传媒的纸巾二维码等。

2）普及二维码终端设备,提升技术水平

首先,商家要提高二维码识读设备的普及率。其次,提高内嵌二维码功能的移动设备普及率。中国目前具有二维码内嵌功能的手机普及率非常低,一般都是通过下载第三方应用。例如,我查查、快拍等,进行二维码的扫描,而这种形式的间接查询,一是需要用户主动下载;二是应用过程不稳定。对于一款手机来说,消费者更信赖手机自带的功能,如果手机还自带配套安全监测等相关功能,相信消费者不会对扫描二维码有所忌惮。

3）编码方式统一

DM码和QR码是国际标准公开发布的二维码,中国在推出手机二维码业务时采取的是QR码与DM码并行码制。国内外众多条码识读设备制造厂家和条码应用服务提供商都可自主开发基于这两种码制的编码和识读软件。这两种码制在行业应用、终端支持方面具有巨大优势。因此,手机二维码业务的发展初期,本身技术就不熟,市场也没有达到一定的规模,所以应尽量采用国际标准二维码。

4）建立行业监管机构

建立行业监管机构或者在消费者协会下设O2O部门,不仅可以规范整个O2O商业体系,而且可以保证消费者信息与隐私安全。此外还有对二维码标准的监管,以及二维码传播形式的确定等一系列问题,当这些行为都标准化后,可有效改进目前存在的安全问题,消除

O2O平台乱象。如今,移动设备的智能化完全超乎人们的想象,未来的消费模式一定是全时全域、快速准确的消费模式。如果将以二维码为主要技术的O2O商业模式进行优化,形成整合O2O商家的有影响力的平台,集消费、筛选、分享、订购、支付为一体,并与GPS相结合,定能随时满足人们的需求。

10.5 二维码与移动支付

【任务10-6】 建行的“龙支付”

“龙支付”是建设银行运用互联网思维、围绕客户体验推出的统一支付品牌,整合了现有网络支付、移动支付等全系列产品,具备建行钱包、建行二维码、全卡付、龙卡云闪付、随心取、好友付款、AA收款、龙商户等八大功能。

1. 个人客户

(1) 建行钱包。用户注册成为龙支付用户会自动生成建行钱包,钱包限额按照Ⅲ类账户管理。实名认证后(通过绑卡实现),钱包支持消费、收款、充值、提现、转账等功能。未实名认证钱包账户将限制钱包功能。钱包充值、提现不收取手续费。

(2) 建行二维码。建行自主研发二维码产品,支持二维码付款、二维码收款、二维码取款等功能,支持主扫、被扫。其中付款码采取TOKEN技术生成,每分钟动态更新,保障用户账户安全。

(3) 全卡付。龙支付可绑定建行及其他商业银行的Ⅰ类借贷记账户,绑卡后即可完成龙支付实名认证,最多可绑定10张银行卡。

(4) 龙卡云闪付。用户可通过龙支付下“云闪付”功能直接调用手机上已开通的ApplePay、SamsungPay或HCE等云闪付卡。若用户尚未开通云闪付卡,点击“云闪付”将引导客户开通。

(5) 随心取。已绑定建行借记卡的龙支付用户可通过龙支付实现在建行ATM上取款,包括二维码取款、云闪付取款、刷脸取款、声纹取款等方式。

(6) 好友付款。龙支付支持本人与他人账户间收付款,包括二维码收付款、手机通信录收付款。暂不支持信用卡。

(7) AA收款。龙支付用户可通过AA收款功能向好友发起收款,或者向收款方付款。

2. 龙商户

(1) 商户注册。手机银行签约客户可通过绑定本行卡,在龙支付申请注册成为龙商户,并将绑定银行卡作为结算账户。

(2) 商户收款。龙商户可生成收款二维码,客户扫描商户收款二维码,商户实现收款。

此外,龙商户还可使用扫码枪扫描客户手机上的付款二维码实现收款。

(3) 交易查询。龙商户可通过客户端查询交易流水。

(4) 商户对账。龙商户可通过客户端实现对账功能及账单导出。

3. 产品优势

(1) 更开放的用户体验。龙支付面向所有社会大众,无论是否龙卡客户、有卡无卡,只需下载中国建设银行 APP 均可申请注册。

(2) 更多样的支付方式。囊括扫码支付、手机闪付、ATM 刷脸取款、声纹取款、手机闪取等所有新型支付技术。

(3) 更丰富的支付场景。龙支付全面支持线上线下、消费取现,支持 APP 内插件式支付,还可应用于地铁、停车、菜市场等客户衣食住行的各个日常场景。

(4) 更安全的支付环境。龙支付具有完备的风控体系,通过动态令牌 token 技术及手机终端认证技术进行事前防御,通过差异化限额、黑名单阻断、大数据风控模型进行事中防控,通过建立快速响应机制、反欺诈调查机制进行事后处置。

图 10-13 中国建设银行 APP

4. 申请方式

手机扫描 10-13 所示二维码下载中国建设银行 APP,点击左上方"龙支付"标识,再点击钱包,即可申请注册龙支付。

10.5.1 二维码支付

二维码支付是一种基于账户体系搭起来的新一代无线支付方案。在该支付方案下,商家可把账号、商品价格等交易信息汇编成一个二维码,并印刷在各种报纸、杂志、广告、图书等载体上发布。用户通过手机客户端扫拍二维码,便可实现与商家支付宝账户的支付结算。最后,商家根据支付交易信息中的用户收货、联系资料,就可以进行商品配送,完成交易。

二维码支付结合了二维码技术和移动支付技术,扫描商品二维码通过银行或第三方支付提供的手机端通道完成支付。二维码支付不仅仅是连接实物商品与银行移动应用软件之间的桥梁,更奏响了银行进军 O2O 电子商务领域的序曲,开启了银行在移动支付领域的新篇章。

支持消费者以手机支付宝拍摄商品二维码的方式在商场购物。当消费者挑中一件商品想要购买时,导购员会通过一台手持 PAD(平板电脑)终端给消费者提供一个与商品匹配的二维码,消费者打开手机上安装的该第三方支付平台软件,对准 PAD 屏幕上的二维码拍摄,即可进入商品交易界面,点击支付,利用和账户绑定的快捷支付银行卡,选择一张卡后点击付款,就能立即支付成功,整个过程只需 30 秒。支付完成后,消费者可当场提货,大大节省了到收银台付款排队的困扰。

移动支付中的二维码支付的原理是对接微信支付或者支付宝支付等二维码支付功能的微 POS。微 POS 通常在原有银联刷卡支付的基础上增加对二维码支付的支持并作为其产品亮点。而掌贝微 POS 在各个行业的适用性和实用性能大大增强。

制定了两个二维码的国家标准：二维码网格矩阵码(SJ/T 11349—2006)和二维码紧密矩阵码(SJ/T 11350—2006)，从而大大促进了我国具有自主知识产权技术二维码的研发。

2016 年 8 月 3 日，支付清算协会向支付机构下发《条码支付业务规范》(征求意见稿)，意见稿中明确指出支付机构开展条码业务需要遵循的安全标准。这是央行在 2014 年叫停二维码支付以后首次官方承认二维码支付地位。

10.5.2　二维码支付存在的问题

同时，由于许多二维码扫码工具并没有恶意网址识别与拦截的能力，腾讯手机管家的数据显示，这给了手机病毒极大的传播空间，针对在线恶意网址、支付环境的扫描与检测来避免二维码扫描渠道染毒。

10.6　条码与快递跟踪

【任务 10-7】　图 10-14 所示的信息是如何获得的？

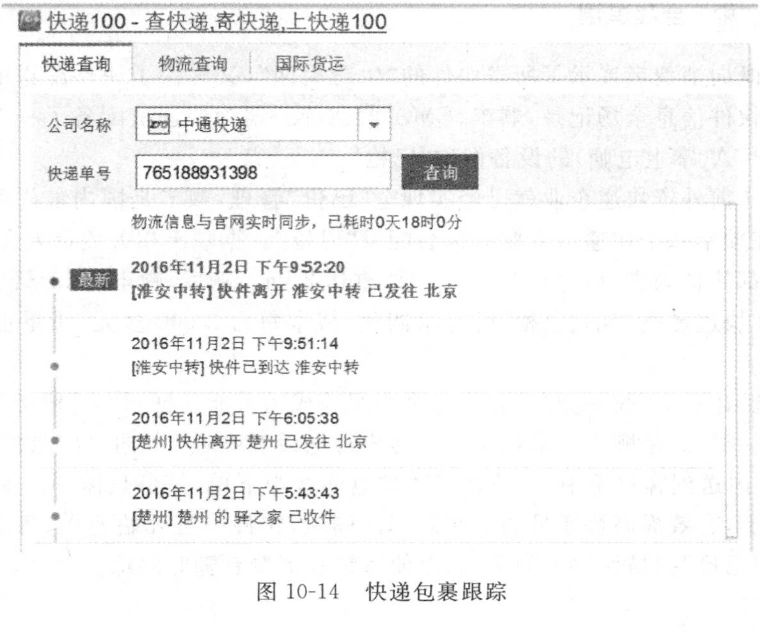

图 10-14　快递包裹跟踪

【任务 10-8】 为什么需要先选择快递公司?

快递 100 如图 10-15 所示。

图 10-15 快递 100

10.6.1 条码与快递包裹跟踪

快件追踪的重要性比肩于实物投递。为规范国内快递业参差不齐的信息服务,国家邮政局审议并原则通过了《快件跟踪查询信息服务规范》。

1. 人手一"枪"全程追溯

快件追踪既向消费者展示了所寄快件的"生命周期",又确保了快件配送的安全以及准确性。为实现快件信息全场记录,顺丰、EMS、圆通等公司为快递员配备了一个无线手持终端,这个类似 PDA(掌上电脑)的设备俗称"巴枪"。

早在十几年前外资快递企业就已经实现全"巴枪"管理,顺丰是国内最先引入这项技术的快递企业,在顺丰每个快递员入职后都会配发"巴枪"。据顺丰相关负责人介绍,顺丰在使用"巴枪"初期都从韩国进口,每台 7 000 多元,重达 2 kg。随后,顺丰的 IT 研发部不断研发升级产品,现在快递员携带的"巴枪"已是第四代,成本每台 3 000 多元,重量也降到 0.5 kg 左右。

人手一"枪"让顺丰"收一派二"和快件全程跟踪成为可能。据顺丰客服部相关负责人介绍,所谓的"收一派二"是顺丰要求快递员在客户打电话下单后 1 h 内上门收件,快件到达点部后,要在 2 h 内送到客户手中。"消费者通过电话客服下单,信息只需 10 s 就可传送至快递员的'巴枪'上,有效提高快递员的工作效率。"同时,快件一旦开始递送,每个环节的工作人员都需要用"巴枪"扫描快件上的条码,以便系统和消费者随时跟踪。此外,它还有运费结算、查询收派件范围和拍照功能。

2. 定位系统实时监控

圆通快递也从2009年起与IBM合作，投入6亿元建立开发信息技术平台，目前也已给一线快递员配备了“巴枪”。虽然“巴枪”功能强大，但其只能负责快件在收件环节的信息采集和处理，进行全程监控则需要一整套复杂的系统。为了方便客户对快件配送情况进行追踪，在中外运敦豪的分拣中心内看到，中外运敦豪在配送车辆内均装有定位系统。

中外运敦豪在京建设的质量控制中心是所有作业控制的神经中枢，可以在全国作业范围内提供动态监控和预先危机管理。据介绍，每台车的定位系统都将配合快递员的手持终端，将信息及时反馈到相关部门，对自收件至最终派送的所有运行状态进行7×24小时实时监控。

虽然与国际巨头相比国内快递企业仍存在一定差距，但目前，国内不少快递企业也已经配备了类似的系统对快件进行追踪。在顺丰北京总部，其也运用类似系统，对快件的整个“生命周期”收派、分拣、市内运输、中转分拨以及城市间运输进行监控。

3. 高成本信息平台

规范快递业信息服务并非一蹴而就。宅急送、圆通等快递企业均出现过快递员提前代签的事件发生。同时，在网购时经常出现货物出仓后信息长时间消失，打电话追问快递公司，得到的回答总是“在路上”，但快件具体在哪却不得而知。

有业内人士表示，目前多数快递企业的信息化建设都是摸着石头过河，缺乏体系性的引导。另外，由于快递信息化建设所需成本较高，多数快递企业对此望而却步。资料显示，在快递物流领域开发一个业务软件大体报价30万元起；开发一套系统，起码要300万～500万元；一个占地3 000亩左右的物流园区，信息系统建设的规划费用大约为3 800万元。

目前，国内快递物流企业的信息化建设缺乏标准模式、流程，难以推出标准化的系统。能否像财务软件一样推开，将极大地节约企业信息化成本，有效提升整个行业的信息化进程。

10.6.2 RFID与包裹跟踪

制造厂和快递公司可以通过电子标签从各个分类站建立的网络来跟踪所有的产品和包裹。标签制造厂商同时可以将电子标签整合到现有的标签中去。当制作一个包裹或产品的标签时，电子标签可以将一些重要信息如追踪编码、发送者、接受者、目的地、条码和一些人员编写信息储存在电子标签内部，而且可以打印这些信息在标签表面。电子标签内的信息可以随时随地地进行改写；包裹和产品可以在必要时进行转发；而且可以经由传送带以2 m/s的速度传送多个包裹或产品。

【本章小结】

本章系统介绍了条码技术、特别是二维码技术在电子商务中的应用。任何一个商务活动,都包含物流、资金流、信息流,三“流”必须协同一致,才能保证一次交易的完美完成。条码技术在商品信息的采集、订单的生成与执行、资金支付、物流的跟踪等全过程发挥巨大的作用。

本章重点介绍了二维码技术在互联网入口、O2O模式、手机支付、快递包裹跟踪中的应用,使广大读者充分了解二维码技术在整个电子商务过程中的广泛应用。

技术的应用创新在不断涌现,相信随着移动商务的迅速发展,条码技术的作用会越来越大。

【本章习题】

1. 说明O2O商务模式中二维码的应用。
2. 分析目前手机二维码应用中存在的问题,说明推广汉信码的重要性。
3. 简述数据二维码中的“主读”和“被读”的含义及应用。
4. 与二维码支付有关的国家法律规定有哪些?
5. 试以一次网上购物的全过程为例,说明在不同环节中条码的应用。

第11章　条码技术的未来发展与应用趋势

【任务 11-1】　二维码支付

支付清算协会向会员单位下发了《条码支付业务规范(征求意见稿)》(下简称《征求意见稿》),业务规范提出了条码支付的系列技术标准与规范要求,并根据风险验证,对条码支付额度分级管理。

央行向支付清算协会、银联发函确认二维码支付地位。要求支付清算协会在前期相关工作基础上,同银行卡清算机构、主要商业银行和支付机构出台开展条码业务需要准许的相关标准,对个人信息保护、资金安全、机密措施、敏感信息储存等提出明确要求。

《征求意见稿》要求支付企业要遵循客户实名制的准则,并对支付过程中的条码生成和受理提出了系列操作规范和移动支付技术安全标准。

比如,要求条码支付交易过程组合采用三类验证要素:静态密码,经过安全认证的数字证书、电子签名以及通过安全渠道生成和传输的一次性密码,或是生理特征验证,如指纹等。

要求移动终端完成条码扫描后,显示扫码内容,供客户确认。对于移动终端间的小额转账业务,付款方完成扫码后,移动终端应回显隐去姓氏的收款方姓名,供付款方确认。

此外,开展条码支付业务所涉及的业务系统、客户端软件、受理终端/机具等,应当持续符合监管部门及行业标准要求,支付机构还应通过协会组织的技术安全检测认证。

11.1　条码识别产业的市场状况

条码技术自诞生以来,凭借着其在信息采集上灵活、高效、可靠、成本低廉的特点,逐渐成为现代社会最常见的信息管理手段之一。而条码识读设备作为信息采集的前端设备,是条码技术应用的前提和基础,并且伴随条码技术的不断发展,目前已成为商品零售、物流仓储、产品溯源、工业制造、医疗健康、电子商务和交通系统等信息化系统建设中必不可少的基础设备。

11.1.1　全球市场发展状况及未来前景

目前,一维码识读设备在全球发达国家和地区已经较为普及。而随着二维条码技术的不断发展和应用领域的拓展,影像扫描技术开始逐步实现对激光扫描技术的替代,释放出相应的识读设备市场需求。同时,以亚太地区为代表的新兴市场仍处于快速发展阶段,对条码设备的市场需求与日俱增。该等因素均为市场注入了新的活力,推动了条码识别产业的稳步增长。

根据 VDC 统计，手持式条码扫描器、固定式 POS 扫描器和固定式工业类扫描器三类条码识读设备 2013 年在全球范围内的销售额合计为 16.16 亿美元，预计至 2018 年，全球的条码识读设备的销售总额将增长至 20.21 亿美元，年复合增长率为 4.57%。2014—2018 年全球条码识读设备销售总额预测如图 11-1 所示。

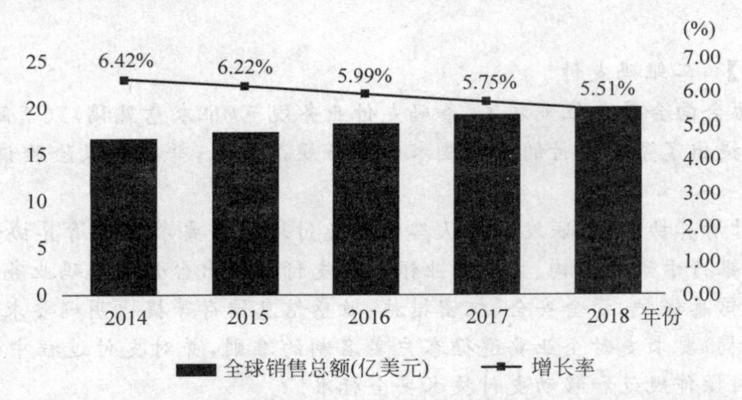

图 11-1　2014—2018 年全球条码识读设备销售总额预测(单位：亿美元)

手持式条码扫描器、固定式 POS 扫描器和固定式工业类扫描器三类条码识读设备的具体市场规模和未来市场前景如下。

1. 手持式条码扫描器

手持式条码扫描器目前是市场需求量最大的一类条码识读设备。2013 年手持式条码扫描器的全球销售总额为 9.43 亿美元，占条码识读设备销售总额的 58.35%，其中，手持式激光扫描器、手持式线性影像扫描器和手持式面阵影像扫描器所占比例分别为 31.18%、21.53%和 47.30%。2013—2018 年全球手持式条码器销售情况如图 11-2 所示。

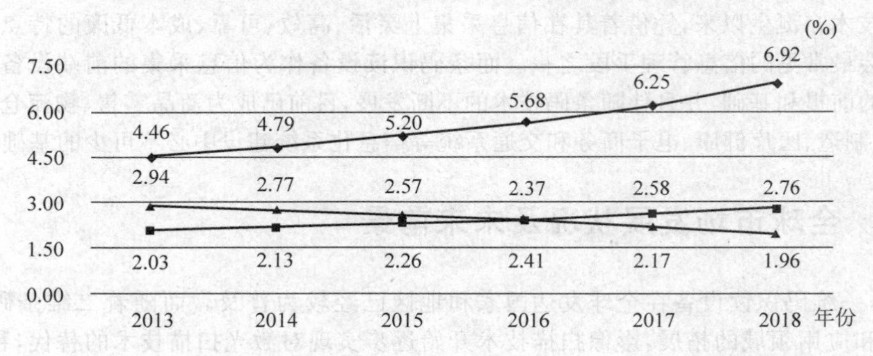

图 11-2　2013—2018 年全球手持式条码扫描器销售情况(单位：亿美元)

预计至 2018 年，手持式条码扫描器的销售总额将增长至约 11.64 亿美元，年复合增长率约为 4.30%。其中，随着二维码应用的普及和条码在手机等智能终端设备中使用频率的增加，手持式激光扫描器的市场需求将逐步下降，并被基于影像扫描技术（尤其是面阵影像扫描技术）的扫描设备所取代。因此，未来手持式面阵影像扫描器将逐步成为主流，预计到 2018 年将达到 6.92 亿美元的市场规模，年复合增长率达到 9.2%。

2. 固定式 POS 扫描器

2013 年，全球固定式 POS 扫描器的销售规模为 3.10 亿美元。其中，大型双窗 POS 扫描平台、立式 POS 扫描平台和小型桌式扫描器的占比分别为 39.03%、39.68%和 21.23%。2013—2018 年全球固定式 POS 扫描器销售情况如图 11-3 所示。

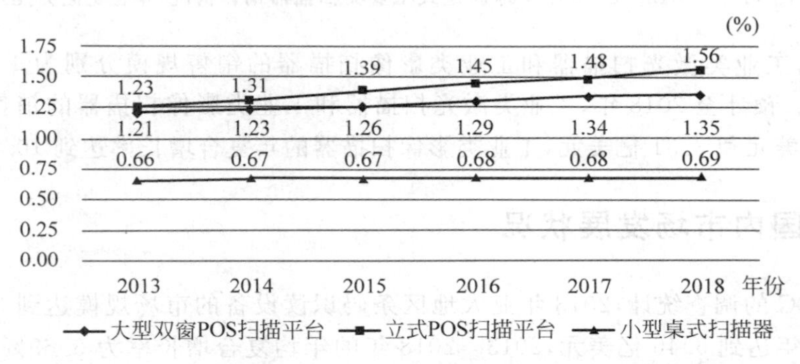

图 11-3　2013—2018 年全球固定式 POS 扫描器销售情况（单位：亿美元）

根据 VDC 的预测，至 2018 年，固定式 POS 扫描器的销售额将增长至 3.21 亿美元，市场规模较为平稳，增长不大，主要系 NFC 和 Apple Pay 等支付方式的兴起可能会在一定程度上分散零售环境对固定式 POS 扫描器的需求。其中，立式 POS 扫描平台由于能够适用于酒店、交通和医疗等非零售环境，未来可能成为固定式 POS 扫描器中增长较快的领域。

3. 固定式工业类扫描器

在全球工业制造业自动化浪潮的带动下，固定式工业类扫描器已成为条码识读设备中增长最快的领域。2013 年，固定式工业类扫描器的销售总额为 3.63 亿美元，预计 2018 年将增长至 4.98 亿美元，年复合增长率达到 6.53%。2013—2018 年全球固定式工业类扫描器销售情况如图 11-4 所示。

由于数字图像技术的发展和图像传感器等主要元器件价格的降低，基于影像扫描技术的固定式工业类扫描器越发富有市场竞争力，同时现代工业自动化对条码信息的需求已从“识别”功能进一步向“循迹”功能发展，二维码的使用越发频繁，因此，工业应用领域对同时能够扫描一维条码和二维条码的工业类影像扫描器的需求增长迅速，并取代原有工业类激光扫描器的市场份额。

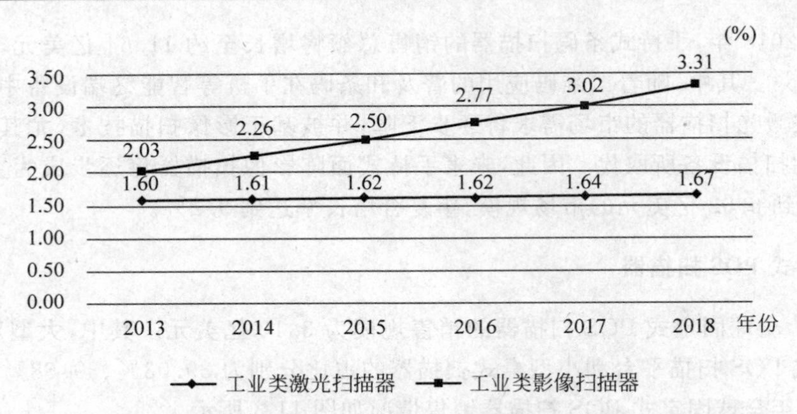

图 11-4　2013—2018 年全球固定式工业类扫描器销售情况(单位：亿美元)

2013 年,工业类激光扫描器和工业类影像扫描器的销售规模分别为 1.60 亿美元和 2.03 亿美元。预计至 2018 年,工业类激光扫描器和工业类影像扫描器的销售规模将分别达到 1.67 亿美元和 3.31 亿美元,工业类影像扫描器的年复合增长率达到 10.3%。

11.1.2　国内市场发展状况

根据 VDC 的调查统计,2013 年亚太地区条码识读设备的市场规模达到 3.95 亿美元,并预计 2018 年达到 5.46 亿美元,2013—2018 年的年均复合增长率为 6.69%,高于全球平均水平。我国近年来受益于批发零售业、制造业、物流和交通等行业信息化建设的加速发展,条码识读设备市场规模实现了快速增长,已成为亚太地区最大的条码识读设备市场。

1. 条码技术的应用层次渐趋丰富

目前,条码应用大致分为三个阶段。第一阶段是自动结算；第二阶段是应用于企业的内部管理；第三阶段是电子商务、物联网和全球数据同步,如图 11-5 所示。

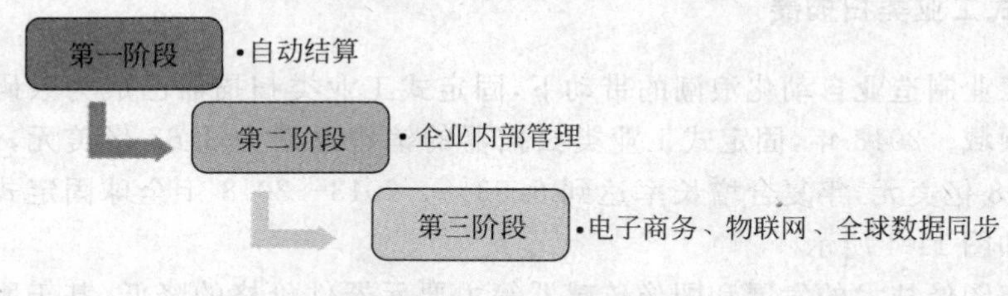

图 11-5　条码应用阶段

我国近年来在条码技术的应用领域发展迅速,尤其是物联网层级的信息化、智能化应用逐渐提升,整体的应用层级处于第二阶段向第三阶段的过渡。因此,我国条码识别产业发展空间巨大。

2. 固定式工业类扫描器将成为需求增长最快的产品类别

目前，中国正在努力发展成为制造强国，品牌集中度越来越高，因此要求市场占有率高、产量大的制造商能在很短的时间内正向或逆向地追踪和回溯所使用的部件，而包括条码识读设备在内的信息化系统能够有效解决该等问题。因此，固定式工业类扫描器将成为未来中国市场需求增长最快的细分市场，根据 VDC 的统计，2013—2018 年，国内市场的固定式工业类扫描器销售额将从 3 300 万美元增长至 5 800 万美元，年复合增长率预计将达到 11.94%，高于同期世界上任何其他区域、任何其他条码识读设备的增长速度。同时，相比全球市场，工业类激光扫描设备以其成本和稳定性上的优势，未来在中国市场仍将占据一定份额。

总体来看，未来随着中国物流业和电子商务的飞速发展、工业制造和医疗健康等领域条码设备使用量的增加以及应用层次的不断深化，未来我国条码识读设备市场规模将继续保持快速增长势头。

11.2　我国条码识读设备主要应用领域发展状况

零售、物流、仓储、产品溯源、工业制造、医疗健康和 O2O 运营领域等条码技术下游应用领域的发展和应用层次的深化是驱动条码识别产业发展的重要因素。近年来，在国务院“互联网＋”战略下，“O2O”、物联网等领域得到了极大的发展，进一步推动了条码识别产业的发展。我国条码识读设备主要应用领域的发展情况如下。

11.2.1　零售、物流、仓储等领域

条码识读设备是零售、物流、仓储市场中的主要信息采集设备，被广泛应用于物资存储、运输、分发、销售、派送等各个环节。近年来，随着我国人均国民收入的提高和网络购物等消费方式的兴起，我国的零售市场及与之相互适应的物流、仓储服务产业得到了极大的发展。2014 年，我国社会消费品零售总额为 262 394 亿元，较 2013 年增长 12.0%，其中网上零售总额达到 27 898 亿元，同比增长 49.7%。2014 年，我国物流总额达到 213.53 万亿元，同比增长 7.9%。而零售、物流、仓储产业的快速增长离不开先进的信息化管理支持。因此，该等垂直供应链行业的增长将进一步带动包括条码识读设备在内的信息化建设投入。预计未来，我国零售、物流、仓储领域对条码识读设备的需求将继续保持平稳增长。

11.2.2　产品溯源领域

产品溯源即在产品生产和销售过程中，对每个环节进行记录，并将相应信息汇总后，通

过条码等技术在产品上作出相应的质量状态标识,生产管理者或消费者可通过该等标识直接查询产品的生产、流转、存储记录。以农产品为例的产品溯源系统如图 11-6 所示。

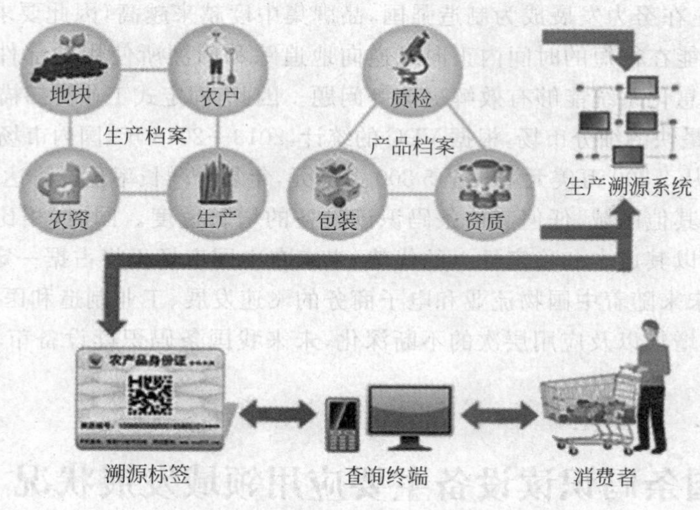

图 11-6　农产品溯源系统

2013 年以来,我国的食品、医药等关键领域产品质量问题频发,面对严峻迫切的新形势,我国政府从立法层面开始推动产品质量溯源体系的建设,鼓励生产经营者采用信息化手段采集、留存生产经营信息,建立产品质量溯源体系。

条码识别技术作为产品质量溯源的重要实现路径之一,具有成本低、操作便捷、存储信息量大等优点,在产品溯源领域有着良好的应用前景。而目前,我国的产品质量溯源体系尚处于建设初期,拥有产品溯源能力的企业比例极低,条码识读设备还具有广阔的发展空间,未来有望呈现市场需求快速增长的趋势。

11.2.3　工业制造领域

经过几十年的快速发展,我国制造业规模跃居世界第一位,但相比发达国家,我国在自动化、精细化和智能化上仍存在差距,在产业价值链中的地位不高,随着劳动力、原材料等生产要素成本的全面、快速上升,中国工业制造的传统比较优势将逐步削弱,亟待形成新的竞争优势。而以生产过程的自动化、柔性化和产品精细化为主要特征的工业智能生产模式能够有效提升我国制造工业在全球市场的竞争力,因此,在国务院制定的《中国制造 2025》中,明确提出工业自动化、智能化是我国未来工业的主要发展方向。

工业智能生产模式的基础是生产设备的自动化和智能化。而条码识别技术及在其基础之上的机器视觉是现代工业设备实现检测、感知、通信和响应的主要路径之一,自动化生产中的物料调配管理、零件识别及分拣、动态生产控制、产品检测和追踪均需运用到条码识别技术，而机器视觉系统更是减少人为误差、提升生产流水线的柔性和自动化程度的重要途径。因此，在工业自动化生产领域中，条码识读设备具有巨大的市场潜力。

近年来，我国工业领域的自动化、智能化设备投资快速增长，根据国际机器人联合会统计显示，中国已经成为全球最大的工业机器人市场。随着《中国制造 2025》战略的实施，我国工业制造领域将迎来新的一轮生产设备自动化、智能化的升级改造进程，带动包括条码识读设备在内的各类智能生产设备投资。各国工业机器人发展如图 11-7 所示。

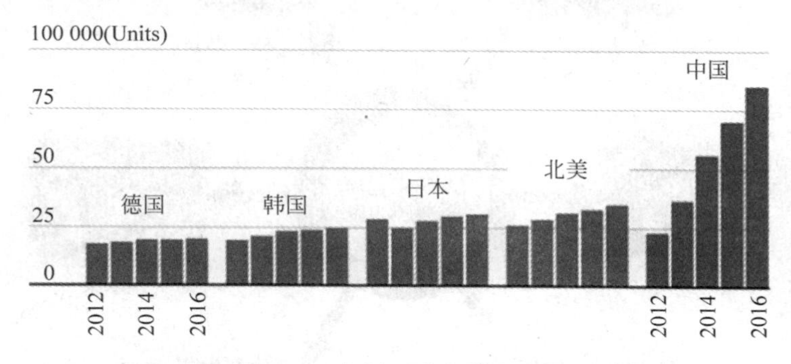

图 11-7　各国工业机器人发展

11.2.4　医疗健康领域

根据 VDC 的预测，医疗健康领域将成为未来手持式条码识读设备增长最快的应用领域。就我国而言，主要源于医疗移动信息化解决方案的普及。医疗移动信息化解决方案以数据交互和移动处理为核心，利用条码等自动识别技术，标示和识别包括药品、生化标本、医疗设备、医疗工作人员以及病人身份等在内的信息，通过智能移动终端在核心业务流程进行信息采集，并与医院管理信息化系统(HIS)及临床管理信息化系统(CIS)进行信息交互，搭建移动医疗作业平台，其中的条码应用如图 11-8 所示。

医疗移动信息化应用解决方案是我国医疗改革的重要方向，目前在我国医疗健康领域的发展还较为滞后，随着医疗信息化进程的推进，条码技术及相应的识读设备在医疗健康领域的应用将会进一步深化。

11.2.5　O2O 运营领域

随着智能手机等移动终端和移动网络的快速普及，消费者的信息获取方式和消费习惯开始出现了较大的变化。在移动互联网时代下，消费者和企业都需要更直接的接入方式，而不再仅仅满足于 APP 或网页内容，而条码，尤其是二维码凭借其简单可靠、易于传播和信息容量大的优点，逐渐成为了 O2O 运营模式中链接线下、线上的入口。而二维码与 O2O 运营模式的交织，将使中国转变为一个多点触控式的销售环境，消费体检更加动态，线下的产品、服务及用户信息能随时随地线上化,并且依托手机支付等途径形成从移动营销、消费者渗透、数据采集、产品服务、支付结算、后续服务为一体的良性商业循环。如图 11-9 O2O 中的条码应用。

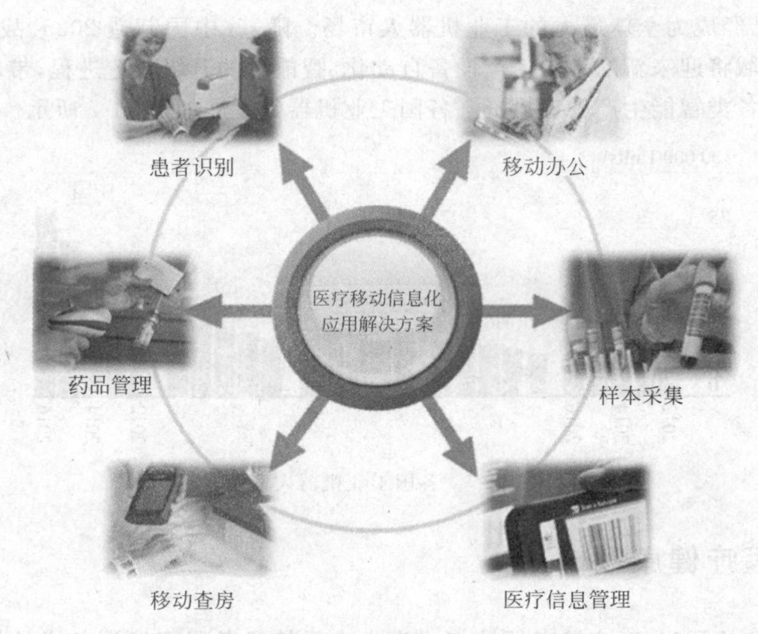

图 11-8 医疗领域条码应用

图 11-9 O2O 中的条码应用

在实体经济企业和腾讯、阿里巴巴、百度等互联网龙头共同的支持和推动下，条码技术已经全面渗透入了民众的日常生活，并带动了 O2O 市场的蓬勃发展，根据艾瑞咨询的统计和预测，2013 年我国 O2O 市场规模已经达到 1 717.20 亿元，用户规模达到 1.9 亿人，预计 2017 年我国 O2O 市场规模将增长至 4 545.10 亿元，用户规模达到 4.0 亿人。

同时，有别于一般消费者，企业的商业级条码应用需要专业的识读设备，因此，影像类条码识读设备的投资成了 O2O 运营模式的前提。未来，O2O 运营模式的全面铺开，将进一步带动条码识读设备市场的快速发展。

移动互联网 O2O 时代的发展是不可逆的，未来大众的消费习惯都在移动端。如何利用条码，连接消费者和商户，并通过手机完成支付，使整个支付过程更加便捷、更加灵活。目前市场上存在的如支付宝、微信支付、百度钱包等各种“宝类”支付产品。以超强的创新能力和市场开拓能力，成为条码支付的承载者。各种“宝”类支付产品在推广的过程中亟须将想法落地，需要经过反复测试各类扫描枪识读“屏幕条码”的性能，进而效率稳定地实现条码支付的解决方案。

条码支付是用户在线下购买完商品进行结算时，商家通过条码采集设备对用户手机上的付款码进行扫描，从而完成支付。操作流程如下：

商户采用可以扫描屏幕条码的扫描枪连接传统的收银机。扫描枪通过 USB 等接口选配方式进行连接。

【拓展阅读】 近场支付 NFC

近场支付是指消费者在购买商品或服务时，即时通过手机向商家进行支付，支付的处理在现场进行，使用手机射频(NFC)、红外、蓝牙等通道，实现与自动售货机以及 POS 机的本地通信。如图 11-10 所示。

NFC(near field communication)近距离无线通信是目前近场支付的主流技术，它是一种短距离的高频无线通信技术，允许电子设备之间进行非接触式点对点数据传输交换数据。该技术由 RFID 射频识别演变而来，并兼容 RFID 技术，其最早由飞利浦、诺基亚、索尼主推，主要用于手机等手持设备中。

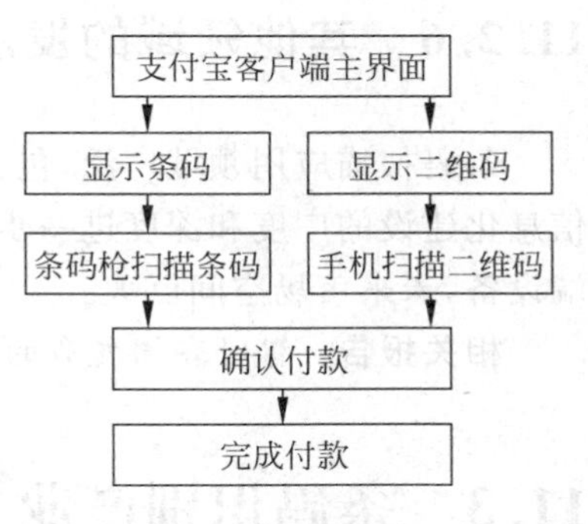

图 11-10　近场支付 NFC 流程

与之前国内消费者已经熟悉的支付宝钱包、微信等第三方支付工具常用扫码方式完成交易不同，近场支付的优势就是当用户需要进行支付操作时，要把手机靠近带有近场支付技术标志或 Apple Pay 标志的 POS 机后，使用苹果智能终端自带的指纹认证功能，就可以完成支付，整个过程并不需要输入与用 Apple Pay 中关联的银行卡信息。

再者就是，目前用户使用第三方支付平台大多需要网络环境，要么是 WiFi，要么是运营商的移动数据，在移动网络信号不佳或不安全的环境下使用移动支付，是十分困难的，但是近场支付不需要移动网络支持,只要相关 POS 机同样具有近场支付技术,就能完成交易。

而使用流程也相对更加简单,Apple Pay 只要靠近 POS 机、按指纹两步就可完成,比支付宝钱包、微信支付等打开应用、扫码等步骤更简捷。

再来看看它的安全性:Apple Pay 比支付宝钱包、微信支付等相对来说更安全。当用户通过支付宝钱包、微信支付等发起扫码支付申请时,如果不是使用账户余额消费,而是选择与第三方支付平台关联的银行卡,那么平台就会通知银行扣款,银行再反馈扣款成功消息给平台,最终平台告诉用户和商户付款成功。

在这过程中,仍有用户账户信息泄露的风险。

Apple Pay 却无须担心这样的风险,它使用的是叫作"Tokenization"的技术,将银行卡信息转化成一个字符串(Token)存在手机、手表等智能终端中。当用户发起支付申请时,智能终端通过该 Token 生成一个随机 Token 和一组动态安全码发给银行,银行再通过 Token 服务将其还原成银行卡,从而回传授权完成支付。

换句话说,加密的 Token 不仅不让商家获得用户的银行卡信息,就连苹果公司也得不到这些信息,而使用过程中的用户身份认证,又是安全性更高的指纹,所以 Apple Pay 的安全性要比目前常见的移动支付高一些。

虽然 Apple Pay 在支付技术上有着绝对的优势,但是它的对手支付宝钱包、微信支付在国内不仅拥有大量个人用户,在商户端的普及率也相当高。Apple Pay 要想改变用户的使用习惯,还得花不小的力气。

另外,虽然近场支付技术已成熟,但具有这项技术的 POS 机的普及率还有待提高。

11.2.6 其他领域的发展

条码扫描应用领域广泛,包括火车票、机场、彩票、税务、现场服务等诸多领域,随着我国信息化建设的广度和深度进一步推进,条码识读设备作为联系模拟世界与计算机世界的前端设备,未来市场空间巨大。

相关报告:智研咨询发布的《2016—2022 年中国条码设备市场监测及前景预测报告》。

11.3 条码识别产业未来发展趋势

条码识别产业未来发展趋势主要有以下几个方面。

1. 影像扫描设备将逐步取代激光扫描设备

基于激光扫描技术的识读设备将逐渐被基于影像扫描技术的识读设备所替代。但是这一替代过程需要一定时间，受数字图像处理技术发展速度和影像扫描设备成本走势的影响，在不同应用领域的替代速度会有所差异。因此，在未来一段时间内，基于影像扫描技术的识读设备市场需求将呈持续上升的趋势，而激光扫描设备的市场需求仍会存在，但增长速度将逐步趋于平稳。

影像式扫描技术与传统激光扫描的区别有以下几点。

(1) 影像式扫描技术基于先进的光学原理，在阅读条码时是直接将整个条码捕获下来，就相当于对条码进行拍照一样，破损的条码也不会导致扫描器不能进行条码识读。而激光扫描技术看着是一条线，实际上的我们看到的这么一条线是由一个光点来回移动形成的，激光的点遇到破损的条码时，会导致扫描器的识读错误。

(2) 影像式扫描技术在有强烈反光的情况下也能快速准确地对条码进行识读，无论是白天还会黑夜，对于影像式扫描技术而言都是一样的，而激光式扫描技术在有强光的情况下根本不能对条码进行识读，强光会对激光的反射有很大干扰。

(3) 激光扫描技术应用在条码阅读器时，采用的都是机电结构，机器内部的各种零细部件很多，特别是负责将光线反射到阅读器内部的镜片上，在遇到震动的情况下特别容易损坏，而影像式扫描技术应用在条码阅读器时则不存在机电结构，能够承受如高达 25 次从 1.5 m 高空掉落到水泥地面的冲击。

相比激光扫描技术，影像式扫描设备的优势有以下几点：

(1) 具备更强的抗强光干扰能力。

(2) 阅读速度更快。

(3) 阅读效果更好。

(4) 更加的耐用。

(5) 阅读距离与标准激光阅读器相当。

影像式扫描器相比红光扫描器有以下几点优点。

(1) 从扫描方式来看，影像式扫描器的扫描头，通常有个扫描镜片，通过拍照的方式来进行扫描，所以发出的是一个矩形的红光区域，旁边会有辅助光，只需要将矩形红光区域覆盖条码即可读取。而红光扫描器发出的是一条较粗的长长的扫描线，将这根线覆盖条码就能读取条码信息。

(2) 从条码识别能力来看，影像式扫描器不仅能够准确快捷地识读各种纸质条码，同时支持手机等电子屏幕上条码的快捷读取，为目前流行的电子优惠券和门票的直接读取提供了一个有效的数据采集工具。而普通的红光扫描器对手机或其他电子屏幕的条码却很难识别。

另外，由于影像式扫描器采用的是影像处理技术，具有图像捕捉功能，通过拍照的方式来扫描条码。所以在扫描破损条码方面具有卓越的扫描能力，影像扫描速度可与激光扫描器相媲美，而普通的红光扫描枪却不容易识别。

如果你要采购扫描手机屏幕条码的手持扫描器,扫描网推荐影像式扫描器,但在选购时我们还需要注意一个细节问题,就是影像式扫描器的亮度,因为亮度可能就会影响手机屏幕的扫描,如果亮度太暗,可能会不容易扫描。所以我们最好选择那些亮度够亮的影像式扫描器,扫描网经过实际测试,霍尼韦尔 1400g 影像式扫描器非常适合扫描手机屏幕条码,以及模糊污损条码。Honeywell 1400g 还配有原装支架,将扫描器挂在支架上即可开启自感应扫描模式,解放双手,提高扫描效率。这款型号有一维的和二维的条码,你可以根据自己的需求进行选择,如图 11-11 所示。

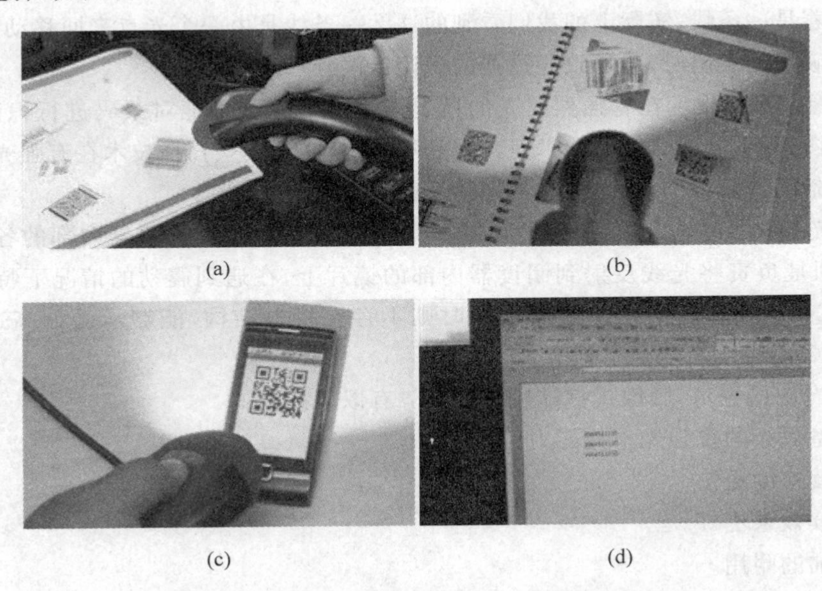

(a) (b) (c) (d)

图 11-11 影像式扫描器霍尼韦尔 1400g 二维扫描器

(a) 扫描各种颜色条码;(b) 扫描污损条码;(c) 扫描手机屏幕二维码;(d) 扫描至计算机

2. 条码识别技术将与其他自动识别技术相互融合

未来条码识别技术可能与 RFID 等其他自动识别技术相互集成、融合,在实现各种自动识别技术优势互补的同时,进一步实现信息的高效传递。同时,在手持式扫描设备领域,专业条码识读设备与具备条码识读功能移动终端之间的界限将越来越模糊,尤其是在扫描频率较低的领域。根据 VDC 预测,未来专业的条码设备制造企业也将推出越来越接近终端消费者的识读设备。

3. 亚太市场将成为条码技术的前沿

根据 VDC 的统计和预测,包括中国在内的亚太新兴市场将成为未来条码设备及相关技术研发、生产和应用的最前沿,尤其是在手持式条码识读设备和固定式工业扫描识读设备。一方面，亚太地区将成为未来条码识读设备增长较快的市场；另一方面，条码设备的研发、生产将从欧美发达地区向亚太地区迁移，而亚太地区本地条码设备供应商将崛起，成为主要的市场竞争者。

4. 物联网将成为推动条码设备发展的主要动力

随着我国经济发展模式的转变，如何对传统产业进行改造和升级，已成为我国未来产业规划所需要解决的首要问题。而物联网的实质就是将 IT 技术充分利用到各行各业，其大规模应用将有效促进工业化和信息化"两化融合"，促进传统产业的转型升级，因此对我国未来的经济发展具有重要的意义。我国政府部门先后出台了多项政策，从顶层设计的层次大力推动物联网产业的发展。

近年来，随着移动互联网、云计算、大数据技术的逐渐成熟，物联网理念和相关技术产品已经广泛渗透到社会经济的各个领域，以物联网融合创新为特征的新型网络化智能生产方式正逐步塑造出我国未来制造业的核心竞争力，推动形成新的产业组织方式、新的企业与用户关系、新的服务模式和新业态。

而条码识读设备属于物联网架构中的感知层，是实现对物理世界的智能感知识别、信息采集处理和自动控制的重要手段，也是物联网产业发展的基础，如图 11-12 所示。未来，随着物联网概念及相关产业的不断发展，对条码识读设备的投资建设需求也在不断增加。因此，长期来看，条码识别产业将直接受益于物联网所带动的投资增长。

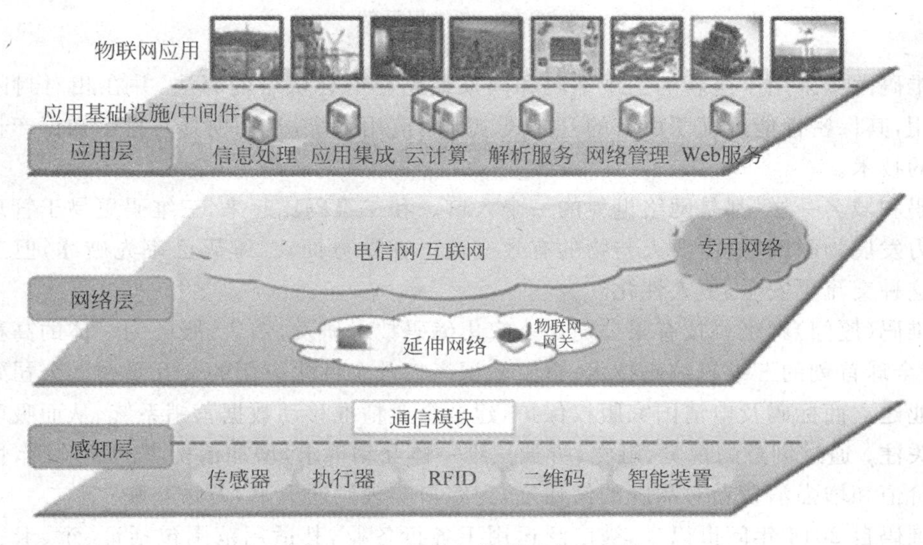

图 11-12　条码在物联网中的应用

11.4　三维条码

【任务 11-2】　三维码科技(http://www.cn3wm.com)

"一维码是美国人创造的,二维码是日本人创造的,如今我们创造了三维码。"

2014 年中国三维码全面问世,其外形与应用打破人类对码时代的认识,推动信息化发展进程。中国三维码在过去的一年里飞速发展,已服务过近万家企业。

由陈绳旭研发的三维码,是一种全新编码的可视化产品。这种技术可以将专属的文字、图片、logo 等作为标识生成三维码,在"标识"与"码"之间画上等号,让识别更便捷、精准,如图 11-13 所示。

图 11-13　三维码示例

三维码由于采用了全新的三维编码和国家编码委员会认可的算法,并在相对封闭的环境中使用,其保密性能远优于所有的开放式二维码应用系统,是一项具有自主知识产权和全球首创的技术。

编码和域名一样,都是网络世界的一个入口。和二维码比起来,三维码更易于管理。国家在大力发展物联网,这需要人与物的有效交流。在这方面,二维码已率先破冰,但三维码可以让这种交流更安全、更人性化。

三维码(厦门)网络科技有限公司是一家集编码技术研发、销售、服务为一体的高科技企业,拥有全球首创的三维码编码技术、自主知识产权及个性化应用的交互平台。公司致力于帮助企业建立商标码及申请国家版权保护,建全企业精准移动数据营销系统,从而吸引更多消费者关注;通过创意的视觉、触觉、听觉三维一体互动诉求,增加消费者的体验感,快速提升品牌价值和增强消费者对品牌的信任度,为客户实现码通天下,万物互联。

三维码自 2014 年问世以来,被广泛运用于各行各业,其适用范围包括证、章、卡、照、物品追踪、防伪溯源、智慧城市运用以及平台系统开发等,现已为多家世界百强企业提供三维码技术应用解决方案和服务。

“成就民族三维码”是陈绳旭先生为三维码科技写下的企业使命，在这一使命的指引下，三维码科技将再接再厉，锐意创新，引领三维码时代新风向。

11.4.1　三维码概述

3D Barcode(三维条码)又称多维条码、万维条码，我们现在接触得比较多的就是一维条码和二维条码，三维条码对于我们来说还是一个新概念。三维条码有哪些优势？它又能够给我们带来什么？这也就成为我们最想了解的问题。

伴随着一维条码的出现二维条码应运而生，不少商业活动，如那些高科技领域、零销售批发和储存运输业对于条码的依赖是非常明显的，条码在这些领域也得到了它的运用作用和效果。像日本一些国家，条码已经成了他们生活信息交流中的一种快捷方式，还有一些国家也开始采用 PDF417 码作为身份识别的标签。二维条码的作用和用途已经非常广泛得到了越来越多的人认可和运用。

三维条码是什么？它能代替二维条码提供我们更多的方便和效应吗？它的优势又在哪里？等等，这些问题也就成为了我们研究 3D Barcode 的最终原因。三维条码又可叫作是信息全息图，它能够显示出计算机中所有的信息内容，包括音频、图像、视频、全世界各国文字，这些是二维条码所不具备的功能，如果三维条码研究出来，就很有可能代替二维条码成为新一代条码。

三维条码的缺点是不具备识读破损或残缺的条码标签功能，三维条码即使只有一个像素遭到破坏或者是一个色彩出现色差，也会导致条码整个信息的丢失和无法读取，这也就是三维条码的局限性。

既然三维条码有这样的缺陷，为什么我们还需要研究它？就因为 3D Barcode 能够在有限的空间储存更多的信息，因为资源有限，如果我们能够将所有的信息都储存在同一样大小的空间中，这样无疑能够给我们的资源带来更多的利用。

11.4.2　三维条码可行性分析

三维条码可行性分析有以下两点。

(1) 如果条码的读取器能够识读，读取不再是技术问题的话，那么我们就能够将更多的信息内容全部储存在更小的空间之中，这样将会节约大量的能源，这种技术将会成为一种改变世界的先进科技。

(2) 如果我们可以将更多的广告信息，如语音、图像、动画等都可以呈现在条码上，那么就有更多的人能够分享更多的信息内容，我们将得到更多的信息而且更加方便简捷。

当然，目前三维条码这种技术还没有研发出来，既然条码能够从以前的纯文本变成现在的能够打印和识读图像功能，那么以后能够识读语音和动画也并不是不可能，因为社会的发展预料不到,科技的发展也预料不到。

借助我们的陈列分析,你可以对三维码的吸引力和成功率进行追踪,陈列分析可显示人们扫描三维码的地点、时间和次数。此外,使用三维码产生器完成三维码制作后,你仍可以对其进行编辑,还可以随时更改三维码指向的目的地,即使是在列印之后也不例外。

11.4.3　三维码应用

随着社会经济开展,条码应用的进一步推行,人们对条码的信息容量提出了更高的请求。增大条码尺寸或增大条码密度的处理计划都有其局限性,在二维条码的根底上,大胆设计了一种新的条码——三维条码。这种条码分离条空宽度变化、条空颜色变化和纵向排列来表示信息,能在有限的几何空间内表示更多的信息。

三维条码这种条码实践由24层颜色组成,可以承载的信息是0.6～1.8 MB。这样的容量足够能够放得下一首MP3或者一段微视频。这给我们带来很大的想象空间,假定你的手机有一个摄像头,将商品上的这个条码扫描一下,然后用专业软件将上面的数据释放出来,你的手机就能取得一段MP3或者视频,你能够经过手机来观赏这个MP3或者视频。

再比如,某些彩色报纸,或者杂志,你登载的广告下面,附上这么一小片三维条码,大家就能够经过手机来观赏你的视频广告了。这比简单的图片来说,绝对是有感官冲击力的。是不是很有想象空间和商业价值。

在钻石和其他珍宝上做标志,三维条码做到了。当然,它是不可能仅仅经过条码扫描器就能够读出来的。

由英国的研讨者们研制开发出来的这种三维纳米条码十分微小,你只要经过显微镜才干够看到它。据称,它是一个30 μm的小立方体,在这个立方体的外表上保管有各种信息,以至包括该贵重物品的持有人等。

11.5　工业4.0与条码技术应用

【任务11-3】《中国制造2025》

制造业是国民经济的主体,是立国之本、兴国之器、强国之基。

第一步:力争用10年时间,迈入制造强国行列。

到2020年,基本实现工业化,制造业大国地位进一步巩固,制造业信息化水平大幅提升。掌握一批重点领域关键核心技术,优势领域竞争力进一步增强,产品质量有较大提高。制造业数字化、网络化、智能化取得明显进展。重点行业单位工业增加值能耗、物耗及污染物排放明显下降。

到 2025 年，制造业整体素质大幅提升，创新能力显著增强，全员劳动生产率明显提高，两化（工业化和信息化）融合迈上新台阶。重点行业单位工业增加值能耗、物耗及污染物排放达到世界先进水平。形成一批具有较强国际竞争力的跨国公司和产业集群，在全球产业分工和价值链中的地位明显提升。

第二步：到 2035 年，我国制造业整体达到世界制造强国阵营中等水平。创新能力大幅提升，重点领域发展取得重大突破，整体竞争力明显增强，优势行业形成全球创新引领能力，全面实现工业化。

第三步：到新中国成立 100 年时，我国制造业大国地位更加巩固，综合实力进入世界制造强国前列。制造业主要领域具有创新引领能力和明显竞争优势，建成全球领先的技术体系和产业体系。

在智能制造工程方面，紧密围绕重点制造领域关键环节，开展新一代信息技术与制造装备融合的集成创新和工程应用。支持政产学研用联合攻关，开发智能产品和自主可控的智能装置并实现产业化。依托优势企业，紧扣关键工序智能化、关键岗位机器人替代、生产过程智能优化控制、供应链优化，建设重点领域智能工厂/数字化车间。在基础条件好、需求迫切的重点地区、行业和企业中，分类实施流程制造、离散制造、智能装备和产品、新业态新模式、智能化管理、智能化服务等试点示范及应用推广。建立智能制造标准体系和信息安全保障系统，搭建智能制造网络系统平台。

到 2020 年，制造业重点领域智能化水平显著提升，试点示范项目运营成本降低 30%，产品生产周期缩短 30%，不良品率降低 30%。到 2025 年，制造业重点领域全面实现智能化，试点示范项目运营成本降低 50%，产品生产周期缩短 50%，不良品率降低 50%。

11.5.1　工业 4.0 的内涵

德国是全球制造业中最具竞争力的国家之一，其装备制造行业全球领先。这是由于德国在创新制造技术方面的研究、开发和生产，以及在复杂工业过程管理方面高度专业化使然。德国拥有强大的机械和装备制造业、占据全球信息技术能力的显著地位，在嵌入式系统和自动化工程领域具有很高的技术水平，这些都意味着德国确立了其在制造工程行业中的领导地位。因此，德国以其独特的优势开拓新型工业化的潜力——工业 4.0（industry 4.0），并开始推进这个产官学一体项目的新一代工业升级计划。作为全球工业实力最为强劲的国家之一，德国在新时代发展压力下，为进一步增强国际竞争力，从而提出了该概念。

制造业的数字化、虚拟化正在彻底改变人们制造产品的方式。为此，以德国为代表的欧洲，以及美国都打算大幅提升工业产值。美国的通用电气（GE）于 2012 年秋季提出了“工业互联网”（industrial internet）概念，这是一个将产业设备与 IT 融合的概念，目标是通过高功能设备、低成本传感器、互联网、大数据收集及分析技术等的组合，大幅提高现有产业的效率并创造新产业，而日本的各企业也在推进 M2M 和大数据应用。

德国"工业 4.0"的大体概念是在 2011 年于德国举行的"汉诺威工业博览会"(Hannover Messe 2011)上提出的。当时,德国人工智能研究中心董事兼行政总裁沃尔夫冈·瓦尔斯特尔教授在开幕式中提到,要通过物联网等媒介来推动第四次工业革命,提高制造业水平。在德国政府推出的《高技术战略 2020》中,"工业 4.0"作为十大未来项目之一,联盟政府投入两亿欧元,其目的在于奠定德国在关键技术上的国际领先地位,夯实德国作为技术经济强国的核心竞争力。两年后,在 2013 年 4 月举办的"Hannover Messe 2013"上,由产官学专家组成的德国"工业 4.0 工作组"发表了最终报告——《保障德国制造业的未来:关于实施"工业 4.0"战略的建议》(包括德语版和英文版)。与美国流行的第三次工业革命的说法不同,德国将 18 世纪引入机械制造设备定义为工业 1.0,20 世纪初的电气化为 2.0,始于 20 世纪 70 年代的信息化定义为 3.0,而物联网和制造业服务化宣告着第四次工业革命到来。

"工业 4.0"概念中的关键是将软件、传感器和通信系统集成于所谓的物理网络系统。在这个虚拟世界与现实世界的交汇之处,人们越来越多地构思、优化、测试和设计产品。"工业 4.0"概念包含了由集中式控制向分散式增强型控制的基本模式转变,目标是建立一个高度灵活的个性化和数字化的产品与服务的生产模式。在这种模式中,传统的行业界限将消失,并会产生各种新的活动领域和合作形式。创造新价值的过程正在发生改变,产业链分工将被重组。

"工业 4.0"的关键技术是信息通信技术(ICT),具体包括联网设备之间自动协调工作的 M2M(machine to machine)、通过网络获得的大数据的运用、与生产系统以外的开发/销售/ERP(企业资源计划)/PLM(产品生命周期管理)/SCM(供应链管理)等业务系统联动等。而第三次工业革命的自动化只是在生产工艺中运用 ICT,"工业 4.0"将大幅扩大应用对象。

"工业 4.0"项目主要分为两大主题,一是"智能工厂",重点研究智能化生产系统及过程,以及网络化分布式生产设施的实现;二是"智能生产",主要涉及整个企业的生产物流管理、人机互动以及 3D 技术在工业生产过程中的应用等。该计划将特别注重吸引中小企业参与,力图使中小企业成为新一代智能化生产技术的使用者和受益者,同时也成为先进工业生产技术的创造者和供应者。

德国"工业 4.0"计划强调,未来工业生产形式的主要内容包括:在生产要素高度灵活配置条件下大规模生产高度个性化产品,顾客与业务伙伴对业务过程和价值创造过程广泛参与,以及生产和高质量服务的集成等。物联网、服务网以及数据网将取代传统封闭性的制造系统成为未来工业的基础。

"工业 4.0"想连接的是生产设备。这就是生产的"一体化"。把不同的设备通过数据交互连接到一起,让工厂内部,甚至工厂之间都能成为一个整体。这种工业设备生产数据的交互在德国正在变为现实。蔡司集团 2013 年在欧洲机床展上展出的一套名为 PiWeb 的系统,通过 PiWeb 能够把跨国公司分布在不同地区工厂的测量数据进行网络共享,生产经理在办公室里即可看到每一个工厂的数据,实现全球数据的同步监测。德国的奔驰公司和大众汽车已经开始使用了这套系统。

11.5.2　条码技术与工业 4.0

“工业 4.0”理念正逐步深入人心，部分制造企业开始进入项目实施阶段，从概念到实践表明：“工业 4.0”涉及的智能工厂、智能生产和智能物流这三大主题，均需要多源信息感知、产品标识与跟踪（RFID、条码/二维码识别读取）、现场通信（工业以太网、Modbus、PROFINET、CAN 等）、工业机器人、系统软件、大数据等技术的支撑。

在产品标识与跟踪方面，因为条码/二维码具有低成本、高可靠以及易用性(如部分产品采用直接零部件标刻二维码方式进行标记，DPM）等特点，在现代制造业供应链和生产控制管理过程中，条码/二维码及其识别读取技术已经成为主要的产品标识与跟踪手段，广泛应用于高层的资源管理计划系统（如 ERP)，或者中间层的制造执行系统（如 MES)，以及底层的生产控制系统（如 SCADA)，以获取物料在制品和成品过程中准确、实时的信息。

在条码/二维码读取过程中，传统的手工录入方式因其效率低下、准确度不高等弊端已经无法满足大规模自动化工业生产的需求，因此需要更专业化的、自动化程度更高的条码/二维码识别、读取、条码扫描器设备——图像型固定式工业条码阅读器。

在工业自动化领域，手持式条码阅读器需人工近距离对准条码进行识读，并且速度慢、自动化程度低，这些缺点使其无法满足工业企业生产的需求。而固定式条码阅读器不需要人工操作，贴有条码的产品或者零部件经过扫描器的有效扫描区域时，能够自动读取条码中的信息。对于工业传送带上的物品，可以做到完全不需要人工干预的全自动扫描；对于手工搬运的物品，也可以使其在移动路线上自然地经过固定式扫描器的有效扫描范围，完成扫描动作。

固定式工业条码扫描器在“工业 4.0”中的应用，如 Kiva 系统，如图 11-14 所示。Kiva 系统是一种外形像冰球的机器人，会扫描地上的条码前进，能根据无线指令的订单将货物所在的货架从仓库搬运至员工处理区，这样工作人员每小时可挑拣、扫描 300 件商品，效率是

图 11-14　Kiva 系统

之前的3倍,并且Kiva机器人准确率达到了99.99%。它有三大好处,首先,减少人力浪费,员工无须在仓库中四处走动;其次,用传送带取代传统的运输装置;最后,有助于更快扩展升级。

11.5.3 RFID与工业4.0

RFID在工业制造中可以起到什么样的作用呢?我们用简单的语言来表达,这个表达不光是我们自己的一个陈述,也是在工业方面有突出能力的大厂商的共识。大家看到空客对RFID在"工业4.0"起到作用的认识,RFID其实就相当于空客的商务雷达。就是说RFID可以为他在解决工业问题的同时,也为业务中的很多关键结点和关键性问题提供解决方案,所以说他把RFID当成工业中很多其他的技术,尤其是传感器技术、机器人技术、智能制造技术,把它当成这些技术中的一个基础的元素、基础的功能来提供给大家。

1. RFID全流程覆盖

RFID在全部的流程里头可以解决哪些问题呢?我们可以这样来描述,RFID可以从工业中的整个流程里面提供比较完全的覆盖能力,"工业4.0"可以将生产原料、智能工厂、物流配送、消费者全部编织在一起形成一个网,RFID就是网间的节点。

我们在日常中很多消费类的产品现在都已经开始使用RFID了,RFID是在工业制造和工业生产过程中完成的,所以说我们认为它是可以提供一个完整的制造能力的。根据以往的经验,大家可以看到我们很多的案例中的这些图片,在工厂中的生产、流水线上的设备识别,在售后服务中的跟踪、支持,包括现在很多民用产品里面,电子类产品、家电类产品、机顶盒产品都已经开始使用超高频,只是我们普通人身上没有相应的超高频识别设备,所以我们识别不到,其实在工业中已经大量地使用。

2. RFID识别在工业应用中的优势

超高频RFID,由于其具有优异的识别距离以及快速和准确读写的技术优势,已成为现代工业领域的主流识别解决方案。

RFID的识别在工业中有几个传统的识别技术所不能达到的能力,比如说非常高的速度,我们知道传统的条码识别,想要达到一个非常高的速度,比如说1 s要识别1 000件标签,难度是很高的,我们知道现在有些工业相机可以在单体的条码上1 s识别上千个标签,但是我们还可以更高速度识别,比如说同时识别500张甚至更多的标签,这是传统的技术做不到的,我们可以通过RFID来完成这个技术。

RFID也是目前在自动识别技术里面准确率最高的,我们日常接触过的一些传感器和识别的技术,包括生物识别技术与传统的条码,它的识别率都受制于环境和应用场所的限制，一旦突破了这些限制，比如说在有风霜雨雪，有一些遮挡的情况下，它的识别效率会下降。而在工业上往往环境都是比较恶劣的，有流水、污染、冰、结晶等，但是超高频 RFID 都可以抵抗这些环境，同时还能达到非常高的识别准确性，所以我们在工业中开始大量地使用 RFID 标识产品。

3. RFID 助力工厂管理与效率的提升

UHF RFID 拥有成熟的，通行全球的技术标准和广泛的应用。我们最早的时候是在做沃尔玛的物流中使用这个技术，现在把它大量应用，我们甚至在工厂的员工服装里面都安装了 RFID 标签，我们不仅可以管理洗衣的环节，甚至连人员的流动都可以管理起来。RFID 可以在工厂里面搭建一个统一的平台，它可以从一个厂商的固定资产到它的产成品，一直到它的内部人员管理都可以用一个平台管理下去，这也是它可以为工业的制造和管理提供一个很好的基础因素。

超高频在这个行业里面已经使用很长时间了，最早我们没有提出“工业 4.0”的时候，我们是希望超高频 RFID 能为工业提供更多的智能化、可识别化，提供更多的方便，提供更快的识别速度。现在提出“工业 4.0”后，它就不只是简单地完成这些，还可以完成更多的东西。可以看到在我们的案例里，在工厂的应用里，比如说整车车辆的识别，我们现在在全世界很多地方都有整车厂，还有汽车的零部件厂商，尤其在生产和加工的过程中，都已经开始使用这个 RFID 的技术了，如长距离激光阅读器，如图 11-15 所示。

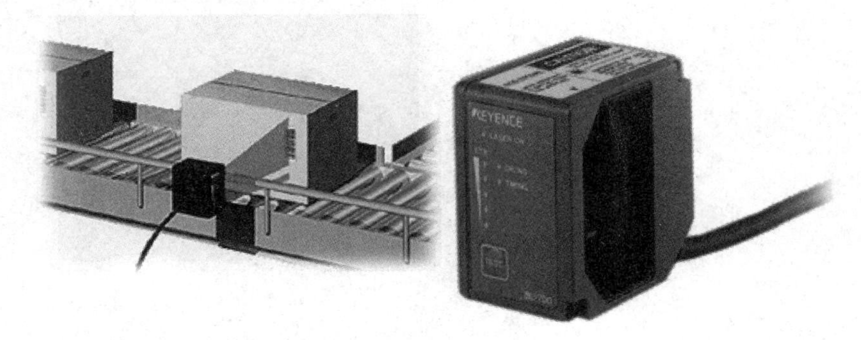

图 11-15 长距离激光阅读器

长距离激光阅读器可以长距离、每秒扫描 700 次，以 Windows™ 兼容的设定程序，所提供的读取范围为 47 in(1200 mm)。它有以下几个优点。

（1）同级中全世界最小激光条码读取器。

（2）同级中最长的扫描距离。

（3）扫描条码窄至 0.15 mm。

（4）每秒 700 次的扫描率。

【本章小结】

本章探讨了条码技术目前的应用现状和未来的发展趋势。随着信息技术的不断发展,条码技术的内涵和应用也不断拓展。尤其是物联网、"工业 4.0"的提出,给条码应用提供了更加广阔的空间。

固定式工业条码识读器是"工业 4.0"的利器,可以实现高速、准确的条码识别,主力生产自动化、智能化。

三维条码是我国具有自主知识产权的产品,跟二维码比起来,具有很多优点。

【本章习题】

1. "工业 4.0"给条码技术提供了哪些机遇?
2. 简述 RFID 在工业自动化中应用。
3. 简述三维条码的特点。

附录A（资料性附录）

GS1-128条码符号长度最小的字符集选择及应用示例

A.1 一般要求

在GS1-128条码符号（或其他128条码）中，通过使用不同的起始、切换和转换字符的组合，可以对相同的数据有不同的表示。

将以下规则置于打印机控制软件中，可以使给定的数据符号的条码字符数最少（符号宽度最小）。

A.2 起始符的选择

起始符的选择一般遵循以下原则。

(1) 如果数据以4位或4位以上的数字型数据符开始，则使用起始符C。

(2) 如果数据中在小写字母字符之前出现ASCII控制字符（如NUL），则使用起始符A。

(3) 其他情况，使用起始符B。

A.3 如果使用起始符C，并且数字个数为奇数，则在最后一个数字前插入字符集A或字符集B。具体使用字符集A或字符集B，参照A.2(2)和A.2(3)。

A.4 如果在字符集A或字符集B中同时出现4位或4位以上的数字字符

(1) 如果数字型数据字符的个数为偶数，则在第一个数字之前插入CODE C字符将字符集转换为字符集C。

(2) 如果数字型数据字符的个数为奇数，则在第一个数字之后插入CODE C字符将字符集转换为字符集C。

A.5 当使用字符集B，并且数据中出现ASCII控制字符时

(1) 如果在该控制字符之后，在另一个控制字符之前出现一个小写字母字符，则在该控制字符之前插入转换字符。

(2) 否则，在控制字符之前插入CODE A将字符集转换为字符集A。

A.6 当使用字符集A，并且数据中出现小写字母字符时

(1) 如果在该小写字母字符之后，在另一个小写字母字符之前出现一个控制字符，则在该小写字母字符之前插入转换字符。

(2) 否则，在小写字母字符之前插入CODE B将字符集转换为字符集B。

A.7 如果在字符集C中出现一个非数字字符，则在该非数字字符之前插入CODE A或CODE B，具体应用参照A.2(2)和A.2(3)。

注1：在以上规则中，“小写字母”的含义为字符集B中字符值为64～95（ASCII值为

96～127)的字符。即所有的小写字母字符和字符"',{,|,},～,DEL"。"控制字符"的含义为字符集 A 中字符值为 64～95(ASCII 值为 00～31)的字符。

注 2:如果 FNC1 出现在起始符之后的第 1 个位置或在数字字段中的第奇数个位置时,将 FNC1 视为两位,以确定合适的字符集。

A.8 应用实例

图 A.1 为只考虑"4 位或 4 位以上的数字型数据使用 CODE C",而未考虑 A.3 中数字型数据字符的个数奇偶性的情况,符号长度未达到最小的应用示例,造成字符串多一个条码字符:

(10) 001135 (21) 013037001 (240) 00008744

图 A.1 符号长度未能最小应用示例

表 A.1 为图 A.1 对应的条码数据结构。

表 A.1 图 A.1 的条码数据结构

标识代码	(10) 001135(21)013037001(240)00008744
单元数据串	StartCF_1 10001135 F_1 2101303700CodeB1F_1 CodeC 2400000874CodeB 4BStop
字符及模块数	24+1(终止符)个条码字符,76 条和 75 空

A.4(2),符合符号长度最小规则的应用示例:

(10) 001135 (21) 013037001 (240) 00008744

图 A.2 符号长度最小应用示例

表 A.2 为图 A.2 对应的条码数据结构

表 A.2 对应的条码数据结构

客户提供的条码样品的数据结构	
标识代码	(10) 001135(21)013037001(240)00008744
单元数据串	StartCF_1 10001135 F_1 2101303700CodeB1F_1 2 CodeC 400000874412Stop
字符及模块数	23+1(终止符)个条码字符,73 条和 72 空

附录B（资料性附录）

条码字符值与ASCII值的关系

条码字符值(S)与ASCII值之间的转换关系如下：

字符集A：如果$S \leqslant 63$,则ASCII值$=S+32$。

如果$64 \leqslant S \leqslant 95$,则ASCII值$=S-64$。

字符集B：如果$S \leqslant 95$,则ASCII值$=S+32$。

其对应关系见表6-83。

附录C（规范性附录）

GS1-128 条码符号校验字符值的计算方法

GS1-128 条码符号校验字符按下列方法计算：

(1) 查表 6-83 得到字符的值。

(2) 给每个条码字符位置分配一个权数。起始符和 FNC1 字符的权数均为 1，然后，在起始符、FNC1 字符后面从左至右位置的权数依次为 2，3，4，5，…，n，这些字符中不包括校验字符本身。n 表示除起始符、FNC1 字符、终止符和校验字符以外的所有标识数据和特殊信息的字符数。

(3) 将每个字符的值乘以其相应的权。

(4) 将第(3)步所得的结果求和。

(5) 将第(4)步的求和结果除以 103。

(6) 第(5)步所得的余数为符号校验字符的值。

示例 计算数据“AIM1234”校验字符值的步骤参见表 C.1。

表 C.1 计算“AIM1234”的校验字符的步骤

字 34 符	Start B	FNC1	A	I	M	CODE C	12
字符值[步骤(1)]	104	102	33	41	45	99	12
权数[步骤(2)]	1	1	2	3	4	5	6
乘积[步骤(3)]	104	102	66	123	180	495	72
乘积的和[步骤(4)]	1380						
除以 103[步骤(5)]	1380÷103=13 余数 41						
余数等于校验字符的值	41						

附录D（资料性附录）

GS1-128 条码符号的处理——基本逻辑

准确分析扫描器输出的全部字符串的流程图，如图 D.1 所示。

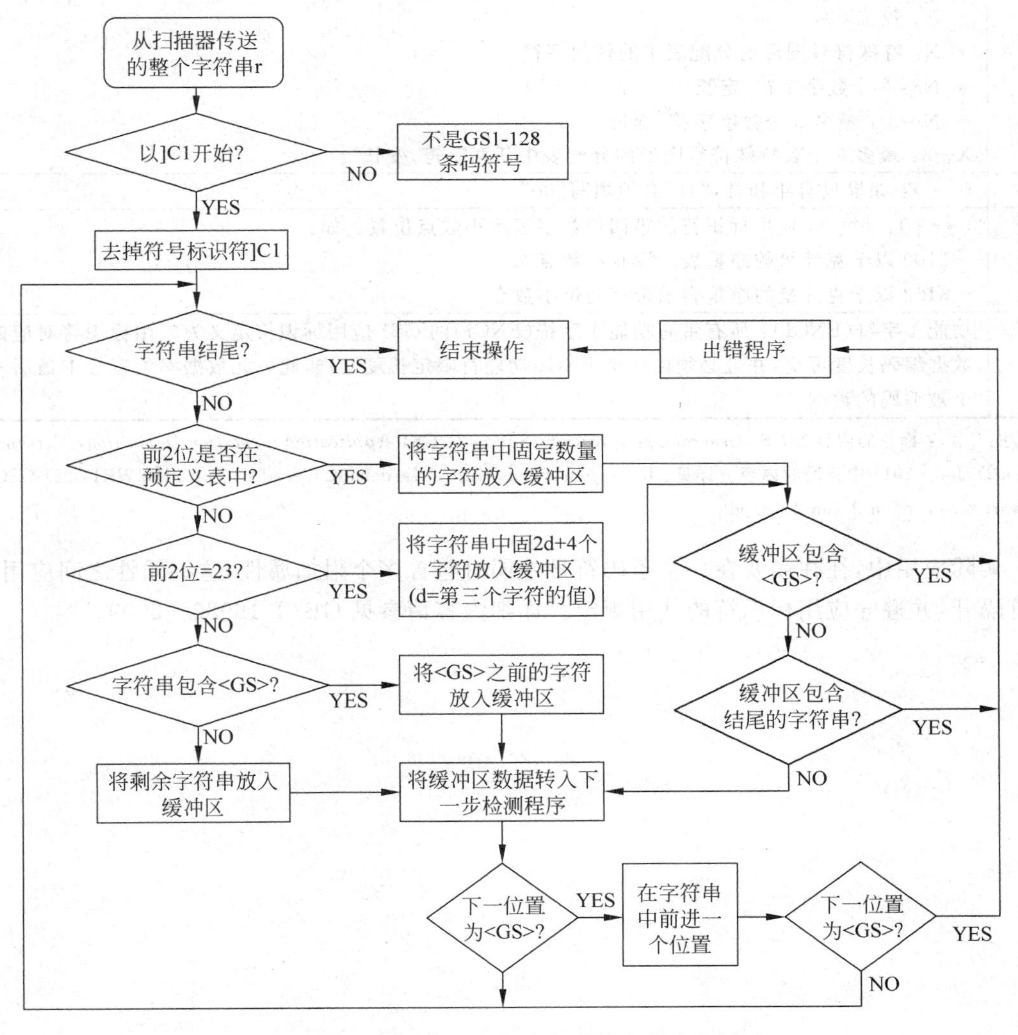

图 D.1　扫描器输出的全部字符串的流程图

附录 GS1 应用标识符

应用标识符目录

<table>
<tr><td rowspan="7">注：</td><td>(*)：第一位表示 GS1 应用标识符的长度(数字的位数)。随后的数值指数据内容的格式。惯例如下：
• N：数位
• X：特殊符号图形的分配表中的任何字符
• N3：3 个数字字符，定长
• N…3 ：最多 3 个数字字符，变长
X…3：最多 3 个表特殊符号图形的分配表中任意字符，变长</td></tr>
<tr><td>(**)：如果只有年和月，“日”必须填写“00”</td></tr>
<tr><td>(***)：此 GS1 应用标识符的第四位数字表示小数点位置。如：
—3100 以千克计量的净重表示没有小数点
—3102 以千克计量的净重表示带有两位小数点</td></tr>
<tr><td>功能 1 字符(FNC1)：所有带有功能 1 字符(FNC1)的 GS1 应用标识符定义为应用标识符对应的数据编码长度可变，并且必须由一个 FNC1 功能符限定长度，除非此单元数据串为符号中最后一个被编码的数据</td></tr>
</table>

注：(#)：标注的内容为 *GS1 General Specifications Section3*：*GS1 Application identifier Definitions* Version 15 (issueo2)，Jan—2015 中新增的内容。详见：https://www.gsl.org/sites/default/files/docs/barcodes/WR14-221-GSCN-Software%20Version_1 Jun 2015.pdf.

实际应用中，往往需要在一个条码符号中同时包含多个附加属性，这些属性之间应用分隔符隔开，并遵守应用标识符的使用规定。详细内容请参见 GB/T 16986—2009。

参考文献

[1] 张成海，张铎，等．条码技术与应用[M]．北京：清华大学出版社，2009．

[2] 李宁．电子商务需标准先行[M]．条码与信息系统．2015．

[3] 电商应用商品条码联合倡议．商品条码．全渠道战略与企业转型通关密语：http://www.ancc.org.cn．

[4] 中国商品信息服务平台[EB/OL]，http://www.ancc.org.cn/Service/GDS.aspx．

[5] 赵守香．互联网数据分析与应用[M]．北京：清华大学出版社，2015．

[6] GB/T 18283—2008 商品条码　店内条码．

[7] GB/T 12904—2009 商品条码　零售商品编码与条码表示．

[8] GB/T 16828—2007 商品条码　参与方位置编码与条码表示．

[9] GB/T 18348—2008 商品条码　条码符号印制质量的检验．

[10] GB/T 18127—2009 商品条码　物流单元编码与条码表示．

[11] GB/T 16986—2009 商品条码　应用标识符．

[12] GB/T 23833—2009 商品条码　资产编码与条码表示．

[13] GB/T 14257—2009 商品条码　条码符号放置指南．

[14] GB/T 16830—2008 商品条码　储运包装商品编码与条码表示．

[15] GB/T 23832—2009 商品条码　服务关系编码与条码表示．

[16] GB/T 15425—2009 商品条码　128 码．

[17] GB/T 12907—2008 库德巴条码．

恭喜您完成了本书的学习！

为了检验学习效果，了解考试的大致模式，我们特为您准备了三套模拟试卷，您可以扫描下方二维码获取：

参考试卷——A

参考试卷——B

参考试卷——C